电路电子学基础

李天利　主　编
侯勇严　汤　伟　副主编

清华大学出版社
北　京

内 容 简 介

本书将"电路分析""模拟电子技术基础"及"数字电子技术基础"3 门课程的内容有机地结合为一体。全书共分 19 章，包括电路的基本概念及理论，电阻电路的分析方法，电路定理，一阶电路，单相交流电路稳态分析，三相交流电路稳态分析，半导体器件，基本放大电路，集成运算放大器，负反馈放大器，波形的产生、变换与处理，功率放大器，直流稳压电源，逻辑代数基础，逻辑门电路，组合逻辑电路，触发器，时序逻辑电路，脉冲电路。在讲述必要的经典内容的同时，又反映近代电路理论和先进技术，在理论与应用的关系上，力求实用，以应用为主。各章配有丰富的例题、习题，并提供习题参考答案。

本书可作为高等院校计算机、人工智能、智能制造、机械类以及材料化工类相关专业的教材，也可供工程技术人员参考。

图书在版编目(CIP)数据

电路电子学基础 / 李天利主编. —北京：清华大学出版社，2022.1(2023.10重印)

ISBN 978-7-302-59292-1

Ⅰ.①电⋯　Ⅱ.①李⋯　Ⅲ.①电路-高等学校-教材②电子学-高等学校-教材　Ⅳ.①TM13 ②TN01

中国版本图书馆 CIP 数据核字(2021)第 200842 号

责任编辑：王　定
封面设计：孔祥峰
版式设计：思创景点
责任校对：成凤进
责任印制：刘海龙

出版发行：清华大学出版社

网　　　址：http://www.tup.com.cn，http://www.wqbook.com

地　　　址：北京清华大学学研大厦 A 座　　　　　　　邮　　编：100084

社 总 机：010-83470000　　　　　　　　　　　　　邮　　购：010-62786544

投稿与读者服务：010-62776969，c-service@tup.tsinghua.edu.cn

质 量 反 馈：010-62772015，zhiliang@tup.tsinghua.edu.cn

印 装 者：大厂回族自治县彩虹印刷有限公司

经　　销：全国新华书店

开　　本：185mm×260mm　　　　印　　张：26.75　　　　字　　数：668 千字

版　　次：2022 年 2 月第 1 版　　　印　　次：2023 年 10 月第 2 次印刷

定　　价：98.00 元

产品编号：090821-02

前　言

本书根据教育部电子信息科学与电气信息类基础课程教学指导分委员会提出的《电路课程教学基本要求》《电子技术课程教学基本要求》，融合了各高校近年来教学改革的经验和作者多年的教学经验，并吸取各方面的建议和意见编写而成。本书注重理论与实践相结合，力求将讲授与自学有机结合起来，启发学生思考，引导教学互动，提高教师教学效果和学生自主学习的效果。

全书共分 19 章，主要介绍了电路的基本概念及理论，电阻电路的分析方法，电路定理，一阶电路，单相交流电路稳态分析，三相交流电路稳态分析，半导体器件，基本放大电路，集成运算放大器，负反馈放大器，波形的产生、变换与处理，功率放大器，直流稳压电源，逻辑代数基础，逻辑门电路，组合逻辑电路，触发器，时序逻辑电路，脉冲电路等内容。各章节内容的选择上，突出重点，注重实践性和应用性。

每章先介绍本章主要内容，再进行主要内容的讲解，做到主要的知识点都有例题，详略处理得当，例题、习题配置齐全，难度适中，使得读者在学习过程中，既能学习理论知识，又可培养实践能力，知识点与例题有机结合，易于理解和掌握，符合学习和认知的基本规律。

本书由李天利任主编，负责全书的架构、组织和统稿，第 1 章和第 14 章由陈蓓编写，第 2 章和第 16 章由吴彦锐编写，第 3 章和第 15 章由李霞编写，第 4 章由赵艳编写，第 5 章由张福才编写，第 6 章由兀旦晖编写，第 7 章由戴庆瑜编写，第 8～10 章由侯勇严编写，第 11 章由周晓慧编写，第 12 章和第 13 章由汤伟编写，第 17～19 章由李天利编写。张开生、辛登科和张玲仔细审阅了全书并提出不少宝贵的建设性意见。

本书免费提供教学课件、电子教案、教学大纲、习题参考答案，读者可扫二维码获取。

教学课件　　　　　电子教案　　　　　教学大纲　　　　习题参考答案

本书在编写过程中，清华大学出版社编辑给予了大力支持并对书稿进行了认真、细致的审读，提出许多宝贵的意见和建议，在此表示诚挚的感谢。

由于作者的能力和水平不足，本书难免有表述不妥之处，希望读者提出批评和建议，以利再版修正。

编　者

2021 年 10 月

目　　录

第1章 电路的基本概念及理论

本章主要介绍电路的基本概念、常见的电路元件、电路中的电压与电流的参考方向和基尔霍夫定律等。电路中的电压、电流受元件伏安特性的约束，同时受基尔霍夫定律的约束，这是电路分析的基础。

1.1 电路概述

电路有实际电路与电路模型之分，前者是实际存在的电路，后者是把实际电路在一定条件下理想化而得到。

1.1.1 电路

电路就是电流通过的闭合路径，它是由各种电气器件按一定方式用导线连接组成的总体。从广义上来说，电路的结构形式和所能完成的任务是多种多样的，从日常生活中使用的用电设备到工、农业生产中用到的各种生产机械的电器控制部分及计算机、各种测试仪表等，都是电路。图1-1所示的手电筒电路是最简单的电路。

图1-1 手电筒电路

直流电路是由直流电源供电的电路。

1.1.2 电路的组成

电路主要由电源、负载和中间环节三部分组成。

(1) 电源。电源是提供电能的装置，把非电能转换成电能，如电池、蓄电池、发电机等。在发电厂内，可以将化学能或机械能等非电能转换为电能。

(2) 负载。负载是消耗电能的装置，把电能转化成非电能，又称用电器，作用是将电能转换成其他形式的能量，如电灯、电炉、扬声器、电动机等。

(3) 中间环节。中间环节用来连接电源和负载，起传递和控制电能的作用，如变压器、输电线等。

1.1.3 电路的作用

(1) 进行电能的传输和转换，如照明电路、动力电路等。典型电路是电力系统电路，如图1-2所示。

(2) 实现信号的传输和处理，如测量电路、扩音机电路、计算机电路等。典型电路是扩音机电路，如图1-3所示。

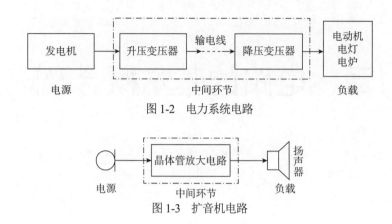

图 1-2 电力系统电路

图 1-3 扩音机电路

1.1.4 电路模型

(1) 理想化电路元件，是指体现某种基本现象，具有某种确定的电磁性能和精确数学定义的电路元件。理想电路元件不是实际电路的部件，而是一些数学模型，即在一定条件下能够准确地反映实际电路及其部件的电磁性能的模型。常用理想元件及符号如表 1-1 所示。

表 1-1　常用理想元件及符号

名称	符号	名称	符号
电阻	▭	电压表	Ⓥ
直流电压源	⊣⊢	接地	⏚ 或 ⊥
灯泡	⊗	熔断器	▭
开关	/	电容	⊣⊢
电流表	Ⓐ	电感	⌇

(2) 电路模型，是指由理想电路元件构成的电路。手电筒电路对应的电路模型如图 1-4 所示。

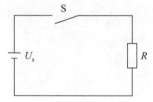

图 1-4 手电筒电路对应的电路模型

1.2　电路变量

电压、电流是电路分析中经常用到的两个电路变量，要搞清楚它们的概念、实际方向、参考方向。

1.2.1　电流

1. 电流的基本概念

电路中，电荷沿着导体的定向运动形成电流，其方向规定为正电荷流动的方向(或负电荷流动的反方向)，其大小等于在单位时间内通过导体横截面的电量，称为电流强度(简称电流)，用符号 I 或 $i(t)$ 表示，讨论一般电流时可用符号 i。

设在 $\Delta t = t_2 - t_1$ 时间内，通过导体横截面的电荷量为 $\Delta q = q_2 - q_1$，则在 Δt 时间内的电流强度可用数学公式表示为

$$i(t) = \frac{\Delta q}{\Delta t}$$

式中，Δt 为很小的时间间隔，时间的国际单位制为秒(s)，电量 Δq 的国际单位为库仑(C)。电流 $i(t)$ 的国际单位为安培(A)。

常用的电流单位还有毫安(mA)、微安(μA)、千安(kA)等，它们与安培的换算关系为

$$1\ \text{mA} = 10^{-3}\text{A} \quad 1\ \mu\text{A} = 10^{-6}\text{A} \quad 1\ \text{kA} = 10^{3}\text{A}$$

2. 直流电流

如果电流的大小及方向都不随时间变化，即在单位时间内通过导体横截面的电量相等，则称之为稳恒电流或恒定电流，简称直流(direct current)，记为 DC 或 dc，直流电流要用大写字母 I 表示。

$$I = \frac{\Delta q}{\Delta t} = \frac{Q}{t} = 常数$$

直流电流 I 与时间 t 的关系在 $I\text{-}t$ 坐标系中为一条与时间轴平行的直线。

3. 交流电流

如果电流的大小及方向均随时间变化，则称为变动电流。对电路分析来说，正弦交流电流是一种较为重要的变动电流，其大小及方向均随时间按正弦规律做周期做变化，将之简称为交流(alternating current)，记为 AC 或 ac，交流电流的瞬时值用小写字母 i 或 $i(t)$ 表示。

4. 电流的方向

(1) 实际方向。规定正电荷移动的方向或负电荷移动的反方向为电流的实际方向。

(2) 参考方向。人为规定的电流方向。在分析电路时，常常要知道电流的方向，但有时电路中电流的实际方向难以判断，此时可任意选定某一方向作为电流的参考方向(也称正方向)。

所选的参考方向不一定与实际方向一致。

当电流的实际方向与其参考方向一致时，则电流为正值；当电流的实际方向与其参考方向相反时，则电流为负值，如图 1-5 所示，(a)图参考方向与实际方向一致，(b)图参考方向与实际方向相反。

5. 电流参考方向的表示方法

电流参考方向的表示方法有两种。

(1) 用箭头表示：箭头的指向为电流的参考方向，如图 1-5 所示。

(2) 用双下标表示：I_{AB} 表示电流的参考方向由 A 点指向 B 点。

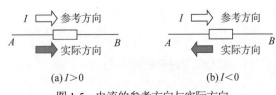

图 1-5　电流的参考方向与实际方向

6. 电流的测量

电流用电流表(安培表)来测量。测量时注意：

(1) 交、直流电流用不同的表测量。

(2) 电流表应串联在电路中，如图 1-6 所示。

(3) 直流电流表有正、负端子，用+、−区分，接线时不能接错，如图 1-6 所示。

(4) 选择正确的量程。

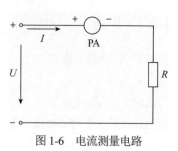

图 1-6　电流测量电路

1.2.2　电压

1. 电压的概念

电压是指电路中两点 A、B 之间的电位差(简称电压)，其大小等于单位正电荷因受电场力作用从 A 点移动到 B 点所做的功，电压的方向规定为从高电位指向低电位的方向。

电压的国际单位为伏特(V)，常用的单位还有毫伏(mV)、微伏(μV)、千伏(kV)等，它们与伏特的换算关系为

$$1\ \mathrm{mV} = 10^{-3}\ \mathrm{V} \quad 1\ \mu\mathrm{V} = 10^{-6}\ \mathrm{V} \quad 1\ \mathrm{kV} = 10^{3}\ \mathrm{V}$$

2. 直流电压

如果电压的大小及方向都不随时间变化，则称之为**稳恒电压**或**恒定电压**，简称直流电压，用大写字母 U 表示。

3. 交流电压

如果电压的大小及方向随时间变化，则称之为变动电压。对电路分析来说，正弦交流电压(简称交流电压)是一种较为重要的变动电压，其大小及方向均随时间按正弦规律做周期性变化。交流电压的瞬时值用小写字母 u 或 $u(t)$ 表示。

4. 电压的方向

(1) 实际方向：由高电位指向低电位。

(2) 参考方向：人为规定的电压方向。在分析电路时，常常要知道电压的方向，但有时电路中电压的实际方向难以判断，此时可任意选定某一方向作为电压的参考方向(也称正方向)。

所选的参考方向不一定与实际方向一致。

当电压的实际方向与其参考方向一致时，则电压为正值；当电压的实际方向与其参考方向相反时，则电压为负值，如图 1-7 所示。

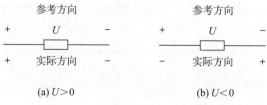

(a) $U>0$　　　　　　　　(b) $U<0$

图 1-7　电压的参考方向与实际方向

5. 电压参考方向的表示方法

电压参考方向的表示方法有 3 种。

(1) 用箭头表示，如图 1-8(a)所示。

(2) 用正负号＋、－表示，如图 1-8(b)所示。

(3) 用双下标U_{AB}表示，如图 1-8(c)所示。

6. 电压的测量

电压用电压表(伏特表)来测量。测量时注意：

(1) 交、直流电压用不同的表测量。

(2) 电压表应并联在被测电路两端，如图 1-9 所示。

(3) 直流电压表有正、负端子，用+、-区分，接线时不能接错，如图 1-9 所示。

(4) 选择正确的量程。

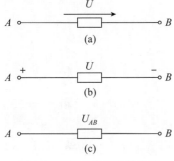

图 1-8　电压参考方向的表示

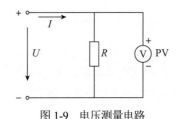

图 1-9　电压测量电路

1.2.3　电动势

(1) 物理意义：正极增加的电能叫电动势，用 E 表示。

(2) 电动势的实际方向：在电源内部由负极指向正极，即电位升，其单位与电压单位相同，也是伏特。

对电源来说，既有电动势，又有端电压。电动势只存在于电源内部，方向由负极指向正极；而端电压只存在于电源外部，其方向由正极指向负极。

一般情况下，电源的端电压总是低于电源内部的电动势，只有当电源开路或者电源的内阻忽略不计时，电源的端电压才与其电动势相等。

1.2.4　功率

1. 定义

功率指单位时间内能量的变化，其定义式为

$$p(t) = \frac{\mathrm{d}w}{\mathrm{d}t} = u(t)\frac{\mathrm{d}q}{\mathrm{d}t} = u(t)i(t)$$

把能量传输(流动)的方向称为功率的方向，消耗功率时功率为正，产生功率时功率为负。符号为 P，单位为瓦(W)。

2. 功率计算中应注意的问题

功率的计算公式为 $p(t) = u(t)i(t)$，若选取元件或电路部分的电压u与电流i的方向关联，即方向一致。

实际功率 $p(t)>0$ 时，电路部分吸收能量，此时的 $p(t)$ 称为吸收功率；

实际功率 $p(t)<0$ 时，电路部分发出能量，此时的 $p(t)$ 称为发出功率。

1.2.5 电能及计算

在电压、电流选定关联参考方向时，在 t_0 到 t 时刻部分电路所吸收的能量为

$$w(t_0, t) = \int_{t_0}^{t} p(\xi)\mathrm{d}\xi = \int_{t_0}^{t} u(\xi)i(\xi)\mathrm{d}\xi$$

电能的单位为焦耳(J)，表示功率为 1W 的用电设备在 1s 内消耗的电能。在日常生活中常用度(千瓦·小时，kW·h)来表示电路吸收的电能，就是说 1kW 的设备在 1 小时内消耗的电能为 1 度。

【例1-1】 电路如图 1-10 所示，已知电源电动势 $E = 10\mathrm{V}$，求 U_{ab} 和 U_{ba}。

解： $U_{ab} = E = 10\mathrm{V}$，$U_{ba} = -U_{ab} = -10\mathrm{V}$。

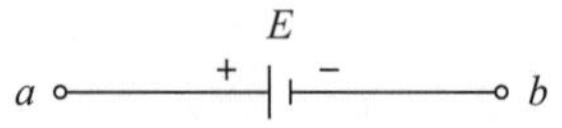

图 1-10 例 1-1 电路图

【例 1-2】 有一个功率为 60W 的电灯，每天使用它照明的时间为 4h，如果按每月 30 天计算，那么每月消耗的电能为多少度？合多少焦耳？

解： 该电灯平均每月工作实际 $t = 4\mathrm{h/天} \times 30\mathrm{天} = 120\mathrm{h}$，则 $W = Pt = 60\mathrm{W} \times 120\mathrm{h} = 7200\mathrm{W \cdot h} = 7.2\mathrm{kW \cdot h}$。

即每月消耗的电能为 7.2 度，所吸收的能量为 $3.6 \times 10^6 \mathrm{J} \times 7.2\mathrm{度} \approx 2.6 \times 10^7 \mathrm{J}$。

【例 1-3】 某 19 寸彩电功率为 180W，平均每天开机 2h，若每度电费 0.5 元，则一年(以 360 天计算)要缴纳多少电费？

解： $W = Pt = 0.18\mathrm{kW} \times 2\mathrm{h/天} \times 360\mathrm{天} = 129.6\mathrm{kW \cdot h} = 129.6\mathrm{度}$

$129.6\mathrm{度} \times 0.5\mathrm{元/度} = 64.8\mathrm{元}$

【例 1-4】 说明图 1-11(a)、(b)中：

(1) u、i 的参考方向是否关联？

(2) ui 乘积表示什么功率？

(3) 如果图 1-11(a)中 $u > 0$、$i < 0$，图 1-11(b)中 $u > 0$、$i < 0$，元件实际发出功率还是吸收功率？

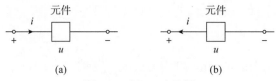

(a)　　　　　　　　(b)

图 1-11 例 1-4 电路图

解： (1) 图 1-11(a)中，u、i 的参考方向关联——同一元件上的电压、电流的参考方向一致，称为关联参考方向；图 1-11(b)中，u、i 的参考方向非关联——同一元件上的电压、电流的参考方向相反，称为非关联参考方向。

(2) 图 1-11(a)中，ui 乘积表示吸收功率——关联方向下，乘积 $p = ui > 0$ 表示元件吸收功率；图 1-11(b)中，ui 乘积表示发出功率——非关联方向下，调换电流 i 的参考方向之后，乘积 $p = ui < 0$ 表示元件发出功率。

(3) 如果图 1-11(a)中 $u > 0$、$i < 0$，元件实际发出功率——关联方向下，$u > 0$，$i < 0$，功率

p 为负值，元件实际发出功率；如果图 1-11(b)中 $u > 0$、$i > 0$，元件实际吸收功率——非关联方向下，调换电流 i 的参考方向之后，$u > 0$，$i > 0$，功率 p 为正值，元件实际吸收功率。

1.3　电阻、电容及电感元件

电阻元件、电感元件和电容元件的概念、伏安关系，以及功率分析是我们以后分析电路的基础知识。

1.3.1　电阻元件

1. 电阻及其与温度的关系

(1) 电阻。电阻元件是对电流呈现阻碍作用的耗能元件，例如灯泡、电热炉等电器。电阻的计算公式为

$$R = \rho \frac{l}{S}$$

式中，ρ 为制成电阻的材料电阻率，国际单位为欧姆·米($\Omega \cdot m$)；l 为绕制成电阻的导线长度，国际单位为米(m)；S 为绕制成电阻的导线横截面积，国际单位为平方米(m^2)；R 为电阻值，国际单位为欧姆(Ω)。

经常用的电阻单位还有千欧(kΩ)、兆欧(MΩ)，它们与欧姆(Ω)的换算关系为

$$1\,k\Omega = 10^3\,\Omega \qquad 1\,M\Omega = 10^6\,\Omega$$

(2) 电阻与温度的关系。电阻元件的电阻值大小一般与温度有关，衡量电阻受温度影响程度的物理量是温度系数，其定义为温度每升高 1℃ 时电阻值发生变化的百分数。

如果设任一电阻元件在温度 t_1 时的电阻值为 R_1，当温度升高到 t_2 时电阻值为 R_2，则该电阻在 $t_1 \sim t_2$ 温度范围内的(平均)温度系数为

$$\alpha = \frac{R_2 - R_1}{R_1(t_2 - t_1)}$$

如果 $R_2 > R_1$，则 $\alpha > 0$，将 R 称为正温度系数电阻，即电阻值随着温度的升高而增大；如果 $R_2 < R_1$，则 $\alpha < 0$，将 R 称为负温度系数电阻，即电阻值随着温度的升高而减小。显然 α 的绝对值越大，表明电阻受温度的影响也越大。

$$R_2 = R_1[1 + \alpha(t_2 - t_1)]$$

2. 线性电阻

(1) 定义。任何一个二端元件，若选取元件电压 U 与电流 I 方向关联，即方向一致，如图 1-12 所示，在任意时刻的电压和电流之间存在代数关系，即不论电压和电流的波形如何，电阻元件的伏安关系服从欧姆定律，即

$$U = RI \quad 或 \quad I = U/R = GU$$

式中，$G = 1/R$，电阻 R 的倒数 G 叫作电导，其国际单位为西门子(S)，则此二端元件称为电阻元件，单位为欧姆(Ω)。

(2) 伏安特性曲线。线性电阻元件的伏安特性曲线是一、三象限的一条过原点的直线，如图 1-13 所示。

(3) 短路和开路。

短路：短路(U=0)可看成电阻为零的电阻元件，其特性曲线与 I 轴重合。

开路：开路(I=0)可看成电阻为无穷大的电阻元件，其特性曲线与 U 轴重合。

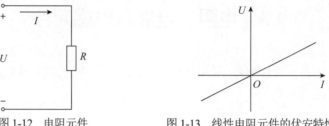

图 1-12 电阻元件　　　　图 1-13 线性电阻元件的伏安特性曲线

(4) 功率。对于任意线性电阻，若选取元件或电路部分的电压 u 与电流 i 方向关联，即方向一致，因为 $R = u(t)/i(t)$，因此 $p(t) = u(t)i(t) > 0$，也就是说，这种电阻元件始终吸收功率，为耗能元件。

电阻(或其他的电路元件)上吸收的能量与时间区间相关。设从 t_0 到 t 时间区间内电阻 R 吸收的能量为 $w(t)$，则该能量应等于从 t_0 到 t 对电阻吸收的功率 $p(t)$ 做积分，即

$$Q = \int_{t_0}^{t} i^2(\xi)R\mathrm{d}\xi$$

结论：无论电流、电压如何变化，电阻上的功率 P 总是大于零，说明电阻总是在消耗功率，电阻是耗能元件。

1.3.2 电容元件

1. 电容器

(1) 结构。两个彼此靠近又相互绝缘的导体就构成了一个电容器，这对导体叫电容器的两个极板。

(2) 种类。电容器按其电容量是否可变，可分为固定电容器和可变电容器，可变电容器还包括半可变电容器。固定电容器的电容量是固定不变的，它的性能和用途与两极板间的介质有关。一般常用的介质有云母、陶瓷、金属氧化膜、纸介质、铝电解质等。

电解电容器是有正负极之分的，使用时不可将极性接反或接到交流电路中，否则会将电解电容器击穿。

电容量在一定范围内可调的电容器叫可变电容器。半可变电容器又叫微调电容器。

(3) 作用。电容器是储存和容纳电荷的装置，也是储存电场能量的装置。电容器每个极板上所储存的电荷的量叫电容器的电量。

将电容器两极板分别接到电源的正负极上，使电容器两极板分别带上等量异号电荷，这个过程叫电容器的充电过程。

电容器充电后，极板间有电场和电压。

用一根导线将电容器两极板相连，两极板上正负电荷中和，电容器失去电量，这个过程称为电容器的放电过程。

(4) 平行板电容器。由两块相互平行、靠得很近、彼此绝缘的金属板所组成的电容器叫平行板电容器。平行板电容器是一种最简单的电容器。

2. 线性电容

(1) 定义。任何一个二端元件，如果在任意时刻的电压和电流之间的关系总可以由 $q - u$

平面上的一条过原点的曲线所决定，则此二端元件称为电容元件。数学定义式为

$$q=Cu \quad (C \text{ 为正实常数})$$

电容的单位有法拉(F)、微法(μF)、皮法(pF)，它们之间的关系为

$$1 \text{ F} = 10^6 \text{μF} = 10^{12} \text{ pF}$$

(2) 元件图形符号。元件图形符号如图 1-14 所示，图中电压与电流为关联参考方向。

(3) 线性电容的库伏特性曲线。线性电容元件的库伏特性曲线是一、三象限的一条过原点的直线，如图 1-15 所示。

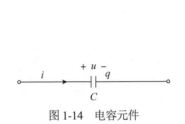

图 1-14　电容元件

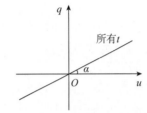

图 1-15　线性电容元件的库伏特性曲线

电容 C 表征元件储存电荷的能力，对于极板电容而言，其大小不随电路情况变化，取决于介电常数、极板相对的面积及极板间距。

$$C = \frac{\varepsilon S}{d}$$

(4) 线性电容的伏安特性。由于 $i=\dfrac{\mathrm{d}q}{\mathrm{d}t}$，而 $q=Cu$，所以电容的伏安(u-i)关系为微分关系，即 $i=C\dfrac{\mathrm{d}u}{\mathrm{d}t}$。由此可见，电路中流过电容的电流的大小与其两端的电压的变化率成正比，电压变化越快，电流越大。可以得出结论：电容元件隔直通交，通高阻低。

i-u 的关系为积分关系，即

$$q = \int_{q_1}^{q_2} \mathrm{d}q = \int_{t_1}^{t_2} i\mathrm{d}t$$

$$q = \int_{q_1}^{q_2} \mathrm{d}q = q_2 - q_1 = \int_{t_1}^{t_2} i\mathrm{d}t$$

$$q_2 = q_1 + \int_{t_1}^{t_2} i\mathrm{d}t$$

两边同时除以 C，有

$$\frac{q_2}{C} = \frac{q_1}{C} + \frac{1}{C}\int_{t_1}^{t_2} i\mathrm{d}t$$

$$u(t_2) = u(t_1) + \frac{1}{C}\int_{t_1}^{t_2} i(t)\mathrm{d}t$$

如果取初始时刻 $t_1 = 0$，$t = t_2$，则

$$u_C(t) = u_C(0) + \frac{1}{C}\int_0^t i(t)\mathrm{d}t$$

由此可见，电容元件某一时刻的电压不仅与该时刻流过电容的电流有关，还与初始时刻的电压大小有关。可见，电容是一种电压"记忆"元件。

(5) 功率。对于任意线性的正值电容，若选取元件或电路部分的电压 u 与电流 i 方向关联，即方向一致，则其功率为

$$p = u(t)i(t) = Cu\frac{\mathrm{d}u}{\mathrm{d}t}$$

那么从 t_0 到 t 时间内，电容元件吸收的电能为

$$w(t) = \int_{t_0}^{t} u(\tau)i(\tau)\mathrm{d}\tau = \int_{t_0}^{t} u(\tau)C\frac{\mathrm{d}u(\tau)}{\mathrm{d}\tau}\mathrm{d}\tau = \int_{u(t_0)}^{u(t)} u(\tau)\mathrm{d}\tau = \frac{1}{2}Cu^2(t) - \frac{1}{2}Cu^2(t_0)$$

则从 t_1 到 t_2 时间内，电容元件吸收的电能为

$$w = \frac{1}{2}Cu_2^{\;2} - \frac{1}{2}Cu_1^{\;2}$$

也就是说，当 $u_2 > u_1$ 时，$w > 0$，电容吸收能量，为充电过程；当 $u_2 < u_1$ 时，$w < 0$，电容放出能量，为放电过程。

(6) 说明以下几点。

① 电容为储能元件，并不消耗电能。

② 电容为电压记忆元件，其电压与初始值有关。

③ 电容为动态元件，其电压、电流为积分关系。

④ 电容为电压惯性元件，即电流为有限值时，电压不能跃变。

⑤ 电容元件隔直通交，通高阻低。

(7) 电容器的连接包括串联和并联。

① 电容器的串联。把几个电容器首尾相接连成一个无分支的电路，称为电容器的串联，如图 1-16 所示。

串联时，每个极板上的电荷量都是 q。设每个电容器的电容分别为 C_1、C_2、C_3，电压分别为 U_1、U_2、U_3，则

$$U_1 = \frac{q}{C_1}, \;\; U_2 = \frac{q}{C_2}, \;\; U_3 = \frac{q}{C_3}$$

总电压 U 等于各个电容器上的电压之和，所以

$$U = U_1 + U_2 + U_3 = q\left(\frac{1}{C_1} + \frac{1}{C_2} + \frac{1}{C_3}\right)$$

设串联总电容(等效电容)为 C，则由 $C = \dfrac{q}{U}$，可得

$$\frac{1}{C} = \frac{1}{C_1} + \frac{1}{C_2} + \frac{1}{C_3}$$

即串联电容器总电容的倒数等于各电容器电容的倒数之和。

② 电容器的并联。如图 1-17 所示，把几个电容器的一端连在一起，另一端也连在一起的连接方式叫作电容器的并联。

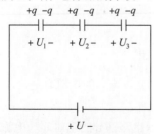

图 1-16　电容器的串联

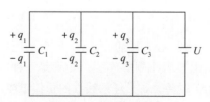

图 1-17　电容器的并联

电容器并联时，加在每个电容器上的电压都相等。设电容器的电容分别为 C_1、C_2、C_3，所带的电量分别为 q_1、q_2、q_3，则

$$q_1 = C_1 U, \qquad q_2 = C_2 U, \qquad q_3 = C_3 U$$

电容器组储存的总电量 q 等于各个电容器所带电量之和，即

$$q_1 + q_2 + q_3 = (C_1 + C_2 + C_3)U$$

设并联电容器的总电容(等效电容)为 C，由 $q = CU$ 得 $C = C_1 + C_2 + C_3$，即并联电容器的总电容等于各个电容器的电容之和。

(8) 电容器中的电场能量。

① 能量来源。电容器在充电过程中，两极板上有电荷积累，极板间形成电场。电场具有能量，此能量是从电源吸取过来储存在电容器中的。

② 储能大小的计算。电容器充电时，极板上的电荷量 q 逐渐增加，两板间电压 u_C 也在逐渐增加，电压与电荷量成正比，即 $q = Cu_C$，在电压、电流关联参考方向下，功率为

$$p = u_C i_C = u_C C \frac{\mathrm{d}u_C}{\mathrm{d}t}$$

当 $u_C(-\infty) = 0$ 时，从 $-\infty$ 到 t 的时间段内，电容元件吸收的电场能量为

$$W_C = \int_{-\infty}^{t} p \mathrm{d}t = \int_{-\infty}^{t} Cu_C \frac{\mathrm{d}u_C}{\mathrm{d}t} \mathrm{d}t = \int_{-\infty}^{u_C} Cu_C \mathrm{d}u_C = \frac{1}{2} Cu_C{}^2(t)$$

式中，电容 C 的单位为 F，电压 u_C 的单位为 V，电荷量 q 的单位为 C，能量的单位为 J。

电容器中储存的能量与电容器的电容成正比，与电容器两极板间电压的平方成正比。

(9) 电容器在电路中的作用。当电容器两端电压增加时，电容器从电源吸收能量并储存起来；当电容器两端电压降低时，电容器便把它原来所储存的能量释放出来。即电容器本身只与电源进行能量交换，而并不损耗能量，因此电容器是一种储能元件。

实际的电容器由于介质漏电及其他原因，也要消耗一些能量，使电容器发热，这种能量消耗称为电容器的损耗。

(10) 电容器质量的判别。利用电容器的充放电作用，可用万用表的电阻挡来判别较大容量电容器的质量。

将万用表的表棒分别与电容器的两端接触，若指针偏转后又很快回到接近起始位置的地方，则说明电容器的质量很好，漏电很小；若指针回不到起始位置，停在标度盘某处，说明电容器漏电严重，这时指针所指的电阻数值即该电容的漏电阻值；若指针偏转到零欧位置后不再回去，说明电容器内部短路；若指针根本不偏转，则说明电容器内部可能断路。

1.3.3　电感元件

1. 定义

任何一个二端元件，如果在任意时刻的电压和电流之间的关系总可以由自感磁通链-电流($\psi - i$)平面上的一条过原点的曲线所决定，则此二端元件称为电感元件。数学定义式为

$$\Psi = Li$$

式中，Ψ 为通过线圈的磁链，$\Psi = N\Phi$，单位是韦伯(Wb)；I 为通过线圈的电流，单位是安培(A)；L 为比例常数，称为线圈的电感或自感系数，简称自感，体现电感线圈储存磁场的能力，单位是亨利(H)。

2. 元件符号与图形

电感元件符号与图形如图 1-18 所示。

3. 线性电感元件的韦安特性曲线

线性电感元件的韦安特性曲线是一、三象限的一条过原点的直线，如图 1-19 所示。

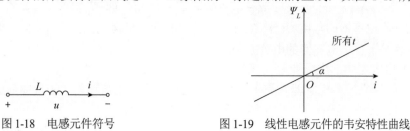

图 1-18　电感元件符号　　　　图 1-19　线性电感元件的韦安特性曲线

4. 线性电感的伏安特性

由楞次定理可得 $u_L = L\dfrac{\mathrm{d}\varphi_L}{\mathrm{d}t}$，而 $\varphi_L = Li(t)$，所以电感的伏安(u-i)关系为 $u_L = L\dfrac{\mathrm{d}i}{\mathrm{d}t}$。

由此可见，电路中电感两端的电压的大小与流过它的电流的变化率成正比，电流变化越快，电压越高。可以得出结论：电感元件通直隔交，通低阻高。

u-i 关系为积分关系，即

$$i(t) = i(t_1) + \frac{1}{L}\int_{t_1}^{t} u(t)\mathrm{d}t$$

如果取初始时刻 $t_0 = 0$，则

$$i(t) = i(0) + \frac{1}{L}\int_{0}^{t} u(t)\mathrm{d}t$$

由此可见，电感元件某一时刻流过的电流不仅与该时刻电感两端的电压有关，还与初始时刻的电流大小有关。可见，电感是一种电流"记忆"元件。

5. 功率

对于任意线性的正值电感，若选取元件或电路部分的电压 u 与电流 i 方向关联，其功率为

$$p = u_L i_L = Li_L \frac{\mathrm{d}i_L}{\mathrm{d}t}$$

那么，从 t_0 到 t 时间内，电容元件吸收的电能为

$$W_L = \int_{-\infty}^{t} p\mathrm{d}t = \int_{-\infty}^{t} Li_L\frac{\mathrm{d}i_L}{\mathrm{d}t}\mathrm{d}t = \int_{-\infty}^{i_L} Li_L\mathrm{d}i_L = \frac{1}{2}Li_L^{2}(t)$$

从 t_1 到 t_2 时间内，电感元件吸收的电能为

$$W_L = \frac{1}{2}Li_L^{2}(t_2) - \frac{1}{2}Li_L^{2}(t_1)$$

也就是说，当 $i_2(t) > i_1(t)$ 时，$W_L > 0$，电感吸收能量，为充电过程；当 $i_2(t) < i_1(t)$ 时，$W_L < 0$，电感放出能量，为放电过程。

6. 说明

(1) 电感为储能元件，并不消耗电能。

(2) 电感为电流记忆元件，其电流与初始值有关。

(3) 电感为动态元件，其电流、电压为积分关系。

(4) 电感为电流惯性元件，即电压为有限值时，电流不能跃变。

(5) 电感元件通直隔交，通低阻高。

【例 1-5】 已知 $C=1$F，流过该电容的电流波形如图 1-20 所示，当初始电压为 0V 时，求：

(1) $u(t)$ 波形；

(2) $p(t)$；

(3) $t=1$s、2s、∞时的储能。

解：(1) $u_C(t)=u_C(0)+\dfrac{1}{C}\displaystyle\int_0^t i(t)\mathrm{d}t$，因此可以先写出 $i(t)$ 的函数方程：

$$i(t)=\begin{cases}1 & 0<t\leqslant 1\text{s} \\ 2t-4 & 1\text{s}<t\leqslant 2\text{s} \\ 0 & t>2\text{s}\end{cases}$$

当 $0<t<1$s 时，$u_C(t)=u_C(0)+\dfrac{1}{C}\displaystyle\int_0^t i(t)\mathrm{d}t=t$

当 $t=1$s 时，$u(1)=1$V；

当 1s$<t<2$s 时，$u_C(t)=u_C(1)+\dfrac{1}{C}\displaystyle\int_1^t i(t)\mathrm{d}t=t^2-4t+4$；

当 $t=2$s 时，$u(2)=0$V；

当 $t>2$s 时，$u_C(t)=u_C(2)+\dfrac{1}{C}\displaystyle\int_2^t i(t)\mathrm{d}t=0$。

所以，函数 $u(t)$ 为

$$u(t)=\begin{cases}t & 0<t\leqslant 1\text{s} \\ t^2-4t+4 & 1\text{s}<t\leqslant 2\text{s} \\ 0 & t>2\text{s}\end{cases}$$

$u(t)$ 波形如图 1-21 所示。

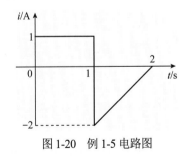

图 1-20　例 1-5 电路图

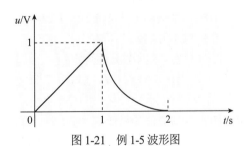

图 1-21　例 1-5 波形图

(2) 因为

$$i(t)=\begin{cases}1 & 0<t\leqslant 1\text{s} \\ 2t-4 & 1\text{s}<t\leqslant 2\text{s} \\ 0 & t>2\text{s}\end{cases}, \quad u(t)=\begin{cases}t & 0<t\leqslant 1\text{s} \\ t^2-4t+4 & 1\text{s}<t\leqslant 2\text{s} \\ 0 & t>2\text{s}\end{cases}$$

所以

$$p(t) = u(t)i(t) = \begin{cases} t & 0 < t \leq 1\text{s} \\ 2t^3 - 12t^2 + 24t - 16 & 1\text{s} < t \leq 2\text{s} \\ 0 & t > 2\text{s} \end{cases}$$

(3) 因为 $u(0)=0$，所以 $W_C(0) = \frac{1}{2}Cu_C{}^2(0) = 0$。

当 $t=1\text{s}$ 时，$u(1)=1\text{V}$，$W_C(1) = \frac{1}{2}Cu_C{}^2(1) = \frac{1}{2}\text{J}$；

当 $t=2\text{s}$ 时，$u(2)=0\text{V}$，$W_C(2) = \frac{1}{2}Cu_C{}^2(2) = 0$；

当 $t=\infty$ 时，$u(\infty)=0$，$W_C(\infty) = \frac{1}{2}Cu_C{}^2(\infty) = 0$。

1.4 独立源及受控源

实际电源有蓄电池、发电机等。电压源、电流源是从实际电源抽象得到的电路模型。受控源反映了电路某支路的电压或电流对另一支路的电压或电流的控制功能。

1.4.1 独立电源

独立电源就是电压源的电压(电流源的电流)一定，与流过的电流(两端的电压)无关的元件，也与其他支路的电流电压无关。独立电源分为独立电压源和独立电流源。

1. 独立电压源

(1) 定义。独立电压源也称理想电压源，是一个理想的二端元件，其端电压为定值或给定的时间函数，与流过的电流无关。

恒压源是输出电压为直流时的理想电压源。

理想电压源的两个基本性质：

① 电源两端的电压是给定值或给定的时间函数。

② 输出电流是由外电路与电压源共同决定的。

(2) 元件符号与图形。电压源的图形符号如图 1-22 所示。端电压 $U_S(t)$ 为定值或给定的时间函数，与流过的电流无关。

(3) 伏安特性曲线。独立电压源的伏安特性曲线如图1-23 所示。它的电压为给定的时间函数，与流过的电流无关，是平行于电流轴的一条直线。

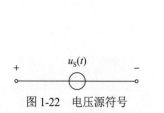

图 1-22　电压源符号

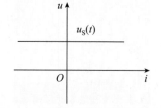

图 1-23　独立电压源的伏安特性曲线

(4) 说明。

① 电压源为一种理想模型。

② 与电压源并联的元件，其端电压为电压源的值。

③ 电压源的功率从理论上来说可以为无穷大。

2. 独立电流源

(1) 定义。独立电流源也称理想电流源，是一个理想的二端元件，其电流为定值或给定的时间函数，与其端电压无关。

恒流源是输出电流为直流时的理想电流源。

理想电流源的两个基本性质：

① 输出电流是给定值或给定的时间函数，其电流是任意的。

② 端电压是由外电路与电流源共同决定的。

(2) 元件符号与图形。电流源的图形符号如图 1-24 所示。电流 $I_S(t)$为定值或给定的时间函数，与其端电压无关。

(3) 伏安特性曲线。独立电流源的伏安特性曲线如图1-25 所示。它的电流为给定的时间函数，与端电压无关，是平行于电压轴的一条直线。

图 1-24　电流源符号　　　　　　　　　图 1-25　独立电流源的伏安特性曲线

(4) 说明。

① 电流源为一种理想模型。

② 与电流源串联的元件，流过其的电流为电流源的值。

③ 电路中所含的电源均为直流电源时，电路称为直流电路。直流电路中的电量用大写字母表示。

1.4.2　受控电源

1. 定义

电压或电流的大小和方向不是给定的时间函数，而是受电路中某处的电压(或电流)控制的电源，称为受控电源。

2. 元件符号

受控源是从晶体管、电子管电路中总结出来的一种双口元件模型。图 1-26 所示为 4 种受控源的符号，分别为电流控制电压源 CCVS、电流控制电流源 CCCS、电压控制电压源 VCVS、电压控制电流源 VCCS。

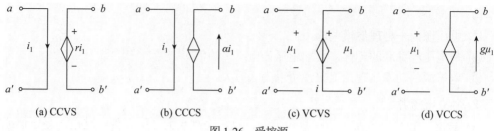

图 1-26　受控源

3. 伏安关系

每一种线性受控源可由线性方程式来表示。

电压控制电压源 VCVS：$u_2 = \mu u_1$，μ 为转移电压比。

电流控制电压源 CCVS：$u_2 = r i_1$，γ 为转移电阻。

电压控制电流源 VCCS：$i_2 = g u_1$，g 为转移电导。

电流控制电流源 CCCS：$i_2 = \alpha i_1$，α 为转移电流比。

受控源用来反映电路中某处的电压或电流能控制另一处的电压或电流这一现象，或表示一处的电路变量与另一处电路变量之间的一种耦合关系。

1.4.3　受控源与独立源的比较

独立源电压(或电流)由电源本身决定，与电路中其他电压、电流无关，而受控源电压(或电流)由控制量决定。

独立源在电路中起"激励"作用，在电路中产生电压、电流，而受控源反映电路中某处的电压或电流对另一处的电压或电流的控制关系，在电路中不能起"激励"作用。

【例1-6】已知电路如图1-27所示，求：

(1) 电路中各个元件的功率；

(2) 其中的受控源是否可以用电阻元件代替，若能，电阻值为多少？

解：列写电路方程：$5 - 5I = -10I$，解得 $I = -1\mathrm{A}$。由受控源的电压、电流的实际方向可以看出，受控源吸收的功率为 $P = UI = 5\mathrm{W}$，因此可以用电阻元件代替，如果替代的电阻值为 R，则 $P = I^2 R = 5$，得 $R = 5\Omega$。

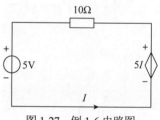

图 1-27　例 1-6 电路图

【例1-7】在指定的电压 u 和电流 i 的参考方向下，写出图1-28所示各元件的 u 和 i 的约束方程。

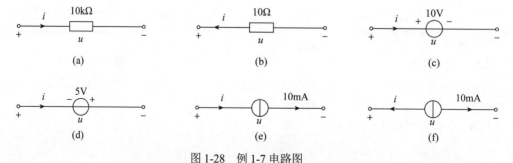

图 1-28　例 1-7 电路图

解：(a) 电阻元件，u、i 为关联参考方向，由欧姆定律可得 $u = Ri = 10^4 i$;

(b) 电阻元件，u、i 为非关联参考方向，由欧姆定律可得 $u = -Ri = -10i$;

(c) 理想电压源与外部电路无关，故 $u = 10V$;

(d) 理想电压源与外部电路无关，故 $u = -5V$;

(e) 理想电流源与外部电路无关，故 $i = 10 \times 10^{-3}A = 10^{-2}A$;

(f) 理想电流源与外部电路无关，故 $i = -10 \times 10^{-3}A = -10^{-2}A$。

1.5 基尔霍夫定律

基尔霍夫定律包括基尔霍夫电流定律(KCL)和基尔霍夫电压定律(KVL)。它反映了电路中所有支路电压和电流所遵循的基本规律，是分析电路的基本定律。基尔霍夫定律与元件特性构成了电路分析的基础。

电路是由电路元件按照一定的方式组成的系统，因此整个电路的表现既取决于电路中各个元件的特性，也取决于电路中的元件的连接方式。

1.5.1 名词解释

(1) 支路：电路中每一个二端元件就称为一条支路或电路中通过同一电流的分支。

(2) 节点：电路中各个支路的连接点。

(3) 回路：电路中的任一闭合路径。

(4) 网孔：对平面电路，其内部不含任何支路的回路称网孔。

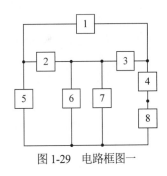

网孔是回路，但回路不一定是网孔。例如，图 1-29 中共有 8 条支路，分析时也可以看成 7 条支路，即 4 和 8 为同一条支路。图 1-29 中共有 4 个节点，分析时也可以看成 3 个节点，即 4 和 8 之间的连接点不算作节点。图 1-29 中共有 4 个网孔，10 个回路。

图 1-29 电路框图一

1.5.2 KCL

(1) 定律内容。对于任一集总电路中的任一节点，在任一时刻，流进(或流出)该节点的所有支路电流的代数和为零；或对于任一集总电路中的任一节点，在任一时刻，流进该节点的所有支路电流的和等于流出该节点的所有支路电流的和。即如果 $i_k(t)$ 表示流入(或流出)节点的电流，n 为节点处的支路数，有下面的式子成立：

$$\sum_{k=1}^{n} i_k(t) = 0 \quad \text{或} \quad \Sigma i_{\text{入}} = \Sigma i_{\text{出}}$$

(2) 定律的实质是电荷守恒。

(3) 关于 KCL 的说明有以下几点。

① KCL 是电荷守恒和电流连续性原理在电路中任意节点处的反映。

② KCL 是对节点处支路电流加的约束，与支路上的元件无关，与电路是线性还是非线性无关。

③ KCL 方程是按电流参考方向列写的，与电流实际方向无关。

④ KCL 可推广应用于电路中包围多个节点的任一闭合面——广义节点。

例如，图 1-30(a)中，$i_1 + i_2 = i_3$ 或 $i_1 + i_2 - i_3 = 0$；图 1-30(b)中，$i_1 + i_2 + i_3 = 0$。

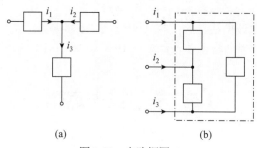

(a)　　　　　　　　　　　　(b)

图 1-30　电路框图二

1.5.3　KVL

(1) 定律内容。对于任一集总电路中的任一回路，在任一时刻沿着该回路的所有支路电压降的代数和为零；或对于任一集总电路中的任一回路节点，在任一时刻沿着该回路的所有支路的电压降的和等于沿着该回路的所有支路的电压升的和。即如果 $v_k(t)$ 表示回路中第 k 条支路电压，k 为回路中的支路数，有下面的式子成立：

$$\sum_{k=1}^{n} u_k(t) = 0 \text{ 或 } \Sigma u_{升} = \Sigma u_{降}$$

(2) 定律的实质是电荷守恒和能量守恒。

(3) 关于 KVL 的说明有以下几点。

① KVL 反映了电路遵从能量守恒。

② KVL 是对回路中的支路电压加的约束，与回路各支路上的元件无关，与电路是线性还是非线性无关。

③ 使用 KVL 时，直接用参考方向根据选定的绕行方向列写方程。

④ KVL 也适用于电路中任一假想的回路——广义回路。

例如在图 1-31 中，选择箭头所示的方向作为列写方程的绕行方向。对于 1、3、4 组成的回路，有 $u_1 + u_3 - u_4 = 0$。对于 1、2、4、5、7、8 组成的回路，有 $u_1 - u_2 - u_4 - u_5 + u_7 + u_8 = 0$。

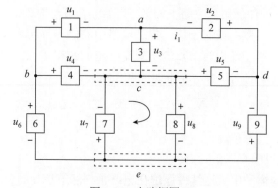

图 1-31　电路框图三

另外，注意列写 KVL 方程时使用双下标表示方法，在实际使用时常常用到两点间电

压与路径无关的结论，例如对于图 1-31，有

$$u_{ce} = u_8 = -u_7 = u_{cb} + u_{be} = -u_4 + u_6 = u_{cd} + u_{de} = -u_9 + u_5$$

1.5.4　KCL、KVL 小结

(1) KCL 是对支路电流的线性约束，KVL 是对回路电压的线性约束。

(2) KCL、KVL 与组成支路的元件性质及参数无关。

(3) KCL 表明电荷在每一节点上是守恒的，KVL 是能量守恒的具体体现(电压与路径无关)。

(4) 电路中 KCL、KVL 方程的独立性。

对于具有 n 个节点、b 条支路、m 个网孔的平面电路，独立的 KCL 方程为 $n-1$ 个，独立的 KVL 方程为 m 个，其中 $m = b - (n-1)$。

【例 1-8】试求图 1-32 所示电路中控制量 u_1 及电压 u。

解： 设电流为 i，列 KVL 方程

$$\begin{cases} 1000i + 10 \times 10^3 i + 10u_1 = 2 \\ u_1 = 10 \times 10^3 i + 10u_1 \end{cases}$$

得：

$$u_1 = 20\text{V}$$

$$u = 200\text{V}$$

【例 1-9】求图 1-33 所示电路中的电流 I_1、I_2、I_3、I_4。

解： 对节点 A 应用 KCL，得

$$I_3 = -8 - 6 - 4 = -18\text{A}$$

对节点 B 应用 KCL，得

$$I_4 = 15 + 7 + I_3 = 15 + 7 - 18 = 4\text{A}$$

对节点 C 应用 KCL，得

$$I_1 = 10 + I_4 - 5 = 10 + 4 - 5 = 9\text{A}$$

对节点 D 应用 KCL，得

$$I_2 = I_1 + 6 + 6 = 9 + 6 + 6 = 21\text{A}$$

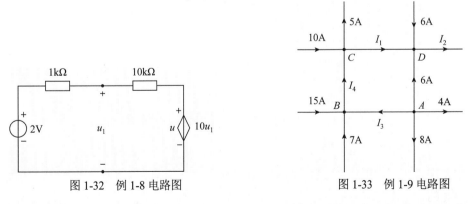

图 1-32　例 1-8 电路图　　　　　　图 1-33　例 1-9 电路图

【例 1-10】图 1-34(a)所示电路中，求两电源的功率，并指出哪个元件吸收功率？哪个元件发出功率？图 1-34(b)所示电路中，哪个元件的工作状态与 R 有关？并确定 R 为何值时，该元件是吸收功率、发出功率及功率为零？

解： 图 1-34(a)中，由题中所给条件及功率计算公式得

$$P_{U_s} = -15 \times 3 = -45\text{W} , \quad P_{I_s} = 15 \times 3 = 45\text{W}$$

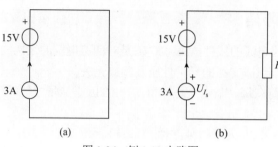

图 1-34 例 1-10 电路图

计算表明，电流源吸收功率，电压源发出功率。

图 1-34(b)中，电压源发出 45W 功率，电阻吸收功率，电流源的工作状态与 R 有关。

当 $U_{I_s} = -15 + 3R > 0$，即 $R > \dfrac{15}{3} = 5\Omega$ 时，电流源发出功率。

当 $U_{I_s} = -15 + 3R < 0$，即 $R < \dfrac{15}{3} = 5\Omega$ 时，电流源吸收功率。

当 $U_{I_s} = -15 + 3R = 0$，即 $R = \dfrac{15}{3} = 5\Omega$ 时，电流源功率为零。

【例 1-11】 求图 1-35 所示电路中的 U_S、R_1 和 R_2。

解： 根据 KCL、KVL 及欧姆定律得

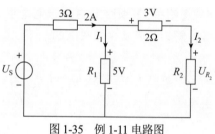

图 1-35 例 1-11 电路图

$$I_2 = \frac{3}{2} = 1.5\text{A}$$

$$I_1 = 2 - I_2 = 2 - 1.5 = 0.5\text{A}$$

$$U_{R_2} = 5 - 3 = 2\text{V}$$

$$R_2 = \frac{U_{R_2}}{I_2} = \frac{2}{1.5} \approx 1.3333\Omega$$

$$R_1 = \frac{5}{I_1} = \frac{5}{0.5} = 10\Omega$$

$$U_S = 3 \times 2 + 5 = 11\text{V}$$

1.6 电路中电位的计算

电压是两点之间的电位差，某点电位是在选定参考点之后，该点与参考点之间的电压。电位是相对的，电压是绝对的。

1.6.1 电位

(1) 定义。电路中某点的电位定义为该点到参考点的电压。

进行电路研究时，常常要分析电路中各点电位的高低。为了确定电路中各点的电位值，必须选择电位的零点，即参考点，在电路图中用符号"⊥"来表示，又称零电位。若电路中 O 点为参考点，则 V_o=0V。其他各点的电位都同它相比较，比它高的电位为正，比它低的电位为负。

电路中某一点的电位等于该点到参考点之间的电压。

根据定义，电路中 a 点的电位为 $V_a=U_{ao}$

(2) 电位和电压的区别如下：

① 电位针对一点 $V_a=U_{ao}$，电压针对两点 $U_{ab}=V_a-V_b$。

② 电位是相对的，电压是绝对的。

(3) 电位的意义如下：

① 相对的；

② 参考点不同，同一点电位不同。

③ 一旦参考点选定，同一点的电位唯一。

1.6.2　利用电位简化电路

(1) 简化电路的意义。在电子线路中，由于电路中的各个支路常常具有公共交汇点，因此为了方便绘制电路图及简便计算过程，于是采用简化电路。

(2) 简化方法如下：

① 选取多条支路的交汇点作为电路参考点(地)，一般将"地"选取在与电源直接相连处。

② 将与地相连的电源及其与地的连线去掉，并用带有+、-符号及大小的标注代替。

③ 保留电路的其他所有部分。

例如，图 1-36 所示为省略电源的简化电路。

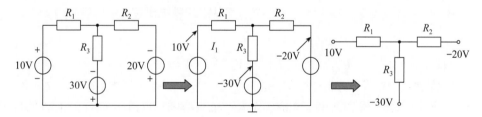

图 1-36　省略电源的简化电路

【例 1-12】已知电路如图 1-37 所示，求开关 S 断开与闭合时 A 点的电位。

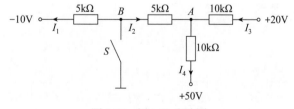

图 1-37　例 1-12 电路图

解：S 断开时，因为

$$I_1=-I_2=\frac{V_A-(-10)}{5+5}=\frac{V_A+10}{10}$$

$$I_3 = \frac{20 - V_A}{10}$$

$$I_4 = \frac{V_A - 50}{10}$$

对节点 A 列写 KCL 方程：$I_2 + I_3 = I_4$，可以解出所求的 $V_A=20$V。

当开关 S 闭合时，$V_B=0$，则

$$I_2 = \frac{V_B - V_A}{5} = -\frac{V_A}{5}$$

$$I_3 = \frac{20 - V_A}{10}$$

$$I_4 = \frac{V_A - 50}{10}$$

对节点 A 列写 KCL 方程：$I_2 + I_3 = I_4$，可以解出所求的 $V_A=17.5$V。

【例 1-13】三极管特性为 $I_C = \beta I_B = 37.5 I_B$，$U_{BE} = 0.7$V，由三极管组成的放大电路的静态电路如图 1-38 所示。求 I_B、I_C、U_{CE}(静态工作点)。

解：根据基尔霍夫定律，由图 1-38 中左回路和右回路可以列写方程如下：

$$300 I_B + U_{BE} = 12$$

$$4 I_C + U_{CE} = 12$$

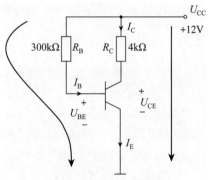

图 1-38　例 1-13 电路图

$I_C = \beta I_B = 37.5 I_B$，$U_{BE} = 0.7$V，$I_E = I_B + I_C$，可以解得：

$$I_B = \frac{V_{CC} - U_{BE}}{R_B} \approx \frac{V_{CC}}{R_B} = 0.04\text{mA} = 40\mu\text{A}$$

$$I_C = \beta I_B = 37.5 \times 40 = 1.5\text{mA}$$

$$U_{CE} = V_{CC} - I_C R_C = 12 - 1.5 \times 4 = 6\text{V}$$

对这样的简化电路进行分析计算有一定的技巧与方法，一般来说都是通过求取电路中的各点电位，从而得出其他一些未知量。求取各点电位时，往往使用对节点列写 KCL 方程的方法。

【例 1-14】求图 1-39(a)所示电路在开关 S 打开和闭合两种情况下 A 点的电位；求图 1-39(b)所示电路中 B 点的电位。

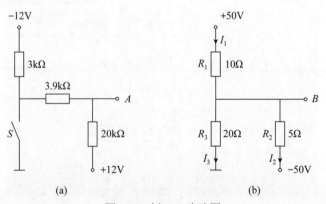

(a)　　　　　　　　　　　(b)

图 1-39　例 1-14 电路图

解：S 打开时，有

$$V_A = \frac{-12-12}{3+3.9+20} \times 20 + 12 = -5.8439 \text{ V}$$

S 闭合时，有

$$V_A = \frac{0-12}{3.9+20} \times 20 + 12 = 1.9582 \text{ V}$$

对图 1-39(b)所示电路应用欧姆定律，得

$$I_1 = \frac{50-V_B}{R_1} = \frac{50-V_B}{10} = 5 - 0.1V_B$$

$$I_2 = \frac{V_B-(-50)}{R_2} = \frac{V_B+50}{5} = 10 + 0.2V_B$$

$$I_3 = \frac{V_B}{R_3} = \frac{V_B}{20} = 0.05V_B$$

对节点 B 应用 KCL，有

$$I_1 = I_2 + I_3$$

即

$$5 - 0.1V_B = 10 + 0.2V_B + 0.05V_B$$

可得

$$V_B = \frac{-10+5}{0.1+0.2+0.05} = -14.286 \text{V}$$

【**例 1-15**】求图 1-40 所示电路中各点的电位。

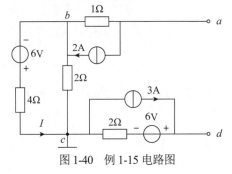

图 1-40　例 1-15 电路图

解：因端口 a、d 开路，故有

$$I = \frac{6}{4+2} = 1\text{A}$$

电路中各点电位分别为

$$V_c = 0\text{V}$$
$$V_d = V_c + 6 + 2 \times 3 = 12\text{V}$$
$$V_b = V_c - 2I = -2 \times 1 = -2\text{V}$$
$$V_a = V_b - 2 \times 1 = -2 - 2 = -4\text{V}$$

习题 1

1. 在图 1-41 所示电路中，已知 $U=4\text{V}$，电流 $I=-2\text{A}$，则电阻值 R 为( )。

2. 在图 1-42 所示电路中，U_S、I_S 均为正值，其工作状态是( )。

3. 图 1-43 所示电阻元件 R 消耗电功率 10W，则电压 U 为( )。

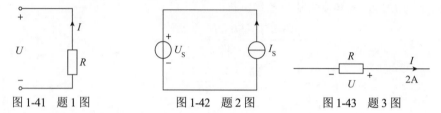

图 1-41 题 1 图　　　　图 1-42 题 2 图　　　　图 1-43 题 3 图

4. 一个实际电源可以用电压源模型表示，也可以用电流源模型来表示。在这两种模型中，该实际电源的内阻应为( )。

5. 理想电流源的外接电阻越大，则它的端电压( )。

6. 理想电压源的外接电阻越大，则流过理想电压源的电流( )。

7. 图 1-44 所示电路中，当 R_1 增加时，电压 U_2 将( )。

8. 图 1-45 所示电路中，当 R_1 增加时，电流 I_2 将( )。

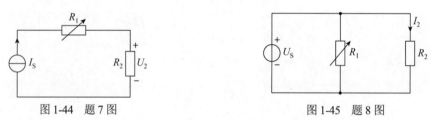

图 1-44 题 7 图　　　　　　　　图 1-45 题 8 图

9. 在图 1-46 所示电路中，已知电流 $I_1=1\text{A}$，$I_3=-2\text{A}$，则电流 I_2 为( )。

10. 在图 1-47 所示电路中，已知 $U_S=2\text{V}$，$I_S=2\text{A}$。电流 I 为( )。

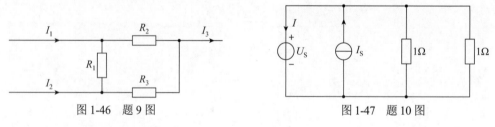

图 1-46 题 9 图　　　　　　　　图 1-47 题 10 图

11. 在图 1-48 所示电路中，已知 $U_S=12\text{V}$，$I_S=2\text{A}$。A、B 两点间的电压 U_{AB} 为( )。

12. 在图 1-49 所示电路中，理想电压源发出的功率 P 为( )。

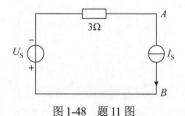
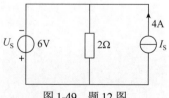

图 1-48 题 11 图　　　　　　　　图 1-49 题 12 图

13. 图 1-50 所示电路中，R_L 消耗功率 20W，则理想电压源 U_S 供出电功率为(　　)。

14. 图 1-51 所示电路中的电压 U_{AB} 为(　　)。

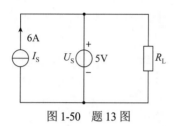

图 1-50　题 13 图

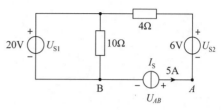

图 1-51　题 14 图

15. 图 1-52 所示电路中，电压 U_{AB} 为(　　)。

16. 求图 1-53 所示电路中各元件的功率，并指出每个元件起电源作用还是负载作用。

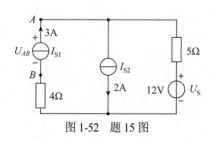

图 1-52　题 15 图

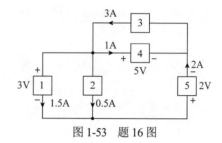

图 1-53　题 16 图

17. 求图 1-54 所示电路中的电流 I、电压 U 及电压源和电流源的功率。

18. 求图 1-55 所示电路中的电流 I_1、I_2 及 I_3。

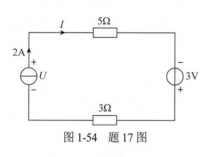

图 1-54　题 17 图

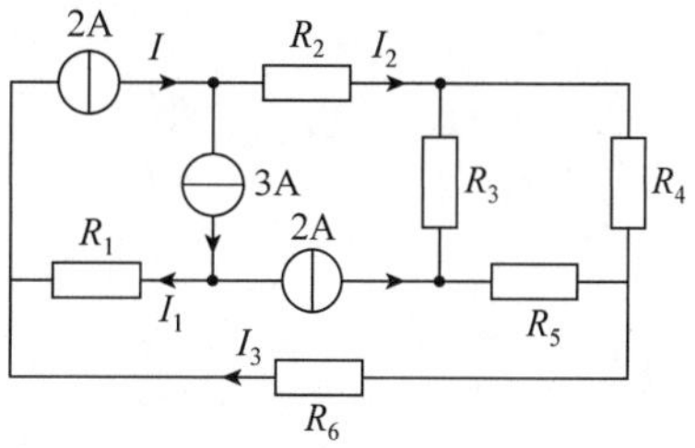

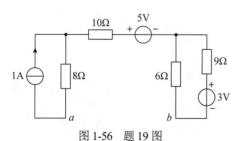

图 1-55　题 18 图

19. 试求图 1-56 所示电路的 U_{ab}。

20. 求图 1-57 所示电路中的 I、I_X、U 及 U_X。

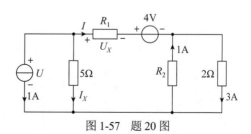

图 1-56　题 19 图

图 1-57　题 20 图

21. 电路如图 1-58 所示，试求：

(1) 求电压 u；

(2) 如果原为 1Ω、4Ω 的电阻和 1A 的电流源可以变动(可以为零，也可以为无穷大)对结果有无影响。

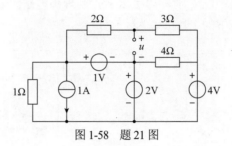

图 1-58　题 21 图

22. 试求图 1-59 所示电路中各元件的功率。

23. 求图 1-60 所示电路中电源发出的功率。

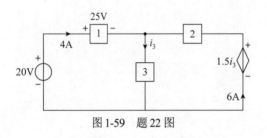

图 1-59　题 22 图

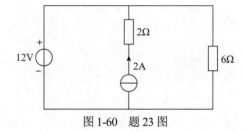

图 1-60　题 23 图

第2章 电阻电路的分析方法

由时不变线性无源元件、线性受控源和独立电源组成的电路称为时不变线性电路，简称线性电路。线性电阻、线性受控源和独立电源组成的电路称为线性电阻电路，简称电阻电路。本章主要介绍电阻电路的等效变换，内容包括电阻的串联、并联和混联，星形连接和三角形连接，电源的串联和并联；还介绍了电阻电路的一般分析方法，包括支路电流法、回路电流法和节点电压法等。

2.1 电阻电路的等效变换

2.1.1 基本概念

1. 线性电路
由线性无源元件、线性受控源和独立电源组成的电路，称为线性电路。

2. 二端网络
任何一个复杂的电路，向外引出两个端钮，且从一个端子流入的电流等于从另一端子流出的电流，则称这一电路为二端网络。

3. 二端网络等效
如图 2-1 所示，若两个二端网络 N_1 和 N_2 与同一个外部电路相接，当相接端点处的电压、电流关系完全相同时，则称 N_1 和 N_2 为相互等效的二端网络。

(1) 电路等效变换的研究对象：未变化的外电路中的电压、电流和功率(对外等效，对内不等效)。

(2) 电路等效变换的条件：两电路具有相同的电压电流关系。

(3) 电路等效变换的目的：化简电路，方便计算。

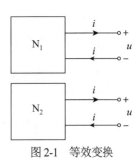

图 2-1 等效变换

2.1.2 电阻串联的等效变换

1. 电阻串联
电阻串联是指多个电阻依次连接并通过同一电流，图 2-2 所示电路为三个电阻的串联电路。

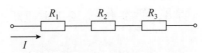

图 2-2 电阻的串联

2. 电阻串联电路的特点

设总电压为 U、电流为 I、总功率为 P。

(1) 等效电阻：$R = R_1 + R_2 + \cdots + R_n$

(2) 分压关系：$\dfrac{U_1}{R_1} = \dfrac{U_2}{R_2} = \cdots = \dfrac{U_n}{R_n} = \dfrac{U}{R} = I$

(3) 功率分配：$\dfrac{P_1}{R_1} = \dfrac{P_2}{R_2} = \cdots = \dfrac{P_n}{R_n} = \dfrac{P}{R} = I^2$

特例：两只电阻 R_1、R_2 串联时，等效电阻 $R = R_1 + R_2$，则分压公式为

$$U_1 = \frac{R_1}{R_1 + R_2}U, \quad U_2 = \frac{R_2}{R_1 + R_2}U$$

2.1.3 电阻并联的等效变换

1. 电阻并联

电阻并联是将多个电阻连接在两个公共节点之间，承受同一电压。图 2-3 所示电路为三个电阻的并联电路。

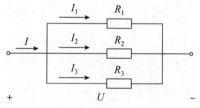

图 2-3　电阻的并联

2. 电阻并联电路的特点

设总电流为 I、电压为 U、总功率为 P。

(1) 等效电导：$G = G_1 + G_2 + \cdots + G_n$，即 $\dfrac{1}{R} = \dfrac{1}{R_1} + \dfrac{1}{R_2} + \cdots + \dfrac{1}{R_n}$

(2) 分流关系：$R_1 I_1 = R_2 I_2 = \cdots = R_n I_n = RI = U$

(3) 功率分配：$R_1 P_1 = R_2 P_2 = \cdots = R_n P_n = RP = U^2$

特例：两只电阻 R_1、R_2 并联时，等效电阻 $R = \dfrac{R_1 R_2}{R_1 + R_2}$，则分流公式为

$$I_1 = \frac{R_2}{R_1 + R_2}I, \quad I_2 = \frac{R_1}{R_1 + R_2}I$$

2.1.4 电阻混联的等效变换

在电阻电路中，既有电阻的串联关系又有电阻的并联关系，称为电阻混联。对混联电路的分析和计算大体上可分为以下几个步骤。

(1) 首先厘清电路中电阻的串、并联关系，必要时重新画出串、并联关系明确的电路图。

(2) 利用串、并联等效电阻公式计算出电路中总的等效电阻。

(3) 利用已知条件进行计算，确定电路的总电压与总电流。

(4) 根据电阻分压关系和分流关系，逐步推算出各支路的电流或电压。

【例 2-1】 求图 2-4 所示电路 AB、AC、BC 间的总电阻 R_{AB}、R_{AC}、R_{BC}。每个电阻的阻值均为 R。

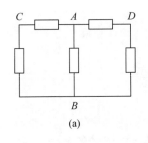
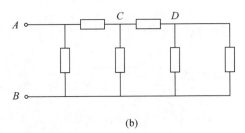

(a)　　　　　　　　　　　　　　　　(b)

图 2-4　例 2-1 电路图

解：图 2-4(a)中，由串、并联关系得

$$R_{AB} = (R + R)\|R\|(R + R) = 0.5R$$
$$R_{AC} = R\|[R + R\|(R + R)] = 0.625R$$
$$R_{BC} = R\|[R + R\|(R + R)] = 0.625R$$

图 2-4 (b)中，由串、并联关系得

$$R_{BC} = R\|(R + R\|R) = 0.6R$$
$$R_{AB} = R\|(R + R_{BC}) = 0.615R$$
$$R_{AC} = R\|(R + R_{BC}) = 0.615R$$

【例 2-2】 求图 2-5 所示电路中当开关 S 打开和闭合时的等效电阻 R_{ab}。

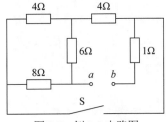

图 2-5　例 2-2 电路图

解：S 打开时，有

$$R_{ab} = 1 + 4 + 6\|(8 + 4) = 9\Omega$$

S 闭合时，有

$$R_{ab} = 1 + (4\|4 + 6)\|8 = 5\Omega$$

【例 2-3】 图 2-6 所示电路中，若使电流 $I = 2A$，求 R 的值。

解：由图 2-6 所示电路可求出

$$R_{cb} = 20\|20\|(16\|16 + 2) = 5\Omega$$

$$R = \frac{U_{ab}}{I} - R_{cb} = \frac{20}{2} - 5 = 5\Omega$$

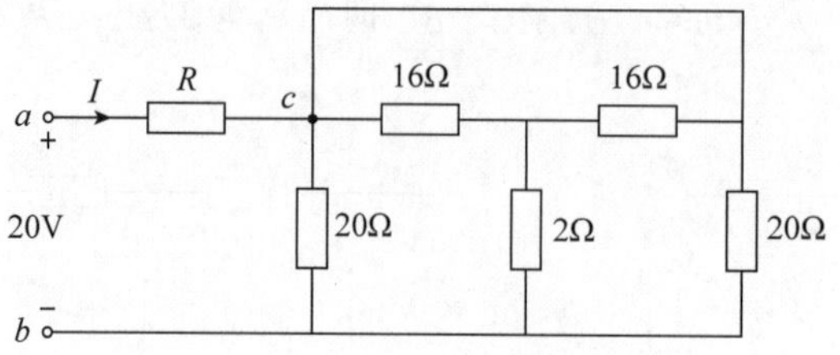

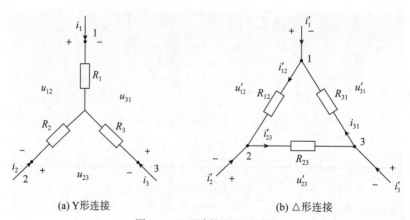

图 2-6　例 2-3 电路图

2.2　电阻的星形和三角形连接的等效变换

电阻的星形连接和三角形连接既不是串联，也不是并联，是一种特殊连接。

电阻的星形连接也称为 Y 形连接，三角形连接也称为△形连接，它们都有 3 个端子与外部相连。在 Y 形连接中，三个电阻元件的一端连接在一起，另一端分别接到外部电路的三个节点，如图 2-7(a)所示。在△形连接中，三个电阻元件首尾相接，连成一个三角形，三角形的三个顶点接到外电路的三个节点，如图 2-7(b)所示。

如果电阻的△形连接和 Y 形连接的对应端子间的电压与电流完全相等，即 $i_1' = i_1$，$i_2' = i_2$，$i_3' = i_3$；$u_{12} = u_{12}'$，$u_{23} = u_{23}'$，$u_{31} = u_{31}'$，则称电阻的△形连接和 Y 形连接对外互为等效。

Y 形连接电路中：

$$\begin{cases} u_{13} = R_1 i_1 + R_3(i_1 + i_2) = (R_1 + R_3)i_1 + R_3 i_2 \\ u_{23} = R_2 i_2 + R_3(i_1 + i_2) = R_3 i_1 + (R_2 + R_3)i_2 \end{cases}$$

(a) Y形连接　　　　　　　　　(b) △形连接

图 2-7　Y 形连接和△形连接

△形连接电路中：

$$
\begin{cases}
i_1 = \dfrac{u_{13}}{R_{13}} + \dfrac{u_{13} - u_{23}}{R_{12}} \\[3mm]
i_2 = \dfrac{u_{23}}{R_{23}} + \dfrac{u_{23} - u_{13}}{R_{12}}
\end{cases}
$$

得：

$$
\begin{cases}
u_{13} = \dfrac{R_{12}R_{31} + R_{23}R_{31}}{R_{12} + R_{23} + R_{31}} i_1 + \dfrac{R_{23}R_{31}}{R_{12} + R_{23} + R_{31}} i_2 \\[4mm]
u_{23} = \dfrac{R_{23}R_{31}}{R_{12} + R_{23} + R_{31}} i_1 + \dfrac{R_{12}R_{23} + R_{31}R_{23}}{R_{12} + R_{23} + R_{31}} i_2
\end{cases}
$$

由以上关系得出△-Y 变换公式：

$$
\begin{cases}
R_1 = \dfrac{R_{12}R_{31}}{R_{12} + R_{23} + R_{31}} \\[4mm]
R_2 = \dfrac{R_{12}R_{23}}{R_{12} + R_{23} + R_{31}} \\[4mm]
R_3 = \dfrac{R_{23}R_{31}}{R_{12} + R_{23} + R_{31}}
\end{cases}
$$

当然也可以得出 Y-△变换公式：

$$
\begin{cases}
R_{12} = \dfrac{R_1R_2 + R_2R_3 + R_3R_1}{R_3} \\[4mm]
R_{23} = \dfrac{R_1R_2 + R_2R_3 + R_3R_1}{R_1} \\[4mm]
R_{31} = \dfrac{R_1R_2 + R_2R_3 + R_3R_1}{R_2}
\end{cases}
$$

简记方法：

$$
R_Y = \frac{\text{△形连接电路中相邻电阻乘积}}{\Sigma R_\triangle}
$$

$$
R_\triangle = \frac{\text{Y形连接电路中电阻两两乘积之和}}{\text{Y形连接电路中不相邻电阻}}
$$

当 $R_1 = R_2 = R_3 = R_Y$ 时，$R_{12} = R_{23} = R_{31} = 3R_Y$。

当 $R_{12} = R_{23} = R_{31} = R_\triangle$ 时，$R_1 = R_2 = R_3 = \dfrac{1}{3} R_\triangle$。

【例 2-4】求图 2-8(a)和(b)所示两个电路的等效电阻 R_{ab}。已知图 2-8(b)电路中所有电阻均为 3Ω。

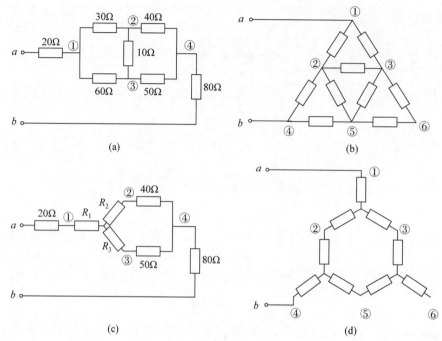

图 2-8　例 2-4 电路图

解： 将图 2-8(a)等效变换成图 2-8(c)所示电路，其中

$$R_1 = \frac{30 \times 60}{30 + 60 + 10} = 18\Omega$$

$$R_2 = \frac{30 \times 10}{30 + 60 + 10} = 3\Omega$$

$$R_3 = \frac{60 \times 10}{30 + 60 + 10} = 6\Omega$$

则 $R_{ab} = 20 + R_1 + (R_2 + 40) \| (R_3 + 50) + 80 = 20 + 18 + (3 + 40) \| (6 + 50) + 80 = 142.323\Omega$。

将图 2-8(b)等效变换成图 2-8(d)所示电路，其中每个电阻为

$$R' = \frac{1}{3} \times 3 = 1\Omega$$

则 $R_{ab} = 1 + (1 + 1) \| (1 + 1 + 1 + 1) + 1 = 3.333\Omega$。

2.3　电源的等效变换

理想电源有电压源和电流源两种，它们的串联、并联和混联可以进行等效变换。所谓等效，是指端口的电压、电流在转换过程中保持不变。

2.3.1　理想电源的串并联

(1) 理想电压源串联，如图 2-9 所示。

注意： 若 u_{Sk} 的参考方向与 u_S 的方向一致时取"+"号，不一致时取"–"号。

结论： 多个理想电压源串联可等效为一个理想电压源，等效电压源的电压等于串联电压源电压的代数和。

(2) 理想电压源与理想电流源串联，如图 2-10 所示。

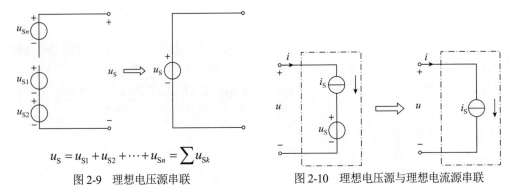

$$u_S = u_{S1} + u_{S2} + \cdots + u_{Sn} = \sum u_{Sk}$$

图 2-9　理想电压源串联　　　　　　图 2-10　理想电压源与理想电流源串联

结论： 一个理想电压源和一个理想电流源串联可等效为该理想电流源。

(3) 理想电流源与电阻串联，如图 2-11 所示。

结论： 一个理想电源和一个电阻串联可等效为该理想电流源。

(4) 理想电流源并联，如图 2-12 所示。

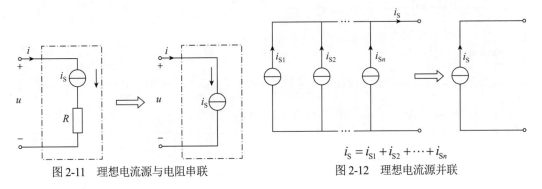

$$i_S = i_{S1} + i_{S2} + \cdots + i_{Sn}$$

图 2-11　理想电流源与电阻串联　　　　图 2-12　理想电流源并联

注意： 若 i_{Sk} 的参考方向与 i_S 的方向一致时取 "+" 号，不一致时取 "–" 号。

结论： 多个理想电流源并联可等效为一个理想电流源，等效电流源的电流等于并联电流源电流的代数和。

(5) 理想电压源和任意元件的并联，如图 2-13 所示。

结论： 一个理想电压源和任意元件并联可等效为该理想电压源。

(6) 理想电流源与任意元件的串联，如图 2-14 所示。

图 2-13　理想电压源与任意元件并联　　　图 2-14　理想电流源与任意元件串联

结论： 一个理想电压源和任意元件并联可等效为该理想电压源。

2.3.2　实际电源的等效变换

实际电源有电压源和电流源两种模型，它们可以进行等效变换。所谓等效，是指端口的电压、电流在转换过程中保持不变。

1. 实际电源两种模型

(1) 电压源模型：将任何一个电源看成由内阻 R 和电动势的电压 u_S 串联的电路，即为电压源模型，简称电压源，如图 2-15(a)所示，其外特性如图 2-15(b)所示。

(2) 电流源模型：将任何一个电源看成是由内阻 R 和电动势的电压 i_S 并联的电路，即为电流源模型，简称电流源如图 2-16(a)所示，其外特性如图 2-16(b)所示。

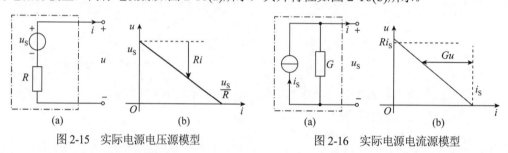

图 2-15　实际电源电压源模型　　　　　　图 2-16　实际电源电流源模型

2. 实际电源的等效变换

电压源：$u = u_S - Ri$

电流源：$i = i_S - Gu$

如果令 $G = \dfrac{1}{R}$，$i_S = Gu_S$，则上述方程完全相同，说明满足条件 $G = \dfrac{1}{R}$，$i_S = Gu_S$ 时，实际电压源和实际电流源可以等效，如图 2-17 所示。

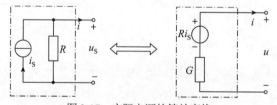

图 2-17　实际电源的等效变换

3. 在具体解题时应该注意的几点

(1) 同一个电源既可用电压源来代替也可以用电流源来代替，电压源与内阻串联，电流源与内阻并联。

(2) 对于同一个负载来说，电压源和电流源是等效的。

(3) 电源等效变换时，电流源电流的方向与电压源电动势的方向相同。

(4) 变换必须对待求支路保持等效性。

(5) 含有受控源时，受控源的控制支路在等效变换中应该保留。

(6) 电压源与电流源的等效变换只是对外电路而言，两种电源的内部不等效。当发生短路时，电压源内部没有电流，电流源内部有电流。

(7) 理想电压源与理想电流源之间不能等效变换。

(8) 电源的等效方法可以推广，如果理想电压源与外接电阻串联，可以把外接电阻看成电源的内阻，等效互换为电流源的形式；如果理想电流源与外接电阻并联，可以把外接电阻看成电源的内阻，等效互换为电压源的形式。

【例 2-5】已知电路如图 2-18 所示，求开路电压 u_{oc}。

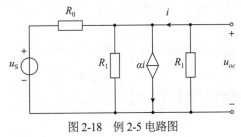

图 2-18　例 2-5 电路图

解： 变换过程如图 2-19 所示。

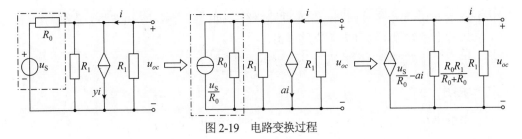

图 2-19　电路变换过程

$$i = -\frac{u_{oc}}{R_1}, \quad 且 \ i = -\frac{\dfrac{R_0 R_1}{R_0 + R_1}}{R_1 + \dfrac{R_0 R_1}{R_0 + R_1}}\left(\frac{u_S}{R_0} - \alpha i\right), \quad 所以$$

$$\frac{u_{oc}}{R_1} = \frac{\dfrac{R_0 R_1}{R_0 + R_1}}{R_1 + \dfrac{R_0 R_1}{R_0 + R_1}}\left(\frac{u_S}{R_0} + \frac{\alpha u_{oc}}{R_1}\right)$$

求得

$$u_{oc} = \frac{1}{1 + \dfrac{R_0}{R_1}(2 - \alpha)} u_S$$

求解本题时注意，含有受控源时，如果使用电源的等效变换方法，除了在变换时注意所求量所在的电路部分，而且要注意受控源的控制支路在变换时同样不能消去。另外，熟练地应用电阻的并(串)联的分流(分压)关系，也是正确求解该类问题的重要基础。

2.4　支路电流法

有些电路不能用电阻的串并联以及星形和三角形电路的等效变换进行简化，而且等效变换只能局限于特定结构的电路，不能对电路做一般分析。在一般分析中，支路电流法是一种最基本的分析方法。

2.4.1 支路电流法概述

1. 支路电流法的概念

支路电流法是指以支路电流作为变量，对节点列写 KCL 方程，对回路列写 KVL 方程分析电路的方法。

2. 采用支路电流法求解问题的思路

对于有 n 个节点、b 条支路的电路，要求解支路电流，未知量共有 b 个。只要列出 b 个独立的电路方程，便可以求解这 b 个变量。

3. 采用支路电流法求解问题的一般步骤

(1) 标定各支路电流(电压)的参考方向。

(2) 选定 n-1 个节点，列写 KCL 方程。

(3) 选定 b-(n-1)个独立回路，指定回路绕行方向，结合 KVL 和支路方程列写。

(4) 求解上述方程，得到 b 个支路电流。

(5) 进一步计算支路电压并进行其他分析。

2.4.2 说明

(1) 当电路存在纯电流源支路(无伴电流源)时，可以设电流源的端电压为变量，同时补充相应的方程或者选回路时避开纯电流源支路；

(2) 采用支路电流法列写的是 KCL 和 KVL 方程，所以方程列写方便、直观，但方程数较多，宜于在支路数不多的情况下使用。

【例 2-6】 图 2-20 所示电路中，已知 $R_1=R_2=10\Omega$，$R_3=4\Omega$，$R_4=R_5=8\Omega$，$R_6=2\Omega$，$i_{S1}=1A$，$u_{S3}=20V$，$u_{S6}=40V$，求各支路电流。

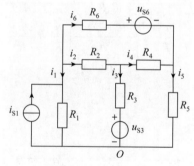

图 2-20　例 2-6 电路图

解： 以 O 点为参考点，选 3 个网孔作为独立回路，并以顺时针方向作为循行方向，支路电流方程为

$$\begin{cases} i_1 + i_2 + i_6 = 0 \\ -i_2 + i_3 + i_4 = 0 \\ -i_4 + i_5 - i_6 = 0 \\ -R_1(i_1 + i_{S1}) + R_2 i_2 + R_3 i_3 = -u_{S3} \\ -R_3 i_3 + R_4 i_4 + R_5 i_5 = u_{S3} \\ -R_2 i_2 - R_4 i_4 + R_6 i_6 = -u_{S6} \end{cases}$$

代入已知条件得

$$\begin{cases} i_1 + i_2 + i_6 = 0 \\ -i_2 + i_3 + i_4 = 0 \\ -i_4 + i_5 - i_6 = 0 \\ -10i_1 + 10i_2 + 4i_3 = -20 + 10 \\ -4i_3 + 8i_4 + 8i_5 = 20 \\ -10i_2 - 8i_4 + 2i_6 = -40 \end{cases}$$

解方程得

i_1=1.85A，i_2=1.332A，i_3=−1.207A，i_4=2.539A，i_5=−0.643A，i_6=−3.182A

【例 2-7】图 2-21 所示电路中，已知 R_2=10Ω，R_3=4Ω，R_4=R_5=8Ω，R_6=2Ω，i_{S1}=1A，u_{S3}=20V，u_{S6}=40V，求各支路电流。

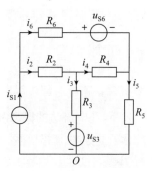

图 2-21 例 2-7 电路图

解： 以 O 点为参考点，选独立回路时，回避无伴电流源所在的网孔，选另外两个网孔为独立回路，以顺时针方向作为回路绕行方向，可得下列支路电流方程

$$\begin{cases} -i_{S1} + i_2 + i_6 = 0 \\ -i_2 + i_3 + i_4 = 0 \\ -i_4 + i_5 - i_6 = 0 \\ -R_3 i_3 + R_4 i_4 + R_5 i_5 = u_{S3} \\ -R_2 i_2 - R_4 i_4 + R_6 i_6 = -u_{S6} \end{cases}$$

代入已知条件得

$$\begin{cases} 1 + i_2 + i_6 = 0 \\ -i_2 + i_3 + i_4 = 0 \\ -i_4 + i_5 - i_6 = 0 \\ -4i_3 + 8i_4 + 8i_5 = 20 \\ -10i_2 - 8i_4 + 2i_6 = -40 \end{cases}$$

解方程得

i_2=2.2143A，i_3=0.2857A，i_4=1.9286A，i_5=0.7143A，i_6=−1.2143A

2.5　网孔电流法

支路电流法虽然是最基本的分析方法，但是它列写的方程数较多，一般的平面电路中，网孔数量少于支路数量，因此利用网孔电流分析电路可以简化计算工作量。

2.5.1　网孔电流法概述

1. 网孔电流概述

网孔电流是假想沿着电路中网孔边界流动的电流，如图 2-22 所示电路中闭合虚线所示

的电流 I_{m1}、I_{m2}、I_{m3}。

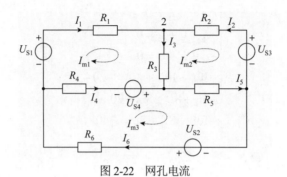

图 2-22　网孔电流

对于一个节点数为 n、支路数为 b 的平面电路，其网孔数为 $b-n+1$ 个，网孔电流数也为 $b-n+1$ 个。

网孔电流有两个特点：独立性，网孔电流自动满足 KCL，而且相互独立；完备性，电路中所有支路电流都可以用网孔电流表示。

2. 网孔电流法的概念及基本思想

网孔电流法是指以网孔电流作为独立变量，根据 KVL 列出关于网孔电流的电路方程，进行求解的过程。其基本思想是为减少未知量(方程)的个数，假想每个回路中有一个回路电流。各支路电流可用回路电流的线性组合表示，来求得电路的解。网孔电流法仅适用于平面电路。

3. 采用网孔电流法求解问题的一般步骤

(1) 指定网孔电流的参考方向，并以此作为列写 KVL 方程的回路绕行方向。

(2) 根据 KVL 列写关于网孔电流的电路方程。

(3) 联立方程求出网孔电流。

(4) 通过网孔电流再求其他电路变量。

根据图 2-22 所示电路，可以写出如下方程：

$$\begin{cases} R_1 I_{m1} + R_3(I_{m1} - I_{m2}) + U_{S4} - R_4(I_{m3} - I_{m1}) - U_{S1} = 0 \\ -R_2 I_{m2} + U_{S2} - R_5(I_{m3} - I_{m2}) - R_3(I_{m1} - I_{m2}) = 0 \\ R_4(I_{m3} - I_{m1}) - U_{S4} + R_5(I_{m3} - I_{m2}) - U_{S3} + R_6 I_{m3} = 0 \end{cases}$$

$$\begin{cases} (R_1 + R_3 + R_4)I_{m1} - R_3 I_{m2} - R_4 I_{m3} = U_{S1} - U_{S4} \\ -R_3 I_{m1} + (R_2 + R_3 + R_5)I_{m2} - R_5 I_{m3} = -U_{S3} \\ -R_4 I_{m1} - R_5 I_{m2} + (R_5 + R_4 + R_6)I_{m3} = U_{S2} + U_{S4} \end{cases}$$

$$\begin{bmatrix} R_1 + R_4 + R_3 & -R_3 & -R_4 \\ -R_3 & R_2 + R_5 + R_3 & -R_5 \\ -R_4 & -R_5 & R_5 + R_4 + R_6 \end{bmatrix} \begin{bmatrix} I_{m1} \\ I_{m2} \\ I_{m3} \end{bmatrix} = \begin{bmatrix} U_{S1} - U_{S4} \\ -U_{S3} \\ U_{S3} + U_{S2} \end{bmatrix}$$

网孔电流方程的一般形式

$$\begin{bmatrix} R_{11} & R_{12} & R_{13} \\ R_{21} & R_{22} & R_{23} \\ R_{31} & R_{32} & R_{33} \end{bmatrix} \begin{bmatrix} I_{m1} \\ I_{m2} \\ I_{m3} \end{bmatrix} = \begin{bmatrix} U_{S11} \\ U_{S22} \\ U_{S33} \end{bmatrix}$$

式中，$R_{ij}(i=j)$ 称为自电阻，为第 i 个网孔中各支路的电阻之和，值恒为正；$R_{ij}(i \neq j)$ 称为互电阻，为第 i 个与第 j 个网孔之间公共支路的电阻之和，值可正可负。当相邻网孔电流在公共支路上流向一致时为正，不一致时为负。不含受控源的电路系数矩阵为对称阵。U_{Sii} 为第 i 个网孔中的等效电压源，其值为该网孔中各支路电压源电压值的代数和。当电压源方向与绕行方向一致时取负，不一致时取正。

2.5.2　几种特殊情况及处理方法

1. 电路中含电流源时

(1) 电路中含实际电流源，做一次等效变换将其变成电流源，再按照一般步骤求解。

(2) 电路中含理想电流源支路(无伴电流源)时，求解过程可参考例 2-8。

【例 2-8】电路如图 2-23 所示，试求各网孔电流。

解：指定网孔电流，如果令 I_1、I_2、I_3 的参考方向如图 2-23 所示。设电流源 1A 的端电压为 U，其参考方向如图所示，可列网孔方程为

$$\begin{cases} I_1 - I_2 = 20 - U \\ -3I_2 + (5+3)I_3 = U \\ I_2 = 2 \end{cases}$$

2. 电路中含受控源时

电路中含受控源时，电路如图 2-24 所示，此时采用网孔电流法求解问题的步骤如下。

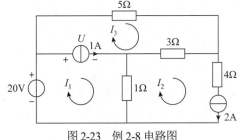

图 2-23　例 2-8 电路图

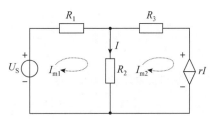

图 2-24　含有受控源的电路

第一步，选取网孔电流方向。

第二步，将受控源作为独立电源处理，利用直接观察法列方程。

$$\begin{cases} (R_1 + R_2)I_{m1} - R_2 I_{m2} = U_S \\ -R_2 I_{m1} + (R_2 + R_3)I_{m2} = -rI \end{cases}$$

第三步，将控制量用未知量表示，即 $I = I_{m1} - I_{m2}$。

第四步，整理求解。

$$\begin{cases} (R_1 + R_2)I_{m1} - R_2 I_{m2} = U_S \\ (r - R_2)I_{m1} + (R_2 + R_3 - r)I_{m2} = 0 \end{cases}$$

注意：$R_{12} \neq R_{21}$。可见，当电路中含受控源时，$R_{ij} \neq R_{ji}$。

【例 2-9】用网孔电流法求图 2-25 所示电路中的电流 i_2 和 i_3。

解：各网孔电流如图 2-25 所示，网孔电流方程为

$$\begin{cases} i_{l1} = i_{S1} = 1 \\ -R_3 i_{l1} + (R_3 + R_4 + R_5)i_{l2} - R_4 i_{l3} = u_{S3} \\ -R_2 i_{l1} - R_4 i_{l2} + (R_2 + R_4 + R_6)i_{l3} = -u_{S6} \end{cases}$$

代入已知条件得

$$\begin{cases} 20i_{l2} - 8i_{l3} = 24 \\ -8i_{l2} + 20i_{l3} = -30 \end{cases}$$

解方程得

$$i_{l2} = 0.7143\text{A}, \quad i_{l3} = -1.2143\text{A}$$

则有

$$i_2 = i_{l1} - i_{l3} = 1 - (-1.2143) = 2.2143\text{A}$$
$$i_3 = i_{l1} - i_{l2} = 1 - 0.7143 = 0.2857\text{A}$$

【例 2-10】图 2-26 所示电路中，已知 $R_1 = 1\Omega$，$R_2 = 2\Omega$，$R_3 = 3\Omega$，$u_{S1} = 10\text{V}$，$u_{S2} = 20\text{V}$，试用网孔电流法求 i_1 及受控源的功率。

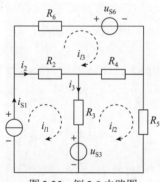

图 2-25　例 2-9 电路图

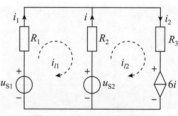

图 2-26　例 2-10 电路图

解：按图示选取回路，其网孔法电流方程为

$$\begin{cases} (R_1 + R_2)i_{l1} - R_2 i_{l2} = u_{S1} - u_{S2} \\ -R_2 i_{l1} + (R_2 + R_3)i_{l2} = u_{S2} - 6i \\ i = i_{l2} - i_{l1} \end{cases}$$

代入已知条件，整理得

$$\begin{cases} 3i_{l1} - 2i_{l2} = -10 \\ -8i_{l1} + 11i_{l2} = 20 \end{cases}$$

解方程得

$$i_{l1} = -4.1176\text{A}, \quad i_{l2} = -1.1765\text{A}$$

则

$$i_1 = i_{l1} = -4.1176\text{A}$$
$$i_2 = i_{l2} = -1.1765\text{A}$$
$$i = i_{l2} - i_{l1} = -1.1765 - (-4.1176) = 2.9411\text{A}$$

受控源的功率为

$$P = 6ii_2 = 6 \times 2.9411 \times (-1.1765) = -20.7612\text{W}$$

2.6　节点电压法

支路电流法是最基本的分析方法，平面电路中可以使用网孔电流法，但网孔电流法只适用于平面电路，没有普遍性。节点电压法是以节点电压作为变量来分析电路的一种方法，它的方程数量较少，而且列写方程时规律性较强，是一种应用较为普遍的方法。

2.6.1　节点电压法概述

1. 节点电压

任意选择电路中某一节点为参考节点，其他节点与此参考节点间的电压称为节点电压。节点电压有两个特点：独立性，节点电压自动满足 KVL，而且相互独立；完备性，电路中所有支路电压都可以用节点电压表示。

2. 节点电压法的概念

节点电压法是指以节点电压作为独立变量，对各个独立节点列写 KCL 方程，得到含 $n-1$ 个变量的 $n-1$ 个独立电流方程，从而求解电路中的待求量的方法。

节点电压数量：$n-1$ 个独立节点可有 $n-1$ 个节点电压。

3. 采用节点电压法求解问题的思路

以图 2-27 所示电路为例，选择了参考节点，只要计算出各独立节点的电位，就可以据此推出其他待求量。列写 KCL 方程：

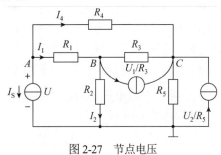

图 2-27　节点电压

节点 A：

$$\frac{U_A - U_B}{R_1} + \frac{U_A - U_C}{R_4} + I_S = 0$$

节点 B：

$$\frac{U_A - U_B}{R_1} = \frac{U_B - U_C}{R_3} + \frac{U_B}{R_2} + \frac{U_{S1}}{R_3}$$

节点 C：

$$\frac{U_B - U_C}{R_3} + \frac{U_1}{R_3} + \frac{U_A - U_C}{R_4} + \frac{U_2}{R_5} - \frac{U_C}{R_5} = 0$$

$$\begin{cases}\left(\dfrac{1}{R_1}+\dfrac{1}{R_4}\right)U_A-\dfrac{1}{R_1}U_B-\dfrac{1}{R_4}U_C=-I_\mathrm{S}\\[2mm]\left(\dfrac{1}{R_1}+\dfrac{1}{R_2}+\dfrac{1}{R_3}\right)U_B-\dfrac{1}{R_1}U_A-\dfrac{1}{R_3}U_C=-\dfrac{U_1}{R_3}\\[2mm]\left(\dfrac{1}{R_5}+\dfrac{1}{R_3}+\dfrac{1}{R_4}\right)U_C-\dfrac{1}{R_4}U_A-\dfrac{1}{R_3}U_B=\dfrac{U_2}{R_5}+\dfrac{U_1}{R_3}\end{cases}$$

写成矩阵形式：

$$\begin{pmatrix}G_1+G_4 & -G_1 & -G_4\\ -G_1 & G_1+G_2+G_3 & -G_3\\ -G_4 & -G_3 & G_3+G_4+G_5\end{pmatrix}\begin{pmatrix}U_A\\U_B\\U_C\end{pmatrix}=\begin{pmatrix}-I_\mathrm{S}\\-U_1/R_3\\U_2/R_5+U_1/R_3\end{pmatrix}$$

仔细观察可以看出，应用节点电压法列写出来的方程组十分有规律。方程左边的系数矩阵的对角线上的元称为"自导"，符号为正，为节点上连接的电导的和；系数矩阵的其他位置上的元称为"互导"，符号为负，为两节点间连接的电导的和。方程右边的列向量的各元为流入该节点的电流源的大小。

由于使用节点电压法列写方程极具规律性，因此在实际使用节点电压法解题时，只需要根据电路的拓扑结构直接列写就可以了。当然，其中的实际电压源要变换为实际电流源，以便计算。

4. 节点电压法的矩阵形式

节点电压法的矩阵形式为

$$G_n\bullet U_n=J_n$$

式中：G_n 为节点电导矩阵，其对角线上的元称为"自导"，其值为某一节点上连接的支路上的电导之和，符号为正；其他各元称为"互导"，其值为某两个节点之间的支路上的电导之和，符号为负。U_n 为节点电压向量，其元为各个节点到参考节点的电压，为列向量。J_n 为节点电流源向量，其元为流入某一节点的电流源电流之和，为列向量。

2. 采用节点电压法求解问题的步骤

(1) 选定参考节点，标定 n-1 个独立节点。

(2) 对 n-1 个独立节点，以节点电压为未知量，列写其 KCL 方程。

(3) 求解上述方程，得到 n-1 个节点电压。

(4) 通过节点电压求各支路电流。

(5) 其他分析。

2.6.2　几种特殊情况及处理方法

(1) 当电路存在无伴电压源支路时，以电压源电流为变量，增补节点电压与电压源间的关系。

(2) 当电路中存在受控源时，先把受控源看作独立电源列方程，再将控制量用节点电压表示，然后移项。

(3) 适用于支路多、节点数少的电路分析计算，实际生活中在三相电路的计算中常用。

(4) 可以用于非平面电路。

【**例 2-11**】已知图 2-28 所示电路，求 6Ω 电阻上的电流。该电路存在纯电压源支路(无伴电压源支路)的情况。

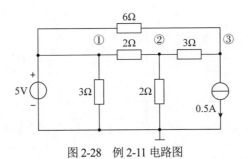

图 2-28 例 2-11 电路图

解：方法一： 将纯电压源的电流作为变量。

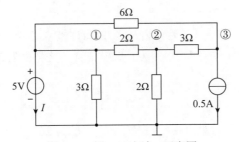

图 2-29 例 2-11 方法一示意图

设纯电压源支路的电流为 I，方向如图 2-29 所示，根据节点电压法直接列写方程组：

$$
\begin{cases}
\left(\dfrac{1}{3}+\dfrac{1}{2}+\dfrac{1}{6}\right)U_1-\dfrac{1}{2}U_2-\dfrac{1}{6}U_3=-I \\[2mm]
-\dfrac{1}{2}U_A+\left(\dfrac{1}{2}+\dfrac{1}{2}+\dfrac{1}{3}\right)U_2-\dfrac{1}{3}U_3=0 \\[2mm]
-\dfrac{1}{6}U_1-\dfrac{1}{3}U_2+\left(\dfrac{1}{3}+\dfrac{1}{6}\right)U_3=-0.5
\end{cases}
$$

在以上直接列写的方程组中添加方程 $U_1=5\text{V}$，三个方程中有三个变量，即可求解出电路的各个待求量。其中 $U_3=2.3\text{V}$，所以待求的电流为 0.45A。

方法二：将纯电压源支路作为广义节点，按节点电压法规则直接列写方程，如图 2-30 所示。

如果将纯电压源支路作为一个广义节点，则原来的节点 1 与原来选定的参考节点一起称为新的参考节点。于是可以只针对节点 2、3 列写方程，注意此时的参考节点包含节点 1：

$$
\begin{cases}
\left(\dfrac{1}{3}+\dfrac{1}{2}+\dfrac{1}{2}\right)U_2-\dfrac{1}{2}\times5-\dfrac{1}{3}U_3=0 \\[2mm]
-\dfrac{1}{6}\times5+\left(\dfrac{1}{6}+\dfrac{1}{3}\right)U_3-\dfrac{1}{3}U_2=-0.5
\end{cases}
$$

可以得出与方法一相同的结论。

【例 2-12】 已知电路如图 2-31 所示，求各节点电压。该电路存在受控源的情况。

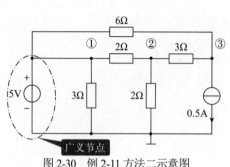

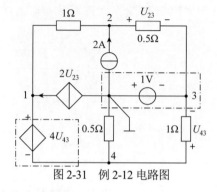

图 2-30　例 2-11 方法二示意图　　　　　　图 2-31　例 2-12 电路图

解： 在建立节点方程时，受控源可以按独立源对待，但需要利用受控源与其所涉及的节点电压变量之间的关系。

在该题的求解过程中，可以将右框内的电压源(即节点 3 和原参考节点)作为广义参考节点，左框内的受控源(即 1、4 节点)作为广义节点 1，这样列写节点电压方程时，直接列写的方程数就只有两个。

广义节点 1：

$$U_1 + \left(\frac{1}{0.5} + 1\right)U_4 - U_2 - U_3 = 2U_{23}$$

节点 2：

$$-U_1 - \frac{1}{0.5}U_3 + \left(\frac{1}{0.5} + 1\right)U_2 = 2$$

再加上受控源与其涉及的节点电压变量之间的关系：

$$2U_{23} = 2(U_2 - U_3)$$
$$4U_{43} = 4(U_4 - U_3)$$

此时联立上面的方程最终可以得出待求量：

$$U_1 = \frac{17}{3}\text{V}, \quad U_2 = \frac{17}{9}\text{V}, \quad U_3 = -1\text{V}, \quad U_4 = \frac{1}{3}\text{V}$$

【例 2-13】 图 2-32 所示电路中，已知 $R_1 = \frac{1}{2}\,\Omega$，$R_2 = \frac{1}{3}\,\Omega$，$R_3 = \frac{1}{4}\,\Omega$，$R_4 = \frac{1}{5}\,\Omega$，$R_5 = \frac{1}{6}\,\Omega$，$u_{S1} = 1\text{V}$，$u_{S2} = 2\text{V}$，$u_{S3} = 3\text{V}$，$i_{S3} = 3\text{A}$，$u_{S5} = 5\text{V}$，试用节点电压法求各支路电流。

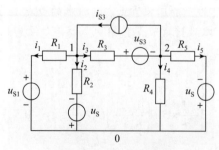

图 2-32　例 2-13 电路图

解：以 0 为参考点，则该电路的节点电压方程为

$$\begin{cases} \left(\dfrac{1}{R_1}+\dfrac{1}{R_2}+\dfrac{1}{R_3}\right)u_{N1}-\dfrac{1}{R_3}u_{N2}=\dfrac{u_{S1}}{R_1}-\dfrac{u_{S2}}{R_2}+i_{S3}+\dfrac{u_{S3}}{R_3} \\[2ex] -\dfrac{1}{R_3}u_{N1}+\left(\dfrac{1}{R_3}+\dfrac{1}{R_4}+\dfrac{1}{R_5}\right)u_{N2}=-i_{S3}-\dfrac{u_{S3}}{R_3}-\dfrac{u_{S5}}{R_5} \end{cases}$$

代入已知条件得

$$\begin{cases} 9u_{N1}-4u_{N2}=11 \\ -4u_{N1}+15u_{N2}=-45 \end{cases}$$

解得

$$u_{N1}=-0.1261\text{V}，\quad u_{N2}=-3.0336\text{V}$$

各支路的电流为

$$i_1=\frac{u_{N1}-u_{S1}}{R_1}=2(-0.1261-1)=-2.2522\text{A}$$

$$i_2=\frac{u_{N1}+u_{S2}}{R_2}=3(-0.1261+2)=5.6127\text{A}$$

$$i_3=\frac{u_{N1}-u_{N2}-u_{S3}}{R_3}=4(-0.1261+3.0336-3)=-0.37\text{A}$$

$$i_4=\frac{u_{N2}}{R_4}=5(-3.0336)=-15.168\text{A}$$

$$i_5=\frac{u_{N2}+u_{S5}}{R_5}=6(-3.0336+5)=11.7984\text{A}$$

习题 2

1. 图 2-33 所示电路中，电阻 $R=40\Omega$，该电路的等效电阻 R_{AB} 为(　　　)。

2. 图 2-34 所示电路中，A、B 两端间的等效电阻 R_{AB} 为(　　　)。

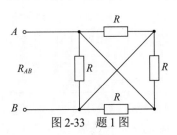

图 2-33　题 1 图

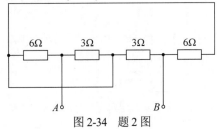

图 2-34　题 2 图

3. 图 2-35 所示电路中，每个电阻 R 均为 8Ω，则等效电阻 R_{AB} 为(　　　)。

4. 由 △ - Y 等效变换法可得图 2-36 所示电路中 A、B 端的等效电阻 R_{AB} 为(　　　)。

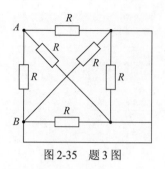

图 2-35　题 3 图

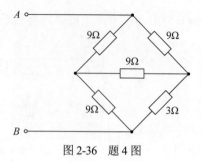

图 2-36　题 4 图

5. 图 2-37 所示电路中，一端口网络的输入电阻 R_{AB} 为(　　)。

6. 图 2-38 所示电路中，电源电压 U=10V，电阻 $R=30\Omega$，则电流 I 值为(　　)。

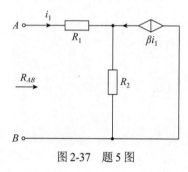

图 2-37　题 5 图

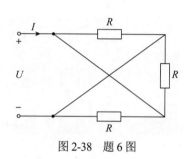

图 2-38　题 6 图

7. 图 2-39 所示电路中，电流 I 为(　　)。

8. 图 2-40 所示电路中，电流 I 是(　　)。

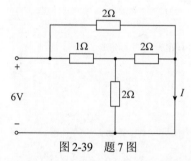

图 2-39　题 7 图

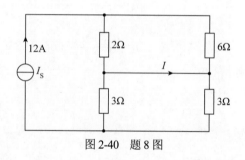

图 2-40　题 8 图

9. 理想电压源和理想电流源间(　　)。

10. 图 2-41 所示电路中，对负载电阻 R_L 而言，虚线框中的电路可用一个等效电源代替，该等效电源是(　　)。

11. 图 2-42 所示电路中，对负载电阻 R_L 而言，虚线框中的电路可用一个等效电源代替，该等效电源是(　　)。

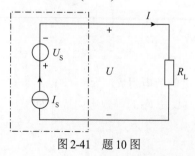

图 2-41　题 10 图

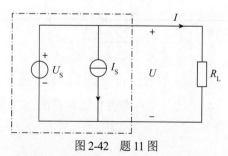

图 2-42　题 11 图

12. 图 2-43(a)所示电路中，U_S=2V，用图 2-43(b)所示电路中的等效电流源代替图 2-43(a)的电路，则等效电流源的参数为( )。

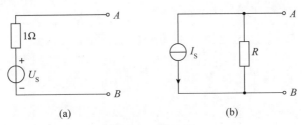

图 2-43 题 12 图

13. 图 2-44(a)所示电路中，U_{S1}=4V，U_{S2}=2V，用图 2-44(b)所示电路中的理想电压源代替图 2-44(a)所示的电路，该等效电压源的参数 U_S 为( )。

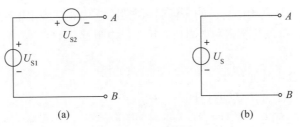

图 2-44 题 13 图

14. 图 2-45 所示电路中，I_{S1}、I_{S2} 和 U_S 均为正值，且 $I_{S2}>I_{S1}$，则供出功率的电源是( )。

15. 图 2-46 所示电路中，各电阻值和 U_S 值均已知。欲用支路电流法求解流过电阻 R_G 的电流 I_G，需列出独立的 KCL 和 KVL 方程数分别为( )。

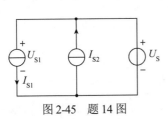

图 2-45 题 14 图

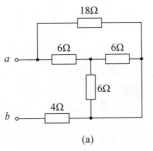

图 2-46 题 15 图

16. 电路如图 2-47 所示，求：

(1) 图 2-47(a)中的 a、b 端等效电阻；

(2) 图 2-47(b)中的电阻 R。

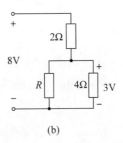

图 2-47 题 16 图

17. 电路如图 2-48 所示，求：

(1) 图 2-48(a)中的电压 U_S 和 U；

(2) 图 2-48(b)中 U=2V 时的电压 U_S。

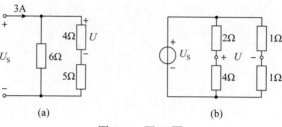

图 2-48　题 17 图

18. 计算图 2-49 所示电路中各支路电流。

19. 图 2-50 所示是直流电动机的一种调速电阻，它由 4 个固定电阻串联而成。利用几个开关的闭合或断开，可以得到多种电阻值。设 4 个电阻都是 1Ω，试求在下列 3 种情况下 a、b 两点间的电阻值：

(1) K_1 和 K_5 闭合，其他打开；

(2) K_2、K_3 和 K_5 闭合，其他打开；

(3) K_1、K_3 和 K_4 闭合，其他打开。

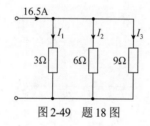

图 2-49　题 18 图

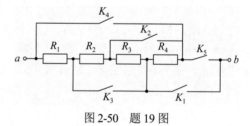

图 2-50　题 19 图

20. 求图 2-51 所示电路的 a 点电位和 b 点电位。

21. 利用支路电流法求图 2-52 所示电路中的电流 I_1、I_2 及 I_3。

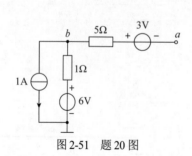

图 2-51　题 20 图

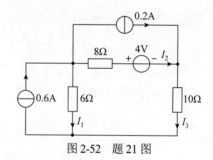

图 2-52　题 21 图

22. 利用支路电流法求图 2-53 所示电路中的电流 I_1 及 I_2。

23. 用节点电压法求图 2-54 所示电路中的电流 I_1。

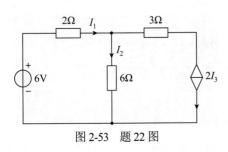

图 2-53　题 22 图

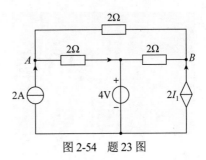

图 2-54　题 23 图

第3章　电路定理

在分析电路时，往往会需要求某一支路的电压和电流，利用第 2 章介绍的支路电流法、网孔电流法和节点电压法可以求出某一支路的电压和电流，但它同时也会求出其他支路的电压与电流，这就增加了电路分析的工作量。本章介绍的电路定理对于解决电路中某一支路的电压和电流的计算问题以及负载何时能获得最大功率等问题是比较有效的。

3.1　叠加定理

叠加定理是线性电路的一个重要定理，它反映了线性电路的可加性。叠加定理是分析电路的一个基本定理，也可以用它来证明和推导线性电路的其他重要定理。

3.1.1　定理的内容及应用方法

1. 定理的内容

在线性电路中，任一支路的电流(或电压)可以看成电路中每一个独立电源单独作用于电路时，在该支路产生的电流(或电压)的代数和。

2. 定理的应用方法

将电路中的各个独立源分别单独列出，此时其他的电源置零——独立电压源用短路线代替，独立电流源用开路代替——分别求取各独立源单独作用时产生的电流或电压。计算时，电路中的电阻、受控源元件及其连接结构不变。

3.1.2　定理应用时的注意事项

(1) 只适用于线性电路；

(2) 进行叠加时，除独立源外的所有元件都不能改变，独立源的内阻也不能改变；

(3) 叠加时，应该注意参考方向与叠加时的符号；

(4) 功率不能叠加(功率为电压和电流的乘积，为电源的二次函数)；

(5) 含受控源的电路亦可叠加，受控源应始终保留在各分电路中。

【例 3-1】 图 3-1(a)所示电路中，已知 $E_1 = 17\,\text{V}$，$E_2 = 17\,\text{V}$，$R_1 = 2\,\Omega$，$R_2 = 1\,\Omega$，$R_3 = 5\,\Omega$，试应用叠加定理求各支路电流 I_1、I_2、I_3。

解： (1) 当电源 E_1 单独作用时，将 E_2 视为短路，设

$$R_{23} = R_2 /\!/ R_3 = 0.83\,\Omega$$

$$I_1' = \frac{E_1}{R_1 + R_{23}} = \frac{17}{2.83} = 6\,\text{A}$$

则

$$I_2' = \frac{R_3}{R_2 + R_3}I_1' = 5\,\mathrm{A}$$

$$I_3' = \frac{R_2}{R_2 + R_3}I_1' = 1\,\mathrm{A}$$

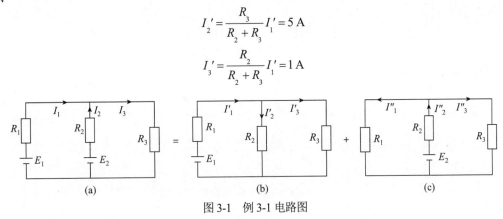

图 3-1　例 3-1 电路图

(2) 当电源 E_2 单独作用时，将 E_1 视为短路，设

$$R_{13} = R_1 \text{//} R_3 = 1.43\,\Omega$$

$$I_2'' = \frac{E_2}{R_2 + R_{13}} = \frac{17}{2.43} = 7\,\mathrm{A}$$

则

$$I_1'' = \frac{R_3}{R_1 + R_3}I_2'' = 5\,\mathrm{A}$$

$$I_3'' = \frac{R_1}{R_1 + R_3}I_2'' = 2\,\mathrm{A}$$

(3) 当电源 E_1、E_2 共同作用时(叠加)，若各电流分量与原电路电流参考方向相同时，在电流分量前面取"+"号；反之，则取"–"号。

【例 3-2】应用叠加定理求图 3-2(a)所示电路中的电流 I 和电压 U。

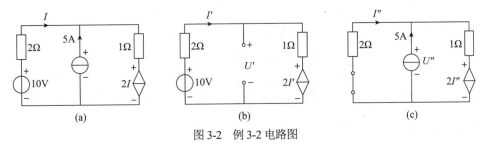

图 3-2　例 3-2 电路图

解： 图 3-2(b)为 10V 电压源单独作用的分电路，图 3-2(c)为 5A 电流源单独作用的分电路。由图 3-2(b)所示电路得

$$10 = 2I' + 1 \times I' + 2I'$$

$$I' = \frac{10}{5} = 2\mathrm{A}$$

$$U' = I' + 2I' = 3I' = 3 \times 2 = 6\mathrm{V}$$

由图 3-2(c)得

$$I'' = \frac{-5}{5} = -1\mathrm{A}$$

$$U'' = -2I'' = -2 \times (-1) = 2V$$

由叠加定理得

$$I = I' + I'' = 2 + (-1) = 1A$$
$$U = U' + U'' = 6 + 2 = 8V$$

【例 3-3】 电路如图 3-3 所示。

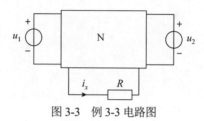

图 3-3　例 3-3 电路图

(1) 假设 N 仅由线性电阻组成：当 $u_1 = 2V$，$u_2 = 3V$ 时，$i_x = 20A$；当 $u_1 = -2V$，$u_2 = 1V$ 时，$i_x = 0$。求 $u_1 = u_2 = 5V$ 时，i_x 为何值。

(2) 假设 N 中接入独立源：当 $u_1 = u_2 = 0$ 时，$i_x = -10A$，且(1)的条件仍然适用，再求 $u_1 = u_2 = 5V$ 时，i_x 为何值。

解：(1) N 仅由线性电阻组成时，由叠加定理可得电流 i_x 与独立电流源 u_1、u_2 的一般关系为

$$i_x = K_1 u_1 + K_2 u_2$$

代入题中的两组数据，得下列方程：

$$\begin{cases} 2K_1 + 3K_2 = 20 \\ -2K_1 + K_2 = 0 \end{cases}$$

解得 $K_1 = 2.5$，$K_2 = 5$。则电流 i_x 与独立电压源 u_1、u_2 的关系为

$$i_x = 2.5u_1 + 5u_2$$

当 $u_1 = u_2 = 5V$，电流 i_x 为

$$i_x = 2.5 \times 5 + 5 \times 5 = 37.5V$$

(2) 当 N 中接入独立源时，由叠加定理可得电源 i_x 与电压源 u_1、u_2 的一般关系为

$$i_x = K_1' u_1 + K_2' u_2 + I_0$$

由题知 $u_1 = u_2 = 0$ 时，$i_x = -10A$，得 $I_0 = -10A$。则

$$i_x = K_1' u_1 + K_2' u_2 - 10$$

再代入题(1)中的数据，得下列方程：

$$\begin{cases} 2K_1' + 3K_2' - 10 = 20 \\ -2K_1' + K_2' - 10 = 0 \end{cases}$$

解得 $K_1' = 0$，$K_2' = 10$，电流 i_x 与 u_1、u_2 的关系为

$$i_x = 10u_2 - 10$$

当 $u_1 = u_2 = 5V$ 时，电流 i_x 为

$$i_x = 10 \times 5 - 10 = 40A$$

3.2　替代定理

替代定理也叫置换定理，既适用于线性电路，也适用于非线性电路，可以用于简化电路，使电路分析变得简单。

3.2.1　定理的内容

给定任意一个线性电阻电路，其中第 k 条支路的电压 u_k 和电流 i_k 已知，那么这条支路就可以用一个电压等于 u_k 的独立电压源，或者一个电流等于 i_k 的独立电流源来代替，替代后的电路中的全部电压和电流均将保持原值(即电路在改变前后，各支路电压和电流均是唯一的)。

3.2.2　定理应用时的注意事项

(1) 所应用的支路可以含源，也可以不含源，但不含受控源的控制量或受控量；

(2) 定理可以应用于非线性电路；

(3) 替代后电路必须有唯一解。

【例 3-4】图 3-4 所示电路中，N_S 为线性有源电路，已知当 $R_1 = 3\Omega$ 时，$I_1 = 1\text{A}$，$I_2 = -3\text{A}$；当 $R_1 = 9\Omega$ 时，$I_1 = 0.5\text{A}$，$I_2 = -7.5\text{A}$。如果电流 $I_2 = 0$，则 R_1 为何值？

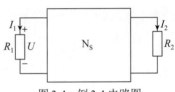

图 3-4　例 3-4 电路图

解：已知 R_1 中的电流，由替代定理可知，R_1 支路可用电流源 $I_S = I_1$ 替代，设

$$I_2 = KI_S + I_2' = KI_1 + I_2'$$

式中，I_2' 为 N_S 内部独立源产生的 I_2 的分量，将题目所给的条件代入，得

$$\begin{cases} K \times 1 + I_2' = -3 \\ K \times 0.5 + I_2' = -7.5 \end{cases}$$

解得 $K=9$，$I_2' = -12\text{A}$，因此

$$I_2 = 9I_1 - 12 \tag{3-1}$$

设 U_1' 为 N_S 内部独立源产生的 U_1 的分量，由电路知 $U_1 = I_1 R_1$，代入已知条件得

$$\begin{cases} K_1 \times 1 + U_1' = 1 \times 3 \\ K_1 \times 0.5 + U_1' = 0.5 \times 9 \end{cases}$$

解得 $K_1 = -3$，$U_1' = 6\text{V}$，因此

$$U_1 = -3I_1 + 6 \tag{3-2}$$

当 $I_2 = 0$ 时，由式(3-1)得 $I_1 = \dfrac{12}{9} = \dfrac{4}{3}\text{A}$，代入式(3-2)得

$$U_1 = -3 \times \frac{4}{3} + 6 = 2\text{V}$$

则此时的 R_1 为

$$R_1 = \frac{U_1}{I_1} = \frac{2}{\frac{4}{3}} = 1.5\Omega$$

3.3 其他常用电路定理

实际工程中常常碰到只需要研究某一支路的电压、电流或功率的问题。对所研究的支路来说，电路的其余部分就成为一个有源二端网络，可等效变换为较简单的含源支路(电压源与电阻串联或电流源与电阻并联支路)，使分析和计算简化。本节主要介绍其他常用电路定理：戴维南定理、诺顿定理和最大功率传输定理。戴维南定理和诺顿定理给出了等效含源支路及其计算方法。

3.3.1 戴维南定理

1. 定理的内容

一个含独立电源、线性电阻和受控源的一端口网络，对外电路来说，可以用一个电压源和电阻串联的组合来等效置换，此电压源的电压等于一端口网络的开路电压，而电阻等于一端口网络的全部独立源置零后的输入电阻。戴维南定理如图 3-5 所示。

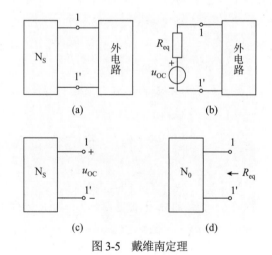

图 3-5 戴维南定理

2. 定理的证明

戴维南定理证明过程如图 3-6 所示。设一个线性含源二端网络与一个外电路相连，如图 3-6(a)所示。当流过负载的电流为 $i(t)$ 时，则根据替代定理，可以用一个理想电流源替代该负载，如图3-6(b)所示，此时，整个网络就成为一个线性网络。由此，可以利用叠加定理求 1、1′两点间的电压 $u(t)$。

将网络中的独立源分成两组，即线性含源二端网络中的所有独立源为一组，电流源 $i(t)$ 为一组。当线性含源二端网络中的独立源共同作用时，电流源 $i(t)$ 断开，如图 3-6(c)所示，此时求得的电压分量 U'，即为 1、1′支路断开时的开路电压 U_{OC}，得 $U' = U_{OC}$。

当电流源 $i(t)$ 单独作用时，令原线性含源二端网络中的所有独立源为零值，如图 3-6(d) 所示，此时从 1、1′ 两点向左看即为等效电阻 R_{eq}，则 $U'' = -R_{eq}i(t)$ (注意参考方向)。

可见，由叠加定理即可得到 a、b 两点间的电压：

$$U = U' + U'' = U_{OC} - R_{eq}i(t)$$

由 1、1′ 两点间的伏安关系出发，可以构筑一个简单的等效电路。

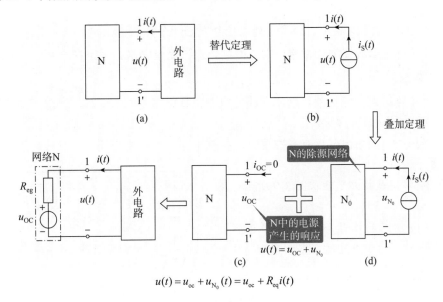

$$u(t) = u_{oc} + u_{N_0}(t) = u_{oc} + R_{eq}i(t)$$

图 3-6　戴维南定理证明过程

3. 定理的使用

(1) 将所求支路划出，余下部分成为一个一端口网络。

(2) 求出一端口网络的端口开路电压 U_{OC}，电压源方向与所求开路电压方向有关，计算 U_{OC} 的方法视电路形式选择前面学过的任意方法，使其易于计算。

(3) 等效电阻将一端口网络内部独立电源全部置零(电压源短路、电流源开路)后，所得为无源一端口网络的输入电阻。常用下列方法计算：

① N 除源，当网络内部不含有受控源时可采用电阻串并联和△-Y 互换的方法计算等效电阻；

② N 除源，采用外加电源法(加压求流或加流求压)求比值。如图 3-7 所示，用外加电源法求戴维南等效电阻 $R_{eq} = \dfrac{U}{I}$。

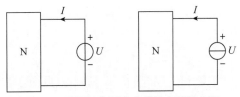

图 3-7　用外加电源法求戴维南等效电阻

③ 不除源，开路电压，短路电流法。如图 3-8 所示，用短路法求戴维南等效电阻

$$R_{\text{eq}} = \frac{U_{\text{OC}}}{I_{\text{SC}}}。$$

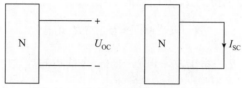

图 3-8　用短路法求戴维南等效电阻

(4) 用实际电压源模型代替原一端口网络，对该简单电路进行计算，求出待求量。

4. 注意事项

(1) 外电路可以是任意的线性或非线性电路，外电路发生改变时，含源一端口网络的等效电路不变(伏-安特性等效)。

(2) 当一端口网络内部含有受控源时，控制电路与受控源必须包含在被化简的同一部分电路中。

【例 3-5】用戴维南定理求图 3-9 所示电路中的电流 i。

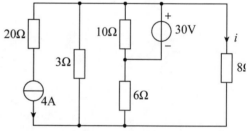

解： $8\,\Omega$ 电阻两端开路后的等效电路如图 3-10(a)所示，对该电路运用叠加定理得：

$$u_{\text{OC}} = \frac{3}{3+6} \times 30 + \left(-\frac{6\times 3}{6+3} \times 4\right) = 10 - 8 = 2\text{V}$$

原电路中电源化零后的电路如图 3-10(b)所示，由此电路得：

$$R_{\text{eq}} = (3\times 6)\,/\,(3+6) = 2\Omega$$

所以原电路等效为图 3-10(c)所示电路，可得：

$$i = \frac{2}{2+8} = 0.2\text{A}$$

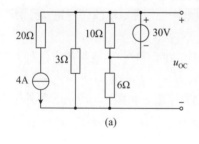 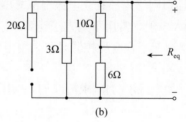 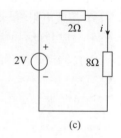

(a)　　　　　　　　　　(b)　　　　　　　　(c)

图 3-10　例 3-5 解图

3.3.2　诺顿定理

1. 定理的内容

一个含独立电源、线性电阻和受控源的一端口网络(见图 3-11(a))，对外电路来说，可以用一个电流源和电导(电阻)的并联组合来等效置换(见图3-11(b))；电流源的电流等于该一端口网络的短路电流(见图3-11(c))，而电导(电阻)等于把该一端口网络的全部独立电源置零后的输入电导(电阻)(见图 3-11(d))。

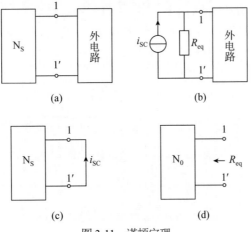

图 3-11　诺顿定理

2．定理的证明

诺顿等效电路可由戴维南等效电路经电源等效变换得到。诺顿等效电路可采用与戴维南定理类似的方法证明。证明过程略。

3．定理的使用

诺顿定理与戴维南定理的用法相同，只是在求一端口网络的端口开路电压时变为求一端口网络的短路电流。

4．关于戴维南定理和诺顿定理的说明

(1) 常常用于简化一个复杂电路中不需要进行研究的有源部分，即将一个复杂电路中不需要进行研究的有源二端网络用戴维南等效电路或诺顿等效电路来代替，以利于其余部分的分析和计算。

(2) 如果外部电路为非线性电路，定理仍然适用。

(3) 并非任何线性含源一端口网络都有戴维南等效电路或诺顿等效电路。如果一端口网络只能等效为一个理想电压源，那么它就没有诺顿等效电路；如果一端口网络只能等效为一个理想电流源，那么它就没有戴维南等效电路。

(4) 当电路中存在受控源时，外电路不能含有控制量在一端口网络 N_S 之中的受控源，但是控制量可以为端口电压或电流。因为在等效过程中，受控量所在的支路已经被消除，计算外电路的电流电压时就无法考虑这一受控源的作用了。

【例 3-6】求图 3-12(a)、(b)所示两电路的戴维南等效电路和诺顿等效电路。

解：图 3-12(a)所示电路中，开路电压为

$$U_{ab} = 0$$

短路电流

$$I_{sc} = 0$$

戴维南等效电阻为

$$R_{eq} = (20 + 20) \| (40 + 40) = 26.667\Omega$$

图 3-12(b)所示电路中，用叠加法求开路电压 $U_{11'}$ 及短路电流 I_{SC}。1A 电流源作用时，有

$$U'_{11'} = 1 \times 1 + \frac{2 \times (3+4)}{2+3+4} \times 1 \times \frac{1}{4+3} \times 3 = \frac{5}{3}\text{V}$$

$$I'_{SC} = 1 - 1 \times [4 \parallel (3 \parallel 1 + 2)] \times \frac{1}{2+3 \parallel 1} \times (3 \parallel 1) \times \frac{1}{1} = \frac{5}{9}\text{A}$$

20V 电压源作用时，有

$$U''_{11'} = \frac{20}{3+2+4} \times (2+4) = \frac{40}{3}\text{V}$$

$$I''_{SC} = \frac{20}{3+6 \parallel 1} \times (6 \parallel 1) \times \frac{1}{1} = \frac{40}{9}\text{A}$$

则

$$U_{11'} = U'_{11'} + U''_{11'} = \frac{5}{3} + \frac{40}{3} = 15\text{V}$$

$$I_{SC} = I'_{SC} + I''_{SC} = \frac{5}{9} + \frac{40}{9} = 5\text{A}$$

戴维南等效电阻为

$$R_{eq} = 1 + (2+4) \parallel 3 = 3\Omega$$

图 3-12(a)所示电路的戴维南等效电路和诺顿等效电路分别如图 3-12(c)、(d)所示，为一个电阻。图 3-12(b)所示电路的戴维南等效电路和诺顿等效电路分别如图 3-12(e)、(f)所示。

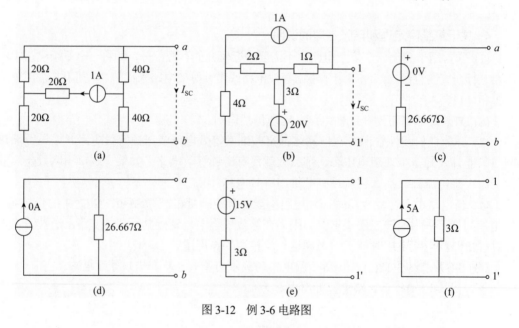

图 3-12　例 3-6 电路图

【例 3-7】求图 3-13(a)、(b)所示两电路的戴维南等效电路和诺顿等效电路。

解：图 3-13(a)所示电路中，设 1−1′ 端口电压为 U，电流为 I，应用 KCL 及 KVL 得

$$U = 20(I+1) + 0.6 \times 3I + 10$$

整理得

$$U = 30 + 21.8I$$

即得

$$U_{\mathrm{OC}} = 30\mathrm{V}, \quad R_{\mathrm{eq}} = 21.8\Omega, \quad I_{\mathrm{SC}} = \frac{30}{21.8} = 1.376\mathrm{A}$$

图 3-13(c)、(d)为其戴维南等效电路和诺顿等效电路。

图 3-13(b)所示电路中，设 $1-1'$ 端口电压为 U，电流为 I，应用 KCL 及 KVL 得

$$\frac{U - 3I - 5}{3} + \frac{U - 3I}{6} = 1 + I$$

整理得

$$U = 5.333 + 5I$$

即得

$$U_{\mathrm{OC}} = 5.333\mathrm{V}, \quad R_{\mathrm{eq}} = 5\Omega, \quad I_{\mathrm{SC}} = \frac{5.333}{5} = 1.067\mathrm{A}$$

图 3-13(e)、(f)为其戴维南等效电路和诺顿等效电路。

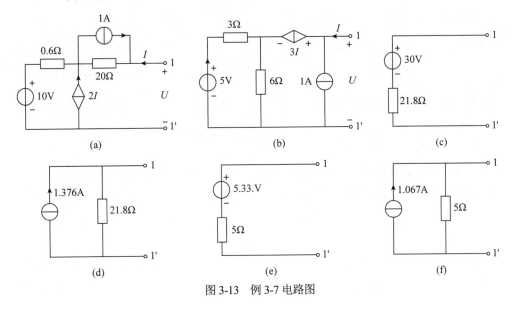

图 3-13　例 3-7 电路图

3.3.3　最大功率传输定理

一个含源线性一端口电路，当所接负载不同时，一端口电路传输给负载的功率就不同，最大功率传输定理主要说明负载为何值时能从电路获取最大功率及最大功率的值是多少的问题。

1. 定理的内容

由线性一端口网络传递给可变负载的功率为最大的条件是：负载应该与戴维南(诺顿)等效电阻相等。如图 3-14 所示电路，当 $R_{\mathrm{L}} = R_{\mathrm{OC}}$ 时，负载 R_{L} 可以从电源获得最大功率。

设 R_{L} 为变量，在任意瞬间，其获得的功率为

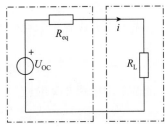

图 3-14　一端口网络的最大功率

$$p = i^2 R_{\mathrm{L}} = \left(\frac{U_{\mathrm{OC}}}{R_{\mathrm{L}} + R_{\mathrm{eq}}} \right)^2 R_{\mathrm{L}}$$

这样，原电路问题变为：以 R_{L} 为函数，p 为变量，求变量 R_{L} 为何值时，其功率 p 为最值。

因为

$$\frac{\mathrm{d}P_{\mathrm{L}}}{\mathrm{d}R_{\mathrm{L}}} = \frac{(R_{\mathrm{eq}} + R_{\mathrm{L}})^2 U_{\mathrm{OC}}{}^2 - 2R_{\mathrm{L}}(R_{\mathrm{eq}} + R_{\mathrm{L}})U_{\mathrm{OC}}{}^2}{(R_{\mathrm{eq}} + R_{\mathrm{L}})^4} = \frac{R_{\mathrm{eq}} - R_{\mathrm{L}}}{(R_{\mathrm{eq}} + R_{\mathrm{L}})^3} U_{\mathrm{OC}}{}^2$$

令 $\dfrac{\mathrm{d}P_{\mathrm{L}}}{\mathrm{d}R_{\mathrm{L}}} = 0$，得

$$R_{\mathrm{L}} = R_{\mathrm{eq}}$$

即当负载电阻 R_{L} 与戴维南等效电阻 R_{eq} 相等时，负载电阻可从含源线性二端网络获得最大功率。此时最大功率为

$$P_{\max} = \frac{U_{\mathrm{OC}}{}^2}{4R_{\mathrm{eq}}}$$

而戴维南等效电路中，电源 U_{OC} 的效率为

$$\eta = \frac{R_{\mathrm{L}} I^2}{(R_{\mathrm{eq}} + R_{\mathrm{L}})I^2} \xrightarrow{R_{\mathrm{L}} = R_{\mathrm{eq}}} \frac{1}{2} = 50\%$$

可见，此时等效电源 U_{OC} 的效率只达 50%，而 U_{OC} 所产生的功率有一半损耗在等效电阻 R_{eq} 上，这是不允许的，故通常取 $R_{\mathrm{L}} \gg R_{\mathrm{eq}}$。

注意：此时是指可调负载 R_{L} 可获最大功率的条件为 $R_{\mathrm{L}} = R_{\mathrm{eq}}$，而不是 R_{eq} 可调。

2. 定理的说明

(1) 该定理适用于电源(或信号)的内阻一定，而负载变化的情况下。如果负载电阻一定，而内阻可变的话，应该是内阻越小，负载获得的功率越大，当内阻为零时，负载获得的功率最大。

(2) 一端口等效电阻消耗的功率一般并不等于端口内部消耗的功率，因此当负载获取最大功率时，电路的传输效率并不一定是 50%。

【例3-8】图 3-15 所示电路中，当 R 为何值时，R 可获得最大功率，并求出最大功率 $P_{\max}$。

解：将 R 去掉，形成含源一端口电路，其开路电压为

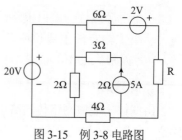

$$U_{abo} = 2 + 20 + 4 \times 5 = 42\mathrm{V}$$

戴维南等效电阻为

$$R_{\mathrm{eq}} = 6 + 4 = 10\Omega$$

图 3-15　例 3-8 电路图

则当 $R = R_{\mathrm{eq}} = 10\Omega$ 时，可获得最大功率，其值为

$$P_{\max} = \frac{U_{abo}^2}{4R_{\mathrm{eq}}} = \frac{42^2}{4 \times 10} = 44.1\mathrm{W}$$

习题 3

1. 计算线性电阻电路的电压和电流时，使用叠加定理。计算线性电阻电路的功率时，叠加定理(　　)。

2. 计算非线性电阻电路的电压和电流时，叠加定理(　　)。

3. 图 3-16 所示电路中，电压 U_{AB}=10V，I_S=1A，当电压源 U_S 单独作用时，电压 U_{AB} 将(　　)。

4. 图 3-17 所示电路中，已知 I_S=5A，当 I_S、U_S 共同作用时，U_{AB}=4V。那么当电压源 U_S 单独作用时，电压 U_{AB} 应为(　　)。

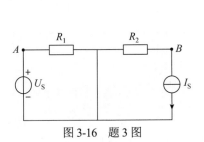 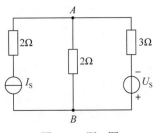

图 3-16　题 3 图　　　　　　　　　　　　图 3-17　题 4 图

5. 图 3-18 所示电路中，已知 U_{S1}=U_{S2}=3V，R_1=R_2，当电压源 U_{S1} 单独作用时，电阻 R 两端电压 U_R=1V。那么，当电压源 U_{S2} 单独作用时，R 的端电压 U_R 将变为(　　)。

6. 图 3-19 所示电路中，当电压源 U_S 单独作用时，电阻 R_L 的端电压 U_L=5V，那么当电流源 I_S 单独作用时，电阻 R_L 的端电压 U_L 将变为(　　)。

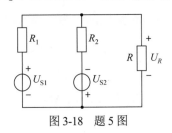 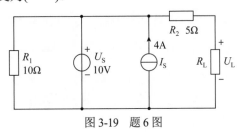

图 3-18　题 5 图　　　　　　　　　　　　图 3-19　题 6 图

7. 图 3-20 所示电路中，已知 I_{S1}=3A，I_{S2}=6A。当理想电流源 I_{S1} 单独作用时，流过电阻 R 的电流是 1A，那么，当理想电流源 I_{S1} 和 I_{S2} 共同作用时，流过电阻 R 的电流 I 的值为(　　)。

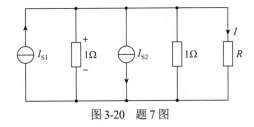

图 3-20　题 7 图

8. 图 3-21 所示电路中，当 I_{S1} 单独作用时，电阻 R_L 中的电流 I_L=1A，那么当 I_{S1} 和 I_{S2} 共同作用时，I_L 应是(　　)。

9. 实验测得某有源二端线性网络在关联参考方向下的外特性曲线如图 3-22 所示，则它的戴维南等效电压源的参数 U_S 和 R_0 分别为(　　)。

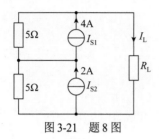

图 3-21　题 8 图

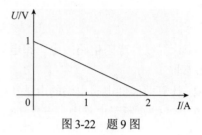

图 3-22　题 9 图

10. 某有源二端线性网络如图 3-23(a)所示，它的戴维南等效电压源如图 3-23(b)所示，其中 U_S 值为(　　)。

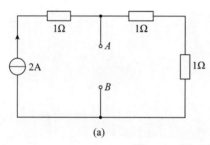

(a)

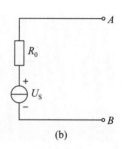

(b)

图 3-23　题 10 图

11. 图 3-24 所示为有源二端线性网络，它的戴维南等效电压源的内阻 R_0 为(　　)。

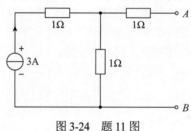

图 3-24　题 11 图

12. 实验测得某有源二端线性网络的开路电压为 6V，短路电流为 2A。当外接电阻为 3Ω时，其端电压 U 为(　　)。

13. 实验测得某有源二端线性网络的开路电压为 6V。当外接电阻 R 时，其端电压为 4V，电流为 2A，则该网络的戴维南等效电压源的参数为(　　)。

14. 用叠加原理求图 3-25 所示电路的电压 U。

15. 用戴维南定理求图 3-26 所示电路的电流 I。

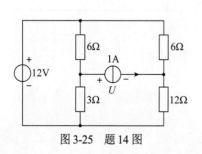

图 3-25　题 14 图

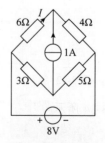

图 3-26　题 15 图

16. 用戴维南定理求图 3-27 所示电路的电压 U。

17. 用诺顿定理求图 3-28 所示电路的电流 I。

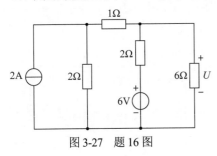 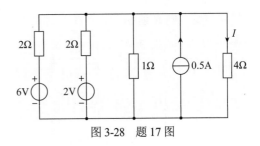

图 3-27　题 16 图　　　　　　　　　　　图 3-28　题 17 图

18. 用叠加原理求图 3-29 所示电路的电流 I 和电压 U。

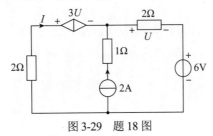

图 3-29　题 18 图

19. 图 3-30 所示电路中，试用戴维南定理分别求出 $R_L = 5\Omega$ 和 $R_L = 15\Omega$ 时的电流 I_L。

20. 用叠加定理求出图 3-31 电路中的 I_1、I_2。

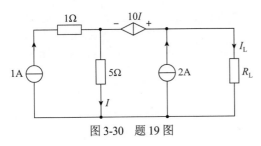 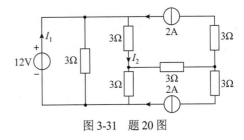

图 3-30　题 19 图　　　　　　　　　　　图 3-31　题 20 图

21. 求图 3-32 电路中 A、B 间的戴维南等效电路。

22. 求图 3-33 电路中 A、B 间的戴维南等效电路。

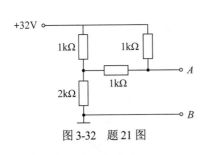 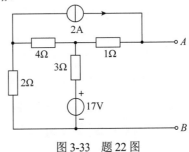

图 3-32　题 21 图　　　　　　　　　　　图 3-33　题 22 图

23. 图 3-34 所示电路中：

(1) N 为仅由线性电阻构成的网络，当 $u_1=2V$、$u_2=3V$ 时，$I_x=20A$，而当 $u_1= -2V$、$u_2=1V$ 时，$I_x=0A$。求 $u_1= u_2=5V$ 时的电流 I_x。

(2) 若将 N 换为含有独立源的网络，当 $u_1=u_2=0V$ 时，$I_x=-10A$，且(1)中的已知条件仍然适用，再求当 $u_1=u_2=5V$ 时的电流 I_x。

24. 图 3-35 所示电路中，$R=21\Omega$ 时其中电流为 I。若要求 I 升至原来的三倍而电路其他部分不变，则 R 值应变为多少？

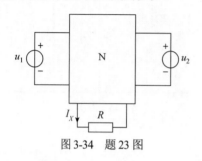

图 3-34　题 23 图

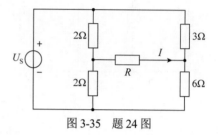

图 3-35　题 24 图

25. 如图 3-36 所示电路中，各参数已知，试求该电路 A、B 左右两方的戴维南等效电路。

26. 如图 3-37 所示电路中，R_L 是负载，问当 R_L 为何值时才能使负载上获得最大功率，并求此功率值。

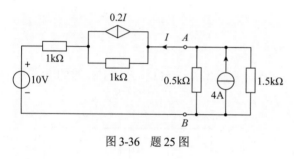

图 3-36　题 25 图

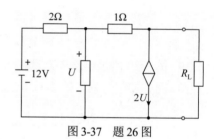

图 3-37　题 26 图

第4章　一阶电路

含有动态元件(电容或电感等储能元件)的电路称为动态电路。储能元件的伏安关系为导数(积分)关系，因此根据基尔霍夫定律列写出的电路方程为微积分方程。一阶电路是指电路方程为一阶微分方程的电路。

4.1　动态电路的求解

在含有电容或电感的电路中，由于它们的电压和电流是微分关系，因此建立的方程是以电压、电流为变量的微积分方程。实际中，一阶常系数线性微分方程居多，求解这些方程时，要用到数学中的微分方程。

4.1.1　求解动态电路的基本步骤

(1) 分析电路情况，得出待求电量的初始值；
(2) 根据基尔霍夫定律列写电路方程；
(3) 解微分方程，得出待求量。

由上述步骤可见，无论电路的阶数如何，初始值的求取、电路方程的列写和微分方程的求解是解决动态电路的关键。

4.1.2　一阶微分方程的求解

1. 一阶微分方程的解的分析

非齐次线性微分方程

$$\frac{\mathrm{d}x}{\mathrm{d}t} - Ax = Bw$$

的解 $x(t) = x'(t) + x''(t)$。其中 $x'(t)$ 为原方程对应的齐次方程的通解，$x''(t)$ 为非齐次方程的一个特解。

2. $x'(t)$ 的求解

由齐次方程的特征方程求出特征根 p，直接写出齐次方程的解 $x'(t) = Ke^{pt}$，根据初始值解得其中的待定系数 K，即可得出其通解。

3. $x''(t)$ 的求解

根据输入函数的形式假定特解的形式，得到不同形式的输入函数特解。由这些形式的特解代入原微分方程，使用待定系数法确定 $x''(t)$。

4. 一阶微分方程的解的求取

$$x(t) = x'(t) + x''(t) = K\mathrm{e}^{pt} + x''(t)$$

将初始条件 $x(t_0) = X_0$ 代入上式:

$$x(t_0) = K\mathrm{e}^{pt_0} + x''(t_0) = X_0$$

由此可以确定常数 K, 从而得出非齐次方程的解。

4.2　电路的初始条件

求解微分方程时, n 阶常系数线性微分方程的通解中含有 n 个待定的积分常数, 它们需要由微分方程的初始条件来确定。而描述动态电路的初始条件是指方程中输出变量的初始值及其 $1 \sim n-1$ 阶导数的初始值(对于一阶电路, 仅指输出变量的初始值)。

4.2.1　相关概念

(1) 换路。在电路分析中, 把电路与电源的接通、切断, 电路参数的突然改变, 电路连接方式的突然改变等, 统称为换路。

(2) 电路的过渡过程。当动态电路状态发生改变时(换路), 需要经历一个变化过程才能达到新的稳定状态, 这个变化过程称为电路的过渡过程。

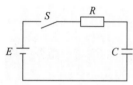

如图 4-1 所示的直流电路中, 当开关 S 闭合时, 电源 E 通过电阻 R 对电容器 C 进行充电, 电容器两端的电压由零逐渐上升到 E, 只要保持电路状态不变, 电容器两端的电压 E 就保持不变。电容器的充电过程就是一个过渡过程。

图 4-1　电路的过渡过程

(3) 如果电路在 $t=t_0$ 时换路, 则将换路前趋近于换路时的瞬间记为 $t=t_{0-}$, 而将换路后的初始瞬间记为 $t=t_{0+}$, 为方便计算与分析, 往往将电路换路的瞬间定为计时起点 $t=0$, 那么 $t=0_-$ 和 $t=0_+$ 表示换路前和换路后的瞬间。

4.2.2　电路产生瞬态过程的条件

电路产生瞬态过程的条件如下。
(1) 电路中必须含有储能元件(电感或电容), 也称内因。
(2) 电路必须换路, 也称外因。

4.2.3　换路定则

根据电容电感元件的伏安关系可知, 在有限电容电流(有限电感电压)的条件下, 电容的电压(电感的电流)不能跃变, 即在有限电容电流(有限电感电压)的条件下, 电容的电压与电感的电流这两个电量在电路换路瞬间保持不变, 这是计算、分析电路的初始值的重要前提。从能量的观点来看, 电容电压与电感电流不能跃变, 是受电场能量 $W_C(t) = \dfrac{1}{2}Cu_c^2(t)$ 和

电磁能量 $W_L(t) = \dfrac{1}{2}Li_L^2(t)$ 不能跃变的约束。如果能量有跃变的情况, 则跃变瞬间, 电源对

电路供给无穷大的功率，在实际系统中，这是不可能的。

设 $t = 0$ 为换路瞬间，则以 $t = 0_-$ 表示换路前一瞬间，$t = 0_+$ 表示换路后一瞬间，换路的时间间隔为零。从 $t = 0_-$ 到 $t = 0_+$ 瞬间，电容元件上的电压和电感元件中的电流不能跃变，这称为换路定则。用公式表示为

$$u_C(0_+) = u_C(0_-)$$
$$i_L(0_+) = i_L(0_-)$$

也可以利用前面的公式：

$$u_C(t) = \frac{1}{C}\int_{-\infty}^{t} i(\tau)\mathrm{d}\tau = \frac{1}{C}\int_{-\infty}^{0_-} i(\tau)\mathrm{d}\tau + \frac{1}{C}\int_{0_-}^{t} i(\tau)\mathrm{d}\tau = u_C(0_-) + \frac{1}{C}\int_{0_-}^{t} i(\tau)\mathrm{d}\tau$$

$$i_L(t) = \frac{1}{L}\int_{-\infty}^{t} u(\tau)\mathrm{d}\tau = \frac{1}{L}\int_{-\infty}^{0_-} u(\tau)\mathrm{d}\tau + \frac{1}{L}\int_{0_-}^{t} u(\tau)\mathrm{d}\tau = i_L(0_-) + \frac{1}{L}\int_{0_-}^{t} u(\tau)\mathrm{d}\tau$$

如果取 $t = 0_+$，可得

$$u_C(0_+) = u_C(0_-) + \frac{1}{C}\int_{0_-}^{0_+} i_C \mathrm{d}\tau$$

$$i_L(0_+) = i_L(0_-) + \frac{1}{L}\int_{0_-}^{0_+} u_L \mathrm{d}\tau$$

积分项中，i_C 和 u_L 为有限值，积分项为零，同样得到：

$$u_C(0_+) = u_C(0_-)$$
$$i_L(0_+) = i_L(0_-)$$

上式表明：换路瞬间，若电容电流保持有限值，则电容电压(电荷)换路前后保持不变；换路瞬间，若电感电压保持有限值，则电感电流换路前后保持不变。

4.2.4　电压和电流初始值的计算

(1) 根据 $t = 0_-$ 时的等效电路求出换路前瞬间，即 $t = 0_-$ 时的 $u_C(0_-)$ 和 $i_L(0_-)$ 值。

$t = 0_-$ 的等效电路：直流激励下且电路在换路前是稳定状态：①电容和电感未储能，则电容用短路替代，电感用开路替代；②电容和电感有储能，则电容用开路替代，电感用短路替代。

(2) 根据换路定律求出换路后瞬间，即 $t = 0_+$ 时的 $u_C(0_+)$ 和 $i_L(0_+)$ 值。

(3) 根据 $t = 0_+$ 的等效电路求出其他电压和电流在 $t = 0_+$ 时的值。

$t = 0_+$ 的等效电路：把电容等效为电压为 $u_C(0_+)$ 的电压源电路，把电感等效为电流为 $i_L(0_+)$ 的电流源电路。

【例 4-1】图 4-2 所示电路中，已知 $t < 0$ 时，原电路已稳定，$t = 0$ 时，打开开关 S。求 $t = 0_+$ 时，各电量的初始值。

解： $t = 0_-$ 等效电路如图 4-3 所示，由于电容和电感有储能，所以电容开路处理，电感短路处理。求图 4-3 所示电路中的 $u_C(0_-)$、$i_L(0_-)$。

$t = 0_-$ 时，

$$u_C(0_-) = 7.5\text{V}, \quad i_L(0_-) = 0.25\text{A}$$

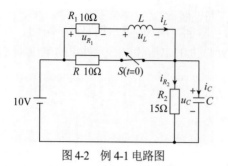

图 4-2　例 4-1 电路图

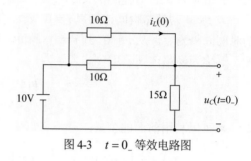

图 4-3　$t = 0_-$ 等效电路图

根据换路定则得

$$u_C(0_+) = u_C(0_-) = 7.5\text{V}, \quad i_L(0_+) = i_L(0_-) = 0.25\text{A}$$

画 $t = 0_+$ 时的等效电路：把电容等效为
电压为 $u_C(0_+)$ 的电压源，把电感等效为电流
为 $i_L(0_+)$ 的电流源，等效电路如图 4-4 所示。

$t = 0_+$ 时：

$$u_{R_1}(0_+) = 0.25 \times 10 = 2.5\text{V}$$

$$i_{R_2}(0_+) = \frac{7.5}{15} = 0.5\text{A}$$

$$u_L(0_+) = -u_{R_1}(0_+) + 10 - u_C(0_+) = 0$$

$$i_C(0_+) = i(0_-) - i_{R_2}(0_+) = -0.25\text{A}$$

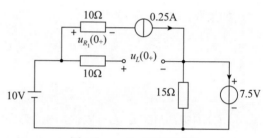

图 4-4　$t = 0_+$ 等效电路图

【例 4-2】在图 4-5(a)、(b)所示电路中，开关 S 在 $t=0$ 时动作，试求电路在 $t = 0_+$ 时刻
电压、电流的初始值。

解：图 4-5(a)所示电路中，由题意可求出

$$u_C(0_-) = \frac{6 \times 1}{2 + 1} = 2\text{V}$$

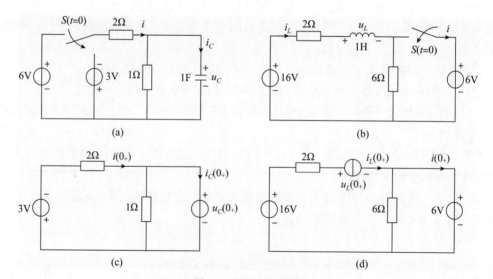

图 4-5　例 4-2 电路图

根据换路定则得

$$u_C(0_+) = u_C(0_-) = 2\text{V}$$

在换路瞬间，电容相当于一个 2V 的电压源，如图 4-5(c)所示，可求出

$$i(0_+) = \frac{-3 - u_C(0_+)}{2} = \frac{-3 - 2}{2} = -2.5\text{A}$$

$$i_C(0_+) = i(0_+) - \frac{u_C(0_+)}{1} = -2.5 - 2 = -4.5\text{A}$$

图 4-5(b)所示电路中，由题意可求出

$$i_L(0_-) = \frac{16}{2+6} = 2\text{A}$$

根据换路定则得

$$i_L(0_+) = i_L(0_-) = 2\text{A}$$

在换路瞬间，电感相当于一个 2A 的电流源，如图 4-5(d)所示，可求出

$$i(0_+) = i_L(0_+) - \frac{6}{6} = 2 - 1 = 1\text{A}$$

$$u_L(0_+) = -2i_L(0_+) + 16 - 6 = 6\text{V}$$

4.3 一阶电路的响应

一阶电路是指含有一个储能元件或者可以等效为一个储能元件的线性电路的动态过程，它有零输入响应、零状态响应和全响应三种状态。

4.3.1 相关概念

(1) 零输入响应，是指电路在无输入激励的情况下，仅由原始状态产生的响应。

(2) 零状态响应，是指在 $t = 0_-$ 时，各电容电压与电感电流均为零，仅由电路的输入激励产生的响应。

(3) 全响应，是指一个非零原始状态的电路在输入激励的情况下产生的响应。

4.3.2 一阶电路的零输入响应

一阶电路的零输入响应是指电路中的储能元件将其存储的能量以热能等形式通过耗能元件释放时的响应。由于电路为一阶电路，因此总可以将电路简化为仅含激励、电阻与储能元件(电容或电感)的形式，在分析电路的零输入响应时，电路则仅含电阻与储能元件(电容或电感)。下面以电容电路为例，来分析一阶电路的暂态过程中的零输入响应(含电感的一阶电路的情况可以对偶地讨论)。

1. 电路方程

电路如图 4-6 所示，已知其中电容元件的初始值为
$u_C(0_+) = u_C(0_-) = U_0$。由电路可得：

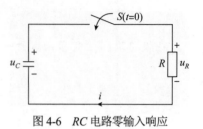

$$u_R - u_C = 0$$

$$i = -C\frac{du_C}{dt}$$

$$u_R = u_C = iR = -RC\frac{du_C}{dt}$$

图 4-6 RC 电路零输入响应

所以电路方程为

$$u_C + C\frac{du_C}{dt} = 0$$

2. 求方程的解

由高等数学中的知识可知，该一阶常系数线性微分方程的特征方程为

$$RCP + 1 = 0$$

其特征根为

$$P = -\frac{1}{RC}$$

则电路方程的通解形式为

$$u_C = Ke^{Pt}$$

而将电路条件代入该通解式子中，可得积分常数 $K = u_C(0_+) = U_0$。

所以满足初始条件的电路方程的解为

$$u_C(t) = Ke^{Pt} = U_0e^{-\frac{t}{RC}} = U_0e^{-\frac{t}{\tau}}$$

实际上，零输入响应的暂态过程即为电路储能元件的放电过程，由该式可知，当时间 $t \to \infty$ 时，电容电压趋近于零，放电过程结束，电路处于另一个稳态。而在工程中，常常认为电路经过 $3\tau \sim 5\tau$ 时间后放电结束。

其中，$\tau = RC$，为电路的时间常数，单位为秒。

$$\frac{伏特}{安培} \cdot \frac{库仑}{伏特} = \frac{安培 \cdot 秒}{安培} = 秒$$

3. 一阶电路的零输入响应曲线

图 4-7 所示为一阶电路零输入响应曲线。初始值、稳态值和时间常数确定了一阶电路的零输入响应曲线。其中，初始值由换路前的电路确定，稳态值由换路后的电路确定，而 τ 由电路中的电容和电容两端的戴维南等效电阻确定。在曲线中，τ 为过点$(0, U_0)$曲线的切线在时间轴上的截距。

4. 时间常数 τ

(1) 时间常数是体现一阶电路电惯性特性的参数，它只与电路的结构和参数有关，而与激励无关。

(2) 对于含电容的一阶电路，$\tau = RC$；对于含电感的一阶电路，$\tau = L / R$。

(3) τ 越大，电惯性越大，相同初始值的情况下，放电时间越长。

图 4-8 列出了几种不同时间常数时的响应曲线。

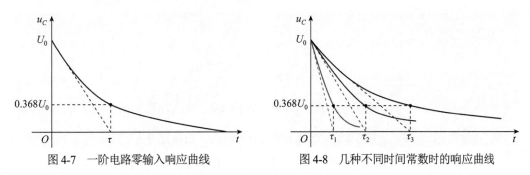

图 4-7 一阶电路零输入响应曲线　　　图 4-8 几种不同时间常数时的响应曲线

【例 4-3】图 4-9 所示电路中，求 $t \geq 0$ 时的 u_C 和 i。

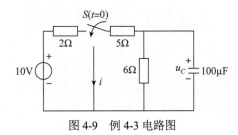

图 4-9 例 4-3 电路图

解：由题意可求出

$$u_C(0_-) = \frac{10 \times 6}{2 + 5 + 6} = 4.615\text{V}$$

根据换路定则得

$$u_C(0_+) = u_C(0_-) = 4.615\text{V}$$

时间常数为

$$\tau = R_{\text{eq}}C = (5 \| 6) \times 100 \times 10^{-6} = 2.727 \times 10^{-4}\text{s}$$

该电路为零输入的响应过程，$t \geq 0$ 时，有

$$u_C = u_C(0_+)\text{e}^{-\frac{t}{\tau}} = 4.615\text{e}^{-3666.667t}\text{V}$$

$$i = \frac{u_C}{5} = 0.923\text{e}^{-3666.667t}\text{A}$$

【例 4-4】图 4-10 所示电路中，若 $t = 0$ 时开关 S 闭合，求电流 i。

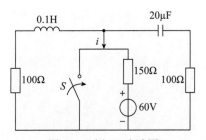

图 4-10 例 4-4 电路图

解：设 $t<0$ 时，S 打开且保持足够长的时间，因此，电路已达稳态，有 L 短路，C 开路，如图 4-11 所示。

由 KVL 可得：

$$i_L(0_-) = \frac{60}{150+100} = 0.24\text{A}$$

$$u_C(0_-) = 60 - 150 \times i_L(0_-) = 60 - 36 = 24\text{V}$$

$t=0$ 时，S 闭合，发生换路，电路如图 4-12 所示，由换路定则得

$$i_L(0_+) = i_L(0_-) = 0.24\text{A}, \quad u_C(0_+) = u_C(0_-) = 24\text{V}$$

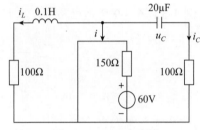

图 4-11　$t=0_-$ 电路图　　　　　　　图 4-12　$t>0$ 电路图

由于短路，L 和 C 分别组成互不相关的回路，因此，在 $t>0$ 时，仍然为一阶零输入回路。RC 回路：$u_C = u_C(0_+)\mathrm{e}^{-\frac{t}{RC}} = 24\mathrm{e}^{-500t}\text{V}$；$RL$ 回路：$i_L = i_L(0_+)\mathrm{e}^{-\frac{R}{L}t} = 0.24\mathrm{e}^{-1000t}\text{A}$。

$$i_C(t) = C\frac{\mathrm{d}u_C(t)}{\mathrm{d}t} 20 \times 10^{-6} \times 24 \times (-500)\mathrm{e}^{-500t} = -0.24\mathrm{e}^{-500t}\text{A}$$

4.3.3　一阶电路的零状态响应

零状态响应就是电路的储能元件的初始储能为零，由外部电源为储能元件输入能量的充电过程。

1. 电路方程及求解

电路如图 4-13 所示。已知其中电容元件的初始值为零，由电路可得：

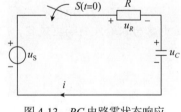

$$\begin{cases} RC\dfrac{\mathrm{d}u_C}{\mathrm{d}t} + u_C = U_S & (t \geqslant 0_+) \\ u_C(0) = 0 \end{cases}$$

图 4-13　RC 电路零状态响应

由高等数学中的知识可知，该一阶常系数线性微分方程的解由齐次方程的通解 u_C' 与非齐次方程的特解 u_C'' 两部分组成。其中，通解取决于对应齐次方程的解，特解则取决于输入函数的形式。

原电路方程对应的齐次方程的特征方程为

$$RCP + 1 = 0$$

其特征根为

$$P = -\frac{1}{RC}$$

则电路方程对应的齐次方程的通解形式为

$$u'_C = Ke^{Pt} = Ke^{-\frac{t}{\tau}}$$

而原电路方程的特解 u''_C 一定满足

$$RC\frac{du''_C}{dt} + u''_C = u_S$$

所以原电路中的电容电压通解为

$$u_C = u'_C + u''_C = Ke^{-\frac{t}{\tau}} + u''_C$$

当 $t = 0$ 时，由初始值 $u_C(0_+) = u_C(0_-) = 0$ 有 $u_C(0_+) = Ke^{-\frac{0}{\tau}} + u''_C(0_+) = K + u''_C(0_+) = 0$，
即

$$K = -u''_C(0_+)$$

当电压源为直流电压源时，$u''_C(0_+) = u_S = U_S$。

所以当电压源为直流电压源时，满足初始条件的电路方程的解为

$$u_C(t) = U_S - U_S e^{-\frac{t}{RC}} = U_S(1 - e^{-\frac{t}{RC}}) \quad (t \geqslant 0_+)$$

可得：

$$u_R(t) = U_S - u_C(t) = U_S e^{-\frac{t}{RC}} \qquad (t \geqslant 0_+)$$

$$i(t) = \frac{u_R}{R} = \frac{U_S}{R} e^{-\frac{t}{RC}} \qquad (t \geqslant 0_+)$$

$$u_C(t) = U_S + Ke^{-\frac{t}{RC}} = u_C(\infty)(1 - e^{-\frac{t}{\tau}}) \quad (t \geqslant 0_+)$$

式中，U_S 为稳态响应($u_C(\infty)$)；$Ke^{-\frac{t}{RC}}$ 为暂态响应(必将衰减为 0)；$\tau = RC$ 为时间常数，是电路的时间常数，单位为秒。

实际上，零状态响应的暂态过程即电路储能元件的充电过程，当时间 $t \rightarrow \infty$ 时，电容电压趋近于充电值，放电过程结束，电路处于另一个稳态。而在工程中，常常认为电路经过 $3\tau \sim 5\tau$ 时间后充电结束，电路进入新的稳态。

$$u_C(t_0) = U_S(1 - e^{-\frac{t_0}{\tau}})$$

$$u_C(t_0 + \tau) = U_S(1 - e^{-\frac{t_0 + \tau}{\tau}})$$

$$= U_S(1 - e^{-\frac{t_0}{\tau}}) + (1 - e^{-1})\left[U_S - U_S(1 - e^{-\frac{t_0}{\tau}})\right]$$

$$= u_C(t_0) + 63.2\%\left[U_S - u_C(t_0)\right]$$

即充电过程中时间常数的物理意义为由初始值上升了稳态值与初始值差值的 63.2% 处所需的时间。

2. 充电效率 η

$$\eta = \frac{W_C(\infty)}{W_R(\infty) + W_C(\infty)} \times 100\%$$

$$W_C(\infty) = \frac{1}{2}Cu_C^2(\infty) = \frac{C}{2}U_{\mathrm{S}}^2$$

$$W_R(\infty) = \int_0^\infty Ri_C^2 \mathrm{d}t = \int_0^\infty R\left(\frac{U_{\mathrm{S}}}{R}\mathrm{e}^{-\frac{t}{RC}}\right)^2 \mathrm{d}t = \frac{C}{2}U_{\mathrm{S}}^2$$

所以 $\eta = 50\%$。

3. 一阶电路的零状态响应曲线

一阶电路的零状态响应曲线如图 4-14 所示，由此可见，初始值、稳态值和时间常数确定了一阶电路的零状态响应曲线。其中，初始值由换路前的电路确定，稳态值由换路后的电路确定，而 τ 由电路中的电容和电容两端的戴维南等效电阻确定，其意义与一阶电路的零输入响应曲线中的 τ 相同。

【例 4-5】 图 4-15 所示电路中，开关 S 打开前已处于稳定状态。$t = 0$ 时，开关 S 打开，求 $t \geqslant 0$ 时的 $u_L(t)$ 和电压源发出的功率。

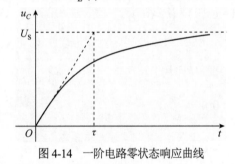

图 4-14　一阶电路零状态响应曲线

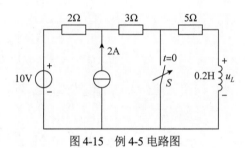

图 4-15　例 4-5 电路图

解： 当 $t < 0$ 时，电感支路被短路，故有 $i_L(0_+) = i_L(0_-) = 0$，这是一个求零状态响应的问题。当 $t \to \infty$ 时，电感相当于短路，则应用叠加定理可求得

$$i_L(\infty) = \frac{10}{2+3+5} + \frac{2 \times 2}{2+3+5} = 1.4\mathrm{A}$$

从电感两端向电路看去的等效电阻为 $R_0 = 2 + 3 + 5 = 10\Omega$，所以时间常数为

$$\tau = \frac{L}{R_0} = \frac{0.2}{10} = \frac{1}{50}\mathrm{s}$$

故 $t > 0$ 后的电感电流为

$$i_L(t) = i_L(\infty)\left(1 - \mathrm{e}^{-\frac{t}{\tau}}\right) = 1.4(1 - \mathrm{e}^{-500t})\mathrm{A}$$

电感电压为

$$u_L(t) = L\frac{\mathrm{d}i_L(t)}{\mathrm{d}t} = 1.4\mathrm{e}^{-500t}\mathrm{V}$$

电压源中的电流为

$$i = i_L - 2 = (-0.6 - 1.4\mathrm{e}^{-50t})\mathrm{A}$$

电压源发出的功率为

$$p = 10 \times i = (-6 - 14\mathrm{e}^{-50t})\mathrm{W}$$

因此，电压源吸收功率，作为电路的负载。

4.3.4　一阶电路的全响应

一个非零原始状态的电路在输入激励的情况下产生的响应称为全响应。对于线性电路，全响应为零状态响应与零输入响应之和，这是线性动态电路的一个普遍规律，它来源于线性电路的叠加性，为动态电路的特有规律。

1. 电路方程及求解

电路如图 4-16 所示，其中电容的初始值为 $u_C(0_+)$。

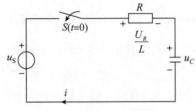

图 4-16　RC 电路全响应

由电路可得：

$$RC\frac{\mathrm{d}u_C}{\mathrm{d}t} + u_C = U_\mathrm{S}$$

由高等数学知识可知，该一阶常系数线性微分方程的解由其对应的齐次方程的通解 u_C' 与一个特解 u_C'' 两部分组成。

原电路方程对应的齐次方程的特征方程为

$$RCP + 1 = 0$$

其特征根为

$$P = -\frac{1}{RC}$$

则电路方程对应的齐次方程的解的形式为

$$u_C' = K\mathrm{e}^{Pt} = K\mathrm{e}^{-\frac{t}{\tau}}$$

而原电路方程的特解 u_C'' 与输入函数 u_S 具有相同的形式，一定满足

$$RC\frac{\mathrm{d}u_C''}{\mathrm{d}t} + u_C'' = u_\mathrm{S}$$

原电路中的电容电压通解即为

$$u_C = u_C' + u_C'' = K\mathrm{e}^{-\frac{t}{\tau}} + u_C''$$

当 $t = 0$ 时，由初始值 $u_C(0_+) = u_C(0_-) = U_0$ 得

$$u_C(0_+) = K\mathrm{e}^{-\frac{0}{\tau}} + u_C''(0_+) = K + u_C''(0_+) = U_0$$

$$K = u_C(0_+) - u_C''(0_+) = U_0 - u_C''(0_+)$$

当电压源为直流电压源时：

$$u_C''(0_+) = u_S = U_S$$

$$K = u_C(0_+) - u_C''(0_+) = U_0 - U_S$$

所以当电压源为直流电压源时，满足初始条件的电路方程的解为

$$u_C(t) = u_C' + u_C'' = u_C'' + [u_C(0_+) - u_C''(0_+)]e^{-\frac{t}{RC}} = U_S + [U_0 - U_S]e^{-\frac{t}{RC}}$$

实际上，其中的特解 u_C'' 即为电路的稳态值。零状态响应的暂态过程即为电路储能元件的充电过程，由该式可知，当时间 $t \to \infty$ 时，电容电压趋近于充电值，放电过程结束，电路处于另一个稳态。而在工程中，常常认为电路经过 $3\tau \sim 5\tau$ 时间后充电结束。

2. 一阶动态电路方程的解

(1) 通解(自由分量、暂态分量)。从电路方程的求解过程来看，其中对应的齐次方程的通解与输入函数(激励)无关，称为电路的固有响应，又称为自由分量。这一部分分量无论激励如何，都具有 $Ke^{-\frac{t}{\tau}}$ 的形式，在有损耗的电路中，它总是随着时间按指数规律衰减到零，也称为暂态响应。

(2) 特解(强制分量、稳态分量)。电路方程的解中的特解部分与电路的激励形式有关，或者说受到电路输入函数的约束，因此这一部分分量也被称为强制分量，或称为强制响应。如果强制响应为常量或周期函数，那么该响应也称为稳态响应。

$$u_C(t) = u_C' + u_C'' = u_C'' + \left[u_C(0_+) - u_C''(0_+)\right]e^{-\frac{t}{RC}} = 自由分量 + 强制分量$$

$$u_C(t) = u_C' + u_C'' = u_C(0_+)e^{-\frac{t}{RC}} + u_C''(0_+)\left(1 - e^{-\frac{t}{RC}}\right) = 零输入响应 + 零状态响应$$

4.3.5　三要素法

1. 三要素法的计算公式

对于求解直流激励作用的一阶电路中的各个电量的问题，均可以直接根据电路中电量的初始值、稳态值和时间常数三个要素来决定要求的解。三要素法是求解直流激励的一阶电路的解的重要方法。

可以证明，在直流输入的情况下，一阶动态电路中的任意支路电压、电流均可用三要素法来求解。其计算公式为

$$f(t) = f(\infty) + [f(0_+) - f(\infty)]e^{-\frac{t}{\tau}}$$

式中，$f(0_+)$ 是初始值，$f(\infty)$ 是稳态分量，τ 为时间常数。

注意：(1) 三要素法的计算公式适用于求解一阶电路所有元件的电压、电流响应。

(2) 同一个一阶电路中的各响应(不限于电容电压或电感电流)的时间常数 τ 都是相同的。对于只有一个电容元件的电路，$\tau = RC$；对于只有一个电感元件的电路，$\tau = L/R$，R 为换路后该电容元件或电感元件所接二端电阻性网络除源后的等效电阻。

(3) 零输入响应或零状态响应都可视为全响应的特例。

2. 三要素法的计算步骤

(1) 计算初始值。首先计算换路前的电路 $u_C(0_-)$ 和 $i_L(0_-)$，在换路后的电路中，用相应的电压源和电流源替代 $u_C(0_-)$ 和 $i_L(0_-)$，计算出所求量的初始值(0_+ 时的值)。

(2) 计算稳态值。用换路后的电路计算所求量的稳态值，在计算稳态值时，用断路代替电容，用短路代替电感。

(3) 计算时间常数。用戴维南或诺顿等效电路计算电路的时间常数。对于电容电路，$\tau = RC$；对于电感电路，$\tau = L/R$。

(4) 响应曲线。图 4-17 和图 4-18 给出了不同激励下的响应曲线，可见，初始值、稳态值和时间常数确定了一阶电路的零状态响应曲线。

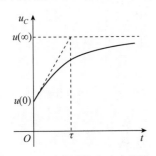

图 4-17　一阶电路的全响应曲线(一)

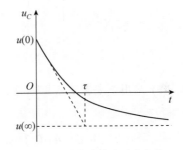

图 4-18　一阶电路的全响应曲线(二)

【例 4-6】在图 4-19 所示电路中，开关接在位置 1 时已达稳态，$t=0$ 时开关转到位置 2，试用三要素法求 $t>0$ 时的电容电压 u_C 及 i。

解：开关在位置 1 时：

$$u_C(0_-) = \frac{4}{2+4} \times 6 = 4\text{V}$$

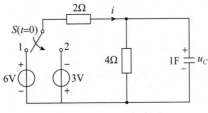

图 4-19　例 4-6 电路图

由换路定则得初始值：

$$u_C(0_+) = u_C(0_-) = 4\text{V}$$

稳态值：

$$u_C(\infty) = \frac{4}{2+4} \times (-3) = -2\text{V}$$

时间常数：

$$\tau = \frac{2 \times 4}{2+4} \times 1 = \frac{4}{3}\text{s}$$

由三要素法得：

$$u_C(t) = u_C(\infty) + \left[u_C(0_+) - u_C(\infty)\right] e^{-\frac{t}{\tau}} = \left(-2 + 6e^{-\frac{3}{4}t}\right)V \qquad (t > 0)$$

$$i = \frac{-3 - u_C}{2} = \left(-\frac{1}{2} - 3e^{-\frac{3}{4}t}\right)A \qquad (t > 0)$$

【例 4-7】 图 4-20 所示电路原已达稳态，$t = 0$ 时开关打开。求 $t > 0$ 时的响应 u_C、i_L 及 u。

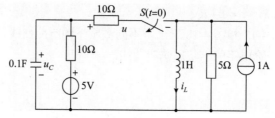

图 4-20　例 4-7 电路图

解： (1) 应用三要素法求电容电压。

电容初始值：

$$u_C(0_+) = u_C(0_-) = \frac{10}{10+10} \times 5 = 2.5V$$

稳态值：

$$u_C(\infty) = 5V$$

时间常数：

$$\tau_C = 0.1 \times 10 = 1s$$

所以

$$u_C(t) = (5 - 2.5e^{-t})V \quad (t > 0)$$

(2) 应用三要素法求电感电流。

初始值：

$$i_L(0_+) = i_L(0_-) = 1 + \frac{5}{10+10} = 1.25A$$

稳态值：

$$i(\infty) = 1A$$

时间常数：

$$\tau_L = \frac{1}{5}s$$

所以

$$i_L(t) = (1 + 0.25e^{-5t})A \quad (t > 0)$$

$$u = u_C - \frac{di_L}{dt} = (5 - 2.5e^{-t} + 1.25e^{-5t})V \quad (t > 0)$$

【例 4-8】 图 4-21 所示电路中，开关闭合前电容无初始储能，$t = 0$ 时开关 S 闭合，求 $t \geqslant 0$ 时的电容电压 $u_C(t)$。

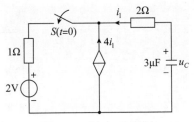

图 4-21　例 4-8 电路图

解： 由题意知 $u_C(0_+) = u_C(0_-) = 0$，这是一个求零状态响应的问题。当 $t \to \infty$ 时，电容看作开路，受控电流源的电流为零，亦看作如图 4-22 所示开路电路，故有 $u_C(\infty) = 2\text{V}$。

用开路短路法求 a、b 端口的等效电阻。等效电阻电路如图 4-23 所示。

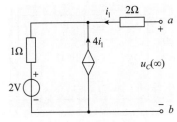

图 4-22　例 4-8 开路电路

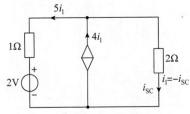

图 4-23　例 4-8 等效电阻电路

$$(4i_{\text{SC}} + i_{\text{SC}}) \times 1 + 2i_{\text{SC}} = 2$$

解得 $i_{\text{SC}} = \dfrac{2}{7}\text{A}$，则等效电阻

$$R_0 = \frac{u_{\text{OC}}}{i_{\text{SC}}} = \frac{u_C(\infty)}{i_{\text{SC}}} = \frac{2}{\dfrac{2}{7}} = 7\Omega$$

故时间常数

$$\tau = R_0 C = 7 \times 3 \times 10^{-6} = 21 \times 10^{-6}\,\text{s}$$

所以 $t > 0$ 后，电容电压

$$u_C(t) = u_C(\infty)\left(1 - \text{e}^{-\frac{t}{\tau}}\right) = 2\left(1 - \text{e}^{-\frac{10^6 t}{21}}\right)\text{V}$$

习题 4

1. 图 4-24 所示电路在换路前处于稳定状态，$t = 0$ 时开关 S 闭合，则 $u_C(0_+) = ($ 　　$)$。

2. 图 4-25 所示电路中，开关 S 在 $t = 0$ 瞬间闭合，若 $u_C(0_-) = 0\text{V}$，则 $i_C(0_+) = ($ 　　$)$。

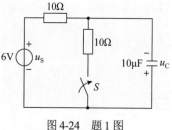

图 4-24　题 1 图

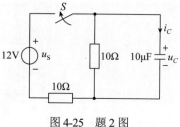

图 4-25　题 2 图

3. 图 4-26 所示电路中，开关 S 在 $t=0$ 瞬间闭合，若 $u_C(0_-)=0\text{V}$，则 $i(0_+)=(\qquad)$。

4. 图 4-27 所示电路中，开关 S 在 $t=0$ 瞬间闭合，则 $i_3(0_+)=(\qquad)$。

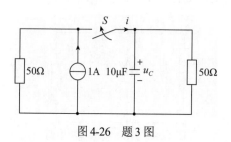

图 4-26　题 3 图

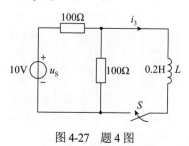

图 4-27　题 4 图

5. 图 4-28 所示电路中，开关 S 闭合后已达稳定，$t=0$ 时将开关 S 断开，则 $u(0_+)=(\qquad)$。

6. 图 4-29 所示电路中，开关 S 在 $t=0$ 瞬间闭合，则 $i_R(0_+)=(\qquad)$。

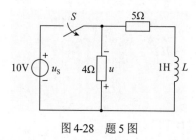

图 4-28　题 5 图

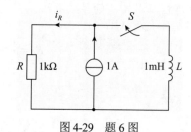

图 4-29　题 6 图

7. 图 4-30 所示电路中，开关 S 断开前已达稳定，$t=0$ 时将开关 S 断开，则 $i_2(0_+)=(\qquad)$。

8. 图 4-31 所示电路中，开关 S 在 $t=0$ 瞬间闭合，若 $u_C(0_-)=0\text{V}$，则 $u_L(0_+)=(\qquad)$。

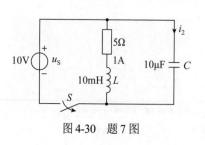

图 4-30　题 7 图

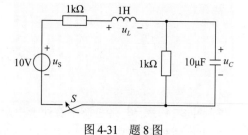

图 4-31　题 8 图

9. 图 4-32 所示电路中，开关 S 在 $t=0$ 瞬间闭合，若 $u_C(0_-)=5\text{V}$，则 $u_R(0_+)=(\qquad)$。

10. 图 4-33 所示电路在换路前已处于稳定状态，而且电容器 C 上已充有图示极性的 6V 电压，在 $t=0$ 瞬间将开关 S 闭合，则 $i_R(0_+)=(\qquad)$。

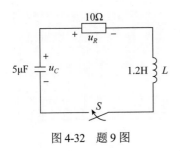

图 4-32 题 9 图

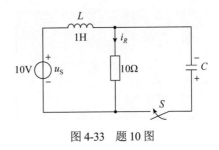

图 4-33 题 10 图

11. 图 4-34 所示电路在换路前已处于稳定状态，在 $t=0$ 瞬间将开关 S 闭合，且 $u_C(0_-)=20\text{V}$，则 $u_L(0_+)=($)。

12. 图 4-35 所示电路在开关 S 闭合后的时间常数 τ 值为( )。

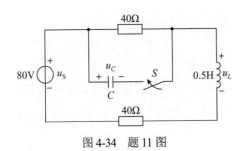

图 4-34 题 11 图

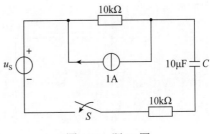

图 4-35 题 12 图

13. 图 4-36 所示电路在开关 S 断开后的时间常数 τ 值为( )。

14. RLC 串联电路接入恒压源瞬间，三个元件上的电压 u_R、u_L、u_C 和电路中的电流 i 这四个量中，不能跃变的是( )。

15. 电容端电压和电感电流不能突变的原因是( )。

16. 图 4-37 所示电路中，开关在 $t=0$ 时由位置 1 变为位置 2，已知开关在位置 1 时电路已处于稳定。求 u_C、i_C、u_L 和 i_L 的初始值。

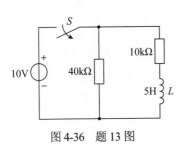

图 4-36 题 13 图

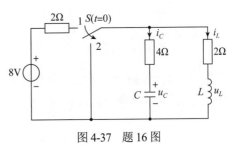

图 4-37 题 16 图

17. 图 4-38 所示电路中，开关在 $t=0$ 时打开，打开前电路已稳定。求 u_C、u_L、i_L、i_1 和 i_C 的初始值。

18. 图 4-39 所示为一个实际电容器的等效电路，充电后通过泄漏电阻 R 释放其储存的能量，设 $u_C(0_-)=250\text{V}$，$C=100\mu\text{F}$，$R=4\text{M}\Omega$，试计算：

(1) 电容 C 的初始储能；

(2) 零输入响应 u_C，电阻电流的最大值；

(3) 电容电压降到人身安全电压 36V 时所需的时间。

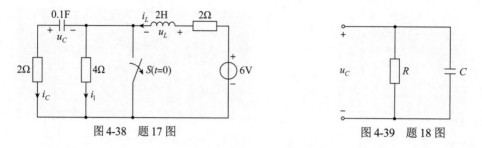

图 4-38　题 17 图　　　　　　　图 4-39　题 18 图

19. 换路前，图 4-40 所示电路已处于稳态，$t = 0$ 时开关闭合。求换路后电容电压 u_C 及电流 i。

20. 换路前，图 4-41 所示电路已处于稳态，$t = 0$ 时开关闭合。求换路后电容电压 u_C 及电流 i_C。

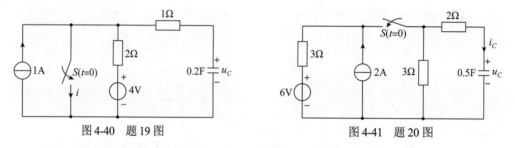

图 4-40　题 19 图　　　　　　　图 4-41　题 20 图

21. 开关在 $t = 0$ 时关闭，求图 4-42 所示电路的零状态响应 $i(t)$。

22. 图 4-43 所示电路原已达稳态，$t = 0$ 开关打开。求 $t > 0$ 时的响应 u_C、i_L 及 u。

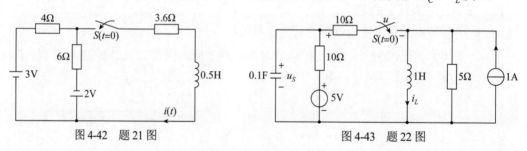

图 4-42　题 21 图　　　　　　　图 4-43　题 22 图

23. 已知图 4-44 所示电路，S 在位置 1 已处于稳态，$t = 0$ 时开关突然由位置 1 转换到位置 2。试求 $u(t)$ 并画出波形。

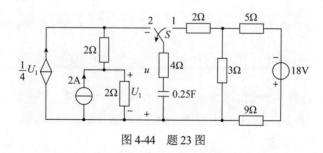

图 4-44　题 23 图

24. 图 4-45 所示电路为延迟继电器 J 的电路，已知继电的电阻 $r = 250\Omega$，电感 $L = 14.4$H，它的最小启动电流 $I_{\min} = 6$mA，外加电压 $E = 6$V。为了改变它的延迟时间，又在电路中串接了一

个可变电阻 R，其阻值在 0～250Ω 范围内可调节。试求该继电器延迟时间的变动范围。

25. 图 4-46 所示动态电路原已处于稳态，在 $t=0$ 时开关 S 闭合，求：

(1) 电感电流 $i_L(t)$ 及电压 $u_L(t)$；

(2) 根据 $i_L(t)$ 的函数式，分别写出它们的稳态解、暂态解、零输入解及零状态解。

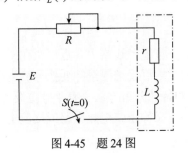　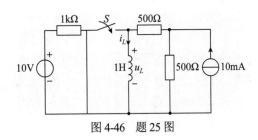

图 4-45　题 24 图　　　　　　　　　　图 4-46　题 25 图

26. 图 4-47 所示电路中，当开关 K 在 $t=0$ 时合上后，又在 $t=0.71\text{ms}$ 打开，求 $i_L(t)$。

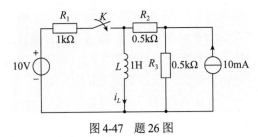

图 4-47　题 26 图

第5章　单相交流电路稳态分析

由于工业中电力系统的电压和电流均为正弦变化，且电子线路中各点电位往往与各处电流均为同频率的正弦量，同时非正弦形式的周期函数均可通过傅里叶变换分解为频率成整数倍的正弦函数的无穷级数，因此，正弦交流电路的特殊分析方法具有十分重要的意义。

激励和响应均为正弦量的电路称为正弦稳态电路，又称正弦电流电路或交流电路。

5.1　正弦量

正弦量的优点：①正弦函数是周期函数，对其进行加、减、求导、积分运算后仍是同频率的正弦函数；②正弦信号容易产生、传送和使用；③正弦信号是一种基本信号，任何周期变化规律复杂的信号可以分解为按正弦规律变化的分量。

5.1.1　相关概念

(1) 正弦量：随时间 t 按照正弦规律变化的物理量都称为正弦量，它们在某时刻的值称为该时刻的瞬时值，则正弦电压和正弦电流分别用小写字母 i、u 表示。

(2) 周期量：电压和电流的波形随时间周期性地重复出现。它的周期 T 为每一个瞬时值重复出现的最小时间间隔，单位为秒(s)；它的频率 f 是每秒中周期量变化的周期数，单位为赫兹(Hz)。周期和频率互为倒数，即 $f=1/T$。

(3) 交变量：一个周期量在一个周期内的平均值为零。可见，正弦量不仅是周期量，而且还是交变量。

5.1.2　正弦量的表达式

1. 函数表示

电流的函数表达式为

$$i(t) = I_\mathrm{m} \cos(\omega t + \varPsi)$$

式中，I_m 为最大值，反映正弦量在整个变化过程中所能达到的最大值；$\omega t + \varPsi$ 为相位，反映正弦量变动的进程；$\varPsi(-\pi \leqslant \varPsi \leqslant \pi)$ 为初相位，反映正弦量初值的大小、正负；ω 为角频率(单位为 rad/s)，反映正弦量变化的快慢。

$$\omega T = 2\pi, \ \omega = \frac{2\pi}{T} = 2\pi f$$

I_m、ω、$\varPsi$ 为正弦量的三要素。

2. 波形表示

$i(t) = I_\mathrm{m} \cos(\omega t + \varPsi)$ 的波形如图 5-1 所示。

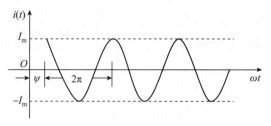

图 5-1　正弦电流波形

3. 两个同频率正弦量的相位差 φ

设 $u(t) = U_m \cos(\omega t + \Psi_u)$，$i(t) = I_m \cos(\omega t + \Psi_i)$，则 $u(t)$ 与 $i(t)$ 的相位差 $\varphi = (\omega t + \Psi_u) - (\omega t + \Psi_i) = \Psi_u - \Psi_i$。

对两个同频率的正弦量来说，相位差在任何瞬时都是一个常数，即等于它们的初相之差，而与时间无关。φ 的单位为 rad(弧度)或° (度)，主值范围为 $|\varphi| \leqslant \pi$。

如果 $\varphi = \Psi_u - \Psi_i > 0$，则称电压 u 的相位超前电流 i 的相位一个角度 φ，简称电压 u 超前电流 i 角度 φ。在图 5-2 所示波形中，由坐标原点向右看，电压 u 先到达其第一个正的最大值，经过 φ，电流 i 到达其第一个正的最大值。反过来，也可以说电流 i 滞后电压 u 角度 φ。

如果 $\varphi = \Psi_u - \Psi_i < 0$，则结论刚好与上述情况相反，即电压 u 滞后电流 i 一个角度$|\varphi|$，或电流 i 超前电压 u 一个角度$|\varphi|$。

几种特殊情况如下。

(1) $\varphi = 0$，相位差等于零的波形如图5-3 所示，电压与电流同相。也就是说，在波形图中，由坐标原点向右看，电压 u 与电流 i 同时到达其第一个正的最大值。

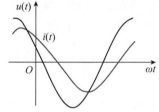

图 5-2　相位差大于零的波形

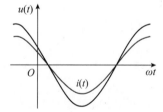

图 5-3　相位差等于零的波形

(2) $\varphi = \pm \pi/2$，相位差等于 90°的波形如图 5-4 所示，也称正交。

(3) $\varphi = \pm \pi$，相位差等于 180°的波形如图 5-5 所示，也称反相。

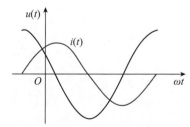

图 5-4　相位差等于 90°的波形

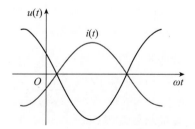

图 5-5　相位差等于 180°的波形

4. 正弦量的有效值

周期性电流、电压的瞬时值随时间而变，为了衡量其平均效果，工程上常采用有效值来表示。

与交流电热效应相等的直流电定义为交流电的有效值，用大写字母 I 表示，由

$$I^2 RT = \int_0^T i^2 R\mathrm{d}t$$

可得

$$I = \sqrt{\frac{1}{T}\int_0^T i^2 \mathrm{d}t}$$

正弦电流 $i(t) = I_\mathrm{m}\cos(\omega t + \Psi_i)$ 的有效值为

$$I = \sqrt{\frac{1}{T}\int_0^T i^2 \mathrm{d}t}\, I = \sqrt{\frac{1}{T}\int_0^T I_\mathrm{m}^2 \cos^2(\omega t + \phi)\,\mathrm{d}t}$$

因为

$$\int_0^T \cos^2(\omega t + \Psi_i)\,\mathrm{d}t = \int_0^T \frac{1+\cos 2(\omega t + \Psi_i)}{2}\mathrm{d}t = \frac{1}{2}t\Big|_0^T = \frac{1}{2}T$$

所以

$$I = \sqrt{\frac{1}{T}I_\mathrm{m}^2 \cdot \frac{T}{2}} = \frac{I_\mathrm{m}}{\sqrt{2}} = 0.707 I_\mathrm{m}$$

同理，正弦电压 $u(t) = U_\mathrm{m}\cos(\omega t + \phi_u)$ 的有效值为

$$U = \frac{U_\mathrm{m}}{\sqrt{2}} = 0.707 U_\mathrm{m}$$

在工程上，一般所说的正弦电压、电流的大小都是指有效值。例如交流测量仪表所指示的读数、交流电气设备铭牌上的额定值都是有效值。我国所使用的单相正弦电源的电压 $U=220\mathrm{V}$，就是正弦电压的有效值，它的最大值 $U_\mathrm{m} = \sqrt{2}\,U = 1.414 \times 220 = 311\mathrm{V}$。

【例5-1】已知正弦电流 $i = 20\cos(314t + 60^\circ)\mathrm{A}$，电压 $u = 10\sqrt{2}\sin(314t - 30^\circ)\mathrm{V}$。分别画出它们的波形图，求出它们的有效值、频率及相位差。

解： 电压 u 可改写为

$$u = 10\sqrt{2}\sin(314t - 30^\circ) = 10\sqrt{2}\cos(314t - 120^\circ)\mathrm{V}$$

i、u 的波形如图 5-6 所示，其有效值为

$$I = \frac{20}{\sqrt{2}} = 14.142\mathrm{A}$$

$$U = 10\mathrm{V}$$

i、u 的频率为

$$f = \frac{\omega}{2\pi} = \frac{314}{2\times 3.14} = 50\mathrm{Hz}$$

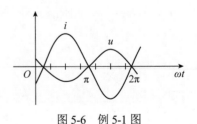

图 5-6　例 5-1 图

u、i 的相位差为

$$\varphi = \psi_u - \psi_i = -120^\circ - 60^\circ = -180^\circ$$

5.2　相量法

相量法是正弦交流电路的主要分析方法，用相量代换电路中的电量，将电路方程的性质从微分方程变为代数方程，从而简便地求取以正弦函数作为输入函数的微分方程的特解。

5.2.1　复数表示方法

1. 复数的表示形式

(1) 代数形式：

$$A = a + jb$$

(2) 三角形式：

$$A = |A|\cos\varphi + j|A|\sin\varphi$$

$|A|$ 为复数 A 的模(幅值)，它恒大于零。

(3) 指数形式。利用欧拉公式 $\cos\varphi = \dfrac{e^{j\varphi} + e^{-j\varphi}}{2}$ 和 $\sin\varphi = \dfrac{e^{j\varphi} - e^{-j\varphi}}{2j}$ 可以直接将复数的三角形式转化为指数形式：

$$A = |A|e^{j\varphi}$$

(4) 极坐标形式：

$$A = |A| \angle\varphi$$

2. 复数的运算

(1) 加、减法。设 $A = a_1 + ja_2$，$B = b_1 + jb_2$，则

$$C = A \pm B = (a_1 + ja_2) \pm (b_1 + jb_2) = (a_1 + b_1) \pm j(a_2 + b_2)$$

复数的加、减法也可以直接用平行四边形法则求解，如图 5-7 和图 5-8 所示。

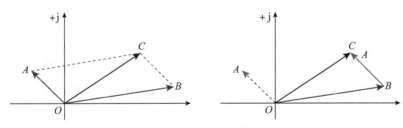

图 5-7　平行四边形法(一)

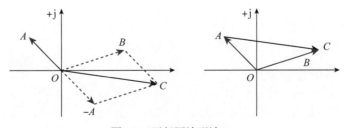

图 5-8　平行四边形法(二)

(2) 乘、除法。设 $A = a_1 + ja_2$，$B = b_1 + jb_2$，则

$$C = AB = (a_1 + ja_2)(b_1 + jb_2) = (a_1b_1 - a_2b_2) + j(a_2b_1 + a_1b_2)$$

$$D = \frac{A}{B} = \frac{a_1 + ja_2}{b_1 + jb_2} = \frac{a_1b_1 + a_2b_2}{b_1^2 + b_2^2} + j\frac{a_2b_1 - a_1b_2}{b_1^2 + b_2^2}$$

可见，当使用复数的代数形式时，进行复数的乘、除法运算比较复杂。

如果设 $A = |A|\angle\varphi_A$，$B = |B|\angle\varphi_B$，则

$$C = AB = |A|\angle\varphi_A |B|\angle\varphi_B = |AB|\angle\varphi_A + \varphi_B$$

$$D = \frac{A}{B} = \frac{a_1 + ja_2}{b_1 + jb_2} = \frac{|A|\angle\varphi_A}{|B|\angle\varphi_A} = \frac{|A|}{|B|}\angle\varphi_A - \varphi_B$$

当使用复数的极坐标形式时，进行复数的乘、除法运算比较简单，只需要将复数的模相乘、除，复数的幅角相加、减就可以了。

(3) 旋转因子：j 与 -j。对于任意相量 $A = |A|\angle\varphi_A$，$jA = j||A|\angle\varphi_A = |A|\angle\varphi_A + 90°$，也就是说，旋转因子 j 与 -j 与任意相量的乘积的结果，即为该相量逆(顺)时针旋转 $90°$。

【例 5-2】 将下列复数改写成极坐标式：(1) $Z_1 = 2$；(2) $Z_2 = j5$；(3) $Z_3 = -j9$；(4) $Z_4 = -10$；(5) $Z_5 = 3 + j4$；(6) $Z_6 = 8 - j6$；(7) $Z_7 = -6 + j8$；(8) $Z_8 = -8 - j6$。

解： 根据关系式 $Z = a + jb = |Z|\angle\theta$，$|Z| = \sqrt{a^2 + b^2}$，$\theta = \arctan\frac{b}{a}$，计算如下：

(1) $Z_1 = 2 = 2\angle 0°$

(2) $Z_2 = j5 = 5\angle 90°$

(3) $Z_3 = -j9 = 9\angle -90°$

(4) $Z_4 = -10 = 10\angle 180°$ 或 $10\angle -180°$（"–"号代表±180°）

(5) $Z_5 = 3 + j4 = 5\angle 53.1°$

(6) $Z_6 = 8 - j6 = 10\angle -36.9°$

(7) $Z_7 = -6 + j8 = -(6 - j8) = -(10\angle -53.1°) = 10\angle 180° - \angle 53.1° = 10\angle 126.9°$

(8) $Z_8 = -8 - j6 = -(8 + j6) = -(10\angle 36.9°) = 10\angle -180° + \angle 36.9° = 10\angle -143.1°$。

【例 5-3】 已知 $Z_1 = 8 - j6$，$Z_2 = 3 + j4$。试求：(1) $Z_1 + Z_2$；(2) $Z_1 - Z_2$；(3) $Z_1 \cdot Z_2$；(4) Z_1 / Z_2。

解： (1) $Z_1 + Z_2 = (8 - j6) + (3 + j4) = 11 - j2 = 11.18\angle -10.3°$

(2) $Z_1 - Z_2 = (8 - j6) - (3 + j4) = 5 - j10 = 11.18\angle -63.4°$

(3) $Z_1 \cdot Z_2 = (10\angle -36.9°) \times (5\angle 53.1°) = 50\angle 16.2°$

(4) $Z_1 / Z_2 = (10\angle -36.9°) \div (5\angle 53.1°) = 2\angle -90°$

5.2.2　正弦电量的相量表示

1. 正弦量与相量

以电压为例：

$$u(t) = U_{\mathrm{m}} \cos(\omega t + \Psi) = \mathrm{Re}[U_{\mathrm{m}} \mathrm{e}^{\mathrm{j}(\omega t + \Psi)}] = \mathrm{Re}[U_{\mathrm{m}} \mathrm{e}^{\mathrm{j}\Psi} \mathrm{e}^{\mathrm{j}\omega t}] = \mathrm{Re}[\dot{U}_{\mathrm{m}} \mathrm{e}^{\mathrm{j}\omega t}]$$

式中，指数函数 $\mathrm{e}^{\mathrm{j}\omega t}$ 是以 ω 为角频率旋转的旋转相量，由此可见，在角频率 ω 一定的情况下，正弦量 $u(t)$ 与相量 $\dot{U}_{\mathrm{m}}$ 之间可以建立起一一对应的关系，其中 $\dot{U}_{\mathrm{m}} = U_{\mathrm{m}} \angle \Psi$。

2. 旋转相量与正弦量的图示

一个正弦量在任何时刻的瞬时值等于对应的旋转相量该时刻在实轴上的投影。这个关系可以用图 5-9 所示的旋转相量 $\sqrt{2}\,\dot{I}\,\mathrm{e}^{\mathrm{j}\omega t}$ 和正弦量 $i(t)$ 的波形图之间的对应关系来说明。

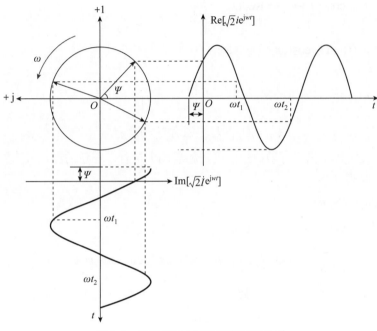

图 5-9 旋转相量与正弦量的对应关系

对于任何正弦时间函数，都可以找到唯一与其对应的复指数函数，建立起一一对应关系，从而得到表示这个正弦量的相量。由于这种对应关系非常简单，因而可以直接写出。

3. 有效值相量与幅值相量

有效值与幅值之间存在一定的关系，因此正弦量的相量既可以用有效值相量表示，也可以用幅值相量表示。

(1) 有效值相量：相量的模表示正弦量的有效值，相量的幅角表示正弦量的初相位，即

$$\dot{U} = U \angle \Psi$$

(2) 幅值相量：相量的模表示正弦量的幅值，相量的幅角表示正弦量的初相位，即

$$\dot{U}_{\mathrm{m}} = U_{\mathrm{m}} \angle \Psi = \sqrt{2} U \angle \Psi$$

4. 相量图

(1) 在复平面上用相量表示相量的图；

(2) 计算中，同一相量图中的相量必须同频率。

5.2.3　正弦量的计算

1. 加、减法

同频率的正弦量的线性组合，可以用相应的相量的线性组合计算。

设 $u_1(t) = U_{1m}\cos(\omega t + \psi_1)$，$u_2(t) = U_{2m}\cos(\omega t + \psi_2)$，求 $u_1(t) + u_2(t)$，则

$$u_1(t) = U_{1m}\cos(\omega t + \psi_1) = \mathrm{Re}\left[\dot{U}_{1m}\,\mathrm{e}^{\mathrm{j}\omega t}\right]$$

$$u_2(t) = U_{2m}\cos(\omega t + \psi_2) = \mathrm{Re}\left[\dot{U}_{2m}\,\mathrm{e}^{\mathrm{j}\omega t}\right]$$

$$u_1(t) + u_2(t) = U_m\cos(\omega t + \psi) = \mathrm{Re}\left[\dot{U}_m\,\mathrm{e}^{\mathrm{j}\omega t}\right]$$

$$u(t) = u_1(t) + u_2(t) = \mathrm{Re}\left[\dot{U}_{1m}\mathrm{e}^{\mathrm{j}\omega t}\right] + \mathrm{Re}\left[\dot{U}_{2m}\mathrm{e}^{\mathrm{j}\omega t}\right] = \mathrm{Re}\left[(\dot{U}_{1m} + \dot{U}_{2m})\mathrm{e}^{\mathrm{j}\omega t}\right] = \mathrm{Re}\left[\dot{U}_m\,\mathrm{e}^{\mathrm{j}\omega t}\right]$$

$$\dot{U}_m = \dot{U}_{1m} + \dot{U}_{2m} \text{ 或者 } \dot{U} = \dot{U}_1 + \dot{U}_2$$

上述计算也可以根据平行四边形法则在相量图上进行。相量的加、减法只对应同频率正弦量的加、减法。

2. 相量的微分运算

设 $u(t) = U_m\cos(\omega t + \psi)$，则

$$\frac{\mathrm{d}u(t)}{\mathrm{d}t} = \omega U_m\left[-\sin(\omega t + \psi)\right] = \omega U_m\cos(\omega t + \psi + 90°)$$

而

$$f(t) = \mathrm{Re}\left[\dot{U}_m\,\mathrm{e}^{\mathrm{j}\omega t}\right]$$

则

$$\frac{\mathrm{d}u(t)}{\mathrm{d}t} = \frac{\mathrm{d}}{\mathrm{d}t}\left(\mathrm{Re}\left[\dot{U}_m\,\mathrm{e}^{\mathrm{j}\omega t}\right]\right) = \mathrm{Re}\left[\frac{\mathrm{d}}{\mathrm{d}t}(\dot{U}_m\,\mathrm{e}^{\mathrm{j}\omega t})\right] = \mathrm{Re}\left[\mathrm{j}\omega\dot{U}_m\,\mathrm{e}^{\mathrm{j}\omega t}\right]$$

于是

$$\mathrm{j}\omega\dot{U}_m \Leftrightarrow \frac{\mathrm{d}u(t)}{\mathrm{d}t}\ (\mathrm{j}\omega\dot{U}_m = \omega U_m\angle\psi + 90°)$$

总结：将正弦量用相量表示后，同频率正弦量的运算，包括加、减、乘、除、微分、积分等，均可转变为相量的代数运算，结果仍是一个同频率的正弦量。相量的加减运算常采用直角坐标的形式，乘除运算采用极坐标形式或指数形式。

(1) 同频率的正弦量的代数和等于各正弦量的相量相加。

(2) 正弦量的微分是一个同频率的正弦量，其相量等于原正弦量的相量乘以 $\mathrm{j}\omega$。

(3) 正弦量的积分是一个同频率的正弦量，其相量等于原正弦量的相量除以 $\mathrm{j}\omega$。

5.2.4　电路定理的相量形式

1. KCL 的相量形式

KCL 可表示为 $\sum i = 0$。当线性正弦稳态电路的电流都是同频率的正弦量时，

$$i(t) = i_\mathrm{m} \cos(\omega t + \psi_\mathrm{i}) = \mathrm{Re}\left[\dot{I}_\mathrm{m} \mathrm{e}^{\mathrm{j}\omega t}\right]$$

因此，在所有时刻，对任一节点的 KCL 可表示为

$$\sum i_k(t) = \sum \mathrm{Re}[\dot{I}_\mathrm{m} \mathrm{e}^{\mathrm{j}\omega t}] = \mathrm{Re}[(\sum \dot{I}_\mathrm{m})\mathrm{e}^{\mathrm{j}\omega t}] = \mathrm{Re}[\sqrt{2}(\sum \dot{I})\mathrm{e}^{\mathrm{j}\omega t}] = \mathrm{Re}[0 \times \mathrm{e}^{\mathrm{j}\omega t}] = 0$$

于是很容易推导出 KCL 的相量形式，即

$$\sum \dot{I}_\mathrm{m} = 0, \ \sum \dot{I} = 0$$

式中，$\dot{I}_\mathrm{m} = I_\mathrm{m} \mathrm{e}^{\mathrm{j}\psi i} = I_\mathrm{m} \angle \psi_\mathrm{i}$，$\dot{I} = I \mathrm{e}^{\mathrm{j}\psi i} = I \angle \psi_\mathrm{i}$ 为流出该节点的第 k 条支路正弦电流 i_k 对应的相量。

2. KVL 的相量形式

同理，在正弦稳态电路中，沿任一回路，KVL 可表示为

$$\sum \dot{U}_\mathrm{m} = 0, \ \ \sum \dot{U} = 0$$

【例 5-4】把正弦量 $u = 311\cos(314t + 30^\circ)\,\mathrm{V}$，$i = 4.24\cos(314t - 45^\circ)$ 用相量表示出来。

解：(1) 正弦电压 u 的有效值为 $U = 0.7071 \times 311 = 220\,\mathrm{V}$，初相 $\varPsi_u = 30^\circ$，所以它的相量为

$$\dot{U} = U \angle \varPsi_u = 220 \angle 30^\circ\,\mathrm{V}$$

(2) 正弦电流 i 的有效值为 $I = 0.7071 \times 4.24 = 3\,\mathrm{A}$，初相 $\varPsi_i = -45^\circ$，所以它的相量为

$$\dot{I} = I \angle \varPsi_i = 3 \angle -45^\circ\,\mathrm{A}$$

【例 5-5】设角频率均为 ω，把正弦相量 $\dot{U} = 120 \angle -37^\circ\,\mathrm{V}$，$\dot{I} = 5 \angle 60^\circ\,\mathrm{A}$ 用三角函数的瞬时值表达式表示。

解：$u = 120\sqrt{2} \cos(\omega t - 37^\circ)\,\mathrm{V}$，$i = 5\sqrt{2} \cos(\omega t + 60^\circ)\,\mathrm{A}$。

【例 5-6】已知 $i_1 = 3\sqrt{2} \cos(\omega t + 30^\circ)\,\mathrm{A}$，$i_2 = 4\sqrt{2} \cos(\omega t - 60^\circ)\,\mathrm{A}$，试求 $i_1 + i_2$。

解：首先用复数相量表示正弦量 i_1、i_2，即

$$\dot{I}_1 = 3 \angle 30^\circ\,\mathrm{A} = 3(\cos 30^\circ + \mathrm{j}\sin 30^\circ) = 2.598 + \mathrm{j}1.5\,\mathrm{A}$$
$$\dot{I}_2 = 4 \angle -60^\circ\,\mathrm{A} = 4(\cos 60^\circ - \mathrm{j}\sin 60^\circ) = 2 - \mathrm{j}3.464\,\mathrm{A}$$

然后做复数加法：

$$\dot{I}_1 + \dot{I}_2 = 4.598 - \mathrm{j}1.964 = 5 \angle -23.1^\circ\,\mathrm{A}$$

最后将结果还原成正弦量：

$$i_1 + i_2 = 5\sqrt{2} \cos(\omega t - 23.1^\circ)\,\mathrm{A}$$

5.3　电阻、电感和电容元件的相量模型

在正弦稳态电路中，三种基本电路元件 R、L、C 的电压、电流之间的关系都是同频率正弦电压、电流之间的关系，所涉及的有关运算都可以用相量进行计算，因此这些关系的时域形式都可以转换为相量形式。

5.3.1　电阻元件的正弦交流电路

1. 伏安关系

图 5-10 所示为电阻元件时域模型，电压和电流的参考方向关联时，电阻 R 的伏安关系的时域形式为

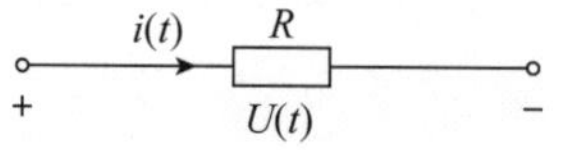

$$u(t) = Ri(t)$$

图 5-10　电阻元件时域模型

当正弦电流 $i(t) = \sqrt{2}I\cos(\omega t + \psi_i)$ 通过电阻 R 时，则

$$u(t) = RI_m\cos(\omega t + \psi_i) = U_m\cos(\omega t + \psi_u)$$

$U_m = RI_m$、$U = RI$ 电压、电流的最大值(有效值)之间符合欧姆定律；

$$\begin{cases} \psi_u = \psi_i \\ \varphi = \psi_u - \psi_i = 0 \end{cases} \quad (u \ 与 \ i \ 同相)$$

所以有

$$i(t) \ \Rightarrow \ \dot{I} = I\angle\psi_i$$

$$u(t) \ \Rightarrow \ \dot{U} = U\angle\psi_u = RI\angle\psi_i = R\dot{I}$$

电阻元件相量模型如图 5-11 所示，电压和电流参考方向关联时，电阻的伏安关系的相量形式为

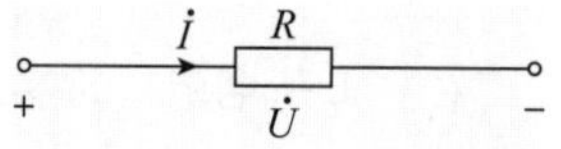

$$\dot{U} = R\dot{I} \ 或者 \ \dot{U}_m = R\dot{I}_m$$

图 5-11　电阻元件相量模型

2. 功率关系

(1) 瞬时功率。由于瞬时功率 p 是由同一时刻的电压与电流的乘积来确定的，因此当流过电阻 R 的电流为 $i(t) = \sqrt{2}I\cos(\omega t + \psi_i)$ 时，电阻所吸收的瞬时功率为

$$\begin{aligned} p(t) &= u(t)i(t) \\ &= U_m\cos(\omega t + \psi_u)I_m\cos(\omega t + \psi_i) \\ &= 2UI\cos^2(\omega t + \psi_i) \\ &= UI + UI\cos(2\omega t + \psi_i) \geqslant 0 \end{aligned}$$

可以看出，电阻吸收的功率是随时间变化的，但始终大于或等于零，表明了电阻的耗能特性。上式还表明了电阻元件的瞬时功率包含一个常数项和一个两倍于原电流频率的正弦项，即电流或电压变化一个循环时，功率变化了两个循环。

(2) 平均功率。瞬时功率在一个周期内的平均值称为平均功率，记为 P，即

$$P = \frac{1}{T}\int_0^T p(t)\mathrm{d}t = UI = \frac{1}{2}U_m I_m = RI^2$$

在正弦稳态电路中，人们通常所说的功率都是指平均功率。平均功率又称有功功率，单位为 W。

5.3.2　电感元件的正弦交流电路

1. 伏安关系

图 5-12 所示为电感元件时域模型，电压和电流的参考方向关联时，电感 L 的伏安关系的时域形式为

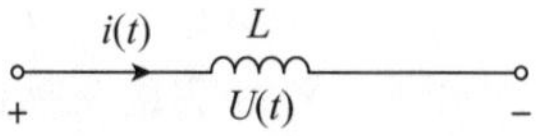

图 5-12　电感元件时域模型

$$u = L\frac{\mathrm{d}i}{\mathrm{d}t}$$

当正弦电流 $i(t) = I_m \cos(\omega t + \psi_i)$ 通过电感 L 时

$$\begin{aligned}
u &= L\frac{\mathrm{d}i}{\mathrm{d}t} = L\frac{\mathrm{d}}{\mathrm{d}t}[I_m \cos(\omega t + \psi_i)] \\
&= LI_m \times \omega[-\sin(\omega t + \psi_i)] \\
&= \omega L I_m \cos(\omega t + \psi_i + \frac{\pi}{2}) \\
&= U_{Lm} \cos(\omega t + \psi_u)
\end{aligned}$$

可见，$U_m = \omega L I_m$、$U = \omega L I$ 电压、电流的最大(有效)值的关系符合欧姆定律。

感抗值 $\dfrac{U_m}{I_m} = \dfrac{U}{I} = \omega L = X_L$，$X_L$ 随 ω 的变化成线性变化。

$$\begin{cases} \psi_u = \psi_i + \dfrac{\pi}{2} \\ \varphi = \psi_u - \psi_i = \dfrac{\pi}{2} \end{cases} \quad (\text{电压超前电流}90°)$$

$$i_L(t) \ \Rightarrow \dot{I}_{Lm} = I_{Lm}\angle\psi_i$$

$$u_L(t) \ \Rightarrow \dot{U}_{Lm} = U_{Lm}\angle\psi_u = \omega L I_{Lm}\angle\psi_i + \frac{\pi}{2} = \mathrm{j}\omega L I_{Lm}\angle\psi_i$$

电感元件相量模型如图 5-13 所示，电压和电流的参考方向关联时，电阻的伏安关系的相量形式为

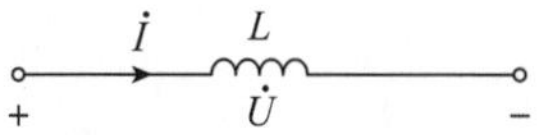

图 5-13　电感元件相量模型

$$\begin{cases} \dot{U}_{Lm} = \mathrm{j}\omega L \dot{I}_{Lm} \\ \dot{U}_L = \mathrm{j}\omega L \dot{I}_L \end{cases}$$

上式表明：

(1) 在正弦电流电路中，线性电感的电压和电流的瞬时值不成正比，而有效值、相量成正比。

(2) 此时电压与电流有效值之间的关系不仅与 L 有关，还与角频率 ω 有关。当 L 值不变，流过的电流值 I_L 一定时，ω 越高则 U_L 越大；ω 越低则 U_L 越小。当 $\omega = 0$(相当于直流激励)时，$U_L = 0$，电感相当于短路。

(3) 在相位上，电感电压超前电流 90°。

2．功率关系

(1) 瞬时功率。当电感两端的电压为 $u(t) = \sqrt{2}U\cos\omega t$，流过电感的电流为 $i(t) = \sqrt{2}I\cos(\omega t - \pi/2)$ 时，则瞬时功率为

$$p(t) = ui = 2UI\cos\omega t\sin\omega t = UI\sin 2\omega t$$

(2) 平均功率。瞬时功率 $p(t)$ 仅为一个两倍于原电流频率的正弦量，其平均值为零，即 $P = 0$，也就是说，在正弦电流电路中，电感元件不吸收平均功率。

(3) 无功功率。为了描述电感元件与外部能量交换的规模，引入无功功率的概念。电感元件与外部能量交换的最大速率(即瞬时功率的振幅)定义为无功功率，公式为

$$Q = UI$$

单位为 Var。

(4) 能量。电感元件的瞬时能量为

$$W(t) = \frac{1}{2}Li^2(t) = \frac{1}{2}L(\sqrt{2}\,I\sin\omega t)^2 = \frac{1}{2}LI^2(1 - \cos 2\omega t)$$

由电感的功率及其能量的波形图可以看出，当 $p > 0$ 时，电感吸收能量，其储能增加；当 $p < 0$ 时，电感输出能量，其储能减少。而电感的储能在 0 与 LI_L^2 之间变动。在正弦稳态电路中，电感元件与外部电路不间断进行能量交换的现象，是由电感的储能本质所确定的。

5.3.3　电容元件的正弦交流电路

1．伏安关系

图 5-14 所示为电容元件时域模型，当电压和电流的参考方向关联时，电容 C 的伏安关系的时域形式为

$$i = C\frac{\mathrm{d}u}{\mathrm{d}t}$$

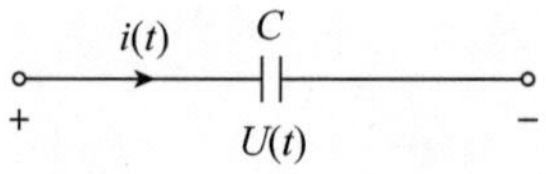

图 5-14　电容元件时域模型

当正弦电压 $u(t) = U_{\mathrm{m}}\cos(\omega t + \psi_u)$ 加于电容 C 上时，

$$i = C\frac{\mathrm{d}}{\mathrm{d}t}u(t) = C\frac{\mathrm{d}}{\mathrm{d}t}U_{\mathrm{m}}\cos(\omega t + \psi_u) = \omega CU_{\mathrm{m}}\cos\left(\omega t + \psi_u + \frac{\pi}{2}\right) = I_{\mathrm{m}}\cos(\omega t + \psi_i)$$

可见，$I_{\mathrm{m}} = \omega C \cdot U_{\mathrm{m}}$、$U_{\mathrm{m}} = \dfrac{1}{\omega c}I_{\mathrm{m}}$、$U = \dfrac{1}{\omega C}I$，电流最大(有效)值的关系符合欧姆定律。

容抗值 $X_C = \dfrac{U_{\mathrm{m}}}{I_{\mathrm{m}}} = \dfrac{U}{I} = \dfrac{1}{\omega C}$，可见，电容是通高频阻低频的器件，具有隔直作用。

$$\begin{cases} \psi_i = \psi_u + \dfrac{\pi}{2} \\[2mm] \varphi = \psi_u - \psi_i = -\dfrac{\pi}{2} \end{cases} \quad (u \text{ 滞后 } i\,90^\circ)$$

$$u(t) \Rightarrow \dot{U}_{\mathrm{m}} = U_{\mathrm{m}} \angle \psi_u$$

$$i(t) \Rightarrow \dot{I}_{\mathrm{m}} = I_{\mathrm{m}} \angle \psi_i = \omega c U_{\mathrm{m}} \angle \psi_u + 90^\circ = \mathrm{j}\omega C \dot{U}_{\mathrm{m}}$$

电感元件相量模型如图 5-15 所示，电压和电流的参考方向关联时，电阻的伏安关系的相量形式为

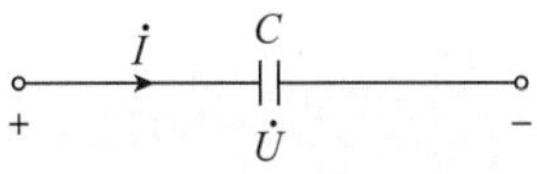

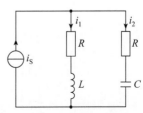

图 5-15　电容元件相量模型

$$\dot{I} = \mathrm{j}\omega C \dot{U}$$

$$\dot{U}_{\mathrm{m}} = \frac{1}{\mathrm{j}\omega C} \dot{I}_{\mathrm{m}} = -\mathrm{j}\frac{1}{\omega C} \dot{I}_{\mathrm{m}}$$

2. 功率关系

(1) 瞬时功率。当电容两端的电压为 $u(t) = U_{\mathrm{m}}\cos\omega t$，流过电容的电流 $i(t) = I_{\mathrm{m}}\cos(\omega t + \pi/2)$ 时，则瞬时功率为

$$p(t) = u\,i = -2UI\sin\omega t\,\cos\omega t = -U\,I\sin 2\omega t$$

(2) 平均功率为

$$P_C = 0$$

电容不吸收功率，电容元件的平均功率为零。

(3) 无功功率为

$$Q = -UI$$

电容和电感的无功功率比较：$Q_L = U_L I_L > 0$ 吸收无功功率；$Q_C = -U_C I_C < 0$ 发出无功功率。

(4) 能量。电容元件的瞬时能量为

$$W(t) = (C/2)u^2(t) = (C/2)(\sqrt{2}U\cos\omega t)^2 = (C/2)U^2(1 + \cos 2\omega t)$$

由电容的功率及能量的波形图可以看出，当 $p<0$ 时，电容输出能量，其储能减少；当 $p>0$ 时，电容吸收能量，其储能增加。而电容的储能在 0 与 CU^2 之间变动。在正弦稳态电路中，电容元件与外部电路不断进行能量交换的现象，也是由电容的储能本质确定的。

将给定的以 u、i、R、L、C 表示的时域电路，分别用 $\dot{U}$、$\dot{I}$、R、$\mathrm{j}\omega L$、$1/\mathrm{j}\omega C$ 替代，得到对应的相量电路。在选定的电压、电流的参考方向下，写出 KCL 和 KVL 方程的相量形式，再将元件伏安关系的相量形式代入，便得到一组以待求量(电压或电流)的相量为未知量的复数代数方程组。解此方程组就可求得待求正弦电压或电流的相量，最后根据相量与正弦时间函数的对应关系，写出待求量在时域中的瞬时值表达式。这种方法就是求解正弦电流电路的相量法。

【例 5-7】图 5-16 所示电路中，已知 $i_1 = 2\sqrt{2}\sin(2t + 45^\circ)\mathrm{A}$，$i_2 = 2\sqrt{2}\cos(2t + 45^\circ)\mathrm{A}$，求 i_{S}。

解：列 KCL 方程，有 $i_{\mathrm{S}} = i_1 + i_2$，相量关系为

$$\dot{I}_{\mathrm{Sm}} = \dot{I}_{\mathrm{1m}} + \dot{I}_{\mathrm{2m}} = 2\sqrt{2}\angle 45^\circ + 2\sqrt{2}\angle 135^\circ$$

$$= 2 + \mathrm{j}2 - 2 + \mathrm{j}2 = \mathrm{j}4\mathrm{V}$$

图 5-16　例 5-7 电路图

所以 $i_S = 4\sin(2t + 90°)\text{A}$ 。

【例 5-8】 图 5-17(a)所示电路中， $i = 2\sqrt{2}\sin\left(10t + 30°\right)\text{A}$ ，求电压 u 。

解： $i \leftrightarrow \dot{I} = 2\angle 30°\text{A}$ ，由于 u 与 i 是非关联方向，故可得

$$\dot{U} = -\text{j}\omega L\dot{I} = -\text{j}20 \times 2\angle 30° = 40\angle -60°\text{V}$$

所以， $u = 40\sqrt{2}\sin(10t - 60°)\text{V}$ 。

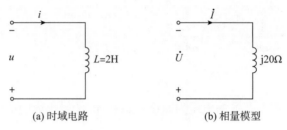

(a) 时域电路　　　　　　　(b) 相量模型

图 5-17　例 5-8 电路图

【例 5-9】 求图 5-18 所示电路中电流表和电压表的读数。

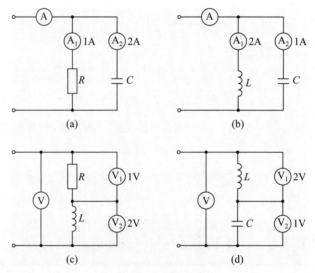

图 5-18　例 5-9 电路图

解： (a) $I = \sqrt{I_1^2 + I_2^2} = \sqrt{1^2 + 2^2} = \sqrt{5} = 2.24\text{A}$

(b) $I = \left|I_1 - I_2\right| = 2 - 1 = 1\text{A}$

(c) $U = \sqrt{U_1^2 + U_2^2} = \sqrt{5} = 2.24\text{V}$

(d) $U = \left|U_1 - U_2\right| = 2 - 1 = 1\text{V}$

5.4　阻抗与导纳

复阻抗也称阻抗，复导纳也称导纳，它们是分析交流电路的重要参数，反映了无源一端口网络内部的参数、结构和正弦电源的频率之间的关系。掌握它们的概念、意义和计算

方法至关重要。

5.4.1　阻抗

1. 定义

将正弦稳态无源二端网络端钮处的电压相量与电流相量之比定义为该二端网络的阻抗，记为 Z。在图 5-19 所示的无源二端网络(一端口)中，设外加正弦电压激励 $\dot{U}$，则产生电流 $\dot{I}$，那么无源二端网络(一端口)的阻抗为

$$Z = \frac{\dot{U}}{\dot{I}}$$

注意：此时电压相量 $\dot{U}$ 与电流相量 $\dot{I}$ 的参考方向内部关联。

$$Z = \frac{\dot{U}}{\dot{I}} = \frac{U\angle\psi_u}{I\angle\psi_i} = |Z|\angle\psi_z = R + jX$$

式中，$|Z| = \dfrac{U}{I}$ 为阻抗 Z 的模，即阻抗的值；$\varphi_Z = \psi_u - \psi_i$ 为阻抗 Z 的阻抗角；$R = |Z|\cos\varphi_z$ 为阻抗 Z 的电阻分量；$X = |Z|\sin\varphi_z$ 为阻抗 Z 的电抗分量。

R、X、$|Z|$ 三者构成直角三角形，称阻抗三角形，如图 5-20 所示。

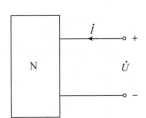

图 5-19　无源二端口网络

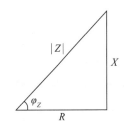

图 5-20　阻抗三角形

2. 电阻元件的阻抗

电阻元件如图 5-21 所示，电压和电流的参考方向关联时，电阻的伏安关系的相量形式为

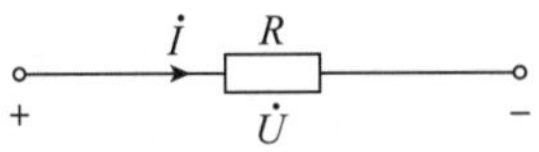

$$\dot{U} = \dot{I} R$$

则

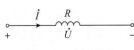

图 5-21　电阻元件

$$Z_R = \frac{\dot{U}}{\dot{I}} = R$$

3. 电感元件的阻抗

电感元件如图 5-22 所示，电压和电流的参考方向关联时，电感的伏安关系的相量形式为

$$\dot{U} = j\omega L \dot{I}$$

则

图 5-22　电感元件

$$Z_L = \frac{\dot{U}}{\dot{I}} = j\omega L = jX_L$$

4. 电容元件的阻抗

电容元件如图 5-23 所示，电压和电流的参考方向关联时，电容的伏安关系的相量形式为

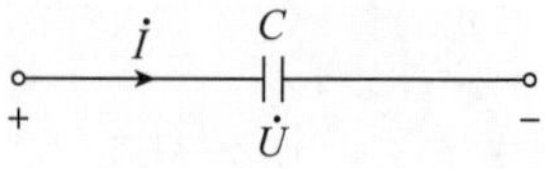

$$\dot{I} = j\omega C \dot{U}$$

$$\dot{U} = \frac{1}{j\omega C}\dot{I} = -j\frac{1}{\omega C}\dot{I}$$

图 5-23　电容元件

则

$$Z_C = \frac{\dot{U}}{\dot{I}} = -j\frac{1}{\omega C} = -jX_C$$

5. 电阻、电感、电容的串联阻抗

电阻、电感、电容串联电路如图 5-24 所示，电压和电流的参考方向关联时，电阻、电感、电容串联，得到等效阻抗 Z_{eq}。

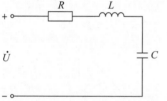

图 5-24　电阻、电感、电容串联电路

$$Z_{eq} = \frac{\dot{U}}{\dot{I}} = \frac{Z_R\dot{I} + Z_L\dot{I} + Z_C\dot{I}}{\dot{I}} = Z_R + Z_L + Z_C$$

$$= R + j\omega L + \frac{1}{j\omega C} = R + jX_L + jX_C = R + jX$$

$$= |Z|\angle\varphi_Z$$

式中，阻抗 Z 的模为

$$|Z| = \sqrt{R^2 + X^2}$$

阻抗角分别为

$$\varphi_z = \arctan\frac{X}{R} = \arctan\frac{X_L + X_C}{R} = \arctan\frac{\omega L - 1/\omega C}{R}$$

可见，电抗 X 是角频率 ω 的函数。

当电抗 $X>0(\omega L>1/\omega C)$时，阻抗角 $\varphi_Z>0$，阻抗 Z 呈感性；

当电抗 $X<0(\omega L<1/\omega C)$时，阻抗角 $\varphi_Z<0$，阻抗 Z 呈容性；

当电抗 $X=0(\omega L=1/\omega C)$时，阻抗角 $\varphi_Z=0$，阻抗 Z 呈阻性。

5.4.2　导纳

1. 定义

正弦稳态无源二端网络端钮处的电流相量与电压相量之比定义为该二端网络的导纳，记为 Y。在图 5-25 所示的无源二端网络(一端口)中，设外加正弦电压激励 $\dot{U}$，则产生电流 $\dot{I}$，那么无源二端网络(一端口)的阻抗为

$$Y = \frac{\dot{I}}{\dot{U}} \text{ 或者 } Y = \frac{1}{Z}$$

正弦稳态无源二端网络端钮的电流相量与电压相量之比定义为该二端网络的导纳，记为 Y，即

$$Y = \frac{1}{Z} = \frac{\dot{I}}{\dot{U}} = \frac{I\angle\psi_i}{U\angle\psi_u} = |Y|\angle\psi_Y = G + jB$$

式中，$|Y| = \dfrac{I}{U}$ 为导纳 Y 的模；$\varphi_Y = \psi_i - \psi_u = -\varphi_Z$ 为导纳 Y 的导纳角；$G = |Y|\cos\varphi_Y\,(\mathrm{s})$ 为导纳 Y 的电导分量；$B = |Y|\sin\varphi_Y\,(\mathrm{s})$ 为导纳 Y 的电纳分量。

G、B、$|Y|$ 三者构成直角三角形，称导纳三角形，如图 5-26 所示。

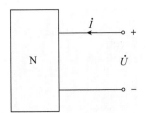

图 5-25　无源二端口网络

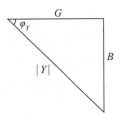

图 5-26　导纳三角形

2. 欧姆定律的另一种相量形式

欧姆定律的另一种相量形式为

$$\dot{I} = Y\dot{U}$$

图 5-27 所示的 RLC 并联电路中，根据导纳并联公式，得到等效导纳 Y：

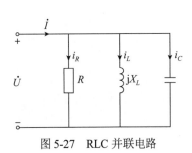

图 5-27　RLC 并联电路

$$\dot{I} = \dot{I}_R + \dot{I}_L + \dot{I}_C = G\dot{U} - j\frac{1}{\omega L}\dot{U} + j\omega C\dot{I} = \left(G - j\frac{1}{\omega L} + j\omega C\right)\dot{U}$$

$$= \left[G + j(B_L + B_C)\right]\dot{U} = (G + jB)\dot{U}$$

$$Y = \frac{\dot{I}}{\dot{U}} = G + j\omega C - j\frac{1}{\omega L} = G + jB = |Y|\angle\varphi_Y$$

式中，Y 为复导纳；$|Y|$ 为复导纳的模；φ_Y 为导纳角；G 为电导(导纳的实部)；B 为电纳(导纳的虚部)。转换关系为

$$\begin{cases} |Y| = \sqrt{G^2 + B^2} \\ \varphi_Y = \arctan\dfrac{B}{G} \end{cases}$$

可见，等效导纳 Y 的实部是等效电导 $G(=1/R) = |Y|\cos\varphi_Y$；等效导纳 Y 的虚部是等效电纳 $B = |Y|\sin\varphi_Y = B_C + B_L = \omega C - 1/\omega L$，是角频率 ω 的函数。

导纳的模为

$$|Y| = \sqrt{G^2 + B^2}$$

导纳角分别为

$$\varphi_r = \arctan\frac{B}{G} = \arctan\frac{B_C + B_L}{G} = \arctan\frac{\omega C - 1/\omega L}{G}$$

可见，电纳 B 是角频率 ω 的函数。

当电纳 $B > 0(\omega C > 1/\omega L)$ 时，导纳角 $\varphi_Y > 0$，导纳 Y 呈容性；

当电纳 $B < 0(\omega C < 1/\omega L)$ 时，导纳角 $\varphi_Y < 0$，导纳 Y 呈感性；

当电纳 $B = 0(\omega C = 1/\omega L)$ 时，导纳角 $\varphi_Y = 0$，导纳 Y 呈阻性。

3. 阻抗与导纳的关系

$$Z = \frac{\dot{U}}{\dot{I}}, \quad Y = \frac{\dot{I}}{\dot{U}}, \quad Y = \frac{1}{Z}.$$

$$G(\omega) = \frac{R(\omega)}{R^2(\omega) + X^2(\omega)}, \quad B(\omega) = \frac{-X(\omega)}{R^2(\omega) + X^2(\omega)}, \quad \varphi_Y = -\varphi_Z$$

一般情况下，一个由电阻、电感、电容所组成的不含独立源的一端口正弦稳态电路的等效阻抗 $Z(j\omega)$ 是外施正弦激励角频率 ω 的函数，即

$$Z(j\omega) = R(\omega) + jX(\omega)$$

式中，$R(\omega) = \mathrm{Re}[Z(j\omega)]$ 称为 $Z(j\omega)$ 的电阻分量，$X(\omega) = \mathrm{Im}[Z(j\omega)]$ 称为 $Z(j\omega)$ 的电抗分量。式中的电阻分量和电抗分量都是角频率 ω 的函数。所以，要注意电路结构和 R、L、C 的值，对于角频率 ω 不同的外施正弦激励而言，其等效阻抗是不同的。

图 5-28 所示的 RLC 串并联电路的等效阻抗为

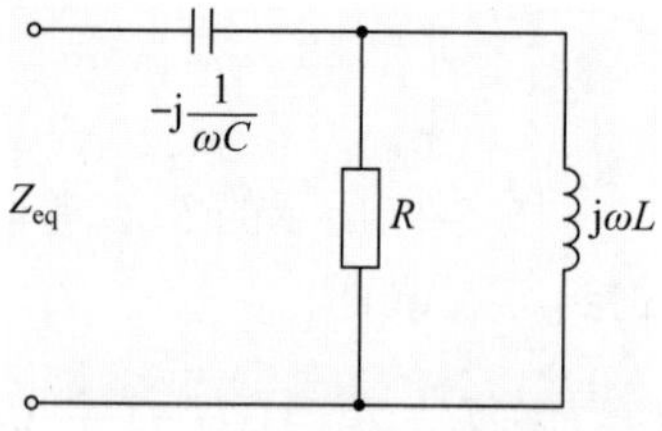

$$Z_{eq} = \frac{R \cdot j\omega L}{R + j\omega L} + \left(-j\frac{1}{\omega C}\right) = \frac{R \cdot j\omega L(R - j\omega L)}{R^2 + (\omega L)^2} + \left(-j\frac{1}{\omega C}\right)$$

图 5-28　RLC 串并联电路

$$= \frac{R(\omega L)^2}{R^2 + (\omega L)^2} + j\left[\frac{R^2\omega L}{R^2 + (\omega L)^2} - \frac{1}{\omega C}\right]$$

$$= R(\omega) + jX(\omega)$$

同理，一个由电阻、电感、电容所组成的不含独立源的一端口正弦稳态电路的等效导纳 $Y(j\omega)$ 也是外施正弦激励角频率 ω 的函数，即

$$Y(j\omega) = G(\omega) + jB(\omega)$$

式中，$G(\omega) = \mathrm{Re}[Y(j\omega)]$ 称为 $Y(j\omega)$ 的电导分量，$B(\omega) = \mathrm{Im}[Y(j\omega)]$ 称为 $Y(j\omega)$ 的电纳分量。电导分量和电纳分量也都是角频率 ω 的函数。所以要注意电路结构和 R、L、C 的值相同情况下的不含独立源的一端口正弦稳态电路，对于角频率 ω 不同的外施正弦激励而言，其等效导纳是不同的。

注意几个问题：

(1) 一端口 N 的阻抗或导纳是由其内部的参数、结构和正弦电源的频率决定的，在一般情况下，其每一部分都是频率的函数，随频率而变；

(2) 一端口 N 中如果不含受控源，则有 $|\varphi_z| \leqslant 90°$ 或者 $|\varphi_Y| \leqslant 90°$，但有受控源时，可能会出现 $|\varphi_z| \geqslant 90°$ 或者 $|\varphi_Y| \geqslant 90°$，其实部将为负值，其等效电路要设定受控源来表示实部；

(3) 一端口 N 的两种参数 Z 和 Y 具有同等效用，彼此可以等效互换，其极坐标形式表示的互换条件为 $|Z\|Y| = 1$ 和 $\varphi_Z + \varphi_Y = 0$。

4. 阻抗(导纳)的求取

应用等效的概念，可以得出阻抗串并联的等效阻抗，其计算方法与相应的电阻电路的计算方法相同。

(1) 串联：$Z = \sum Z_K$。

(2) 并联：$Y = \sum Y_K$。

(3) 混联：直接根据阻抗的串并联关系求取。

(4) 其他：无法使用阻抗的串并联直接求解的混联情况，以及含有受控源的情况，均可根据输入阻抗的定义求取。

【例 5-10】图 5-29 所示电路中元件 P 的电压和电流分别为以下 3 种情况，判断 P 为什么元件。

(1) $u = 5\cos(314t + 45°)\text{V}$，$i = 3\sin(314t + 135°)\text{A}$；

(2) $u = -5\cos(314t - 120°)\text{V}$，$i = 3\cos(314t + 150°)\text{A}$；

(3) $u = -5\cos314t\text{V}$，$i = -3\sin14t\text{A}$。

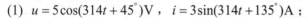

图 5-29　例 5-10 电路图

解：(1) $i = 3\sin(314t + 135°)\text{A} = 3\cos(314t + 45°)\text{A}$，电压与电流同相位，因此 P 为电阻；

(2) $u = -5\cos(314t - 120°)\text{V} = 5\cos(314t + 60°)\text{V}$，电压滞后电流 $90°$，因此 P 为电容；

(3) $u = -5\cos314t\text{V} = 5\cos(314t + 180°)\text{V}$，$i = -3\sin314t\text{A} = 3\sin(314t + 180°)\text{A} = 3\cos(314t + 90°)\text{A}$，电压超前电流 $90°$，因此 P 为电感。

【例 5-11】求图 5-30 所示电路 a、b 端的等效阻抗 Z 及导纳 Y。

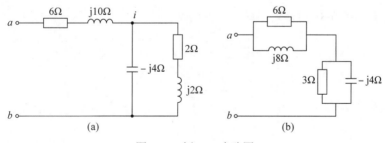

图 5-30　例 5-11 电路图

解：图 5-30(a)所示电路中：

$$Z = 6 + \text{j}10 + \frac{(2 + \text{j}2) \times (-\text{j}4)}{2 + \text{j}2 - \text{j}4} = 6 + \text{j}10 + \frac{8 - \text{j}8}{2 - \text{j}2} = 10 + \text{j}10 = 10\sqrt{2}\angle45°\,\Omega$$

$$Y = \frac{1}{Z} = \frac{1}{10\sqrt{2}\angle45°} = 0.07\angle-45°\,\text{S}$$

图 5-30(b)所示电路中：

$$Z = \frac{6 \times \text{j}8}{6 + \text{j}8} + \frac{3 \times (-\text{j}4)}{3 - \text{j}4} = \frac{\text{j}48 \times (3 - \text{j}4) - \text{j}12 \times (6 + \text{j}8)}{2 \times 25} = 5.94\angle14°\,\Omega$$

$$Y = \frac{1}{Z} = \frac{1}{5.94\angle 14^\circ} = 0.17\angle -14^\circ \, \text{S}$$

5.5 正弦交流电路的计算

电阻电路与正弦电流电路的对比如表 5-1 所示。

表 5-1　电阻电路与正弦电流电路的对比

对比项目	电阻电路分析	正弦电路相量分析
KCL	$\sum i = 0$	$\sum \dot{I} = 0$
KVL	$\sum u = 0$	$\sum \dot{U} = 0$
元件约束关系	$u = Ri$或$i = Gu$	$\dot{U} = Z\dot{I}$或$\dot{I} = Y\dot{U}$

可以看出:

(1) 引入相量法,电阻电路和正弦电流电路依据的电路定律是相似的;

(2) 引入电路的相量模型,把列写时域微分方程转换为直接列写相量形式的代数方程;

(3) 引入阻抗以后,可将电阻电路中讨论的所有网络定理和分析方法都推广并应用于正弦稳态的相量分析中。

直流(f=0)是一个特例。通过以上分析,可以总结正弦交流电路分析的步骤如下:

第一,计算出电感与电容对应的感抗与容抗;

第二,绘制原电路对应的相量模型;

第三,按照 KCL、KVL 及元件的 VCR 计算待求量对应的相量;

第四,得出待求量对应的时域量。

【例 5-12】求图 5-31 所示电路的各支路电流。

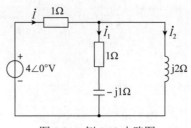

图 5-31　例 5-12 电路图

解: 输入阻抗

$$Z = 1 + \frac{\text{j}2(1 - \text{j}1)}{\text{j}2 + 1 - \text{j}1} = 3\,\Omega$$

$$\dot{I} = \frac{4\angle 0^\circ}{Z} = \frac{4}{3}\,\text{A}$$

由分流公式得

$$\dot{I}_1 = \frac{\mathrm{j}2}{1-\mathrm{j}1+\mathrm{j}2}\dot{I} = \frac{\mathrm{j}2}{1+\mathrm{j}1}\times\frac{4}{3} = \frac{4}{3}\sqrt{2}\angle 45^\circ\mathrm{A}$$

$$\dot{I}_2 = \frac{1-\mathrm{j}1}{1-\mathrm{j}1+\mathrm{j}2}\dot{I} = \frac{1-\mathrm{j}1}{1+\mathrm{j}1}\times\frac{4}{3} = \frac{4}{3}\angle -90^\circ\mathrm{A}$$

【例5-13】图 5-32 所示电路中，R 改变时电流 I 保持不变，则 L、C 应满足什么条件？

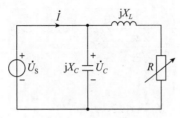

图 5-32　例 5-13 电路图

解：电路阻抗

$$Z = \mathrm{j}X_C\,/\,/\,(R+\mathrm{j}X_L) = \frac{\mathrm{j}X_C\times(R+\mathrm{j}X_L)}{\mathrm{j}X_C+(R+\mathrm{j}X_L)}$$

阻抗的模为 $|Z| = \dfrac{X_C\times\sqrt{R^2+X_L^2}}{\sqrt{R^2+(X_C+X_L)^2}}$，电流为 $I = \dfrac{U_S}{|Z|} = \dfrac{U_S\sqrt{R^2+(X_C+X_L)^2}}{X_C\times\sqrt{R^2+X_L^2}}$。

若 R 改变时电流 I 保持不变，则有 $R^2+(X_C+X_L)^2 = R^2+X_L^2$，即 $LC = \dfrac{1}{2\omega^2}$。

【例 5-14】图 5-33 所示电路中，已知 $u = 220\sqrt{2}\cos(314t)\mathrm{V}$，$i_1 = 22\cos(314t-45^\circ)\mathrm{A}$，$i_2 = 11\sqrt{2}\cos(314t+90^\circ)\mathrm{A}$，试求各仪表的读数及电路参数 R、L 和 C。

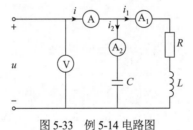

图 5-33　例 5-14 电路图

解：由题目所给条件可得图中各表的读数为

$$I_1 = \frac{22}{\sqrt{2}} = 15.556\mathrm{A}$$

$$I_2 = 11\mathrm{A}$$

$$U = 220\mathrm{V}$$

由 KCL 得

$$\dot{I}_{\mathrm{m}} = \dot{I}_{\mathrm{m}1} + \dot{I}_{\mathrm{m}2} = 22\angle -45^\circ + 11\sqrt{2}\angle 90^\circ = 15.556\angle 0^\circ\mathrm{A}$$

$$I = \frac{15.556}{\sqrt{2}} = 11\mathrm{A}$$

图中各参数为

$$X_C = \frac{U_m}{I_{m_2}} = \frac{220\sqrt{2}}{11\sqrt{2}} = 20\Omega$$

$$C = \frac{1}{\omega X_C} = \frac{1}{314 \times 20} = 159.236\mu F$$

$$R + j\omega L = \frac{\dot{U}}{\dot{I}_1} = \frac{220\angle 0^\circ}{\dfrac{22}{\sqrt{2}}\angle -45^\circ} = 10\sqrt{2}\angle 45^\circ = (10 + j10)\Omega$$

故有

$$R = 10\Omega, \quad X_L = 10\Omega, \quad L = \frac{X_L}{\omega} = \frac{10}{314} = 0.0318H$$

【例 5-15】 图 5-34 所示电路中，用叠加定理计算电压 $\dot{U}$。

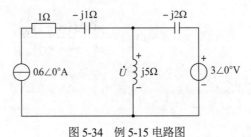

图 5-34　例 5-15 电路图

解： 电流源单独作用时，可得：

$$\dot{U}_1 = -\frac{(-j2) \times j5}{j5 - j2} \times 0.6\angle 0^\circ = j2V$$

电压源单独作用时，可得：

$$\dot{U}_2 = \frac{j5}{j5 - j2} \times 3\angle 0^\circ = 5V$$

$$\dot{U} = \dot{U}_1 + \dot{U}_2 = 5 + j2 = 5.4\angle 21.8^\circ V$$

【例 5-16】 图 5-35(a)所示电路中，已知 $u_{S1} = 8\sqrt{2}\sin(4t)V$，$u_{S2} = 3\sqrt{2}\sin(4t)V$，试用戴维南定理求电流 i。

解： 将时域模型转化为相量模型如图 5-35(b)所示，将 4Ω 与 $j2\Omega$ 串联支路断开，求断开后的开路电压 $\dot{U}_{OC}$ 及 Z_S。

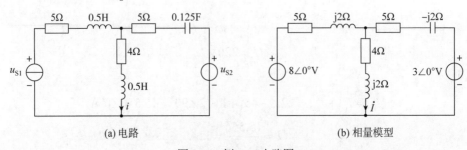

(a) 电路　　　　　　　　　　　　　　(b) 相量模型

图 5-35　例 5-16 电路图

$$\dot{U}_{OC} = \frac{8-3}{5+j2+5-j2} \times (5-j2) + 3 = 5.5 - j = 5.59\angle -10.3° \text{ V}$$

$$Z_s = \frac{(5+j2)(5-j2)}{5+j2+5-j2} = 2.9\Omega$$

则

$$\dot{I} = \frac{5.59\angle -10.3°}{2.9+4+j2} = \frac{5.59\angle -10.3°}{7.18\angle 16.16°} = 0.78\angle -26.46° \text{ A}$$

$$i = 0.78\sqrt{2}\sin(4t - 26.46°) \text{ A}$$

【例 5-17】图 5-36 所示的正弦稳态电路中，$u_s = 2\cos 2t \text{V}$，求电流 i_2。

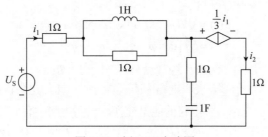

图 5-36　例 5-17 电路图

解：$\dot{U}_{Sm} = 2\angle 0° \text{ V}$，利用节点电压法列方程，有

$$\begin{cases} \left(\dfrac{1}{1+j2//1} + \dfrac{1}{1+\dfrac{1}{j2}} + 1\right)\dot{U}_{nm} = \dfrac{\dot{U}_{Sm}}{1+j2//1} + \dfrac{1}{3}\dot{I}_{1m} \\[4mm] \dot{I}_{1m} = \dfrac{\dot{U}_{Sm} - \dot{U}_{nm}}{1+j2//1} \end{cases}$$

解得：

$$\begin{cases} \dot{U}_{nm} = 0.75\angle -19.4° \text{ V} \\ \dot{I}_{1m} = 0.71\angle -1.29° \text{ A} \end{cases}$$

$$\dot{I}_{2m} = \dot{U}_{nm} - \frac{1}{3}\dot{I}_{m1} = 0.322\angle(-28.37°) \text{ A}$$

因此，有

$$i_2(t) = 0.322\cos(2t - 28.37°) \text{ A}$$

5.6 正弦交流电路的功率

　　直流电路的功率等于电压与电流的乘积，但是交流电路不同，由于电路中一般含有电阻、电感和电容等元件，所以电路中除了电阻消耗功率外，还会有电感和电容自身或与外

电路的能量交换，而且电压电流又是以正弦规律变化，所以为了清晰描述交流电路的功率，会引入瞬时功率、平均功率、无功功率、视在功率等。

1. 瞬时功率

图 5-37 所示为任意一端口电路，在端口的电压 u 与电流 i 的参考方向对电路内部关联下，其吸收瞬时功率为

$$p(t) = u(t) \cdot i(t)$$

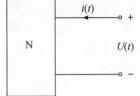

图 5-37　一端口电路

若设正弦稳态一端口电路的正弦电压和电流分别为

$u(t) = \sqrt{2}U\cos\omega t\text{A}$，$i(t) = \sqrt{2}I\cos(\omega t + \Psi_i)\text{V} = \sqrt{2}I\cos(\omega t - \varphi)\text{V}$ 式中，$\psi_u = 0$ 为正弦电压的初相位；$\psi_i = -\varphi$ 为正弦电流的初相位；$\psi_Z = \psi_u - \psi_i = \varphi$ 为端口上电压与电流的相位差。则在某瞬时输入该正弦稳态一端口电路的瞬时功率为

$$\begin{aligned}
p(t) &= \sqrt{2}U\cos\omega t \cdot \sqrt{2}I\cos(\omega t - \varphi) \\
&= UI\left[\cos\varphi + \cos(2\omega t - \varphi)\right] \\
&= UI\cos\varphi + UI\cos(2\omega t - \varphi)
\end{aligned}$$

式中，$UI\cos\varphi$ 为常量且大于零，表明电路中有耗能元件，比如电阻；$UI\cos(2\omega t - \varphi)$ 为两倍于原频率的正弦量，表示电路与外电路的能量交换，表明电路中有储能元件。上式也可化为

$$\begin{aligned}
p(t) &= UI\cos\varphi + UI\cos 2\omega t\cos\varphi + UI\sin 2\omega t\sin\varphi \\
&= UI\cos\varphi(1 + \cos 2\omega t) + UI\sin 2\omega t\sin\varphi
\end{aligned}$$

式中，$UI\cos\varphi(1 + \cos 2\omega t)$ 为不可逆部分，表明一端口电路将电能量转换成其他形式的能量(热能、光能等)被消耗掉；$UI\sin 2\omega t\sin\varphi$ 为可逆部分，表明一端口电路中有动态元件，则流入的能量将转换为其他形式的能量(如电磁能、电场能等)被储存起来，与外电路发生能量交换，因此可能再次流出端口。

2. 平均功率

瞬时功率在一个周期内的平均值即平均功率，其数学表达式为

$$P = \frac{1}{T}\int_0^T p\,\mathrm{d}t$$

平均功率的单位为 W 或 kW(瓦或千瓦)。

根据平均功率的定义计算一端口电路的平均功率，从而分析仅含电阻、电感和电容元件及一个一般性的一端口电路的平均功率。

$$P = \frac{1}{T}\int_0^T p(t)\,\mathrm{d}t = \frac{1}{T}\int_0^T UI[\cos\varphi + \cos(2\omega t + \Psi_u + \Psi_i)]\,\mathrm{d}t = UI\cos\varphi$$

当一端口电路呈阻性(仅含一个电阻的等效模型)时，$\varphi = 0$，则

$$P = UI\cos 0 = UI = I^2 R = \frac{U^2}{R}$$

当一端口电路呈纯电感性(仅含一个电感的等效模型)时，$\varphi = 90°$，则

$$P = UI\cos 90° = 0$$

当一端口电路呈纯电容性(仅含一个电容的等效模型)时，$\varphi = -90°$，则

$$P = UI\cos(-90°) = 0$$

平均功率实际上是电阻消耗的功率，亦称为有功功率，表示电路实际消耗的功率。平

均功率不仅与电压电流有效值有关，而且与 $\cos\varphi$ 有关，这是交流和直流的很大区别，主要由于电压、电流存在相位差。

3. 无功功率

无功功率的计算公式为

$$Q \overset{\text{def}}{=} UI\sin\varphi$$

无功率的单位为 Var (乏)。

当一端口电路呈阻性(仅含一个电阻的等效模型)时，$\varphi = 0$，则

$$Q = UI\sin 0 = 0$$

当一端口电路呈纯电感性(仅含一个电感的等效模型)时，$\varphi = 90°$，则

$$Q = UI\sin 90° = UI = I^2 X_L = \frac{U^2}{X_L}$$

当一端口电路呈纯电容性(仅含一个电容的等效模型)时，$\varphi = -90°$，则

$$Q = UI\sin(-90°) = -UI = -I^2 X_C = -\frac{U^2}{X_C}$$

无功功率的意义：$Q > 0$，表示网络吸收无功功率；$Q < 0$，表示网络发出无功功率。Q 的大小反映网络与外电路交换功率的速率，是由储能元件 L、C 的性质决定的。

4. 视在功率

视在功率是一端口电路的端口电压与端口电流的有效值的乘积，即

$$S \overset{\text{def}}{=} UI$$

可得 $S = UI$ 。

视在功率的单位为 VA 或 kVA(伏安或千伏安)。

视在功率一般用来表征变压器或电源设备能为负载提供的最大有功功率，也就是变压器或电源设备的容量。电机与变压器的容量可以根据其额定电压与额定电流来计算：

$$S_N = U_N I_N$$

S、P、Q 三者的关系为 $S = \sqrt{P^2 + Q^2}$，如图 5-38 所示。

对于正弦交流电路，可以用 3 个三角形来表明其阻抗、电压相量及功率的大小及相位关系，如图 5-39 所示。

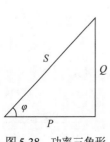

图 5-38　功率三角形

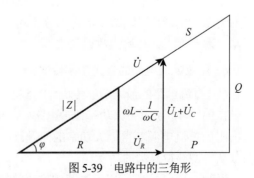

图 5-39　电路中的三角形

5. 功率因数

一端口电路的功率因数 $\lambda = \cos\varphi$。

注意：其中的角度 φ 为一端口网络的阻抗角，即一端口网络的端口电压超前端口电流的相角大小。

(1) 提高功率因数的意义：①充分利用电能。$P = UI\cos\varphi = S\cos\varphi$，其中 S 为发电设备可以提供的最大有功功率，但是供电系统中的感性负载(发电机、变压器、镇流器、电动机等)常常使 $\cos\varphi$ 减小，从而造成 P 下降，能量不能充分利用。②减少线路与发电机绕组的功率损耗。由于 $P = UI\cos\varphi$，所以 $I = P/U\cos\varphi$，即在输电功率与输电电压一定的情况下，$\cos\varphi$ 越小，输电线路电流越大。而当输电线路电阻为 R 时，输电损耗 $\Delta P = I^2 R$，因此提高 $\cos\varphi$，可以成平方倍地降低输电损耗，这对于节能及保护用电设备有重大的意义。

(2) 提高功率因数的条件：在不改变感性负载的平均功率及工作状态的前提下，提高负载的功率因数。

(3) 提高功率因数的方法：在感性负载两端并联一定大小的电容。

(4) 提高功率因数的实质：减少电源供给感性负载用于能量互换的部分，使得更多的电源能量消耗在负载上，转化为其他形式的能量(机械能、光能、热能等)。

(5) 提高功率因数的相量分析如下。

由图 5-40 可以看到，感性负载的电压、电流、有功功率均未变化。但是线路电流有变：

$$I_C = I_L \sin\varphi_1 - I \sin\varphi_2 = \frac{P}{U\cos\varphi_1}\sin\varphi_1 - \frac{P}{U\cos\varphi_2}\sin\varphi_2 = \frac{P}{U}(\tan\varphi_1 - \tan\varphi_2)$$

而 $I_C = \omega C U = \dfrac{P}{U}(\tan\varphi_1 - \tan\varphi_2)$，所以 $C = \dfrac{P}{\omega U^2}(\tan\varphi_1 - \tan\varphi_2)$。

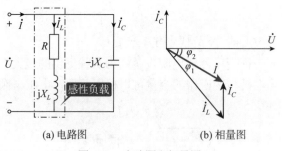

(a) 电路图　　　　　　(b) 相量图

图 5-40　电路图和相量图

从功率角度来看，并联电容后，电源向负载输送的有功功率不变，但是电源向负载输送的无功功率减少了，减少的这部分无功功率由电容"产生"来补偿，使感性负载吸收的无功功率不变，而功率因数得到改善。

6. 正弦电流电路的最大功率传输

(1) 直流电路的最大功率传输。在戴维南定理中，讨论过在图 5-41 所示最大功率传输电路中，电阻负载从具有内阻的直流电源获得最大功率的问题：当 $R_L = R_0$ 时，负载从电源获得最大的功率。

说明：① 该定理应用于电源(或信号)的内阻一定，而

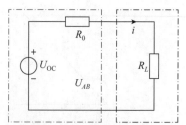

图 5-41　最大功率传输电路

负载变化的情况。如果负载电阻一定，而内阻可变的话，应该是内阻越小，负载获得的功率越大，当内阻为零时，负载获得的功率最大。

② 线性一端口电路获得最大功率时，功率的传递效率未必为50%。也就是说，由等效电阻 R_0 计算得到的功率并不等于网络内部消耗的功率。

负载可变获得最大传输功率的效率较低，因此，实际中仅在传输功率较小的情况下(某些通信系统及电子线路)中用到最大功率传输定理。

(2) 正弦稳态电路的最大功率传输分析方法与直流电路的最大功率传输分析方法相同。

在图 5-42 所示电路中，假设对于负载阻抗 $Z_L = R_L + \mathrm{j}X_L$ 而言，含源二端网络可以进行戴维南等效，其中等效的交流电源为 $\dot{U}_\mathrm{S}$，电源内阻抗为 $Z_i = R_i + \mathrm{j}X_i$。

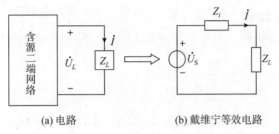

(a) 电路　　　　　　　　(b) 戴维宁等效电路

图 5-42　电路和戴维南等效电路

下面在给定电源及其内阻抗的条件下，分别讨论负载的电阻即电抗均可独立变化的情况下，获得最大功率传输的公式。

电路电流：

$$\dot{I} = \frac{\dot{U}_\mathrm{S}}{Z_i + Z_L}, \quad I = \frac{U_\mathrm{S}}{\sqrt{(R_i + R_L)^2 + (X_i + X_L)^2}}$$

因此负载电阻的功率为

$$P = R_L I^2 = \frac{R_L U_\mathrm{S}^2}{(R_i + R_L)^2 + (X_i + X_L)^2}$$

下面求 $Z_L = R_L + \mathrm{j}X_L$ 在什么情况下 P_L 最大。

由于在功率表达式中，X_L 只出现在分母中，且以 $X_i + X_L$ 的平方项出现，因此当 $X_L = -X_i$ 时，$(X_i + X_L)^2$ 最小为零，此时 P_L 才能最大，为 $P = \dfrac{U_\mathrm{S}^2 R_L}{(R_L + R_i)^2}$。

接下来看式子 $P = \dfrac{U_\mathrm{S}^2 R_L}{(R_L + R_i)^2}$ 在 R_L 取何值时最大。

$$\frac{\mathrm{d}P}{\mathrm{d}R_L} = \frac{\mathrm{d}}{\mathrm{d}R_L}\left[\frac{U_\mathrm{S}^2 R_L}{(R_L + R_i)^2} \right] = 0$$

由此可得 $R_L = R_i$。

因此，当负载电阻及电抗均可独立变化时，负载获得最大功率的条件是 $R_L = R_i$，

$X_L = -X_i$，即 $Z_L = R_L + jX_L = R_i - jX_i = Z_i^*$，也就是说，在这种情况下，负载阻抗与电源内阻抗互为共轭复数时，负载获得最大功率：

$$P_{max} = \frac{U_S^2}{4R_i}$$

【例5-18】一个线圈接到 $f = 50Hz$，$U = 100V$ 的电源上时，流过的电流为 6A，消耗的功率为 200W。另一个线圈接到同一个电源上，流过的电流为 8A，消耗的功率为 600W。现将两个线圈串联接到 $f = 50Hz$，$U = 200V$ 的电源上，试求：

(1) 电流 I 是多少？

(2) 消耗的功率 P 是多少？

(3) 电路的功率因数是多少？

解：根据题目所给条件，先求出各线圈的参数。第一个线圈的参数为

$$R_1 = \frac{P_1}{I_1^2} = \frac{200}{6^2} = 5.556\Omega$$

$$X_{L_1} = \sqrt{\left(\frac{U}{I_1}\right)^2 - R_1^2} = \sqrt{\left(\frac{100}{6}\right)^2 - 5.556^2} = 15.713\Omega$$

第二个线圈的参数为

$$R_2 = \frac{P_2}{I_2^2} = \frac{600}{8^2} = 9.375\Omega$$

$$X_{L_2} = \sqrt{\left(\frac{U}{I_2}\right)^2 - R_2^2} = \sqrt{\left(\frac{100}{8}\right)^2 - 9.375^2} = 8.268\Omega$$

两个线圈串联的阻抗为

$$\begin{aligned}
Z &= R_1 + jX_{L_1} + R_2 + jX_{L_2} = (R_1 + R_2) + j(X_{L_1} + X_{L_2}) \\
&= (5.556 + 9.375) + j(15.713 + 8.268) \\
&= 28.249\angle 58.093°\Omega
\end{aligned}$$

(1) 电流为

$$I = \frac{U}{|Z|} = \frac{200}{28.249} = 7.08A$$

(2) 功率为

$$P = I^2(R_1 + R_2) = 7.08^2(5.556 + 9.375) = 748.401W$$

或

$$P = UI\cos\phi = 200 \times 7.08\cos 58.093° = 748.416W$$

(3) 功率因数为

$$\cos\phi = \cos 58.093° = 0.529$$

或

$$\cos\phi = \frac{P}{S} = \frac{P}{UI} = \frac{748.401}{200 \times 7.08} = 0.529$$

【例5-19】求图5-43所示电路中网络 N 的阻抗、有功功率、无功功率、功率因数和视在功率。

解： $Z = 1 - j + \dfrac{4 \times j4}{4 + j4} = 1 - j + 2 + j2$

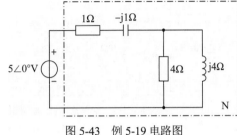

图5-43　例5-19电路图

$$= 3 + j = 3.16\angle 18.4^{\circ}\,\Omega$$

$$\dot{I} = \frac{\dot{U}_S}{Z} = \frac{5\angle 0^{\circ}}{3.16\angle 18.4^{\circ}} = 1.58\angle -18.4^{\circ}\,\mathrm{A}$$

网络 N 吸收的有功功率为

$$P = UI\cos\phi = 5 \times 1.58 \times \cos 18.4^{\circ} = 7.5\mathrm{W}$$

无功功率为

$$Q = UI\sin\phi = 5 \times 1.58 \times \sin 18.4^{\circ} = 2.5\mathrm{Var}$$

功率因数为

$$\lambda = \cos\phi = \cos 18.4^{\circ} = 0.95\,(滞后)$$

视在功率为

$$S = UI = 7.9\mathrm{VA}$$

【例5-20】图5-44所示电路中，已知正弦电压为 $U_S = 220\mathrm{V}$，$f = 50\mathrm{Hz}$，其功率因数 $\cos\varphi = 0.5$，额定功率 $P = 1.1\mathrm{kW}$。求：

(1) 并联电容前通过负载的电流 $\dot{I}_L$ 及负载阻抗 Z；

(2) 为了提高功率因数，在感性负载上并联电容，如虚线所示，欲把功率因数提高到 1 应并联多大电容及并上电容后线路上的电流 I 是多少。

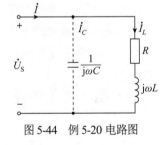

图5-44　例5-20电路图

解：(1) $I_L = \dfrac{P}{U_S\cos\varphi} = \dfrac{1100}{220 \times 0.5} = 10\mathrm{A}$，由于 $\cos\varphi = 0.5$，

所以 $\varphi = 60^{\circ}$，$\dot{I}_L = 10\angle -60^{\circ}\mathrm{A}$，$Z = \dfrac{\dot{U}_S}{\dot{I}_L} = 22\angle 60^{\circ}\,\Omega$。

(2) 并联电容后：

$$I = \frac{P}{U_S\cos\varphi_1} = \frac{1100}{220} = 5\mathrm{A}$$

$$I_C = I_L\sin 60^{\circ} = 8.66\mathrm{A}$$

$$C = \frac{I_C}{\omega U} = \frac{8.66}{2\pi \times 50 \times 220} = 125.4\mu\mathrm{F}$$

【例5-21】图5-45(a)所示电路中，Z_L 为何值可获得最大功率？此最大功率 $P_{\max}$ 为多少？

解： 图5-45(a)所示电路的戴维南等效电路如图5-45(b)所示。

$$\dot{U}_{OC} = \frac{1}{3}[j10 // (-j4 - j2)] \cdot 5\angle 30° = \frac{60}{j10 - j6} \times \frac{5}{3} \angle 30° = 25\angle(-60°)\text{V}$$

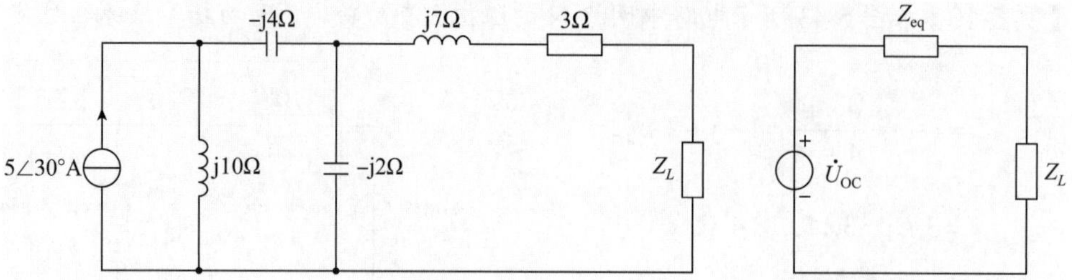

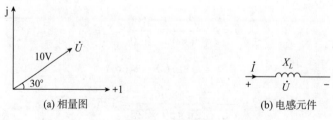

(a) 电路图　　　　　　　　　　(b) 戴维南等效电路图

图 5-45　例 5-21 电路图

将独立源置零，计算等效阻抗，有

$$Z_{eq} = 3 + j7 + (-j2) // (j10 - j4) = (3 + j4)\Omega$$

因此，当 $Z_L = Z_{eq}^* = (3 - j4)\Omega$，获得最大功率，为 $P_{max} = \dfrac{U_{OC}^2}{4R_{eq}} = \dfrac{25^2}{12} = 52.1\text{W}$。

习题 5

1. 已知某正弦交流电压 $u = 380\cos(\omega t + \varphi)\text{V}$，则可知其有效值是(　　)。

2. 交流电气设备的额定电压、额定电流通常用其(　　)来表示。

3. 已知正弦交流电压 $u = 100\cos(2\pi t + 60°)\text{V}$，其频率为(　　)。

4. 已知两正弦交流电流 $i_1 = 5\cos(314t + 60°)\text{A}$，$i_2 = 5\cos(314t - 60°)\text{A}$，则两者的相位关系是(　　)。

5. 某正弦电流的有效值为 7.07A，频率 $f = 100$Hz，初相角 $\varphi = -60°$，则该电流的瞬时表达式为(　　)。

6. 与电流相量 $\dot{I} = (7.07 - j7.07)\text{A}$ 对应的正弦电流可写作 $i=$(　　)。

7. 用幅值(最大值)相量表示正弦电压 $u = 537\cos(\omega t - 90°)\text{V}$ 时，可写作 (　　)。

8. 与电压相量 $\dot{U} = (3 - j4)\text{V}$ 对应的正弦电压 $u =$(　　)。

9. 将图 5-46(a)所示相量图的正弦电压 $\dot{U}$ 施加于图 5-46(b)所示感抗 $X_L = 5\Omega$ 的电感元件上，则通过该元件的电流相量 $\dot{I} =$(　　)。

图 5-46　题 9 图

10. 将图 5-47(a)所示相量图的正弦电压 $\dot{U}$ 施加于图 5-47(b)所示容抗 $X_C = 5\Omega$ 的电容元

件上，则通过该元件的电流相量 $\dot{I}$ =(　　)。

(a) 相量图　　　　　　　　　　(b) 电容元件

图 5-47　题 10 图

11. 图 5-48 所示正弦交流电路中，电感元件的伏安关系的相量形式是(　　)。

12. 图 5-49 所示正弦交流电路中，电容元件的伏安关系的相量形式是(　　)。

图 5-48　题 11 图　　　　　　　　　　　　图 5-49　题 12 图

13. 图 5-50 所示正弦交流电路中，各支路电流的有效值为 I_1＝1A，I_2＝1A，I_3＝3A，则总电流 i 的有效值 I 为(　　)。

14. 图 5-51 所示正弦交流电路中，已知 U_R＝80V，U_L＝100V，U_C＝40V，则电压 U 为(　　)。

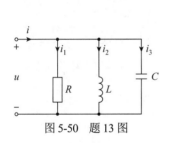
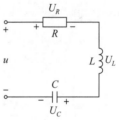

图 5-50　题 13 图　　　　　　　　　　图 5-51　题 14 图

15. 正弦交流电路的视在功率的定义为(　　)。

16. 正弦交流电路的无功功率表征该电路中储能元件的(　　)。

17. 已知某用电设备的复阻抗 $Z = (3 + j4)\Omega$，则其功率因数 λ 为(　　)。

18. 已知某电路的电压相量 $\dot{U} = 100\angle 30^\circ \text{V}$，电流相量 $\dot{I} = 5\angle -30^\circ \text{A}$，则电路的无功功率 Q 为(　　)。

19. 已知某电路的电压相量 $\dot{U} = 141\angle 45^\circ \text{V}$，电流相量 $\dot{I} = 5\angle -45^\circ \text{A}$，则电路的有功功率 P 为(　　)。

20. 已知正弦电压 $u = 10\sin(314t - \theta)\text{V}$，当 $t = 0$ 时，$u = 5\text{V}$。求有效值、频率、周期和初相，并画波形图。

21. 电流 $i_1 = 5\cos(3t - 120^\circ)\text{A}$，$i_2 = \sin(3t + 45^\circ)\text{A}$。求相位差，说明超前滞后关系。

22. 图 5-52 所示电路中，已知 $i_1 = 2\sqrt{2}\sin(2t + 45^\circ)\text{A}$，$i_2 = 2\sqrt{2}\cos(2t + 45^\circ)\text{A}$，求 i_S。

23. 图 5-53 所示电路中，已知 $u_1 = 4\sin(t + 150^\circ)\text{V}$，$u_2 = 3\sin(t - 90^\circ)\text{V}$，求 u_S。

24. 图 5-54 所示电路中，$i = 2\sqrt{2}\sin(10\,t + 30°)\text{A}$，求电压 u。

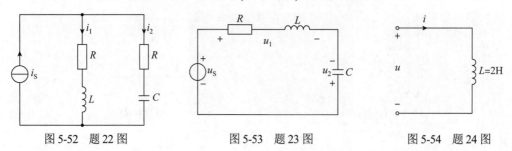

图 5-52　题 22 图　　　　图 5-53　题 23 图　　　　图 5-54　题 24 图

25. 某线圈电阻可以忽略，其电感为 0.01H，接于电压为 220V 的工频交流电源上时，求电路中电流的有效值；若电源频率改为 100Hz，重新求电流的有效值，并写出电流的瞬时表达式。

26. 求图 5-55 所示电路中电流表和电压表的读数。

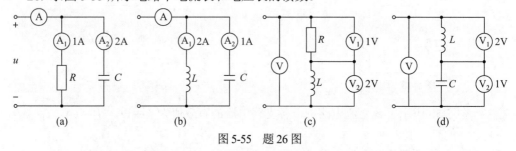

(a)　　　　　　　(b)　　　　　　　(c)　　　　　　　(d)

图 5-55　题 26 图

27. 求图 5-56 所示电路 a、b 端的等效阻抗 Z 及导纳 Y。

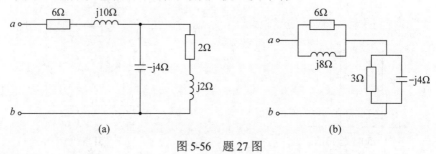

(a)　　　　　　　　　　　　　　(b)

图 5-56　题 27 图

28. 图 5-57 所示电路中，已知 $u = 220\sqrt{2}\sin(314t)\text{V}$，$i_2 = 10\sqrt{2}\sin(314t + 60°)\text{A}$，求电阻 R 及电容 C。

29. 一个电感线圈接在 30V 的直流电源上时，其电流为 1A，如果接在 30V、50Hz 的正弦交流电源上时，其电流为 0.6A，求线圈的电阻和电感。

30. 求图 5-58 所示电路的各支路电流。

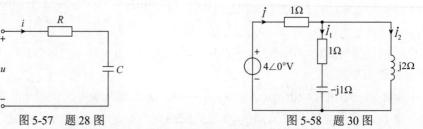

图 5-57　题 28 图　　　　　　　图 5-58　题 30 图

31. 图 5-59 所示电路中，已知 $u_C = 5\sin(4t - 90°)\text{V}$，求 i、u_R、u_L 及 u_S，并画相量图。

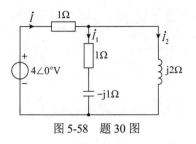

图 5-58　题 30 图

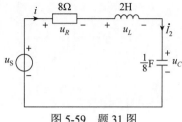

图 5-59　题 31 图

32. 已知 $u_{S1} = 8\sqrt{2}\sin(4t)\text{V}$，$u_{S2} = 3\sqrt{2}\sin(4t)\text{V}$，试用戴维南定理求图 5-60 所示电路中的电流 i。

33. 在图 5-61 所示电路中，已知 $u_S = -4\sqrt{2}\cos t\text{V}$，求 i、u 及电压源提供的有功功率。

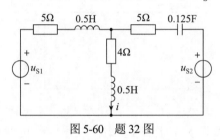

图 5-60　题 32 图

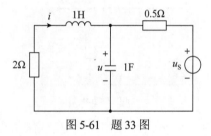

图 5-61　题 33 图

34. 日光灯可以等效为一个 *RL* 串联电路，已知 30W 日光灯的额定电压为 220V。灯管电压为 75V。若镇流器上的功率损耗可以略去，试计算电路的电流及功率因数。

35. 求图 5-62 所示电路中网络 N 的阻抗、有功功率、无功功率、功率因数和视在功率。

36. 图 5-63 所示电路中，已知正弦电压为 $U_S = 220\text{V}$，$f = 50\text{Hz}$，其功率因数 $\cos\varphi = 0.5$，额定功率 $P = 1.1\text{kW}$。求：

(1) 并联电容前通过负载的电流 $\dot{I}_L$ 及负载阻抗 Z；

(2) 为了提高功率因数，在感性负载上并联电容，如虚线所示，欲把功率因数提高到 1 应并联多大电容及并联电容后线路上的电流 I 是多少。

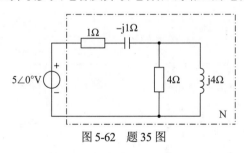

图 5-62　题 35 图

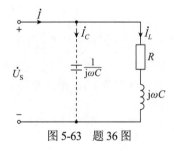

图 5-63　题 36 图

37. 两端无源网络 N_0 如图 5-64 所示，已知 $\dot{U} = 220\angle 25°\text{V}$，$\omega = 1\text{rad/s}$，$\dot{I} = 22\angle 55°\text{A}$。求：

(1) N_0 的最简等效电路参数；

(2) 此网络的 S、P、Q。

38. 图 5-65 所示电路中，已知 $\dot{U} = 10\sqrt{2}\angle 90°\text{V}$，$\dot{I} = 1\angle 45°\text{A}$，$Z_1 = 7 + j6\Omega$，求 Z_2。

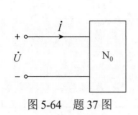

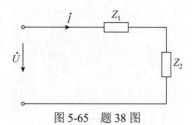

图 5-64　题 37 图　　　　　　　　　　　图 5-65　题 38 图

39. 图 5-66 所示电路中，$R=\omega L=1/\omega C=10\Omega$ 时，求整个电路的等效阻抗和等效导纳。

40. 图 5-67 所示 RLC 并联电路中，已知 $L=5\text{mH}$，$i=10\sqrt{2}\cos(\omega t+30°)\text{A}$，$u(t)=100\cos(\omega t+75°)\text{V}$，$\omega=10^3\text{rad/s}$，试求 $i_L(t)$、$i_C(t)$ 的表达式。

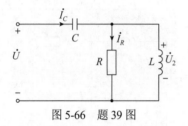

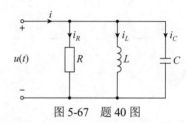

图 5-66　题 39 图　　　　　　　　　　　图 5-67　题 40 图

41. 读得图 5-68 所示纯电感电路中安培表读数为 5A，若在 L 两端再并联一个电容 C，问：(1)能否使安培表读数仍保持为 5A？(2)若能，则该电容应为何值？

42. 图 5-69 所示电路中，已知 $u_{AB}=10\sqrt{2}\sin\omega t\text{V}$，$R_1=X_C=4\Omega$，$R_2=X_L=3\Omega$，求：

(1) i_1、i_2 和 u_{CD} 的瞬时值表达式；

(2) 以 $\dot{U}_{AB}$ 为参考相量，画出 $\dot{I}_1$、$\dot{I}_2$ 和 $\dot{U}_{CD}$ 的相量图。

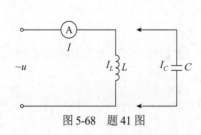

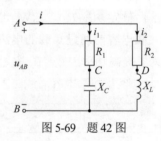

图 5-68　题 41 图　　　　　　　　　　　图 5-69　题 42 图

43. 图 5-70 所示 RLC 元件串联的交流电路中，已知 $R=10\Omega$，$L=1/31.4\text{H}$，$C=10^6/3140\mu\text{F}$，在电容元件的两端并联一个短路开关 K。

(1) 当电源电压为 220V 的直流电压时，试分别计算在短路开关闭合和断开两种情况下电路中的电流 I 及各元件上的电压 U_R、U_L、U_C。

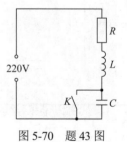

图 5-70　题 43 图

(2) 当电源电压为正弦电压 $u=220\sqrt{2}\sin 314t\text{V}$ 时，试分别计算在上述两种情况下电流及各电压的有效值。

44. 在图 5-71 所示电路中，已知 $u=220\sqrt{2}\sin 314t\text{V}$，$i_1=22\sin(314t-45°)\text{A}$，$i_2=11\sqrt{2}\sin(314t+90°)\text{A}$，试求各仪表读数及电路参数 R、L 和 C。

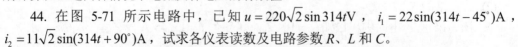

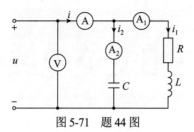

图 5-71　题 44 图

第6章　三相交流电路稳态分析

目前世界上的电力系统普遍采用三相制。所谓三相制，是将 3 个频率相同、大小相等、相位互差 120° 的电压源作为供电电源的体系。三相电路的优点：三相电源发电比单相电源发电可提高功率约 50%；三相输电比单相输电节省钢材约 25%；三相变压器比单相变压器经济且便于接入负载；三相用电设备结构简单、成本低、运行可靠、维护方便。以上优点使三相电路在动力方面获得了广泛应用，是目前电力系统采用的主要供电方式。

6.1　三相电路

6.1.1　三相电源

三相电源是 3 个频率相同、振幅相同、相位彼此相差 120° 的正弦电源，通常由三相同步发电机产生，三相绕组在空间互差 120°。当转子以均匀角速度转动时，在三相绕组中产生感应电压，从而形成对称三相电源。

1. 波形

由三相交流发电机供电时，由于其工艺结构使得产生的三相电源具有频率相同，大小相等相位互差 120° 的特点。图 6-1 所示为三相电源的波形。

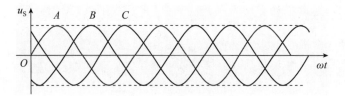

图 6-1　三相电源的波形

三相电压的相序为三相电压依次出现波峰(零值或波谷)的顺序，工程上规定：A、C、B 为顺序(正序)，而 A、C、B 这样的相序为逆序(反序)。

2. 各相电压

以 u_A 为参考正弦量，它们的瞬时值表达式为

$$u_A = U_m \cos \omega t \, \mathrm{V}$$
$$u_B = U_m \cos(\omega t - 120°) \, \mathrm{V}$$
$$u_C = U_m \cos(\omega t + 120°) \, \mathrm{V}$$

式中，ω 为正弦电压变化的角频率，U_m 为相电压幅值。用有效值相量表示为

$$\dot{U}_{A} = U\angle 0^{\circ}$$

$$\dot{U}_{B} = U\angle -120^{\circ}$$

$$\dot{U}_{C} = U\angle -240^{\circ} = U\angle 120^{\circ}$$

得到 $u_A + u_B + u_C = 0$ 和 $\dot{U}_A + \dot{U}_B + \dot{U}_C = 0$。

也就是说，对称三相电源的瞬时值之和为零或相量之和为零。对称三相电源的瞬时值之和为零或相量之和为零。若将一组对称三相电压作为一组电源的输出，则构成一组对称三相电源。

3. 连接方式

三相电源的连接方式有两种：三角形连接与星形连接。图 6-2 所示为三相电源三相三线连接，图 6-3 所示为三相电源三相四线连接。三角形连接的对称三相电源没有中点。必须注意，三角形连接时，如果任何一相绕组接反，三个相电压之和将不为零，三角形连接的闭合回路中将产生较大的环行电流，造成严重后果。

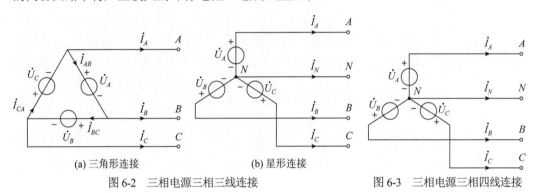

(a) 三角形连接　　　　　　　　　　(b) 星形连接

图 6-2　三相电源三相三线连接　　　　　　　　图 6-3　三相电源三相四线连接

三相电源的连接方式一般采用星形连接。

4. 相关概念

(1) 中点(零点)：三相电压源的末端连接在一起形成连接点，一般用该点作为计算的参考点，例如图 6-2(b)中的 N 点。

(2) 中线(零线)：由中点引出的导线，例如图 6-2(b)中的 NN 导线。

(3) 相线(火线)：由每一相的三相电压源的始端引出的导线，例如图 6-2(b)中的 AN 导线。

(4) 相电压：每一相电压源的始端到末端的电压，即火线与中线之间的电压，例如图 6-2(b)中的 $\dot{U}_{AN}$，也就是 $\dot{U}_{A}$。

(5) 线电压：任意两相电压源的始端之间的电压，即两根火线之间的电压，例如图 6-2(a)和(b)中的 $\dot{U}_{AB}$、$\dot{U}_{BC}$、$\dot{U}_{CA}$。

(6) 相电流：流过每相电源(负载)的电流，例如图 6-2(a)中的 $\dot{I}_{AB}$、$\dot{I}_{BC}$、$\dot{I}_{CA}$ 和图 6-2(b)中的的 $\dot{I}_{A}$、$\dot{I}_{B}$、$\dot{I}_{C}$。

(7) 线电流：流过端线的电流，例如图 6-2(b)中的 $\dot{I}_{A}$、$\dot{I}_{B}$、$\dot{I}_{C}$。

(8) 中线电流：流过中线的电流，例如图 6-2(b)中的 $\dot I_N$。

三相电源线相电压相量图如图 6-4 所示。

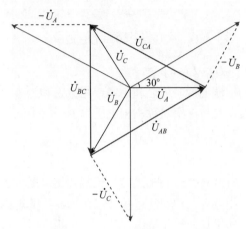

图 6-4 三相电源相电压相量图

6.1.2 三相负载及其连接

三相电路的负载由三部分组成，其中每一部分称为一相负载，三相负载也有两种连接方式，如图 6-5 所示。如果 $Z_A = Z_B = Z_C$，则称为三相对称负载；否则，称为不对称负载。

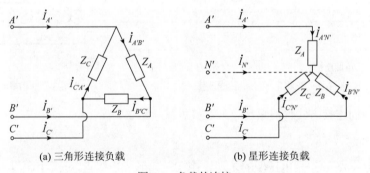

(a) 三角形连接负载   (b) 星形连接负载

图 6-5 负载的连接

负载的相电压：每相负载上的电压，例如图 6-5(a)中的 $\dot U_{A'B'}$、$\dot U_{B'C'}$、$\dot U_{C'A'}$ 和图 6-5(b) 中的 $\dot U_{A'N'}$、$\dot U_{B'N'}$、$\dot U_{C'N'}$。

负载的线电压：负载端线间的电压，例如图 6-5(a)和(b)中的 $\dot U_{A'B'}$、$\dot U_{B'C'}$、$\dot U_{C'A'}$。

负载的线电流：流过端线的电流，例如图 6-5(a)和(b)中的 $\dot I_A$、$\dot I_B$、$\dot I_C$。

负载的相电流：流过每相负载的电流，例如图 6-5(a)中的 $\dot I_{A'B'}$、$\dot I_{B'C'}$、$\dot I_{C'A'}$ 和图 6-5(b) 中的 $\dot I_{A'N'}$、$\dot I_{B'N'}$、$\dot I_{C'N'}$。

三相电路就是由对称三相电源和三相负载连接起来所组成的系统。根据实际需要，工程上将三相电源连接成星形，三相负载也连接成星形，简称 Y-Y 系统，其他还有 Y-△、

△-△、△-Y 系统，共四种系统。当电源和负载都对称时，称为对称三相电路。

6.2　对称三相电源线电压(电流)与相电压(电流)的关系

三相电路中，由于电源和负载的特殊连接，使得电压电流有线电压(电流)与相电压(电流)、线电压(电流)与相电压(电流)之间的关系是有规律的，而且对于分析三相电路又极为重要。

6.2.1　星形连接时线电压(电流)与相电压(电流)的关系

图 6-6 所示星形连接三相电路中，设 $\dot{U}_{AN} = \dot{U}_A = U\angle 0°$，$\dot{U}_{BN} = \dot{U}_B = U\angle -120°$，$\dot{U}_{CN} = \dot{U}_C = U\angle 120°$，则

$$\dot{U}_{AB} = \dot{U}_{AN} - \dot{U}_{BN} = U\angle 0° - U\angle -120° = \sqrt{3}U\angle 30°$$

$$\dot{U}_{BC} = \dot{U}_{BN} - \dot{U}_{CN} = U\angle -120° - U\angle 120° = \sqrt{3}U\angle -90°$$

$$\dot{U}_{CA} = \dot{U}_{CN} - \dot{U}_{AN} = U\angle 120° - U\angle 0° = \sqrt{3}U\angle 150°$$

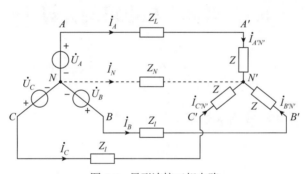

图 6-6　星形连接三相电路

一般表示为 $\dot{U}_{AB} = \sqrt{3}\,\dot{U}_{AN}\angle 30°$，$\dot{U}_{BC} = \sqrt{3}\,\dot{U}_{BN}\angle 30°$，$\dot{U}_{CA} = \sqrt{3}\,\dot{U}_{CN}\angle 30°$。

结论：星形连接的对称三相电源：

(1) 相电压对称，则线电压也对称。

(2) 线电压大小等于相电压的 $\sqrt{3}$ 倍，$U_l = \sqrt{3}U_p$。

(3) 线电压相位领先对应相电压 30°。

所谓对应，是指对应相电压用线电压的第一个下标字母标出。

6.2.2　三角形连接时线电压(电流)与相电压(电流)的关系

图 6-7 所示三角形连接三相电路中：

$$\dot{I}_A = \dot{I}_{A'B'} - \dot{I}_{C'A'} = \sqrt{3}\angle -30° \dot{I}_{A'B'}$$

$$\dot{I}_B = \dot{I}_{B'C'} - \dot{I}_{A'B'} = \sqrt{3}\angle -30° \dot{I}_{B'C'}$$

$$\dot{I}_C = \dot{I}_{C'A'} - \dot{I}_{B'C'} = \sqrt{3}\angle -30° \dot{I}_{C'A'}$$

结论：三角形连接的对称三相电源：

(1) 相电流对称，则线电流也对称。

(2) 线电流大小等于相电流的 $\sqrt{3}$ 倍，$I_l = \sqrt{3} I_p$。

(3) 线电流相位滞后对应相电流 $30°$。

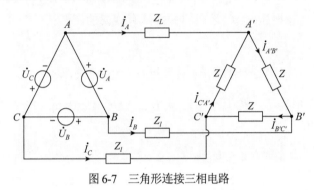

图 6-7　三角形连接三相电路

6.3　对称三相电路的计算

对称三相电路由于电源对称、负载对称、线路对称，因而可以引入一些特殊的计算方法。

6.3.1　对称三相四线制电路的计算

图 6-6 所示的星形连接三相电路，求负载的相电流和相电压。利用节点电压法，以 N 点为参考点，对 N' 点列写节点方程：

$$\dot{U}_{NN'} = \frac{\dfrac{\dot{U}_A}{Z+Z_l} + \dfrac{\dot{U}_B}{Z+Z_l} + \dfrac{\dot{U}_C}{Z+Z_l}}{\dfrac{1}{Z+Z_l} + \dfrac{1}{Z+Z_l} + \dfrac{1}{Z+Z_l} + \dfrac{1}{Z_N}} = \frac{\dfrac{1}{Z+Z_l}(\dot{U}_A + \dot{U}_B + \dot{U}_C)}{\dfrac{1}{Z+Z_l} + \dfrac{1}{Z_N}} = 0$$

结论：因 N、N' 两点等电位，可将其短路，且其中电流为零。这样便可将三相电路的计算转化为单相电路的计算，如图 6-8 所示。

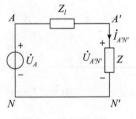

图 6-8　单相电路(一)

$Z_l \dot{I}_{A'N'} + Z \dot{I}_{A'N'} + \dot{U}_{N'N'} = \dot{U}_A$，所以 $\dot{I}_{A'N'} = \dfrac{\dot{U}_A}{Z_l + Z}$，$\dot{U}_{A'N'} =$

$Z \dot{I}_{A'N'} = \dfrac{Z}{Z+Z_l}\dot{U}_N = \dfrac{Z}{Z+Z_l}\dot{U}_{A'}$，可得：

$$\dot{I}_{B'A'} = \dot{I}_{A'N'} \angle -120^{\circ}, \quad \dot{U}_{B'N'} = \dot{U}_{A'N'} \angle -120^{\circ}$$

$$\dot{I}_{C'N'} = \dot{I}_{A'N'} \angle 120^{\circ}, \quad \dot{U}_{C'N'} = \dot{U}_{A'N'} \angle 120^{\circ}$$

可见，当三相负载对称时，中线上电流为零，这意味着负载中点电位与电源中点电位相等，均为零。也就是说，此时中线上的阻抗不论为多大，无论模型中是否有中线阻抗都不会影响负载的额定需求，此时可采用三相三线制供电(取消中线)。

每一相的电压、电流的计算可以参照前面学习的内容。注意：由于负载三相对称，因此可以先计算出其中任意一相，其他两相待求量可以通过角度互差120°直接写出。如果仅仅要求大小关系，则可以直接利用星形连接时的相线关系。

6.3.2　对称三相三线制电路的计算

图 6-7 所示三角形连接三相电路中，求负载的相电流和相电压。运用上述星形连接的计算结果，将三角形连接进行等效变换，转化为星形连接，其等效电路与图 6-6 相同，在此不再重复画出。将三相电路的计算化为单相电路的计算，如图 6-9 所示。

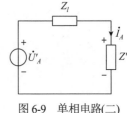

图 6-9　单相电路(二)

$$\dot{U}'_A = \frac{\dot{U}_A}{\sqrt{3}\angle 30^{\circ}}, \quad Z' = \frac{Z}{3} (等效变换)$$

$$\dot{I}_A = \frac{\dfrac{\dot{U}_A}{\sqrt{3}\angle 30^{\circ}}}{Z_l + \dfrac{Z}{3}}, \quad \dot{I}_A = \dot{I}_A \angle -120^{\circ}, \quad \dot{I}_C = \dot{I}_A \angle -120^{\circ}$$

$$\dot{I}_{AB} = \frac{\dot{I}_A}{\sqrt{3}\angle -30^{\circ}}, \quad \dot{I}_{B'C'} = \dot{I}_{A'B'} \angle -120^{\circ}, \quad \dot{I}_{C'A'} = \dot{I}_{A'B'} \angle -120^{\circ}$$

$$\dot{I}_{A'B'} = \frac{\dot{U}_A}{Z}, \quad \dot{I}_{B'C'} = \dot{I}_{A'B'} \angle -120^{\circ}, \quad \dot{I}_{C'A'} = \dot{I}_{A'B'} \angle 120^{\circ}$$

$$\dot{I}_A = \sqrt{3}\angle -30^{\circ} \dot{I}_{AB}, \quad \dot{I}_B = \dot{I}_A \angle -120^{\circ}, \quad \dot{I}_C = \dot{I}_A \angle 120^{\circ}$$

6.3.3　对称三相电路的一般计算方法

(1) 将所有三相电源、负载都化为等效星形连接电路；

(2) 中线不起作用，在对称三相电路中，不管有无中线，中线阻抗多大，对电路都没有影响；

(3) 画出单相计算电路，求出一相的电压、电流，一相电路中的电压为星形连接时的相电压，一相电路中的电流为线电流；

(4) 根据三角形连接、星形连接时线、相量之间的关系，求出原电路的电流电压；

(5) 各相负载的电压和电流均由该相的电源和负载决定，与其他两相无关，各相具有独立性；

(6) 各相电压、电流均是与电源同相序的对称三相正弦量；

(7) 由对称性得出其他两相的电压、电流。

【例 6-1】图 6-10 所示电路中，已知对称三相电路的星形负载阻抗 $Z = (165 + \text{j}84)\Omega$，端线阻抗 $Z_l = (2 + \text{j}1)\Omega$，中性线阻抗 $Z_N = (1 + \text{j}1)\Omega$，线电压 $U_l = 380\text{V}$，求负载端的电流和线电压，并做电路的相量图。

解：由于图 6-10 所示电路为对称三相电路，可以归结为一相(A 相)电路的计算，如图 6-11 所示。

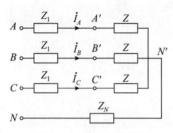

图 6-10 对称三相电路

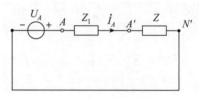

图 6-11 一相电路

令 $\dot{U}_A = \dfrac{U_1}{\sqrt{3}}\angle 0° = 220\angle 0°\text{V}$，根据图 6-11 电路可得

$$\dot{I}_A = \frac{\dot{U}_A}{Z_1 + Z} = \frac{220\angle 0°}{167 + \text{j}85} = 1.174\angle -26.98°\,\text{A}$$

根据对称性可以写出

$$\dot{I}_B = a^2 \dot{I}_A = 1.174\angle -146.98°\,\text{A}$$

$$\dot{I}_C = a \dot{I}_B = 1.174\angle 93.02°\,\text{A}$$

负载端的相电压为

$$\dot{U}_{A'N'} = Z \dot{I}_A = (165 + \text{j}85)\times 1.174\angle -26.98° = 217.90\angle 0.275°$$

因此负载端的线电压为

$$\dot{U}_{A'B'} = \sqrt{3}\dot{U}_{A'N'}\angle 30° = 377.41\angle 30°\,\text{V}$$

根据对称性可以写出

$$U_{B'C'} = a^2 \dot{U}_{A'B'} = 377.41\angle -90°\,\text{V}$$

$$U_{C'A'} = a\dot{U}_{A'B'} = 377.41\angle 150°\,\text{V}$$

电路的向量图如图 6-12 所示。

【例 6-2】已知对称三相电路的电源线电压 $U_L = 380\text{V}$，三角形负载阻抗 $Z = 20\angle 36.87°\,\Omega$，端线阻抗 $Z_L = (1 + \text{j}2)\Omega$。求线电流、负载的相电流和负载端线电压。

解：设 $\dot{U}_{AB} = 380\angle 0°\text{V}$，则 $\dot{U}_A = \dfrac{1}{\sqrt{3}}\dot{U}_{AB}\angle -30° = 220$ $\angle -30°\text{V}$，将三角形负载等效变换成星形负载，其每相阻抗为

$$Z_Y = \frac{1}{3}Z = \frac{20}{3}\angle 36.87°\,\Omega$$

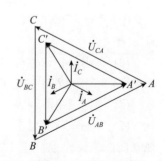

图 6-12 电路的向量图

因三相电路对称，故可采用归为一相计算方法，可求出

$$\dot{I}_A = \frac{\dot{U}_A}{Z_Y + Z_L} = \frac{220\angle -30^\circ}{\frac{20}{3}\angle 36.87^\circ + 1 + j2} = 25.217\angle -73.452^\circ \, A$$

$$\dot{I}_{A'B'} = \frac{1}{\sqrt{3}}\dot{I}_A \angle 30^\circ = 14.559\angle -43.452^\circ \, A$$

$$U_{AB} = I'_{AB'}Z = 14.559\angle -43.452^\circ \times 20\angle 36.87^\circ$$
$$= 291.18\angle -6.582^\circ \, V$$

或

$$\dot{U}_{A'} = \dot{I}_A Z_Y = 25.217\angle -73.452^\circ \times \frac{20}{3}\angle 36.87^\circ$$
$$= 168.113\angle -36.582^\circ \, V$$

$$\dot{U}_{A'B'} = \sqrt{3}\dot{U}_{A'}\angle 30^\circ = 291.18\angle -6.582^\circ \, V$$

6.4 不对称三相电路的计算

不对称三相电路一般是由负载不对称导致，要根据不同的连接方式分别分析，通常把它当作一般交流电路对待，所以可以使用第 5 章介绍的方法。

6.4.1 星形连接

1. 三相四线制

星形连接不对称三相四线电路如图 6-13 所示。

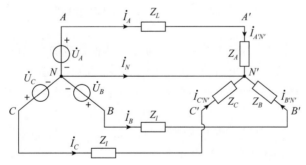

图 6-13 星形连接不对称三相四线电路

星形连接不对称三相四线电路中，三相相互独立，互不影响，所以

$$\dot{I}_A = \frac{\dot{U}_A}{Z_A}$$

$$\dot{I}_B = \frac{\dot{U}_B}{Z_B} \neq \dot{I}_A \angle -120^\circ$$

$$\dot{I}_C = \frac{\dot{U}_C}{Z_C} \neq \dot{I}_A \angle 120°$$

$$\dot{I}_N = \dot{I}_A + \dot{I}_B + \dot{I}_C \neq 0$$

上式表明中线上有电流通过。

2. 三相三线制

星形连接不对称三相三线电路如图 6-14 所示。利用节点电压法，以 N 点为参考点，对 N' 点列写节点方程：

$$\dot{U}_{N'N} = \frac{\dfrac{\dot{U}_A}{Z_A} + \dfrac{\dot{U}_B}{Z_B} + \dfrac{\dot{U}_C}{Z_C}}{\dfrac{1}{Z_A} + \dfrac{1}{Z_B} + \dfrac{1}{Z_C}} \neq 0$$

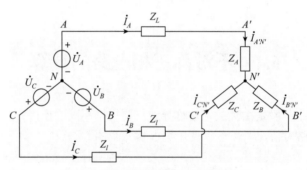

图 6-14　星形连接不对称三相三线电路

上式说明负载中性点 N' 与电源中性点 N 之间有电位差，使得负载中性点与电源中性点不重合，这种现象称为中性点位移。在电源对称的情况下，可以根据中性点位移的情况来判断负载端不对称的程度。当中性点位移较大时，会造成负载相电压严重不对称，使负载的工作状态不正常。

负载中性点 N' 与电源中性点 N 之间有电位差，使得负载的相电压不再对称。

星形连接不对称三相三线电路中，三相相互影响，互不独立。

当三相负载不对称时，负载中点与电源中点不等位，这样会使得每一相负载上的电压(相电压)不再一定满足负载的额定要求，从而使负载工作不正常，甚至导致设备的损坏。

此时采用三相四线制可以解决上述问题，即不取消中线时，各相由于中线的存在而各自保持独立性，各相的工作状态可以分别计算。

3. 小结

(1) 当采用三相三线制时，负载中点电位与电源中点电位不相等，不为零，即中性点发生位移；

(2) 当采用三相四线制时，中线电流不为零；

(3) 负载不对称时，一般采用节点电压法计算；

(4) 在实际生产中，除了三相异步电动机外，一般的负载很难保证负载三相对称，因此供电系统均采用三相四线制，且中线上不允许加任何开关与熔断器，并且中性线较粗，一是减少损耗，二是加强强度(中性线一旦断了，负载不能正常工作)。要消除或减少中性点的位移，尽量减少中性线阻抗，然而从经济的观点来看，中性线不可能做得很粗，应适当调整负载，使其接近对称情况。

6.4.2 三角形连接

三角形连接不对称三相三线电路如图 6-15 所示。

$$\dot{I}_{A'B'} = \frac{\dot{U}_A}{Z_A}, \quad \dot{I}_{B'C'} = \frac{\dot{U}_B}{Z_B}, \quad \dot{I}_{C'A'} = \frac{\dot{U}_C}{Z_C}$$

$$\dot{I}_A = \dot{I}_{A'B'} - \dot{I}_{C'A'}, \quad \dot{I}_B = \dot{I}_{B'C'} - \dot{I}_{A'B'}, \quad \dot{I}_C = \dot{I}_{C'A'} - \dot{I}_{B'C'}$$

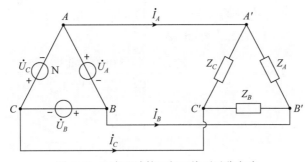

图 6-15 三角形连接三相三线不对称电路

每一相的电压、电流的计算可以参照前面的内容进行，这里不再重复。注意：由于负载三相对称，因此可以先计算出其中任意一相，其他两相待求量可以通过角度互差120°直接写出；如果仅仅要求大小关系，则可以直接利用相线关系。

【例6-3】在三相四线制电路中，已知对称电源线电压 $\dot{U}_{AB} = 380\angle 0°$ V，线路阻抗相等为 $Z_L = (1+j)\Omega$，中线阻抗为 $Z_N = (1.2+j2)\Omega$，不对称三相负载为 $Z_A = 10\angle 26°\Omega$，$Z_B = 15\angle 48°\Omega$，$Z_C = 20\angle -32°\Omega$。求电路的线电流、负载端线电压、中线电流。

解：由题意可求出电源各相电压为

$$\dot{U}_A = \frac{1}{\sqrt{3}}\dot{U}_{AB} \angle -30° = 220\angle -30° \text{ V}$$

$$\dot{U}_B = \dot{U}_A \angle -120° = 220\angle -150° \text{ V}$$

$$\dot{U}_C = \dot{U}_A \angle 120° = 220\angle 90° \text{ V}$$

应用节点电压法可求出负载中点 N' 到电源中点 N 的电压为

$$\dot{U}_{N'N} = \frac{\dfrac{\dot{U}_A}{Z_A + Z_L} + \dfrac{\dot{U}_B}{Z_B + Z_L} + \dfrac{\dot{U}_C}{Z_C + Z_L}}{\dfrac{1}{Z_A + Z_L} + \dfrac{1}{Z_B + Z_L} + \dfrac{1}{Z_C + Z_L} + \dfrac{1}{Z_N}}$$

$$= \frac{\dfrac{220\angle-30^{\circ}}{10\angle26^{\circ}+1+j}+\dfrac{220\angle-150^{\circ}}{15\angle48^{\circ}+1+j}+\dfrac{220\angle90^{\circ}}{20\angle-32^{\circ}+1+j}}{\dfrac{1}{10\angle26^{\circ}+1+j}+\dfrac{1}{15\angle48^{\circ}+1+j}+\dfrac{1}{20\angle-32^{\circ}+1+j}+\dfrac{1}{1.2+j2}}$$

$$= 14.2282\angle-110.938^{\circ}$$

$$= (-5.0845 - j13.2886)\text{V}$$

各线电流为

$$\dot{I}_A = \frac{\dot{U}_A - \dot{U}_{N'N}}{Z_A + Z_L} = \frac{220\angle-30^{\circ}+5.0845+j13.2886}{10\angle26^{\circ}+1+j}$$

$$= 19.2316\angle-54.634^{\circ}\text{A}$$

$$\dot{I}_B = \frac{\dot{U}_B - \dot{U}_{N'N}}{Z_B + Z_L} = \frac{220\angle-150^{\circ}+5.0845+j13.2886}{15\angle48^{\circ}+1+j}$$

$$= 12.743\angle159.801^{\circ}\text{A}$$

$$\dot{I}_C = \frac{\dot{U}_C - \dot{U}_{N'N}}{Z_C + Z_L} = \frac{220\angle90^{\circ}+5.0845+j13.2886}{20\angle-32^{\circ}+1+j}$$

$$= 11.4582\angle116.871^{\circ}\text{A}$$

负载端各线电压为

$$\dot{U}_{A'B'} = \dot{I}_A Z_A - \dot{I}_B Z_B$$

$$= 19.2316\angle-54.634^{\circ}\times10\angle26^{\circ}-12.743\angle159.801^{\circ}\times15\angle48^{\circ}$$

$$= 192.316\angle-28.634^{\circ}-191.145\angle207.801^{\circ}$$

$$= 337.8772 - j3.0099$$

$$= 337.891\angle-0.51^{\circ}\text{V}$$

$$\dot{U}_{B'C'} = \dot{I}_B Z_B - \dot{I}_C Z_C$$

$$= 12.743\angle159.801^{\circ}\times15\angle48^{\circ}-11.4582\angle116.871^{\circ}\times20\angle-32^{\circ}$$

$$= 191.145\angle207.801^{\circ}-229.164\angle84.871^{\circ}$$

$$= -189.5686 - j317.3968$$

$$= 369.699\angle-120.848^{\circ}\text{V}$$

$$\dot{U}_{C'A'} = \dot{I}_C Z_C - \dot{I}_A Z_A$$

$$= 11.4582\angle116.871^{\circ}\times20\angle-32^{\circ}-19.2316\angle-54.634^{\circ}\times10\angle26^{\circ}$$

$$= -148.3086 + j320.4067$$

$$= 353.066\angle114.838^{\circ}\text{V}$$

应用 KCL 得

$$\dot{I}_N = \dot{I}_A + \dot{I}_B + \dot{I}_C$$

$$= 19.2316\angle-54.634^{\circ}+12.743\angle159.801^{\circ}+11.4582\angle116.871^{\circ}$$

$$= -6.007 - j1.062$$

$$= 6.1\angle-169.974^{\circ}\text{A}$$

【例 6-4】图 6-16 所示电路是一种相序指示器电路。相序指示器用来测定电源的相序 A、B、C，是由一个电容器和两个电灯连接成星形的电路。如果电容器所接的是 A 相(假定为 A 相)，则灯光较亮的是 B 相，试证明之。已知 $X_C = R$。

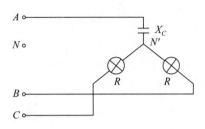

图 6-16 例 6-4 电路图

解：本题证明如下：先应用节点电压法求出负载中点 N' 到电源中点 N 之间的电压

$$\dot{U}_{N'N} = \frac{\dfrac{\dot{U}_A}{-jX_C} + \dfrac{\dot{U}_B}{R} + \dfrac{\dot{U}_C}{R}}{\dfrac{1}{-jX_C} + \dfrac{1}{R} + \dfrac{1}{R}}$$

设 $\dot{U}_A = U_P\angle 0° = U_P$，并将 $X_C = R$ 代入上式得

$$\dot{U}_{N'N} = \frac{\dfrac{U_P\angle 0°}{-jR} + \dfrac{U_P\angle -120°}{R} + \dfrac{U_P\angle 120°}{R}}{\dfrac{2}{R} + j\dfrac{1}{R}}$$

$$= \frac{jU_P + U_P(-0.5 - j0.866) + U_P(-0.5 + j0.866)}{2 + j}$$

$$= \frac{-1 + j}{2 + j}U_P$$

$$= (-0.2 + j0.6)U_P$$

B 相灯泡所承受的电压为

$$\dot{U}_{BN'} = \dot{U}_B - \dot{U}_{N'N} = U_P\angle -120° - (-0.2 + j0.6)U_P$$

$$= (-0.3 - j1.466)U_P$$

$$= 1.496U_P\angle -101.565°$$

C 相灯泡所承受的电压为

$$\dot{U}_{CN'} = \dot{U}_C - \dot{U}_{N'N} = U_P\angle 120° - (-0.2 + j0.6)U_P$$

$$= (-0.3 + j0.266)U_P$$

$$= 0.4U_P\angle 138.438°$$

即

$$U_{BN'} = 1.496U_P$$

$$U_{CN'} = 0.4U_P$$

根据上述计算结果可以判断：电容器所在的一相若定为 A 相，则灯比较亮的是 B 相，较暗的是 C 相。

6.5　三相电路的功率

三相电路在实际工农业生产中占据重要地位，负载的功率计算与测量对于供配电和用电用户都非常重要。

1. 功率平衡

设 $u_A = \sqrt{2}U\cos(\omega t)$，$i_A = \sqrt{2}I\cos(\omega t - \varphi)$，所以

$$p_A = u_A i_A = 2UI\cos(\omega t)\cos(\omega t - \varphi) = UI[\cos\varphi + \cos(2\omega t - \varphi)]$$

$$p_B = u_B i_B = UI\cos\varphi + UI\cos[(2\omega t - 240°) - \varphi]$$

$$p_C = u_C i_C = UI\cos\varphi + UI\cos[(2\omega t + 240°) - \varphi]$$

$$p = p_A + p_B + p_C = 3UI\cos\varphi$$

对称负载在任意瞬间的功率均等于平均功率，该性质称为对称三相制的平衡性，也称平衡制，这一性质是对称三相制的重要优点，它决定了三相旋转电机在对称情形下运行时瞬时转矩恒定的特性。

2. 三相电路的有功功率

三相负载的有功功率等于各相功率之和，即

$$P = P_A + P_B + P_C = U_A I_A \cos\varphi_Z + U_B I_B \cos\varphi_Z + U_C I_C \cos\varphi_Z$$

对称时：$U_A = U_B = U_C = U_P$，$I_A = I_B = I_C = I_P$，$\varphi_{ZA} = \varphi_{ZB} = \varphi_{ZC} = \varphi_Z$，所以

$$P = 3U_P I_P \cos\varphi_Z$$

星形连接电路中，$U_l = \sqrt{3}U_P$，$I_l = I_P$。三角形连接电路中，$U_l = U_P$，$I_l = \sqrt{3}I_P$。因此

$$3U_P I_P = \sqrt{3}U_l I_l$$

$$P = \sqrt{3}U_l I_l \cos\varphi_Z \quad (\varphi_Z \text{为每相阻抗的阻抗角})$$

$$P = 3I_P^2 \text{Re}[Z]$$

所以，在对称三相电路中，无论负载是星形连接还是三角形连接，由于各相负载相同、各相电压大小相等、各相电流也相等，所以三相功率为

$$P = 3U_P I_P \cos\varphi = \sqrt{3}U_L I_L \cos\varphi$$

式中，φ 为对称负载的阻抗角，也是负载相电压与相电流之间的相位差。

3. 对称三相电路的视在功率

对称三相电路的视在功率为

$$S = 3U_P I_P = \sqrt{3}U_L I_L$$

4. 对称三相电路的无功功率

对称三相电路的无功功率为

$$Q = 3U_P I_P \sin\varphi = \sqrt{3}U_L I_L \sin\varphi$$

5. 三相电路的功率因数

三相电路的功率因数为

$$\lambda = \frac{P}{S} = \cos\varphi$$

6. 三相功率的测量

图 6-17 所示电路为三相电路功率测量电路。测量线路的接法是将两个功率表的电流线圈串联到任意两相中，电压线圈的同名端接到其电流线圈所串的线上，电压线圈的非同名端接到另一相没有串功率表的线上。因此，两瓦计法有三种接线方式(另外两种接法读者可自行推得)。

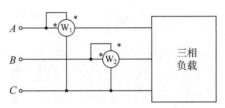

图 6-17　三相电路功率测量电路

$$p(t) = u_A i_A + u_B i_B + u_C i_C = u_A i_A + u_B i_B + u_C(-i_A - i_B) = (u_A - u_C)i_A + (u_B - u_C)i_B$$

$$P = \frac{1}{T}\int_0^T p(t)\mathrm{d}t = U_{AC} I_A \cos(\psi_{u_{AC}} - \psi_{i_A}) + U_{BC} I_B \cos(\psi_{u_{BC}} - \psi_{i_B})$$

可见等式右端两项分别对应两个瓦特表的读数。若 W_1 的读数为 P_1，W_2 的读数为 P_2，则三相总功率为 $P = P_1 + P_2$。

注意：① 只有在三相三线制条件下才能用两瓦计法，且不论负载对称与否；

② 两块表读数的代数和为三相总功率，每块表单独的读数无意义；

③ 按正确极性接线时，两瓦计中可能有一个表的读数为负，此时功率表指针反转，将其电流线圈极性反接后，指针指向正数，但此时读数应记为负值；

④ 两瓦计法测三相功率的接线方式有三种，注意功率表的同名端。

【例 6-5】有一个对称三相负载，每相电阻为 $R = 6\,\Omega$，电抗 $X = 8\,\Omega$，三相电源的线电压为 $U_L = 380\,\mathrm{V}$。求：

(1) 负载做星形连接时的功率 P_Y；

(2) 负载做三角形连接时的功率 $P_\triangle$。

解：每相阻抗均为 $|Z| = \sqrt{6^2 + 8^2} = 10\,\Omega$，功率因数 $\lambda = \cos\varphi = \dfrac{R}{|Z|} = 0.6$。

(1) 负载做星形连接时，相电压为

$$U_{YP} = \frac{U_L}{\sqrt{3}} = 220\,\mathrm{V}$$

线电流等于相电流：

$$I_{YL} = I_{YP} = \frac{U_{YP}}{|Z|} = 22 \text{ A}$$

负载的功率为

$$P_Y = \sqrt{3} U_{YL} I_{YL} \cos\varphi = 8.7 \text{ kW}$$

(2) 负载做三角形连接时，相电压等于线电压：

$$U_{\triangle P} = U_{\triangle L} = 380 \text{ V}$$

相电流为

$$I_{\triangle L} = \frac{U_{\triangle P}}{|Z|} = 38 \text{ A}$$

线电流为

$$I_{\triangle L} = \sqrt{3} I_{\triangle P} = 66 \text{ A}$$

负载的功率为 $P_{\triangle} = \sqrt{3} U_{\triangle L} I_{\triangle L} \cos\varphi = 26 \text{ kW}$ ，为 P_Y 的 3 倍。

【例 6-6】对称三相电路的线电压为 $U_L = 380\text{V}$ ，负载阻抗 $Z = (12 + \text{j}16)\Omega$ ，无线路阻抗，试求：

(1) 当负载星形连接时的线电流及吸收的功率；

(2) 当负载三角形连接时的线电流、相电流和吸收的功率；

(3) 比较(1)和(2)的结果，能得到什么结论？

解： (1) 当负载为星形连接时，由 $U_L = 380\text{V}$ ，可得 $U_P = \frac{1}{\sqrt{3}} U_L = 220\text{V}$ ，其线电流为

$$I_L = I_P = \frac{U_P}{|Z|} = \frac{220}{\sqrt{12^2 + 16^2}} = 11\text{A}$$

因 $Z = 12 + \text{j}16 = 20\angle 53.13°\Omega$ ，故负载吸收的功率为

$$P = \sqrt{3} U_L I_L \cos\varphi = \sqrt{3} \times 380 \times 11 \times \cos 53.13° = 4343.983\text{W}$$

(2) 当负载为三角形连接时，其相、线电流分别为

$$I_P = \frac{U_L}{|Z|} = \frac{U_P}{|Z|} = \frac{380}{\sqrt{12^2 + 16^2}} = 19\text{A}$$

$$I_L = \sqrt{3} I_P = \sqrt{3} \times 19 = 32.909\text{A}$$

电路吸收的功率为

$$P = \sqrt{3} U_L I_L \cos\varphi = \sqrt{3} \times 380 \times 32.909 \times \cos 53.13° = 12\,996.045\text{W}$$

(3) 比较(1)和(2)的结果，结论如下：

$$I_{P\triangle} = \sqrt{3} I_{PY}$$

$$I_{L\triangle} = 3 I_{LY}$$

$$U_{P\triangle} = \sqrt{3} U_{PY}$$

$$U_{L\triangle} = U_{LY}$$

$$P_{\triangle} = 3P_Y$$

习题 6

1. 已知某三相四线制电路的线电压 $\dot{U}_{AB}=380\angle13°\text{V}$，$\dot{U}_{BC}=380\angle-107°\text{V}$，$\dot{U}_{CA}=380\angle133°\text{V}$，当 t=12s 时，三个相电压之和为(　　)。

2. 三相交流发电机的三个绕组接成星形时，若线电压 $u_{BC}=380\sqrt{2}\sin\omega t$ V，则相电压 u_A=(　　)。

3. 在三相交流电路中，负载对称的条件是(　　)。

4. 某三角形连接的三相对称负载接于三相对称电源，线电流与其对应的相电流的相位关系是(　　)。

5. 三角形连接的三相对称负载，接于三相对称电源上，线电流与相电流之比为(　　)。

6. 图6-18所示对称三相电路中，若 $\dot{I}_a=72\angle0°\text{A}$，负载 $Z=10\angle0°\Omega$，则相电压 $\dot{U}_a=$(　　)。

7. 星形连接有中线的三相不对称负载，接于对称的三相四线制电源上，则各相负载的电压(　　)。

8. 在电源对称的三相四线制电路中，不对称的三相负载做星形连接，负载各相相电流(　　)。

9. 有一个对称星形负载接于线电压为 380V 的三相四线制电源上，如图 6-19 所示。当在 M 点断开时，U_1 为(　　)。

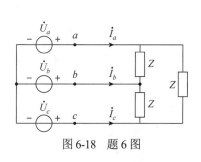

图 6-18　题 6 图

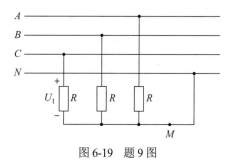

图 6-19　题 9 图

10. 某三相电路中 A、B、C 三相的有功功率分别为 P_A、P_B、P_C，则该三相电路总有功功率 P 为(　　)。

11. 复阻抗为 Z 的三相对称电路中，若保持电源电压不变，当负载接成星形时消耗的有功功率为 P_Y，接成三角形时消耗的有功功率为 $P_\triangle$，则两种接法时有功功率的关系为(　　)。

12. 在纯电容负载做三角形连接的三相对称电路中，各相 X_C=38Ω，电源线电压为 380V，则三相负载的无功功率是(　　)。

13. 某三角形连接的纯电容负载接于三相对称电源上，已知各相容抗 X_C=6Ω，线电流为 10A，则三相视在功率(　　)。

14. 图 6-20 所示对称电路中，已知 $Z = (2 + j2)\Omega$，$\dot{U}_A = 220\angle 0° \text{V}$，求每相负载的相电流及线电流。

15. 图 6-21 所示对称三相电路中，已知电源正相序且 $\dot{U}_{AB} = 380\angle 0° \text{V}$，每相阻抗 $Z = (3 + j4)\Omega$。求各相电流值。

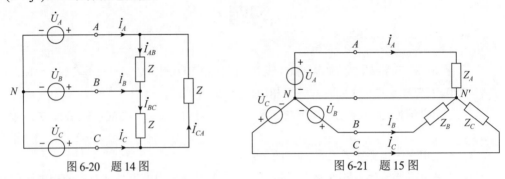

图 6-20　题 14 图　　　　　　　　　图 6-21　题 15 图

16. 图 6-22 所示对称三相电路中，已知 $\dot{U}_{AB} = 380\angle 0° \text{V}$，$Z_1 = 10\angle 60° \Omega$，$Z_2 = (4 + j3)\Omega$，求电流表的读数。

17. 图 6-23 所示对称星形连接三相电路中，电压表的读数为 1143.16V，$Z = (15 + j15\sqrt{3})\Omega$，$Z_l = (1 + j2)\Omega$。求：

(1) 图中电流表的读数及线电压 U_{AB}。

(2) 三相负载吸收的功率。

(3) 如果 A 相的负载阻抗等于零(其他不变)，再求(1)和(2)。

(4) 如果 A 相负载开路，再求(1)和(2)。

(5) 如果加接零阻抗中性线 $Z_N = 0$，则(3)和(4)将发生怎样的变化？

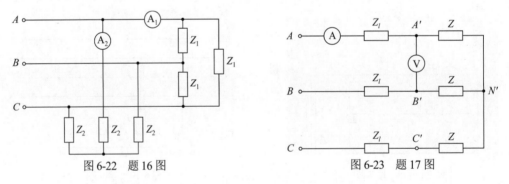

图 6-22　题 16 图　　　　　　　　　图 6-23　题 17 图

18. 已知三相电源线电压为 380V，接入两组对称三相负载，如图 6-24 所示，其中每相负载为 $Z_Y = (4 + j3)\Omega$，$Z_\triangle = 10\Omega$，试求线电流 $\dot{I}_A = ?$

19. 在三相交流电路中，同时接有两组负载，一组是三角形接法，$R_A = R_B = R_C = 100\sqrt{3}$ Ω；另一组是星形接法，$R_a = R_b = R_c = 100\Omega$。当电源线电压为 380V 时求电路总线电流 $\dot{I}_A$ 的瞬时值表达式和总功率 P 为多少？(设 u_{AB} 初相位为 0)

20. 三相电动机接到线电压为 380 V 的线路中，如图 6-25 所示，功率表 W_1 及功率表 W_2 的读数分别为 398W 和 2670W，试说明读数表示什么？并求出功率因数和电动机星形连接的等效阻抗。

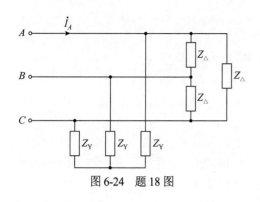

图 6-24　题 18 图

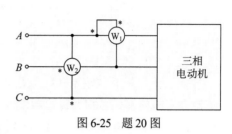

图 6-25　题 20 图

第7章　半导体器件

半导体器件是利用半导体材料，采用不同的工艺和几何结构做出的电子器件，常见的半导体器件有晶体二极管和三极管。二极管可在低频、高频、微波、毫米波、红外甚至光波范围内使用。三极管也称晶体管，可以分为双极型晶体管和场效应晶体管两大类，可用于放大、振荡、开关等电路中。除此以外，三极管还有一些特殊用途，如光晶体管、磁敏晶体管，场效应传感器等，这些器件可以把环境因素的信息转换为电信号。在通信技术中，主要靠高灵敏度、低噪声的半导体接收器件接收微弱信号。随着微波通信技术的迅速发展，微波半导件低噪声器件发展很快，工作频率不断提高，而噪声系数不断下降。微波半导体器件由于性能优异、体积小、重量轻和功耗低等特性，在防空反导、电子战等系统中已得到广泛的应用。

7.1　半导体基础知识

自然界的物质按导电能力可分为导体、半导体和绝缘体三类。半导体的导电能力介于导体与绝缘体之间，半导体导电能力随光、热和掺杂等因素而变化，反映了半导体的物理特性，正确理解和掌握这些特性是我们以后学习的基础。

7.1.1　半导体

物质按导电能力的强弱可分为导体、绝缘体和半导体三大类。自然界中很容易导电的物质称为导体，金属一般都是导体。绝缘体是几乎不导电的物质，如橡皮、陶瓷、塑料和石英。半导体的导电能力介于导体和绝缘体之间。硅(Si)和锗(Ge)是最常用的半导体材料。

半导体之所以得到广泛的应用，是因为它的导电能力随着掺入杂质及温度、光照等条件的变化会发生很大的变化。人们正是利用它的这些特点制成了多种性能的电子元器件，如半导体二极管、半导体三极管、场效应管、集成电路、热敏元件、光敏元件等。由于用作半导体材料的硅和锗必须是原子排列完全一致的单晶体，所以半导体管通常也称为晶体管。

1. 本征半导体

本征半导体是纯净的、没有结构缺陷的半导体。制造半导体器件的半导体材料的纯度要达到 99.9999999%，它在物理结构上为共价键，呈单晶体形态，其结构如图 7-1 所示。在热力学温度为零度和没有外界激发时，本征半导体不导电。

当导体处于热力学温度 0K 时，导体中没有自由电子，半导体不导电，如同绝缘体。当温度升高或受到光的照射时，价电子能量增高，有的价电子可以挣脱原子核的束缚而参与导电，成为自由电子，这一现象称为本征激发(也称热激发)，本征激发产生电子与空穴如图 7-2 所示。因热激发而出现的自由电子和空穴是同时成对出现的，称为电子空穴对。

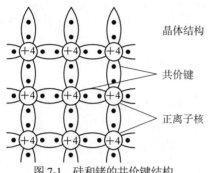

图 7-1 硅和锗的共价键结构

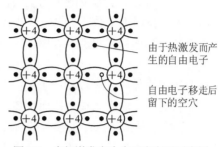

图 7-2 本征激发产生电子空穴对示意图

游离的部分自由电子也可能回到空穴中去，称为复合。

在一定温度下，本征激发和复合会达到动态平衡，此时，载流子浓度一定，且自由电子数和空穴数相等或者在一定温度下本征半导体中载流子的浓度是一定的，并且自由电子与空穴的浓度相等。

本征半导体内部存在数量相等的两种载流子：一种是自由电子；另一种是自由电子逸出后形成的空穴。自由电子带负电，空穴带正电。在常温下，这两种载流子的数量都很少，所以本征半导体的导电性能很差。当温度升高或光照增强时，载流子数量增多，本征半导体的导电性也随之增强。

半导体的导电机理：自由电子的定向运动形成了电子电流，空穴的定向运动也可形成空穴电流，因此，在半导体中有自由电子和空穴两种承载电流的粒子(即载流子)，这是半导体的特殊性质。空穴导电的实质是相邻原子中的价电子(共价键中的束缚电子)依次填补空穴而形成电流。由于电子带负电，而电子的运动与空穴的运动方向相反，因此认为空穴带正电。

本征半导体的特点如下。

(1) 半导体中有两种载流子：电子和空穴。

(2) 本征半导体中，自由电子和空穴总是成对出现，称为电子空穴对。

(3) 本征半导体中自由电子和空穴的浓度用 ni 和 pi 表示，显然 ni = pi。

(4) 由于物质的运动，自由电子和空穴不断地产生又不断地复合。在一定的温度下，产生与复合运动会达到平衡，载流子的浓度就一定了。

(5) 载流子的浓度与温度密切相关，它随着温度的升高，基本按指数规律增加。

2. 杂质半导体

掺入杂质的本征半导体称为杂质半导体。杂质半导体是半导体器件的基本材料。在本征半导体中掺入五价元素(如磷)，就形成 N 型(电子型)半导体；掺入三价元素(如硼、镓、铟等)就形成 P 型(空穴型)半导体。杂质半导体的导电性能与其掺杂浓度和温度有关，掺杂浓度越大、温度越高，其导电能力越强。

(1) N 型半导体：在纯净的半导体硅(或锗)中掺入微量五价元素(如磷)后，就可成为 N 型半导体，又称为电子型半导体，其内部自由电子数量多于空穴数量，即自由电子是多数载流子(简称多子)，空穴是少数载流子(简称少子)。例如，在单晶硅中掺入微量磷元素，可得到 N 型硅。N 表示负电的意思，取自英文单词 negative(负的)的第一个字母。

(2) P 型半导体：在硅(或锗)的晶体内掺入少量三价元素杂质，如硼(或铟)等。硼原子只有 3 个价电子，它与周围硅原子组成共价键时，因缺少一个电子，在晶体中便产生一个空穴。这个空穴与本征激发产生的空穴都是载流子，具有导电性能。在 P 型半导体中，空穴数远远大于自由电子数，空穴为多数载流子，自由电子为少数载流子。导电以空穴为主，故此类半导体又称为空穴型半导体。P 表示正电的意思，取自英文单词 positive(正的)的第一个字母。

在杂质半导体中，多数载流子起主要导电作用。由于多数载流子的数量取决于掺杂浓度，因而它受温度的影响较小；而少数载流子对温度非常敏感，这将影响半导体的性能。

(3) 杂质半导体特点：①掺入杂质的浓度决定多数载流子的浓度，温度决定少数载流子的浓度；②杂质半导体总体上保持电中性；③杂质半导体载流子的数目要远远高于本征半导体，因而其导电能力大大改善。

7.1.2　PN 结

1. PN 结的形成

在一块完整的晶片上，通过一定的掺杂工艺，一边形成 P 型半导体，另一边形成 N 型半导体，两个区域的交界处就形成了一个特殊的薄层，称为 PN 结。

半导体中载流子有扩散运动和漂移运动两种运动方式。载流子在电场作用下的定向运动称为漂移运动。在半导体中，如果载流子浓度分布不均匀，因为浓度差，载流子将会从浓度高的区域向浓度低的区域运动，这种运动称为扩散运动。多数载流子因浓度上的差异而形成的运动称为扩散运动，如图 7-3 所示。

由于空穴和自由电子均是带电的粒子，所以扩散的结果使 P 区和 N 区原来的电中性被破坏，在交界面的两侧形成一个不能移动的带异性电荷的离子层，称此离子层为空间电荷区，这就是所谓的 PN 结，如图 7-4 所示。在空间电荷区，多数载流子已经扩散到对方并复合掉了，或者说消耗尽了，因此又称空间电荷区为耗尽层。

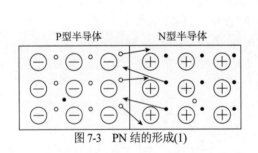

图 7-3　PN 结的形成(1)

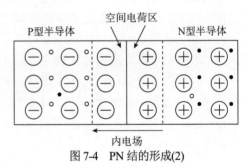

图 7-4　PN 结的形成(2)

空间电荷区出现后，因为正负电荷的作用，将产生一个从 N 区指向 P 区的内电场。内电场的方向会对多数载流子的扩散运动起阻碍作用，同时，内电场可推动少数载流子(P 区的自由电子和 N 区的空穴)越过空间电荷区，进入对方。少数载流子在内电场作用下有规则的运动称为漂移运动。漂移运动和扩散运动的方向相反。无外加电场时，通过 PN 结的扩散电流等于漂移电流，PN 结中无电流流过，PN 结的宽度保持一定而处于稳定状态，如图 7-4 所示。

2. PN 结的单向导电特性

在 PN 结两端外加电压，称为给 PN 结以偏置电压。

(1) PN 结正向偏置。给 PN 结加正向偏置电压，即 P 区接电源正极，N 区接电源负极，此时称 PN 结为正向偏置(简称正偏)，如图 7-5 所示。由于外加电源产生的外电场的方向与 PN 结产生的内电场的方向相反，削弱了内电场，使 PN 结变薄，有利于两区多数载流子向对方扩散，形成正向电流，此时 PN 结处于正向导通状态。

(2) PN 结反向偏置。给 PN 结加反向偏置电压，即 N 区接电源正极，P 区接电源负极，称 PN 结反向偏置(简称反偏)，如图 7-6 所示。

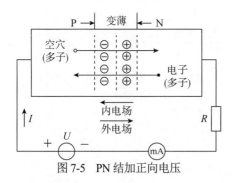
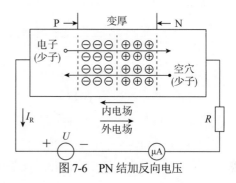

图 7-5　PN 结加正向电压　　　　　图 7-6　PN 结加反向电压

由于外加电场与内电场的方向一致，因而加强了内电场，使 PN 结加宽，阻碍了多子的扩散运动。在外电场的作用下，只有少数载流子形成的很微弱的电流，称为反向电流。

少数载流子是由于热激发产生的，因而 PN 结的反向电流受温度影响很大。

小结:当 PN 结正向偏置时，回路中将产生一个较大的正向电流，PN 结处于导通状态;当 PN 结反向偏置时，回路中反向电流非常小，几乎等于零，PN 结处于截止状态。可见，PN 结具有单向导电性。

3. PN 结的应用

应用 PN 结可以制作多种半导体器件，按照 PN 结的数量可以分为单 PN 结、双 PN 结及三 PN 结。

(1) 用单 PN 结制作的半导体器件有普通二极管、稳压二极管、变容二极管、发光二极管、光电二极管、肖特基二极管等。

(2) 用双 PN 结制作的半导体器件有双极型晶体管、结型场效应管等。

(3) 用三 PN 结制作的半导体器件有晶闸管等。

7.2　二极管

二极管是用半导体材料(硅、锗等)制成的一种电子器件。它具有单向导电性能，即给二极管阳极和阴极加上正向电压(称正向偏置)时，二极管导通。当给阳极和阴极加上反向电压(称反向偏置)时，二极管截止。二极管是最早诞生的半导体器件之一，其应用非常广泛。在各种电子电路中，利用二极管和电阻、电容、电感等元器件进行合理的连接，构成不同功能的电路，可以实现对交流电整流，对调制信号检波、限幅和钳位，以及对电源电压的稳压等多种功能。无论是在常见的收音机电路还是在其他的家用电器产品或工业控制电路中，都有二极管使用。

7.2.1　二极管的结构和符号

二极管的基本结构如图 7-7(a)所示。采用掺杂工艺，使硅或锗晶体的一边形成 P 型半导体区，另一边形成 N 型半导体区，在它们的交界面就形成 PN 结。将 PN 结用外壳封装起来，并加上电极引线就构成了晶体二极管，简称二极管。从 P 区引出的电极为正极，从 N 区引出的电极为负极。通常二极管外壳上都印有标志，以便区分正负电极。二极管的图形符号如图 7-7(b)所示，图中箭头指向为二极管正向电流的方向。

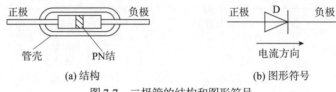

正极
负极
管壳
PN结
(a) 结构
正极
D
负极
电流方向
(b) 图形符号

图 7-7　二极管的结构和图形符号

图 7-8 所示为常见二极管的外形。图 7-9 所示为一种特殊的片状封装形式。二极管具有体积小、形状规整、便于自动化装配等优点，目前已得到广泛应用。

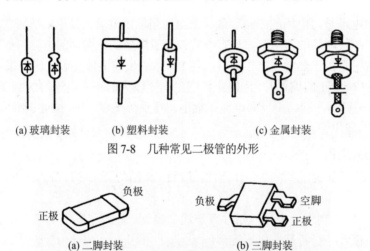

(a) 玻璃封装
(b) 塑料封装
(c) 金属封装

图 7-8　几种常见二极管的外形

负极
正极
(a) 二脚封装
负极
空脚
正极
(b) 三脚封装

图 7-9　片状二极管

7.2.2　二极管的分类

(1) 按材料分，可分为硅二极管、锗二极管和砷化镓二极管等。
(2) 按结构分，根据 PN 结面积大小，可分为点接触型二极管、面接触型二极管。
(3) 按用途分，可分为有整流、稳压、开关、发光、光电、变容、阻尼等二极管。
(4) 按封装形式分，可分为塑封及金属封等二极管。
(5) 按功率分，可分为大功率、中功率及小功率等二极管。

7.2.3　二极管的型号命名方法

国产二极管的型号命名方法见表 7-1。

表 7-1　国产二极管的型号命名方法

第一部分		第二部分		第三部分				第四部分	第五部分
用数字表示器件的电极数目		用拼音字母表示器件的材料和极性		用汉语拼音字母表示器件的类型				用数字表示器件的序号	用汉语拼音字母表示规格
符号	意义	符号	意义	符号	意义	符号	意义		
2	二极管	A B C D E	N 型锗材料 P 型锗材料 N 型硅材料 P 型硅材料 化合物	P Z W K L	普通管 整流管 稳压管 开关管 整流堆	C U N BT	参量管 光电器件 阻尼管 半导体特殊器件	反映二极管参数的差别	反映二极管承受反向击穿电压的高低，如 A、B、C、D 等，其中 A 承受的反向击穿电压最低，B 稍高，依次类推

国外的二极管型号命名方法与我国不同，例如，凡以"1N"开头的二极管都是美国制造或以美国专利在其他国家制造的产品，以"1S"开头的二极管则为日本注册产品，后面的数字为登记序号，通常数字越大，产品越新，如 1N4001、1N5408、1S1885 等。

7.2.4　二极管的特性

1. 二极管的单向导电性

二极管的单向导电性可通过图 7-10 的实验来说明。

按图 7-10(a)连接实验电路，接通电源后指示灯亮，说明此时二极管的电阻很小，很容易导电。再将原二极管正负极对调后接入电路，如图 7-10(b)所示，接通电源后指示灯不亮，说明此时二极管的电阻很大，几乎不导电。

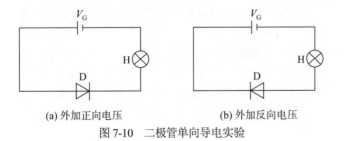

(a) 外加正向电压　　　　　　　　(b) 外加反向电压

图 7-10　二极管单向导电实验

由实验可得出如下结论。

(1) 加正向电压时二极管导通。当二极管正极电位高于负极电位，此时的外加电压称为正向电压，二极管处于正向偏置，简称正偏。二极管正偏时，内部呈现较小的电阻，可以有较大的电流通过，二极管的这种状态称为正向导通状态。

(2) 加反向电压时二极管截止。当二极管正极电位低于负极电位，此时的外加电压称为反向电压，二极管处于反向偏置，简称反偏。二极管反偏时，内部呈现很大的电阻，几乎没有电流通过，二极管的这种状态称为反向截止状态。

二极管在加正向电压时导通，加反向电压时截止，这就是二极管的单向导电性。

2. 二极管的伏安特性曲线

加在二极管两端的电压和流过二极管的电流之间的关系称为二极管的伏安特性，利用晶体管特性图示仪可以很方便地测出二极管的伏安特性曲线，如图 7-11 所示。

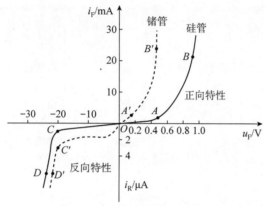

图 7-11　二极管的伏安特性曲线

(1) 正向特性。二极管的正向伏安特性曲线如图 7-11 中第一象限所示。

在起始阶段(OA)，外加正向电压很小，二极管呈现的电阻很大，正向电流几乎为零，曲线 OA 段称为死区。使二极管开始导通的临界电压称为开启电压，通常用 U_{on} 表示，一般硅二极管的开启电压约为 0.5V，锗二极管的开启电压约为 0.2 V。

当正向电压超过开启电压后，电流随电压的上升迅速增大，二极管电阻变得很小，进入正向导通状态。AB 段曲线较陡直，电压与电流的关系近似为线性，AB 段称为导通区。导通后，二极管两端的正向电压称为正向压降(或管压降)，这个电压比较稳定，几乎不随流过的电流大小而变化。一般硅二极管的正向压降约为 0.7V，锗二极管的正向压降约为 0.3V。

(2) 反向特性。二极管的反向特性曲线如图 7-11 中第三象限所示。

在起始的一段范围内(OC)，只有很小的反向电流，称反向饱和电流或反向漏电流。OC 段称反向截止区。一般硅二极管的反向电流在几十微安以下，锗管则可达几百微安。在实际应用中，反向电流越小，二极管的质量越好。

当反向电压增大到超过某一值时(图 7-11 中 C 点)，反向电流急剧增大，这一现象称为反向击穿，所对应的电压称为反向击穿电压，用 U_{BR} 表示。如果没有适当的限流措施，二极管在反向击穿后很可能因电流过大而损坏，因此，除稳压管外，加在二极管上的反向电压不允许超过击穿电压。

(3) 温度对二极管伏安特性的影响。 二极管是温度的敏感器件，温度的变化对其伏安特性的影响主要表现为：随着温度的升高，其正向特性曲线左移，即正向压降减小；反向特性曲线下移，即反向电流增大。一般在室温附近，温度每升高 1℃，其正向压降减小 2～2.5mV；温度每升高 10℃，反向电流大约增大 1 倍。

7.2.5　二极管的主要参数

为定量描述二极管的性能，常采用以下主要参数。

(1) 最大整流电流 I_{FM}，二极管长期运行时允许通过的最大正向平均电流。它的数值与 PN 结的面积和外部散热条件有关。实际工作时，二极管的正向平均电流不得超过此值，否则二极管可能会因过热而损坏。

(2) 最高反向工作电压 U_{RM}，二极管正常工作所允许外加的最高反向电压。通常取二极管反向击穿电压的 $1/2 \sim 1/3$。

(3) 反向饱和电流 I_R，二极管未击穿时的反向电流。此值越小，二极管的单向导电性能越好。由于反向电流是由少数载流子形成的，所以它受温度的影响很大。

(4) 最高工作频率 f_M，二极管工作的上限频率。超过此值时，由于结电容的作用，二极管将不能很好地体现单向导电性。二极管结电容越大，则最高工作频率越低。一般小电流二极管的 f_M 高达几百兆赫，而大电流整流管的 f_M 只有几千赫。

二极管的参数可以从二极管器件手册中查到，这些参数是选用器件和设计电路的重要依据。不同类型的二极管，其参数内容和参数值是不同的，即使是同一型号的管子，它们的参数值也存在很大差异。此外，在查阅参数时还应注意它们的测试条件，当使用条件与测试条件不同时，参数也会发生变化。

当设备中的二极管损坏时，最好换上同型号的新管。如果实在没有同型号管，可选用三项主要参数 I_{FM}、U_{RM}、f_M 满足要求的其他型号的二极管代用。代用管只要能满足电路要求即可，并非一定要比原管各项指标都高才行。应注意硅管与锗管在特性上是有差异的，一般不宜互相替换。

7.2.6　二极管电路分析

1. 二极管的三种模型

(1) 理想模型。理想模型即正向偏置时二极管压降为 0，导通电阻为 0；反向偏置时，电流为 0，电阻为∞。二极管的理想模型适用于信号电压远大于二极管压降时的近似分析，如图 7-12 所示。

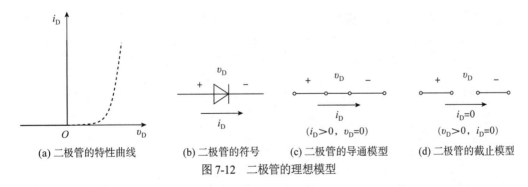

(a) 二极管的特性曲线　　　(b) 二极管的符号　　　(c) 二极管的导通模型　　　(d) 二极管的截止模型

图 7-12　二极管的理想模型

(2) 恒压降模型。恒压降模型即正向偏置时，管压降为二极管导通压降，硅管为 $0.7 \sim 0.8V$，锗管为 $0.2 \sim 0.3V$；反向偏置时，电流为 0，电阻为∞。二极管的恒压降模型如图 7-13 所示，截止模型与理想二极管的截止模型相同。

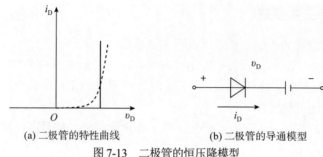

(a) 二极管的特性曲线　　　　　　(b) 二极管的导通模型

图 7-13　二极管的恒压降模型

(3) 折线模型。折线模型即正向偏置时，管压降随着管子电流变化而变化；反向偏置时，电流为 0，电阻为∞。二极管的折线模型如图 7-14 所示，截止模型与理想二极管的截止模型相同。

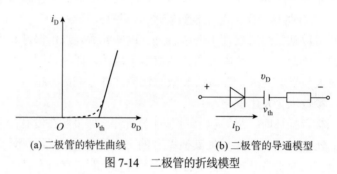

(a) 二极管的特性曲线　　　　　　(b) 二极管的导通模型

图 7-14　二极管的折线模型

2. 分析方法

(1) 根据已知条件或实际情况确定二极管采用的模型；

(2) 将二极管断开，分别计算 V_A、V_K 并判断二极管的通断；

(3) 套入相应的模型对原电路进行变换；

(4) 计算。

【例 7-1】写出图 7-15 所示各电路的输出电压值。

(1) 设二极管均为理想二极管；

(2) 设二极管均为恒压降模型，且导通电压 $V_D = 0.7V$。

解：(1) $V_{O1} \approx 2V$(二极管正向导通)，$V_{O2} = 0$(二极管反向截止)，$V_{O3} \approx -2V$(二极管正向导通)，$V_{O4} \approx 2V$(二极管反向截止)，$V_{O5} \approx 2V$(二极管正向导通)，$V_{O6} \approx -2V$(二极管反向截止)。

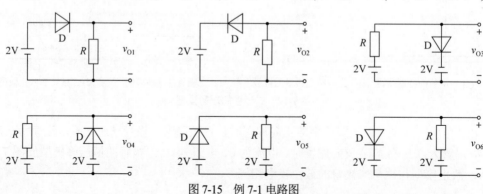

图 7-15　例 7-1 电路图

(2) $U_{O1}\approx1.3$V(二极管正向导通)，$U_{O2}=0$(二极管反向截止)，$U_{O3}\approx-1.3$V(二极管正向导通)，$U_{O4}\approx2$V(二极管反向截止)，$U_{O5}\approx1.3$V(二极管正向导通)，$U_{O6}\approx-2$V(二极管反向截止)。

【例7-2】判断图7-16所示电路中的二极管是导通还是截止，并计算电压U_{ab}，设图中的二极管是理想的。

解： 断开 D，$U_D=5+5=10$V>0，D 导通，$U_{ab}=-5$V。

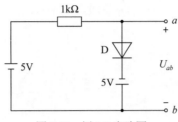

图7-16　例7-2 电路图

【例7-3】图7-17(a)所示的电路中，设二极管为理想的，已知$u_i=30\sin\omega t$V，试分别画出输出电压u_o的波形，并标出幅值。

解： 正半波，D 导通，$u_o=u_i$；负半波，D 截止，$u_o=0$。波形如图7-17(b)所示。

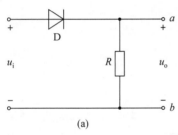 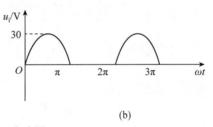

　　　　(a)　　　　　　　　　　　　　　　　(b)

图7-17　例7-3 电路图

【例7-4】图7-18(a)所示电路中，设二极管为理想的，输入电压$u_i=10\sin\omega t$V，试分别画出输出电压u_o的波形，并标出幅值。

解： 断开 D，$u_D=u_i-3\begin{cases}>0,\ \text{D导通，即}u_i>3\text{V},\ u_o=u_i\\<0,\ \text{D截止，即}u_i<3\text{V},\ u_o=3\text{V}\end{cases}$

波形如图7-18(b)所示。

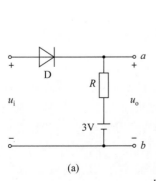 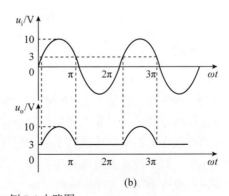

　　　(a)　　　　　　　　　　　　　　　　(b)

图7-18　例7-4 电路图

【**例 7-5**】图 7-19(a)所示电路中，设二极管为理想的，$u_i = 6\sin \omega t \text{V}$，试画出输出电压 u_o 的波形。

解：断开 D_1、D_2，$u_{D1} = -4 - u_i$，$u_{D2} = u_i - 3$。

$u_i > 3\text{V}$ 时，$u_{D1} < 0$，$u_{D2} > 0$，D_1 截止，D_2 导通，$u_o = 3\text{V}$。

$-4\text{V} < u_i < 3\text{V}$ 时，$u_{D1} < 0$，$u_{D2} < 0$，D_1、D_2 均截止，$u_o = u_i$。

$u_i < -4\text{V}$ 时，$u_{D1} > 0$，$u_{D2} < 0$，D_1 导通，D_2 截止，$u_o = -4\text{V}$。

波形图 7-19(b)所示。

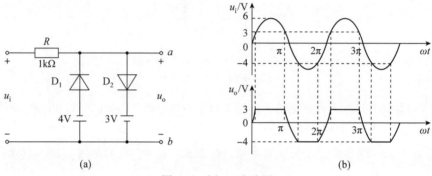

图 7-19   例 7-5 电路图

7.2.7   特殊二极管

1. 稳压二极管

稳压二极管又称齐纳二极管，简称稳压管。它是一种用特殊工艺制造的面接触型硅二极管，在电路中能起稳定电压的作用。稳压管的图形符号、外形和伏安特性曲线如图 7-20 所示。

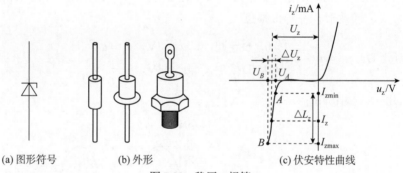

(a) 图形符号   (b) 外形   (c) 伏安特性曲线

图 7-20   稳压二极管

稳压管的正向特性与普通硅二极管相同，但是，它的反向击穿特性曲线更陡直。稳压管通常工作于反向击穿区，只要击穿后反向电流不超过极限值，稳压管就不会发生热击穿损坏。为此，必须在电路中串接限流电阻。稳压管反向击穿后，当流过稳压管的电流在很大范围内变化时，管子两端的电压几乎不变，从而可以获得一个稳定的电压。稳压二极管的类型很多，主要有 2CW、2DW 系列。

稳压管的主要参数如下。

(1) 稳定电压 U_Z，即稳压管的反向击穿电压。

(2) 稳定电流 I_Z，指稳压管在稳定电压下的工作电流。

(3) 动态电阻 r_Z，指稳压管两端电压变化量 ΔU_Z 与通过电流变化量 ΔI_z 之比，即

$$r_Z = \frac{\Delta U_Z}{\Delta I_Z}$$

r_Z 越小，说明 ΔI_Z 引起的 ΔU_Z 变化越小。可见，动态电阻小的稳压管稳压性能好。

【例 7-6】电路如图 7-21 所示，二极管导通电压 $U_D=0.7V$，常温下 $U_T \approx 26mV$，电容 C 对交流信号可视为短路；u_i 为正弦波，有效值为 10mV。试问二极管中流过的交流电流的有效值为多少？

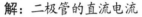

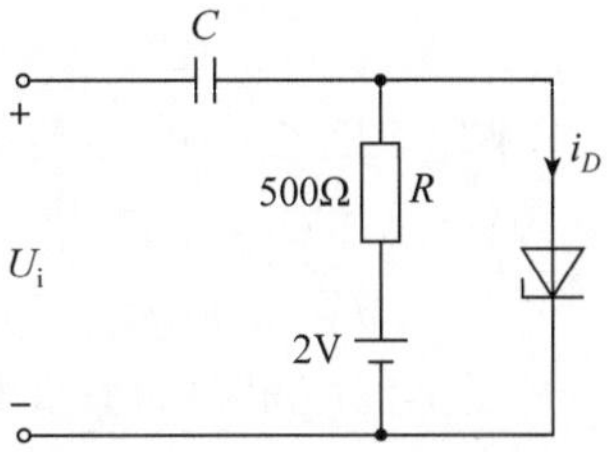

图 7-21 例 7-6 电路图

解：二极管的直流电流

$$I_D = (V - U_D) / R = 2.6mA$$

其动态电阻：

$$r_D \approx U_T / I_D = 10\Omega$$

故动态电流的有效值 $I_D = U_i / r_D \approx 1mA$。

【例 7-7】现有两只稳压管，稳压值分别是 6V 和 8V，正向导通电压为 0.7V。试问：

(1) 若将它们串联相接，则可得到几种稳压值？各为多少？

(2) 若将它们并联相接，则又可得到几种稳压值？各为多少？

解：(1) 串联相接可得 4 种：1.4V、14V、6.7V、8.7V。

(2) 并联相接可得 2 种：0.7V、6V。

【例 7-8】已知图 7-22 所示电路中稳压管的稳定电压 $U_Z = 6V$，最小稳定电流 $I_{Zmin} = 5mA$，最大稳定电流 $I_{Zmax} = 25mA$。

(1) 分别计算 U_i 为 10V、15V、35V 三种情况下输出电压 U_o 的值；

(2) 若 $U_i = 35V$ 时负载开路，则会出现什么现象？为什么？

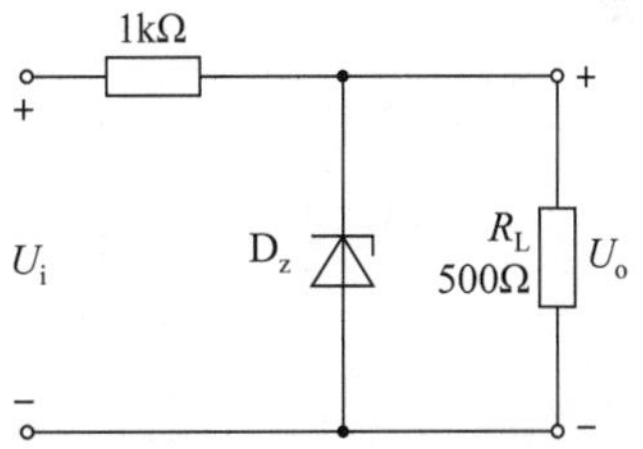

解：(1) 只有当加在稳压管两端的电压大于其稳压值时，输出电压才为 6V。

图 7-22 例 7-8 电路图

$U_i = 10V$ 时，$U_o = \dfrac{R_L}{R + R_L} U_i = 3.3V$；

$U_i = 15V$ 时，$U_o = \dfrac{R_L}{R + R_L} U_i = 5V$；

$U_i = 35V$ 时，$U_o = \dfrac{R_L}{R + R_L} U_i \approx 11.7V > U_Z$。

所以 $U_o = U_Z = 6V$。

(2) 当负载开路时，$I_Z = \dfrac{U_i - U_Z}{R} = 29mA > I_{Zmax} = 25mA$，故稳压管将被烧毁。

【例 7-9】电路如图 7-23 所示，设所有稳压管均为硅管(正向导通电压为 $V_D = 0.7V$)，且稳定电压 $V_Z=8V$，已知 $v_i=15\sin\omega t$ (V)，试画出 v_{o1} 和 v_{o2} 的波形。

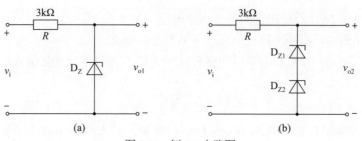

图 7-23　例 7-9 电路图

解：图 7-23(a)所示的电路图中，当 $v_i \geqslant V_Z = 8\text{V}$ 时，稳压管 D_Z 反向击穿，$v_o = 8\text{V}$。

当 $v_i < -V_D = -0.7\text{V}$ 时，稳压管 D_Z 正向导通，$v_o = -0.7\text{V}$。

当 $-0.7\text{V} = -V_D < v_i < +V_Z = 8\text{V}$ 时，稳压管 D_{Z1} 和 D_{Z2} 未击穿，$v_o = v_i$。

图 7-23(a)电路的输出电压的波形图如图 7-24(a)所示。

图 7-23(b)所示电路图中，当 $v_i \geqslant V_Z + V_D = 8.7\text{V}$ 时，稳压管 D_{Z1} 正向导通、D_{Z2} 反向击穿，$v_o = 8\text{V}$。

当 $v_i < -V_Z - V_D = -8.7\text{V}$ 时，稳压管 D_{Z1} 反向击穿、D_{Z2} 正向导通，$v_o = -8\text{V}$。

当 $-8.7\text{V} = -V_Z - V_D < v_i < +V_Z + V_D = 8.7\text{V}$ 时，稳压管 D_{Z1} 和 D_{Z2} 未击穿，$v_o = v_i$。

图7-22(b)电路的输出电压的波形图如图 7-24(b)所示。

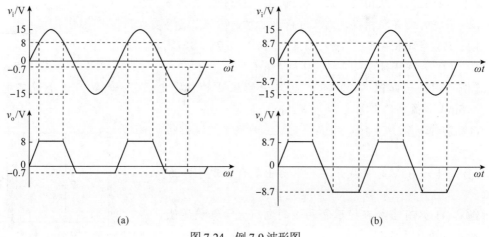

图 7-24　例 7-9 波形图

2. 发光二极管

发光二极管是一种将电能转换成光能的半导体器件。可见发光二极管根据所用材料的不同，可以发出红、绿、黄、蓝、橙等不同颜色的光。此外，有些特殊的发光二极管还可以发出不可见光或激光。发光二极管的伏安特性与普通二极管相似，但正向导通电压稍大，为 1.5～2.5 V。

发光二极管(见图 7-25)常用 LED 表示，常用型号有 2EF31、2EF201 等。一般管脚引线较长者为正极，较短者为负极。如果管帽上有凸起标志，靠近凸起标志的管脚为负极。有的发光二极管有三个管脚，根据管脚电压情况可发出不同颜色的光。

发光二极管常用作显示器件，除单个使用外，也可制成七段式或点阵式显示器。图 7-26 所示为七段式 LED 数码管的外形和电路图。

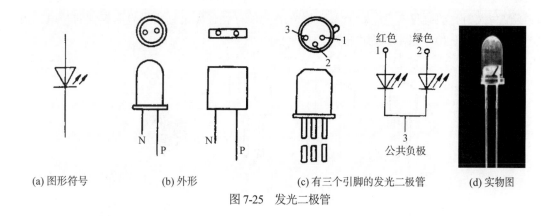

(a) 图形符号　　　　　　　(b) 外形　　　　　　　(c) 有三个引脚的发光二极管　　　　(d) 实物图

图 7-25　发光二极管

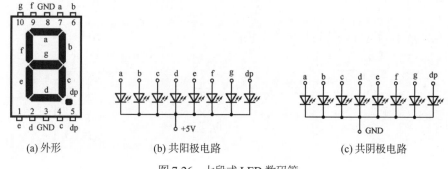

(a) 外形　　　　　　　(b) 共阳极电路　　　　　　　(c) 共阴极电路

图 7-26　七段式 LED 数码管

用 500 型万用表测试发光二极管，应选 $R×10k$ 挡。当测得正向电阻小于 $50kΩ$，反向电阻大于 $200kΩ$ 时均为正常。

如果用 368 型万用表，由于该表 $R×1～R×1k$ 挡都是使用 3V 电池，所以可用这几个挡测量，若二极管发光，显然管子是好的，并且与黑表笔相接的是发光二极管的正极。用数字式万用表测量时，可将发光二极管的两只管脚分别插入 HFE 插座的 C、E 检测孔，若二极管发光，在 NPN 挡插入 C 孔的管脚是正极。若二极管插入后不发光，对调管脚后再插入仍不发光，说明管子已坏。

【例 7-10】图 7-27 所示电路中，发光二极管导通电压 $U_D=1.5V$，正向电流在 5～15mA 时才能正常工作。问：

(1) 开关 S 在什么位置时发光二极管才能发光？

(2) R 的取值是多少？

解：(1) S 闭合。

(2) R 的范围为：
$$R_{min} = (V - U_D) / I_{D max} \approx 233Ω$$
$$R_{max} = (V - U_D) / I_{D min} \approx 700Ω$$

可以计算得到 $R= 233～700Ω$。

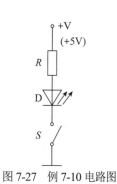

图 7-27　例 7-10 电路图

3. 光电二极管

光电二极管(见图 7-28)又称光敏二极管。它的基本结构也是一个 PN 结，但是它的 PN 结接触面积较大，可以通过管壳上一个窗口接受入射光。光电二极管工作在反偏状态，当无光照时，反向电流很小，称为暗电流；当有光照时，反向电流增大，称为光电流。光电流不仅与入射光的强度有关，而且与入射光的波长有关。如果制成受光面积大的光电二极管，则可作为一种能源，称为光电池。

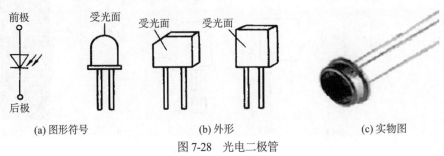

(a) 图形符号　　　　　　　　　(b) 外形　　　　　　　　　(c) 实物图

图 7-28　光电二极管

光电二极管的型号通常有 2CU、2AU、2DU 等系列，光电池的型号有 2CR、2DR 等系列。

图 7-29 所示为远红外线遥控电路示意图。

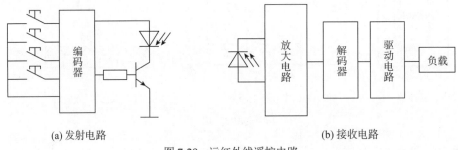

(a) 发射电路　　　　　　　　　　　　　　　　　(b) 接收电路

图 7-29　远红外线遥控电路

当按下发射电路中某一按钮时，编码器电路产生调制的脉冲信号，并由发光二极管转换成光脉冲信号发射出去。接收电路中的光电二极管将光脉冲信号转换为电信号，经放大、解码后，由驱动电路驱动负载做出相应的动作。

检测光电二极管可用万用表的 $R \times 1k$ 挡测量它的反向电阻，要求无光照时电阻要大，有光照时电阻要小。若有、无光照时电阻差别很小，表明光电二极管质量不好。

4. 光耦合器

光耦合器是由发光器件(如发光二极管)和光敏器件(如光电二极管、光电三极管)组合而成的一种器件，如图 7-30 所示。将电信号加到器件的输入端，发光二极管 D_1 发光，光电二极管(或光电三极管)D_2 受到光照后输出光电流。这样，通过电—光—电的转换，就将电信号从输入端传送到输出端。由于输入与输出之间是用光进行耦合，所以具有良好的电隔离性能和抗干扰性能，并可作为光电开关器件，应用相当广泛。

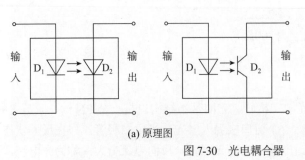

(a) 原理图　　　　　　　　　　　　　　　　(b) 实物图

图 7-30　光电耦合器

5. 变容二极管

变容二极管是利用 PN 结电容效应的一种特殊二极管。当变容二极管加上反向电压时，其结电容会随反向电压的大小而变化。变容二极管的图形符号和它的电容电压关系曲线如图 7-31 所示。

图 7-32 所示是变容二极管的一个应用电路。当调节电位器 R_P 时，加在变容二极管上的电压发生变化，其电容量相应改变，从而使振荡回路的谐振频率也随之改变。

变容二极管的型号有 2AC、2CC、2CE 等系列。

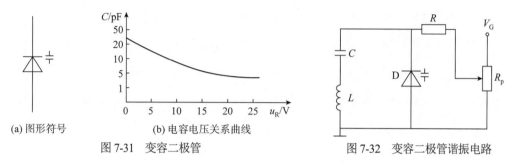

(a) 图形符号　　　　　(b) 电容电压关系曲线

图 7-31　变容二极管　　　　　　　　图 7-32　变容二极管谐振电路

7.3　三极管

三极管的全称应为半导体三极管，又称双极型晶体管、晶体三极管，简称晶体管，是一种控制电流的半导体器件，是半导体基本元器件之一，具有电流放大作用，是电子电路的核心元件。其作用是把微弱信号放大成幅度值较大的电信号，也用作无触点开关。

7.3.1　三极管概述

1. 三极管的结构和符号

在一块极薄的硅或锗基片上经过特殊的加工工艺制作出两个 PN 结构成三层半导体，对应的三层半导体分别为发射区、基区和集电区，从三个区引出的三个电极分别为发射极、基极和集电极，分别用符号 E(e)、B(b) 和 C(c) 表示。发射区与基区之间的 PN 结称为发射结，集电区与基区之间的 PN 结称为集电结。

需要说明的是，虽然发射区和集电区半导体类型一样，但发射区掺杂浓度比集电区高；在几何尺寸上，集电区面积比发射区大，所以它们并不对称，发射极和集电极不可对调。

按照两个 PN 结的组合方式，三极管可分为 NPN 型和 PNP 型两大类，其结构和图形符号如图 7-33 所示。三极管用 V 表示，图形符号中，箭头方向表示发射结正向偏置时发射极电流的方向。发射极箭头朝外的是 NPN 型三极管，发射极箭头朝里的是 PNP 型三极管。

三极管的功率大小不同，它们的体积和封装形式也不一样。常见的国产三极管外形如图 7-34 所示。

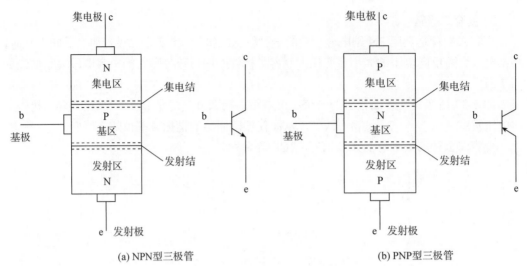

(a) NPN型三极管　　　　　　　　　　(b) PNP型三极管

图 7-33　三极管的结构示意图和图形符号

(a) 塑封小功率三极管

(b) 金属封装小功率三极管

(c) 塑封中功率三极管

(d) 金属封装大功率三极管

图 7-34　常见国产三极管的外形

2. 三极管的分类

三极管按不同的分类方法可分为多种，如表 7-2 所示。

表 7-2　三极管的分类

分类方法	种　　类	应　　用
按极性分	NPN 型三极管	目前常用的三极管，电流从集电极流向发射极
	PNP 型三极管	电流从发射极流向集电极
按材料分	硅三极管	热稳定性好，是常用的三极管
	锗三极管	反向电流大，受温度影响较大，热稳定性差
按工作频率分	低频三极管	工作频率比较低，用于直流放大、音频放大电路
	高频三极管	工作频率比较高，用于高频放大电路

(续表)

分类方法	种　类	应　用
按功率分	小功率三极管	输出功率较小，用于功率放大器前级放大电路
	大功率三极管	输出功率较大，用于功率放大器前级放大电路(输出级)
按用途分	放大管	应用在模拟电路中
	开关管	应用在数字电路中

3. 三极管的型号

三极管的型号如表 7-3 所示。

表 7-3　三极管的型号

第一部分(数字)		第二部分(拼音)		第三部分(拼音)		第四部分(数字)	第五部分(拼音)
电极数		材料和极性		类型			
符号	意义	符号	意义	符号	意义		
3	三极管	A	PNP 型锗材料	X	低频小功率管	序号	规格号
		B	NPN 型锗材料	G	高频小功率管		
		C	PNP 型硅材料	D	低频大功率管		
		D	NPN 型硅材料	A	高频大功率管		
				K	开关管		

7.3.2　三极管的电流放大作用

1. 三极管的发挥放大作用的条件

(1) 三极管的内部结构要求：发射区高掺杂；基区做得很薄，通常只有几微米到几十微米，而且掺杂较少；集电结面积大。

(2) 三极管实现放大作用的外部条件：三极管要实现放大作用，必须满足一定的外部条件，即发射结加正向电压，集电结加反向电压。由于 NPN 型和 PNP 型三极管极性不同，所以外加电压的极性也不同，如图 7-35 所示。

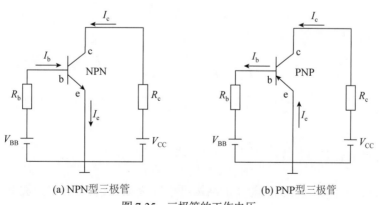

(a) NPN型三极管　　　　(b) PNP型三极管

图 7-35　三极管的工作电压

对于 NPN 型三极管，c、b、e 三个电极的电位必须符合 $U_c > U_b > U_e$；对于 PNP 型三极管，电源的极性与 NPN 型相反，应符合 $U_e > U_b > U_c$。

2. 晶体管内部载流子的传输过程

(1) 发射结加正向电压，扩散运动形成发射极电流。如图 7-36 所示，发射区的电子越过发射结扩散到基区，基区的空穴扩散到发射区，形成发射极电流 I_{EN}(基区多子数目较少，空穴电流可忽略)。

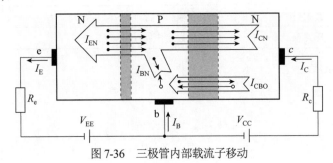

图 7-36　三极管内部载流子移动

(2) 扩散到基区的自由电子与空穴的复合运动形成基极电流。如图 7-36 所示，由发射区注入基区的电子载流子，其浓度从发射结边缘到集电结边缘是逐渐递减的，即形成了一定的浓度梯度，因而，电子便不断地向集电结方向扩散。由于基区宽度制作得很小，且掺杂浓度也很低，从而极大地减小了复合的机会，使注入基区的电子绝大部分都能到达集电结。因此，基区中是以扩散电流为主的，且扩散与复合的比例决定了三极管的电流放大能力。电子到达基区，少数与空穴复合形成基极电流 I_{BN}，复合掉的空穴由 V_{EE} 补充。

(3) 集电结加反向电压，漂移运动形成集电极电流 I_c。如图 7-36 所示，集电结反偏，有利于收集基区扩散过来的电子而形成集电极电流 I_{CN}，其能量来自外接电源 V_{CC}。

(4) 集电区和基区的少子在外电场的作用下将进行漂移运动而形成反向饱和电流，用 I_{CBO} 表示。反向饱和电流 I_{CBO} 对放大作用无贡献，但它是温度的函数，是管子工作不稳定的主要因素，制造时，总是尽量设法减小它。

晶体管各极电流：

$$I_B = I_{BN} - I_{CBO} \approx I_{BN}$$

$$I_C = I_{CN} + I_{CBO} \approx I_{CN}$$

$$I_E = I_{EN} = I_{CN} + I_{BN}$$

3. 晶体管的电流分配与放大关系

(1) 发射极电流放大系数 $\overline{\beta} = \dfrac{I_{CN}}{I_{BN}} = \dfrac{I_C - I_{CBO}}{I_B + I_{CBO}} \approx \dfrac{I_C}{I_B}$，所以 $I_C = \overline{\beta} I_C$，$\overline{\beta}$ 是电流放大系数，体现了 I_B 对 I_C 的控制。它也只与管子的结构尺寸和掺杂浓度有关，与外加电压无关。一般 $\overline{\beta} \gg 1$。

(2) 共基极电流放大系数 $\overline{\alpha} = \dfrac{I_{CN}}{I_{EN}} = \dfrac{I_C - I_{CBO}}{I_E} \approx \dfrac{I_C}{I_E}$，所以 $I_C = \overline{\alpha} I_E$，$\overline{\alpha}$ 是电流放大系数，体现了 I_E 对 I_C 的控制。它也只与管子的结构尺寸和掺杂浓度有关，与外加电压无关。一般 $\overline{\alpha} = 0.9 - 0.99$。

(3) $I_E = I_C + I_B = (1 + \overline{\beta}) I_B$，该式表明，发射极电流 I_E 按一定比例分配为集电极电流 I_C 和基极电流 I_B 两个部分，因而晶体三极管实质上是一个电流分配器件。对于不同的晶体管，尽管 I_C 与 I_B 的比例是不同的，但上式总是成立的，所以它是三极管各极电流之间的基本关系式。

　　综上所述，三极管的放大作用主要是依靠它的发射极电流通过基区传输，然后到达集电极而实现的。实现这一传输过程的两个条件：①内部条件，发射区杂质浓度远大于基区杂质浓度，且基区很薄；②外部条件，发射结正向偏置，集电结反向偏置。

4. 三极管的电流放大作用的实验

　　以 NPN 型三极管为例，实验电路如图 7-37 所示。电路接通后，三极管各电极都有电流通过，即流入基极的电流 I_B、流入集电极的电流 I_C 和流出发射极的电流 I_E。

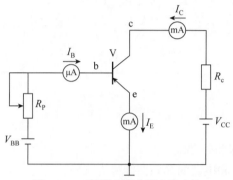

图 7-37　三极管电流分配实验电路

　　通过调节电位器 R_P 的阻值，调节基极的偏压，可调节基极电流 I_B 的大小。每取一个 I_B 值，从毫安表可读取集电极电流 I_C 和发射电流 I_E 的相应值，实验数据见表 7-4。

表 7-4　三极管的电流放大作用实验数据　　　　　　　　　　单位：mA

电　　流	1	2	3	4	5	6
I_B	0	0.01	0.02	0.03	0.04	0.05
I_C	0.01	0.056	1.14	1.74	2.33	2.91
I_E	0.01	0.057	1.16	1.77	2.37	2.96

　　通过实验数据分析，三极管三个电极电流具有如表 7-5 所示的关系。

表 7-5　　三极管三个电极电流的关系

电流关系		说　　明
集电极与基极电流关系	$I_C=\beta I_B$	集电极电流比基极电流大 β 倍，三极管的电流放大系数 β 一般大于几十，由此说明只要用很小的基极电流，就可以控制较大的集电极电流
三个电极电流之间的关系	$I_E=I_B+I_C=(1+\beta)I_B$	三个电流中，I_E 最大，I_C 其次，I_B 最小。I_E 和 I_C 相差不大，它们远比 I_B 大得多

　　综合以上情况，可得如下结论：

　　(1) 三极管电流放大作用的条件是发射结加正向电压，集电结加反向电压。

　　(2) 三极管电流放大的实质是用较小的基极电流控制较大的集电极电流。

7.3.3 三极管的共发射极特性曲线

1. 晶体管放大信号时的三种连接方式

晶体管放大信号时有三种连接方式，如图 7-38 所示。

(1) 共基极接法，基极作为公共电极，如图 7-38(a)所示。

(2) 共发射极接法，发射极作为公共电极，如图 7-38(b)所示。

(3) 共集电极接法，集电极作为公共电极，如图 7-38(c)所示。

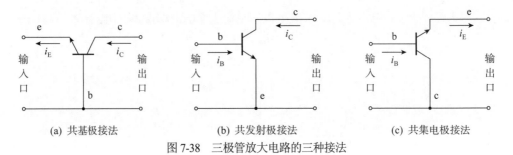

(a) 共基极接法　　　　　(b) 共发射极接法　　　　　(c) 共集电极接法

图 7-38　三极管放大电路的三种接法

2. 三极管的共发射极特性曲线

三极管外部各极电压和电流的关系曲线称为三极管的特性曲线，又称伏安特性曲线。三极管的特性曲线主要有输入特性曲线和输出特性曲线两种，不仅能反映三极管的质量与特性，还能用来定量地估算三极管的某些参数，是分析和设计三极管电路的重要依据。三极管的不同连接方式有着不同的特性曲线。应用最广泛的是共发射极电路，共发射极特性曲线可以用描点法绘出，也可以由晶体管特性图示仪直接显示出来。

(1) 输入特性。三极管的输入特性是指在 U_{CE} 一定的条件下，加在三极管基极与发射极之间的电压 U_{BE} 和它产生的基极电流 I_B 之间的关系的曲线。图 7-39 所示为三极管特性曲线测试电路。

由图 7-40 所示三极管的输入特性曲线可以看出该曲线有下面几个特点。

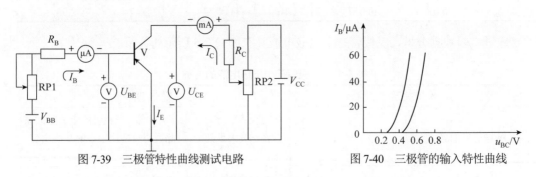

图 7-39　三极管特性曲线测试电路　　　　图 7-40　三极管的输入特性曲线

① $U_{BE} = 0$ 的一条曲线与二极管的正向特性相似。这是因为 $U_{CE} = 0$ 时，集电极与发射极短路，相当于两个二极管并联，这样 I_B 与 U_{CE} 的关系就成了两个并联二极管的伏安特性。

② U_{CE} 由零开始逐渐增大时输入特性曲线右移，而且当 U_{CE} 的数值增至较大时(如 $U_{CE} >$ 1V)，各曲线几乎重合。这是因为 U_{CE} 由零逐渐增大时，使集电结宽度逐渐增大，基区宽度相应地减小，使存储于基区的注入载流子的数量减小，复合减小，因而 I_B 减小。如保持

I_B 为定值，就必须加大 U_{BE}，故使曲线右移。当 U_{CE} 较大时(如 $U_{CE}>1V$)，集电结所加反向电压，已足能把注入基区的非平衡载流子绝大部分都拉向集电极去，以致 U_{CE} 再增加，I_B 也不再明显地减小，这样，就形成了各曲线几乎重合的现象。

③ 和二极管一样，三极管有死区电压，通常硅管为 $0.6\sim0.8V$，锗管为 $0.2\sim0.3V$。

(2) 输出特性。输出特性是指在 I_B 一定的条件下，集电极与发射极之间的电压 u_{CE} 与集电极电流 i_C 之间的关系曲线，如图 7-41 所示。

每条曲线可分为线性上升、弯曲、平坦三部分，如图 7-41(a)所示。对应不同 I_B 值可得不同的曲线，从而形成曲线簇。各条曲线上升部分很陡，几乎重合，平直部分则按 I_B 值由小到大从下往上排列，I_B 的取值间隔均匀，相应的特性曲线在平坦部分也均匀，且与横轴平行，如图 7-41(b)所示。

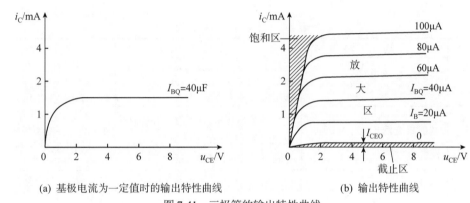

(a) 基极电流为一定值时的输出特性曲线　　　　(b) 输出特性曲线

图 7-41　三极管的输出特性曲线

输出特性曲线的三个区域如下。

① 截止区：I_C 接近零的区域，相当 $I_B=0$ 的曲线的下方。此时，U_{BE} 小于死区电压。

② 饱和区：I_C 明显受 U_{CE} 控制的区域，该区域内，一般 $U_{CE}<0.7V$(硅管)。此时，发射结正偏，集电结正偏或反偏电压很小。在此区域内，U_{CE} 较小时，I_C 虽然增加，但 I_B 失去了对 I_C 的控制能力，这称为三极管的饱和。饱和时，三极管的发射结和集电结都处于正向偏置状态。三极管集电极与发射极间的电压称为集–射饱和压降，用 U_{CES} 表示。

③ 放大区：I_C 平行于 U_{CE} 轴的区域，曲线基本平行且等距。此时，发射结正偏，集电结反偏。在此区域内，特性曲线近似于一簇平行等距的水平线，I_C 的变化量与 I_B 的变量基本保持线性关系，即 $\Delta I_C=\beta\Delta I_B$，且 $\Delta I_C\gg\Delta I_B$，就是说，三极管具有电流放大作用。此时集电极电压对集电极电流的控制作用也很弱，当 $U_{CE}>1V$ 后，即使再增加 U_{CE}，I_C 几乎不再增加，此时，若 I_B 不变，则三极管可以看成一个恒流源。

三极管的输出特性曲线分为三个区域，不同的区域对应三极管的三种不同工作状态，如表 7-6 所示。在模拟电子电路中，三极管一般工作于放大状态，作为放大管使用；在数字电子电路中，三极管常作为开关管使用，工作于饱和和截止状态。

表 7-6　输出特性曲线的三个区域

工作状态	NPN 型三级管	PNP 型三级管	特　点
截止状态	发射结、集电结均反偏，$V_B<V_E$、$V_B<V_C$	发射结、集电结均反偏，$V_B>V_E$、$V_B>V_C$	$I_C\approx0$

（续表）

工作状态	NPN 型三级管	PNP 型三级管	特　　点
放大状态	发射结正偏、集电结反偏，$V_C > V_B > V_E$	发射结正偏、集电结反偏，$V_C < V_B < V_E$	$I_C \approx \beta I_B$
饱和状态	发射结、集电结均正偏，$V_B > V_E$、$V_B > V_C$	发射结、集电结均正偏，$V_B < V_E$、$V_B < V_C$	$V_{CE} = V_{CES}$

7.3.4　三极管的主要参数

三极管的参数反映了三极管的性能和安全使用范围，是正确使用和合理选择三极管的依据。表 7-7 介绍了三极管的几个主要参数。

表 7-7　三极管的主要参数

类　　型	参　　数	符　号	说　　明	选　　管
电流放大系数	共射极直流电流放大系数	h_{FE}	三极管集电极电流与基极电流的比值，即 $h_{FE}=I_C/I_B$，反映三极管的直流放大能力	同一只三极管,在相同的工作条件下 $h_{FE} \approx \beta$，应用中不再区分，均用 β 来表示。β 太小，放大作用差；β 太大，性能不稳定，通常选用 β 在 30~100 范围内的三极管
	共射极交流电流放大系数	β	三极管集电极电流的变化量与基极电流的变化量之比，即 $\beta=\Delta I_C/\Delta I_B$，反映三极管的交流放大能力	
极间反向电流	集电极-基极间的反向电流	I_{CBO}	发射极开路时，集电极与基极间的反向电流	I_{CBO} 越小，集电结的单向导电性越好
	集电极-发射极间反向饱和电流	I_{CEO}	基极开路时（$I_B=0$），集电极与发射极间的反向电流，又称穿透电流	$I_{CEO}=(1+\beta)I_{CBO}$,反映了三极管的稳定性。选择三极管时，应选反向饱和电流小的三极管
极限参数	集电极最大允许电流	I_{CM}	集电极电流过大时，三极管的 β 值要降低，一般规定 β 值下降到正常值的 2/3 时的集电极电流为集电极最大允许电流	选用时，应满足 $I_{CM} \geq I_C$，否则三极管易损坏
	集电极-发射极间的反向击穿电压	$U_{(BR)CEO}$	基极开路时，加在集电极与发射极间的最大允许电压	选用时，应满足 $U_{(BR)CEO} \geq U_{CE}$，否则易造成管子击穿
	集电极最大允许耗散功率	P_{CM}	集电极消耗功率的最大限额。根据三极管的最高温度和散热条件来规定最大允许耗散功率 P_{CM}，要求 $P_{CM} \geq I_C U_{CE}$。P_{CM} 的大小与环境温度有密切关系，温度升高，则 P_{CM} 减小。对于大功率管，常在管子上加散热器或散热片，从而提高 P_{CM}	选用时，应满足 $P_{CM} \geq I_C U_{CE}$，否则管子会因过热而损坏

例如低频小功率三极管 3CX200B，其 β 为 55~400，$I_{CM}=300\text{mA}$，$U_{(BR)CEO}=18\text{V}$，$P_{CM}=300\text{mW}$。

根据三个极限参数 I_{CM}、$U_{(BR)CEO}$、P_{CM} 可以从输出特性曲线上确定三极管的安全工作区，如图 7-42 所示。三极管工作时必须保证工作在安全区内，并留有一定余量。

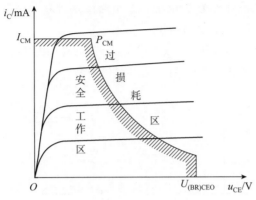

图 7-42 三极管集电极最大损耗曲线

【例 7-11】已知三极管接在相应的电路中，测得三极管各电极的电位如图 7-43 所示，试判断这些三极管的工作状态。

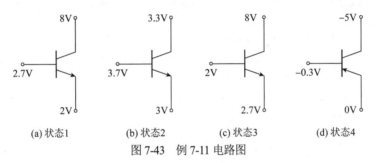

(a) 状态1 (b) 状态2 (c) 状态3 (d) 状态4

图 7-43 例 7-11 电路图

解：图 7-43(a)中，因 $U_B > U_E$，发射结正偏，$U_C > U_B$，集电结反偏，所以三极管工作在放大状态。

图 7-43(b)中，因 $U_B > U_E$，发射结正偏，$U_C < U_B$，集电结正偏，所以三极管工作在饱和状态。

图 7-43(c)中，因 $U_B < U_E$，发射结反偏，$U_C > U_B$，集电结正偏，所以三极管工作在截止状态。

图 7-43(d)中，三极管为 PNP 型三极管，$U_B < U_E$，发射结正偏，$U_C < U_B$，集电结反偏，所以三极管工作在放大状态。

【例 7-12】若有一个三极管工作在放大状态，测得各电极对地电位分别为 $U_1 = 2.7V$，$U_2 = 4V$，$U_3 = 2V$。试判断三极管的管型、材料及三个管脚对应的电极。

解：根据放大条件分析，三个管脚中，U_1 介于 U_2 和 U_3 之间，所以第一步可判断管脚 1 为基极。第二步判断材料，U_1 与 U_2 之差既不等于 0.7V，也不等于 0.3V，而 U_1 与 U_3 之差等于 0.7V，所以该三极管为硅管，并可知管脚 3 为发射极，管脚 2 为集电极。又因 $U_2 > U_1 > U_3$，所以该三极管为 NPN 型三极管。

【例 7-13】在某放大电路中，晶体管三个电极的电流如图 7-44 所示，已测出 $I_1 = -1.2mA$，$I_2 = -0.03mA$，$I_3 = 1.23mA$，试判断 e、b、c 三个电极，该晶体管的类型(是 NPN 型还是 PNP 型)，以及该

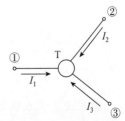

图 7-44 例 7-13 电路图

晶体管的电流放大系数 $\bar{\beta}$ 。

解： 图 7-44 所示的晶体管为 PNP 管，三个电极分别为①c 极、②b 极、③e 极，晶体管的直流电流放大倍数为 $\bar{\beta}$ =1.2/0.03=40。

【例 7-14】 硅三极管的 $\beta = 50$，I_{CBO} 可以忽略，若电路如图 7-45(a)所示，要求 $I_C = 2\text{mA}$，问 R_E 应为多大？现改接为图 7-45(b)所示电路，仍要求 $I_C = 2\text{mA}$，问 R_B 应为多大？

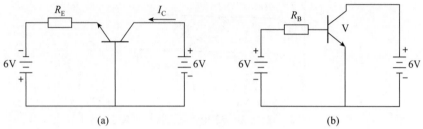

图 7-45　例 7-14 电路图

解： 图 7-45(a)中：$I_B = \dfrac{I_C}{\beta} = \dfrac{2\text{mA}}{50} = 40\mu A$

$$I_E = (1 + \beta)I_B = 2.04\text{mA}$$

$$I_E = \frac{6 - V_{BE}}{R_E}$$

$$R_E = \frac{6 - V_{BE}}{I_E} = \frac{6 - 0.7}{2.04} = 2.6\text{k}\Omega$$

图 7-45(b)中：$I_B = \dfrac{I_C}{\beta} = \dfrac{2\text{mA}}{50} = 40\mu A$

$$R_B = \frac{V_{CC} - V_{BE}}{I_B} = \frac{6 - 0.7}{0.04} = 132\text{k}\Omega$$

【例 7-15】 共发射极电路如图 7-46 所示，二极管 $\beta = 50$，$I_{CBO} = 4\mu A$，导通时 $V_{BE} = -0.2\text{V}$，问当开关分别接在 A、B、C 三处时，二极管处于何种工作状态？集电极电流 I_C 为多少？设二极管 D 具有理想特性。

解： 图 7-46 所示电路中，当开关置于 A 位置时，I_B=(2-0.2)/10=0.18 mA，I_{CBO}=12/(1×50) =0.24 mA，故工作在放大区，I_C=I_B×50=9 mA。

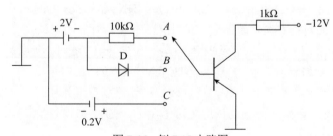

图 7-46　例 7-15 电路图

当开关置于 B 位置时，晶体管工作在截止区，I_C=0。
当开关置于 C 位置时，晶体管工作在饱和区。

7.4　场效应管

场效应晶体管(field effect transistor，FET)简称场效应管，主要有两种类型：结型场效应管(junction field effect transistor，JFET)和金属-氧化物半导体场效应管(metal-oxide semiconductor field effect transistor，MOSFET)，每一类又有 N 沟道和 P 沟道两种类型。场效应管由多数载流子参与导电，也称为单极型晶体管。它属于电压控制半导体器件，具有输入电阻高、噪声小、功耗低、动态范围大、易于集成等优点。

场效应管是一种利用电场效应来控制其电流大小的半导体器件。

7.4.1　绝缘栅场效应管

1. 结构和符号

绝缘栅场效应管是由金属(metal)、氧化物(oxide)和半导体(semiconductor)材料构成的，因此又叫 MOS 管。

绝缘栅场效应管分为增强型和耗尽型两种，每一种又包括 N 沟道和 P 沟道两种类型。

耗尽型：UGS=0，时漏、源极之间已经存在原始导电沟道。

增强型：UGS=0，时漏、源极之间才能形成导电沟道。

无论是 N 沟道 MOS 管还是 P 沟道 MOS 管，都只有一种载流子导电，均为单极型电压控制器件。

以 N 沟道绝缘栅场效应管为例，其结构和图形符号如图 7-47 所示。

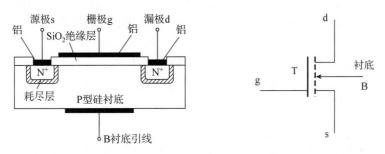

(a) N沟道增强型MOS管结构　　　　　　　(b) N沟道增强型MOS管符号

图 7-47　N 沟道 MOS 管

N 沟道绝缘栅场效应管是以一块掺杂浓度较低的 P 型硅片作为衬底，在上面制作出两个高浓度 N 型区(图中 N^+ 区)，各引出两个电极：源极 s 和漏极 d。在硅片表面制作一层 SiO_2 绝缘层，绝缘层上再制作一层金属膜作为栅极 g。由于栅极与其他电极及硅片之间是绝缘的，所以称绝缘栅场效应管。

场效应管的 s、g、d 极对应晶体三极管的 e、b、c 极。B 表示衬底(有时也用 U 表示)，一般与源极 s 相连。衬底箭头向内表示为 N 沟道，反之为 P 沟道。d 极和 s 极之间为三段断续线表示增强型，为连续线表示耗尽型。

2. N 沟道增强型 MOS 管的工作原理

(1) 夹断区工作条件。$U_{GS}=0$ 时，漏极与源极之间是两个 PN 结反向串联，没有导电沟道，无论漏极与源极之间加什么极性的电压，漏极电流均接近零；当 $0<U_{GS}<U_{GS(th)}$ 时，

由栅极指向衬底方向的电场使空穴向下移动，电子向上移动，在 P 型硅衬底的上表面形成耗尽层，仍然没有漏极电流，如图 7-48(a)所示。

(2) 可变电阻区工作条件。当 $U_{GS}>U_{GS(th)}$ 时，栅极下 P 型半导体表面形成 N 型导电沟道(反型层)，若漏极与源极之间加上正向电压后可产生漏极电流 I_D。若 $U_{DS}<U_{GS}-U_{GS(th)}$，则沟道没夹断，对应不同的 U_{GS}，漏极与源极之间等效成不同阻值的电阻，此时，FET 相当于压控电阻，如图 7-48(b)所示。

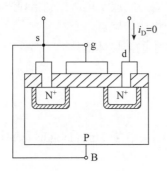 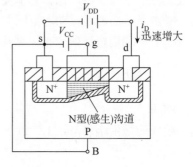

(a) $U_{GS}=0$时导电沟道未形成　　　　(b) $U_{GS}>U_{GS(th)}$时导电沟道形

图 7-48　N 沟道增强型 MOS 管工作原理

(3) 恒流区(或饱和区)工作条件。当 $U_{DS}=U_{GS}-U_{GS(th)}$ 时，沟道预夹断；若 $U_{DS}>U_{GS}-U_{GS(th)}$，则沟道已夹断，i_D 仅仅取决于 U_{GS}，而与 U_{DS} 无关。此时，I_D 近似看成 U_{GS} 控制的电流源，FET 相当于压控流源。

可见，对于 N 沟道增强型 MOS 管，栅源电压 U_{GS} 对导电沟道有控制作用，即当 $U_{GS}>U_{GS(th)}$时，才能形成导电沟道将漏极和源极沟通。如果此时加上漏源电压，就可以形成漏极电流 I_D。

当场效应管工作在恒流区时，利用栅-源之间外加电压 U_{GS} 所产生的电场来改变导电沟道的宽窄，从而控制多子漂移运动所产生的漏极电流 I_D。此时，可将 I_D 看成电压 U_{GS} 控制的电流源。

3. N 沟道增强型 MOS 管的特性曲线

(1) 转移特性曲线，是指漏源电压 U_{DS} 为定值时，漏极电流 i_D 与栅源电压 U_{GS} 的关系曲线，如图 7-49(a)所示。

当 $u_{GS}<U_T$ 时，$i_D=0$；当 $u_{GS}>U_T$ 时，i_D 随 U_{GS} 的增大而增大。在较小的范围内，可以认为 U_{GS} 和 i_D 成线性关系，通过 U_{GS} 大小的变化，即电场的变化，可以控制 i_D 的变化。

(2) 输出特性曲线，是指栅源电压 U_{GS} 为定值时，漏极电流 i_D 与漏源电压 U_{DS} 的关系曲线，如图 7-49(b)所示。按场效应管的工作特性可将输出特性分为三个区域。

① 可变电阻区。U_{DS} 相对较小，i_D 随 U_{DS} 增大而增大，U_{GS} 增大，曲线变陡，说明输出电阻随 U_{GS} 的变化而变化，故称为可变电阻区。

② 放大区或饱和区，又称恒流区。漏极电流基本不随 U_{DS} 的变化而变化，只随 U_{GS} 的增大而增大，体现了 u_{GS} 对 i_D 的控制作用。

③ 击穿区。当 u_{DS} 增大到一定值时，场效应管内 PN 结被击穿，i_D 突然增大，如果没有限流措施，管子将损坏。

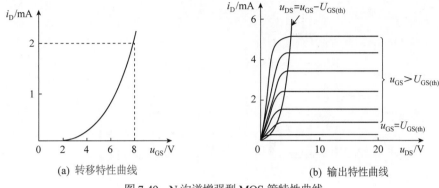

图 7-49　N 沟道增强型 MOS 管特性曲线

4. P 沟道增强型 MOS 管

如果在制作 MOS 管时采用 N 型硅作为衬底，漏源极为 P 型，则导电沟道为 P 型。正常工作时，U_{DS} 和 U_{GS} 都必须为负值。

5. 耗尽型 MOS 管

耗尽型 MOS 管在结构上与增强型 MOS 管相似，其不同点仅在于衬底靠近栅极附近存在原导电沟道，因此，只要加上 U_{DS} 电压，即使 $U_{GS}=0$，管子也能导通，形成 I_D。

6. 主要参数

(1) 开启电压 U_T，指当 U_{DS} 为定值时，使增强型场效应管开始导通时的 U_{GS} 值。N 沟道管的 U_T 为正值，P 沟道管的 U_T 为负值。

(2) 夹断电压 U_p，指当 U_{DS} 为定值时，使耗尽型场效应管 i_D 减小到近似为零时的 u_{GS} 值。N 沟道管的 U_p 为负值，P 沟道管的 U_p 为正值。

(3) 饱和漏极电流 I_{DSS}，指当 $u_{GS}=0$，且 $u_{DS}>U_p$ 时，耗尽型场效应管所对应的漏极电流。

(4) 跨导 g_m，指当 U_{DS} 为定值时，i_D 的变化量与 u_{GS} 的变化量之比。

$$g_m = \frac{\Delta I_D}{\Delta U_{GS}}$$

g_m 值反映了栅源电压 U_{GS} 对漏极电流 i_D 的控制能力。g_m 的单位是 S(西门子)或 mS。

(5) 漏极击穿电压 $U_{(BR)DS}$，即当 i_D 急剧上升时的 U_{DS} 值，它是漏源极间所允许加的最大电压。

7.4.2　结型场效应管

结型场效应管分为 N 沟道结型管和 P 沟道结型管，它们都具有 3 个电极：栅极、源极和漏极，分别与三极管的基极、发射极和集电极相对应。

1. 结型场效应管的结构与符号

P 沟道结型场效应管的结构和符号如图 7-50 所示，结型场效应管符号中的箭头，表示由 P 区指向 N 区。

N 沟道结型场效应管的构成与 P 沟道类似，只是所用杂质半导体的类型要反过来。

2. 结型场效应管的工作原理

以 N 沟道结型场效应管为例。

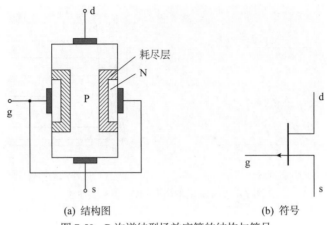

(a) 结构图　　　　　　　　　　　　(b) 符号

图 7-50　P 沟道结型场效应管的结构与符号

(1) 当栅源电压 U_{GS}=0 时，两个 PN 结的耗尽层比较窄，中间的 N 型导电沟道比较宽，沟道电阻小。

(2) 当 U_{GS}<0 时，两个 PN 结反向偏置，PN 结的耗尽层变宽，中间的 N 型导电沟道相应变窄，沟道导通电阻增大。

(3) 当 U_P<U_{GS}≤0 且 U_{DS}>0 时，可产生漏极电流 I_D。I_D 的大小将随栅源电压 U_{GS} 的变化而变化，从而实现电压对漏极电流的控制作用。

U_{DS} 的存在使得漏极附近的电位高，而源极附近的电位低，即沿 N 型导电沟道从漏极到源极形成一定的电位梯度，这样靠近漏极的 PN 结所加的反向偏置电压大，耗尽层宽；靠近源极的 PN 结反偏电压小，耗尽层窄，导电沟道成为一个楔形。

注意，为实现场效应管栅源电压对漏极电流的控制作用，结型场效应管在工作时，栅极和源极之间的 PN 结必须反向偏置。

3. 结型场效应管的特性曲线

(1) 转移特性曲线。在场效应管的 U_{DS} 一定时，I_D 与 U_{GS} 之间的关系曲线称为场效应管的转移特性曲线，如图 7-51 所示。它反映了场效应管栅源电压对漏极电流的控制作用。

当 U_{GS}=0 时，导电沟道电阻最小，I_D 最大，称此电流为场效应管的饱和漏极电流 I_{DSS}。

当 U_{GS}=U_P 时，导电沟道被完全夹断，沟道电阻最大，此时 I_D=0，称 U_P 为夹断电压。

(2) 输出特性曲线，如图 7-52 所示，也可分为可变电阻区、放大区和击穿区。

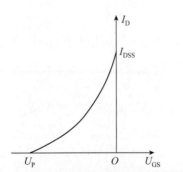

图 7-51　N 沟道结型场效应管的转移特性曲线

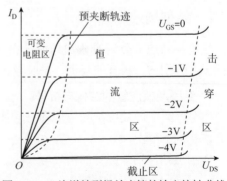

图 7-52　N 沟道结型场效应管的输出特性曲线

7.4.3　使用场效应管的注意事项

(1) 选用场效应管时，不能超过其极限参数。

(2) 结型场效应管的源极和漏极可以互换。

(3) MOS 管有 3 个引脚时，表明衬底已经与源极连在一起，漏极和源极不能互换；有 4 个引脚时，源极和漏极可以互换。

(4) MOS 管的输入电阻高，容易造成因感应电荷泄放不掉而使栅极击穿永久失效。因此，在存放 MOS 管时，要将 3 个电极引线短接；焊接时，电烙铁的外壳要良好接地，并按漏极、源极、栅极的顺序进行焊接，而拆卸时则按相反顺序进行；测试时，测量仪器和电路本身都要良好接地，要先接好电路再去除电极之间的短接。测试结束后，要先短接电极再撤除仪器。

(5) 电源没有关时，绝对不能把场效应管直接插入电路板中或从电路板中拔出来。

(6) 相同沟道的结型场效应管和耗尽型 MOS 管，在相同电路中可以通用。

7.4.4　场效应管与晶体管的比较

(1) 场效应管是另一种半导体器件，在场效应管中只是多子参与导电，故称为单极型三极管；而普通三极管参与导电的既有多数载流子，也有少数载流子，故称为双极型三极管。由于少数载流子的浓度易受温度影响，因此，在温度稳定性、低噪声等方面，场效应管优于晶体管。

(2) 晶体管是电流控制器件，通过控制基极电流达到控制输出电流的目的。因此，基极总有一定的电流，故晶体管的输入电阻较低；场效应管是电压控制器件，其输出电流取决于栅源间的电压，栅极几乎不取用电流，因此，场效应管的输入电阻很高，可以达到 $10^9 \sim 10^{14} \Omega$。高输入电阻是场效应管的突出优点。

(3) 场效应管的漏极和源极可以互换使用，耗尽型 MOS 管的栅极电压可正可负，因而 FET 放大电路的构成比晶体管放大电路灵活。

(4) 场效应管和晶体管都可以用于放大或作为可控开关。场效应管还可以作为压控电阻使用，可以在微电流、低电压条件下工作，且便于集成，在大规模和超大规模集成电路中应用极为广泛。

【例 7-16】图 7-53 所示曲线为某场效应管的输出特性曲线，试问：

(1) 它是哪一种类型的场效应管？

(2) 它的夹断电压 U_p(或开启电压 U_T)大约是多少？

(3) 它的 I_{DSS} 大约是多少？

解：(1) 图 7-53 所示的特性曲线是 P 沟道耗尽型场效应管的输出特性曲线。

(2) $U_p = 3V$。

(3) $I_{DSS} = -6.8mA$。

$U_{GS} = 0$ 时，输出特性从可变电阻区转折为饱和区时的对应电流。

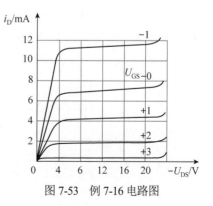

图 7-53　例 7-16 电路图

【例 7-17】已知场效应管的输出特性曲线如图 7-54(a)所示，画出恒流区 $U_{DS}=8V$ 的转移特性曲线。

解： 根据图 7-54(a)所示场效应管的输出特性曲线，可得该场效应管的转移特性曲线，如图 7-54(b)所示。

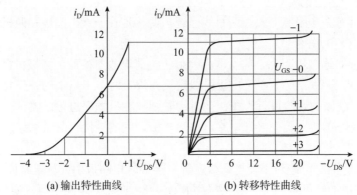

(a) 输出特性曲线　　　　　　　(b) 转移特性曲线

图 7-54　例 7-17 电路图

【例 7-18】 分别判断图 7-55 所示各电路中的场效应管是否有可能工作在放大区。

解： 图 7-55 所示的各个电路中，图(a)所示电路可能工作在放大区；图(b)所示电路不可能工作在放大区；图(c)所示电路不可能工作在放大区；图(d)所示电路可能工作在放大区。

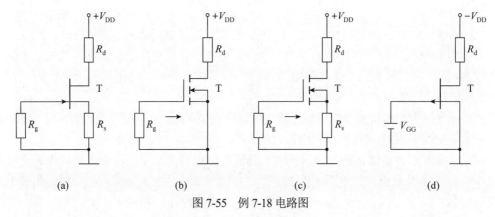

(a)　　　　　　(b)　　　　　　(c)　　　　　　(d)

图 7-55　例 7-18 电路图

【例 7-19】 试分析图 7-56 所示的各电路是否能够放大正弦交流信号，简述理由。设图中所有电容对交流信号均可视为短路。

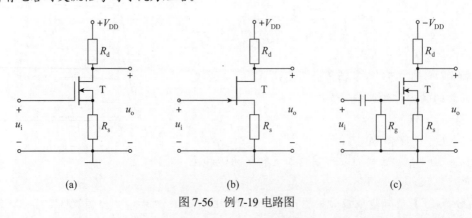

(a)　　　　　　　　(b)　　　　　　　　(c)

图 7-56　例 7-19 电路图

　　解：图 7-56 所示的各个电路中，图(a)所示电路，可能放大交流信号。因为 $U_{GS}=0$ 时，耗尽型 N 沟道 MOS 管工作在恒流放大区。

　　图(b)所示的电路能放大交流信号，结型场效应管的静态工作点可以通过 R_S 上流过的电流产生自生偏压建立，因为栅极与源极之间的电压将小于零。

　　图(c)所示的电路不能放大交流信号，因为增强型场效应管不能产生自生偏压，这样 MOS 管处于截止状态。

习题 7

　　1. N 型半导体是在本征半导体中掺入极微量的(　　)价元素组成的。这种半导体内的多数载流子为(　　)，少数载流子为(　　)，不能移动的杂质离子带(　　)电。P 型半导体是在本征半导体中掺入极微量的(　　)价元素组成的。这种半导体内的多数载流子为(　　)，少数载流子为(　　)，不能移动的杂质离子带(　　)电。

　　2. 三极管的内部结构是由(　　)区、(　　)区、(　　)区及(　　)结、(　　)结组成的。三极管对外引出的电极分别是(　　)极、(　　)极和(　　)极。

　　3. PN 结正向偏置时，外电场的方向与内电场的方向(　　)，有利于(　　)的(　　)运动而不利于(　　)的(　　)；PN 结反向偏置时，外电场的方向与内电场的方向(　　)，有利于(　　)的(　　)运动而不利于(　　)的(　　)，这种情况下的电流称为(　　)电流。

　　4. PN 结形成的过程中，P 型半导体中的多数载流子由(　　)向(　　)区进行扩散，N 型半导体中的多数载流子由(　　)向(　　)区进行扩散。扩散的结果使它们的交界处建立起一个(　　)，其方向由(　　)区指向(　　)区。(　　)的建立，对多数载流子的(　　)起削弱作用，对少子的(　　)起增强作用，当这两种运动达到动态平衡时，(　　)形成。

　　5. 检测二极管极性时，需用万用表欧姆挡的 $R×1k$ 挡位，当检测时表针偏转度较大时，与红表棒相接触的电极是二极管的(　　)极；与黑表棒相接触的电极是二极管的(　　)极。检测二极管好坏时，两表棒位置调换前后万用表指针偏转都很大时，说明二极管已经被(　　)；两表棒位置调换前后万用表指针偏转都很小时，说明该二极管已经绝缘老化。

　　6. 单极型晶体管又称为(　　)管，其导电沟道分有(　　)沟道和(　　)沟道。

　　7. 稳压管是一种特殊物质制造的(　　)接触型(　　)二极管，正常工作应在特性曲线的(　　)区。

　　8. MOS 管在不使用时应避免(　　)极悬空，务必将各电极短接。

　　9. 测得 NPN 型三极管上各电极对地电位分别为 $V_E=2.1V$，$V_B=2.8V$，$V_C=4.4V$，说明此三极管处在(　　)。

　　10. 绝缘栅型场效应管的输入电流(　　)。

　　11. 电路如图 7-57 所示，$R=1k\Omega$，测得 $U_D=5V$，试问二极管 VD 是否良好(设外电路无虚焊)？

　　12. 电路如图 7-58 所示，二极管导通电压 $U_{D(on)}$ 约为 0.7V，试分别估算开关断开和闭合时输出电压 U_o 的数值。

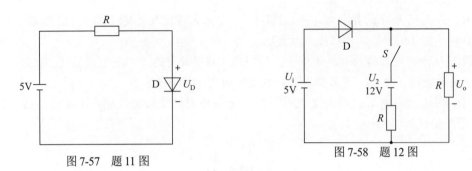

图 7-57　题 11 图　　　　　　　　　图 7-58　题 12 图

13. 图 7-59 所示电路中的二极管均为理想的(正向可视为短路，反向可视为开路)，试判断其中的二极管是导通还是截止，并求出 A、O 两端电压 U_{AO}。

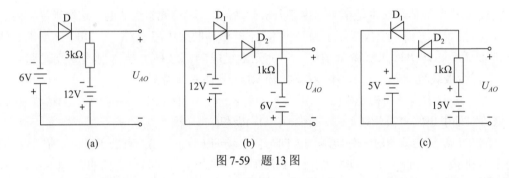

(a)　　　　　　　　　(b)　　　　　　　　　(c)

图 7-59　题 13 图

14. 一个无标记的二极管，分别用 a 和 b 表示其两只引脚，利用模拟万用表测量其电阻。当红表笔接 a，黑表笔接 b 时，测得电阻值为 500Ω。当红表笔接 b，黑表笔接 a 时，测得电阻值为 100kΩ。问哪一端是二极管阳极？

15. 图 7-60 所示电路中，设二极管是理想的，求图中标记的电压和电流值。

16. 图 7-61 所示电路中，发光二极管导通电压 $V_D=1.5V$，正向电流在 5～15mA 时才能正常工作。试问：

(1) 开关 S 在什么位置时发光二极管才能发光？

(2) R 的取值范围是多少？

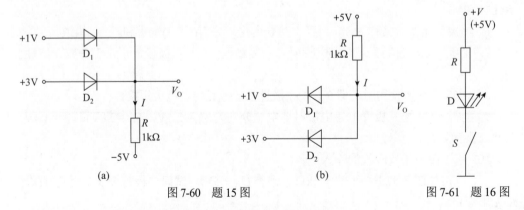

(a)　　　　　　　　　(b)

图 7-60　题 15 图　　　　　　　　　图 7-61　题 16 图

17. 为什么三极管的基区掺杂浓度小而且做得很薄？

18. 确定图 7-62 中晶体管其他两个电流的值。

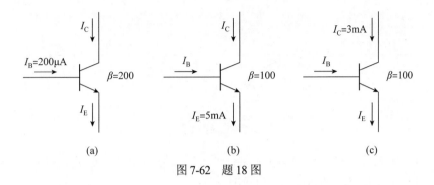

图 7-62　题 18 图

19. 有两只工作于放大状态的晶体管，它们两个管脚的电流大小和实际流向如图 7-63 所示。求另一个管脚的电流大小，判断管子是 NPN 型还是 PNP 型，三个管脚各是什么电极，并求它们的 β 值。

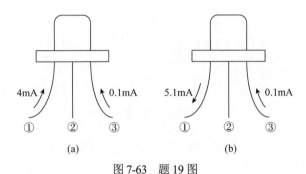

图 7-63　题 19 图

20. 用万用表直流电压挡测得晶体三极管的各极对地电位如图 7-64 所示，判断这些晶体管分别处于哪种工作状态(饱和、放大、截止或已损坏)。

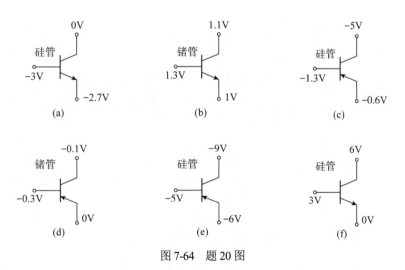

图 7-64　题 20 图

21. 图 7-65 所列三极管中哪些一定处在放大区？

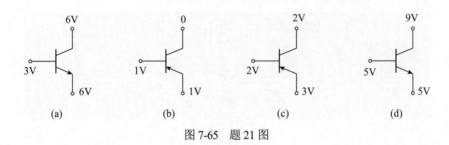

图 7-65 题 21 图

22. 图 7-66 所示为场效应管的转移特性曲线，请分别说明场效应管各属于何种类型。说明它的开启电压 U_{th} (或夹断电压 U_p)约是多少。

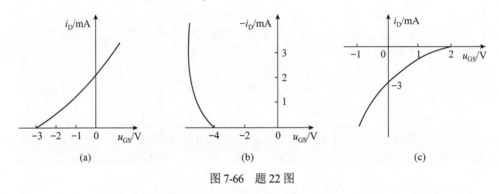

图 7-66 题 22 图

23. 图 7-67 所示为场效应管的输出特性曲线，分别判断各场效应管属于何种类型(结型、绝缘栅型、增强型、耗尽型、N 沟道或 P 沟道)，说明它的夹断电压 U_p (或开启电压 U_{th})为多少。

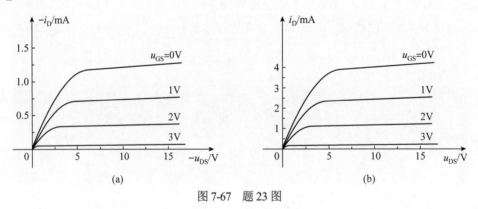

图 7-67 题 23 图

第8章 基本放大电路

基本放大电路也称单管放大电路,是由一个放大元件(一般是晶体管)组成,它是放大电路的一种,也是组成多级放大电路的基础。基本放大电路可以放大交流信号,也可放大直流信号和变化非常缓慢的信号。

8.1 放大电路的主要性能指标

放大电路的基本功能是将微弱的电压信号或电流信号放大到所需要的幅度,以推动电子设备的终端执行元件(如扬声器、继电器、仪表等)动作或显示。一个放大电路的性能是用它的性能指标来衡量的。

放大电路的性能指标有很多,并且会因电路的用途不同而有不同的侧重。这里仅介绍其中几项主要的性能指标。

8.1.1 放大倍数

对信号而言,任何一个放大电路均可等效成一个双口网络,一个是输入端口,另一个是输出端口,如图 8-1 所示。此时不必去管放大电路的实际内部结构和组成元件。从端口特性来研究放大电路,可将其等效成具有某种端口特性的等效电路。图 8-2 所示放大电路的电压放大模型。其中,A_{uo} 表示负载开路时的电压增益;R_i 表示放大电路的输入电阻;R_o 表示放大电路的输出电阻。

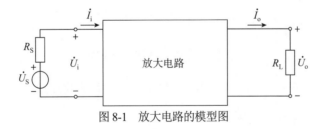

图 8-1 放大电路的模型图

放大电路的输入端口接信号源,U_S 表示信号源电压,R_S 表示信号源的内阻。放大电路的输出端口接负载,R_L 表示各种形式的实际负载的等效电阻。图 8-2 中,输入、输出端的电压和电流均为正弦量,这是因为分析放大电路一般采用正弦稳态分析法,所以通常用正弦信号作为放大电路的输入信号。

放大电路的基本任务是不失真地放大信号,即输出信号与输入信号相比,只有幅度的放大,而没有波形形状的变化,故我们最关心的是它的放大能力。表征放大电路放大能力的重要指标是增益(也称放大倍数),它是指输出信号(u_o、i_o、P_o)与输入信号的比值。根据输入量和输出量是电压还是电流，增益有以下 3 种定义。

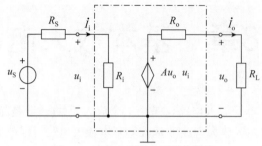

图 8-2　放大电路的电压放大模型

(1) 电压增益。放大电路的电压增益定义为输出电压与输入电压之比，即

$$A_u = \frac{u_o}{u_i}$$

表示放大电路放大电压信号的能力。

(2) 电流增益。放大电路的电流增益定义为输出电流与输入电流之比，即

$$A_i = \frac{i_o}{i_i}$$

表示放大电路放大电流信号的能力。

(3) 功率增益。放大电路的等效负载 R_L 上吸收的信号功率($P_o = U_o I_o$)与输入端的信号功率($P_i = U_i I_i$)之比定义为放大电路的功率增益，即

$$A_p = \frac{P_o}{P_i} = \frac{U_o I_o}{U_i I_i} = A_u A_i$$

在实际工作中，增益常以分贝(dB)为单位来表示，定义为：

$$A_u(dB) = 20\lg \frac{U_o}{U_i} = 20\lg A_u (dB)$$

$$A_i(dB) = 20\lg \frac{I_o}{I_i} = 20\lg A_i (dB)$$

$$A_p(dB) = 10\lg \frac{P_o}{P_i} = 10\lg A_p (dB)$$

在小功率放大电路中，一般只关心电压增益，它也称为电压放大倍数。

8.1.2　输入电阻和输出电阻

1. 输入电阻

当放大电路的输入端接信号源时，放大电路就相当于信号源所驱动的负载。放大电路对信号源所呈现的负载效应的大小是用放大电路的输入电阻 R_i 来衡量的，它相当于从放大电路的输入端向放大电路的内部看进去的等效电阻。输入电阻 R_i 等于放大电路的输入电压与输入电流之比，即

$$R_i = \frac{u_i}{i_i}$$

在输入回路，$u_i = \dfrac{R_i}{R_S + R_i} u_S$ 即信号源内阻会导致输入信号衰减，要想减小衰减，则希望 $R_i \gg R_S$，理想情况 $R_i = \infty$。所以放大电路的输入电阻 R_i 实际上反映了放大电路能够从信号源获得的信号大小的能力。R_i 越大，放大电路从信号源索取的电流就越小，损失在信号源内阻 R_S 上的信号量也越小，也就使得加到放大电路输入端的信号 U_i 越接近信号源电压 U_S。因此，对于电压放大电路而言，当然希望输入电阻 R_i 越大越好。

2. 输出电阻

由于放大电路将输入信号放大后输出给负载 R_L，因此对负载 R_L 而言，放大电路的作用就相当于一个信号源，该信号源的内阻称为放大电路的输出电阻 R_o，相当于从放大电路的输出端向放大电路内部看进去的等效电阻。

由输出回路得 $u_o = A_{uo} u_i \dfrac{R_L}{R_o + R_L}$，进而得到 $A_u = \dfrac{u_o}{u_i} = A_{uo} \dfrac{R_L}{R_o + R_L}$，所以放大电路的输出电阻 R_o 越小，当负载电阻 R_L 发生变化时，U_o、A_u 的变化也越小，即放大电路的输出电压和放大倍数几乎不随负载的变化而变化，说明放大电路对不同阻值负载的适应性较强，称为放大电路的带负载能力强。显然，R_o 越小(理想时 $R_o = 0$)，放大电路带负载的能力越强。

8.1.3 最大不失真输出电压

在给定电路参数的条件下，一个放大电路在不产生明显失真时，其输出电压所能达到的最大的幅值称为最大不失真输出电压，表征了该放大电路正常工作时所能输出的最大信号电压值，常用峰值或峰～峰值来表示。

8.2 放大电路的组成和工作原理

利用晶体管(或场效应管)工作在放大区(或恒流区时)时所具有的电流(或电压)控制特性，可以构成放大电路，实现对输入信号的放大作用，因此，放大器件是放大电路中必不可少的器件。放大电路就是通过放大器件来增加输入信号的功率，它把直流电源的能量转化成输出信号的能量。

8.2.1 放大电路的组成

放大电路的组成原则如下。

(1) 必须将晶体管偏置在放大区，静态工作点合适：合适的直流电源、合适的电路参数。

(2) 动态输入信号能够作用于晶体管的输入回路。

(3) 能够在负载上获得放大了的动态信号。

(4) 对实用放大电路的要求：共地、直流电源种类尽可能少、负载上无直流分量。

根据以上原则，为了保证放大器件工作在放大区，必须通过直流电源给器件提供适当的偏置电压或偏置电流。例如对于晶体管，直流电源要保证发射结正偏，集电结反偏；而对于场效应管，直流电源使其工作在恒流区。可见，放大电路应由放大器件、直流电源和偏置电路、输入电路和输出电路几部分组成。

用晶体管组成放大电路时，根据公共端(电路中各点电位的参考点)的不同，有三种连接方式，分别是共发射极电路、共集电极电路和共基极电路。图 8-3(a)所示为双电源共发射极放大电路，其省略直流电源符号的习惯画法即单电源共发射极放大电路，如图 8-3(b)所示。

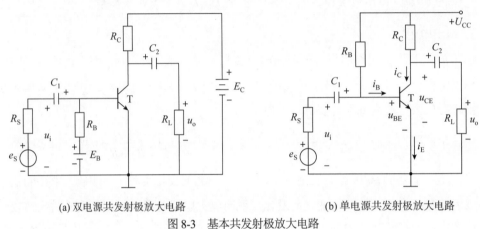

(a) 双电源共发射极放大电路　　　　　　　(b) 单电源共发射极放大电路

图 8-3　基本共发射极放大电路

信号源提供的输入信号从晶体管的基极和发射极输入，输出信号从晶体管的集电极和发射极输出。输入信号 U_i 和输出信号 U_o 是以晶体管的发射极作为公共端，故将这种连接方式称为共发射极电路。

在分析放大电路时，常以公共端作为电路的零电位参考点，称之为"地"端(并非真正接到大地)，用"⊥"作为标记。电路中各点的电位都是指该点对"地"端的电压差。直流电源 $+V_{CC}$ 表示该点相对"⊥"的电位为 $+V_{CC}$。

下面以图 8-3(b)为例，介绍共发射极放大电路中各元件的作用。

图中 NPN 型晶体管 T 是整个放大电路的核心，它担负着放大的任务，要保证集电结反偏，发射结正偏，使晶体管工作在放大区，正是由于晶体管的电流放大能力，以能量较小的输入信号形成一个数值较小的基极电流，控制数值较大的集电极电流，从而控制直流电源 V_{CC} 发出的能量，并最终在放大电路的输出端获得能量较大的输出信号。因此晶体管的放大作用的实质是能量的控制与转换。

直流电源 V_{CC} 的作用有两个：一是通过 R_B 给晶体管的发射结提供正向偏压，通过 R_C 给集电结提供反向偏压，保证晶体管工作在放大区；二是直流电源还为输出提供所需的能量。

基极偏置电阻 R_B 要和直流电源 V_{CC} 相配合，保证发射结正偏，同时给放大电路提供大小合适的静态基极电流 I_B，以避免产生失真。

集电极负载电阻 R_C 可以将集电极电流的变化转换为电压的变化，提供给负载，以实现电压的放大作用。

极性电容 C_1、C_2 的作用是隔直通交，隔离输入、输出与放大电路直流的联系，使交流信号顺利输入、输出。其中 C_1 隔断放大电路与信号源之间的直流通路，C_2 隔断放大电路与负载之间的直流通路。由于 C_1、C_2 的容量足够大，它们对一定频率范围内的交流信号呈现的容抗$(1/2\pi fc)$很小，可近似看作短路，这样就使一定频率范围内的交流信号可以畅通无阻地在信号源、放大电路和负载之间传输。C_1、C_2称为耦合电容，其容量一般为几微法～几十微法(例如，常见的为$4.7\mu F \sim 47\mu F$)，为极性电容器，使用时务必不能接反，否则有爆炸的危险。

如果放大电路的输入信号U_i和输出信号U_o是以晶体管的集电极作为公共端的，如图 8-4 所示，这种连接方式就称为共集电极放大电路。

如果放大电路的输入信号U_i和输出信号U_o是以晶体管的基极作为公共端的，如图 8-5 所示，这种连接方式就称为共基极放大电路。

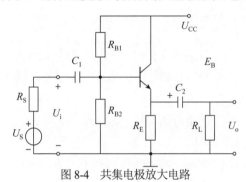

图 8-4　共集电极放大电路

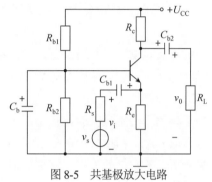

图 8-5　共基极放大电路

综上所述，基本放大电路有 3 种基本组态。在构成具体放大电路时，无论哪一种组态，都应遵从放大电路的组成原则。

8.2.2　放大电路的工作原理

下面以共射极放大电路为例，来说明放大电路的工作原理。

1. 放大电路中的电压、电流符号

在没有信号输入($u_i = 0$)时，放大电路的工作状态称为静态，此时晶体管各极电压、电流均为直流量。静态时，晶体管各极的直流电流、电压分别用I_B、U_{BE}、I_C、U_{CE}表示。

当有交流信号输入($u_i \neq 0$)时，电路中的两种性质的"源"(直流电源和信号源)将共同作用。其中，直流电源只能产生固定不变的直流电流和直流电压分量，而信号源也只能产生变化着的交流电流和交流电压分量。因此，根据叠加定理，此时电路中的电压和电流应该是两种性质的"源"分别单独作用时产生的电压、电流的叠加量(即直流分量与交流分量的叠加)，即电路此时属于交、直流共存的工作状态，称为动态。

为了清楚地表示不同的电压、电流量，现将电路中出现的有关电量的符号列举出来，如表 8-1 所示。

表 8-1　电路中有关电量的符号

物理量	表示符号
直流量	大写字母带大写下标，如I_B、I_C、I_E、U_{BE}、U_{CE}
交流量	小写字母带小写下标，如i_b、i_c、i_e、u_{be}、u_{ce}、u_i、u_o
交、直流叠加的总量	小写字母带大写下标，如i_B、i_C、i_E、u_{BE}、u_{CE}
交流分量的有效值	大写字母带小写下标，如I_b、I_c、I_e、U_{be}、U_{ce}、U_i、U_o

2. 直流通路与静态工作点

静态时，电路中各处的电压、电流均为固定不变的直流量，而由于电路中的电容、电感等电抗元件对直流没有影响，因此，对直流而言，放大电路中的电容可视为开路，电感可视为短路，据此得到的等效电路称为放大电路的直流通路。

图 8-3(b)所示的单电源共发射极放大电路的直流通路如图 8-6 所示。在直流通路中，根据基尔霍夫电压定律，可用如下近似计算法来估算晶体管各极的直流电流、电压：

$$I_\text{B} = \frac{V_\text{CC} - U_\text{BE}}{R_\text{B}} \approx \frac{V_\text{CC}}{R_\text{B}}$$

$$I_\text{C} = \beta I_\text{B} + I_\text{CEO} \approx \beta I_\text{B}$$

$$U_\text{CE} = V_\text{CC} - I_\text{C} R_\text{C}$$

在晶体管正常工作的情况下，对应不同的 I_B 值，U_BE 的变化很小，作为估算，可以近似认为 U_BE 是个不变的常数，对硅管可取 $U_\text{BE} \approx 0.7\text{V}$，对锗管可取 $U_\text{BE} \approx 0.3\text{V}$。通常 $V_\text{CC} \gg U_\text{BE}$。

电子电路中的电流一般比较小，在计算过程中，电流 I_B 的单位常取 μA，电流 I_C、I_E 的单位常取 mA，电阻的单位为 $\text{k}\Omega$，电压的单位仍是 V。

由于 I_B、U_BE、I_C、U_CE 这组数值分别与晶体管输入、输出特性曲线上一点的坐标值相对应，故常称这组数值为静态工作点，用 Q 表示，所以这组静态电压和电流也常表示为 I_BQ、U_BEQ、I_CQ、U_CEQ。

图 8-7 中，Q 点为晶体管的输出特性曲线上由 I_C 和 U_CE 的数值确定的一点。Q 点对应的三个量分别用 I_BQ、I_CQ 和 U_CEQ 表示。显然，静态工作点是由放大电路的直流通路决定的。

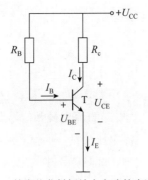

图 8-6　基本共发射极放大电路的直流通路

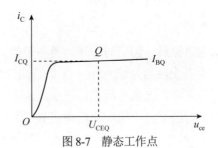

图 8-7　静态工作点

3. 设置静态工作点的必要性

既然放大电路是放大交流信号的，为什么还要设置静态工作点呢？这主要是由于晶体管、场效应管等放大器件是非线性器件。

例如，图 8-3(b)所示的电路中若不接基极电阻 R_B，则晶体管的发射结无偏置电压，如图 8-8(a)所示。这时，偏置电流 $I_\text{BQ} = 0$，$I_\text{CQ} = 0$，静态工作点在坐标原点。当输入信号电压 u_i 在正半周时(即 $u_\text{i} > 0$)，晶体管发射结正向偏置。但是由于晶体管的输入特性曲线上有一段死区，所以只有当输入信号电压的数值超过死区电压时，晶体管才能导通，形成基极电流 i_B；当输入信号电压 u_i 为负半周时，发射结反向偏置，晶体管截止，$i_\text{B} = 0$。

基极电流随输入信号电压 u_i 变化的波形如图 8-8(b)所示。显然，基极电流 i_B 产生了严重的失真，进而会导致放大电路出现严重的失真。

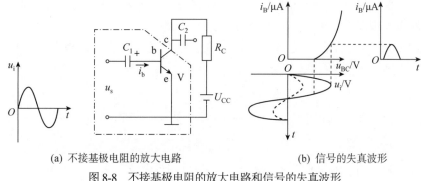

(a) 不接基极电阻的放大电路　　　　　　(b) 信号的失真波形

图 8-8　不接基极电阻的放大电路和信号的失真波形

　　若接上基极电阻 R_B ，电源 U_{CC} 通过 R_B 在晶体管的基极与发射极之间加上偏置电压 U_{BEQ} ，产生一定的基极电流 I_{BQ} ，如图 8-9(a)所示。U_{BEQ} 和 I_{BQ} 在晶体管的输入特性曲线上可以确定一点 Q ，该点即为放大电路的静态工作点，如图 8-9(b)所示。若设置了合适的静态工作点，当输入信号电压 u_i 时，u_i 与 U_{BEQ} 叠加为晶体管发射结两端的总电压 $u_{BE} = U_{BEQ} + u_i$ 。若发射结两端的总电压始终大于晶体管的死区电压，那么在输入信号电压 u_i 作用的整个时间内晶体管始终处于导通状态，基极电流 $i_B = I_{BQ} + i_b$ ，它是只有大小变化而没有极性变化的脉动直流，如图 8-9(b)所示，这就保证了在 u_i 的整个周期内，晶体管始终工作在放大区(线性区)，从而实现不失真地放大。

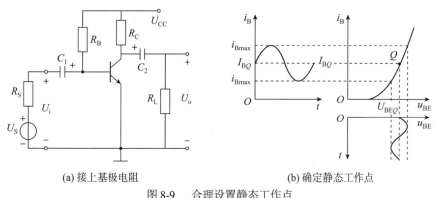

(a) 接上基极电阻　　　　　　　　　　(b) 确定静态工作点

图 8-9　合理设置静态工作点

　　可见，一个放大电路必须合理地设置静态工作点，使放大电路的交流信号叠加在直流分量之上，从而使晶体管始终工作在放大区，这是放大电路能不失真地放大交流信号的前提条件。

4. 基本共发射极放大电路的工作原理

　　上面讨论了基本共发射极放大电路的组成及各元件的作用，明确了设置静态工作点的意义。下面根据图 8-3(b)讨论基本共发射极放大电路的放大原理，即给放大电路的输入端输入一个交流信号 u_i ，经放大电路放大后，形成输出信号 u_o 的过程。

　　(1) 当输入信号 $u_i = 0$ 时，输出信号 $u_o = 0$ ，这时共发射极放大电路的等效电路是其直流通路，如图 8-6 所示。在直流电源电压 U_{CC} 的作用下通过 R_B 产生了 I_{BQ}，经晶体管放大得到 I_{CQ}，I_{CQ} 通过 R_C 在晶体管的集电极与发射极间产生了电压 U_{CEQ}。I_{BQ}、I_{CQ}、U_{CEQ} 均为直流量。显然，电容 C_1 极板上承受的电压极性为右正左负，大小为 U_{BEQ}，而电容 C_2 极板上承受的电压极性为左正右负，大小为 U_{CEQ}。

(2) 若输入信号电压 u_i，通过电容 C_1 送到晶体管的基极和发射极之间，与直流电压 U_{BEQ} 叠加，这时发射结的总电压为

$$u_{BE} = U_{BEQ} + u_i$$

在 u_i 的作用下产生基极电流的交流分量 i_b，此时基极总电流 i_B 为

$$i_B = I_{BQ} + i_b$$

i_B 经晶体管的电流放大作用形成 i_C，这时集电极总电流 i_C 为

$$i_C = I_{CQ} + i_c$$

i_C 在集电极电阻 R_C 上产生电压降 $i_C R_C$，使集电极与发射极电压 $u_{CE} = U_{CC} - i_C R_C$，经变换

$$u_{CE} = U_{CC} - (I_{CQ} + i_c)R_C = U_{CEQ} + (-i_c R_C)$$

即

$$u_{CE} = U_{CEQ} + u_{ce}$$

由于电容 C_2 的隔直作用，在放大电路的输出端只有 u_{CE} 中的交流分量 u_{ce} 可以到达输出端，输出的交流电压为

$$u_o = u_{ce} = -i_c R_C$$

式中，负号表明输出的交流电压 u_o 与 i_c 的相位相反。

只要电路参数选择适当，能使晶体管在输入信号作用的全部时间内都始终工作在放大区，则 u_o 的波形与 u_i 的波形相同，只是幅度将比 u_i 的幅度大很多倍，而相位正好相反，由此说明该放大电路对 u_i 进行了不失真放大。

电路中，u_{BE}、i_B、i_C 和 u_{CE} 都是随 u_i 的变化而变化，它们的变化顺序为

$$u_i \rightarrow u_{BE} \rightarrow i_B \rightarrow i_C \rightarrow u_{CE} \rightarrow u_o$$

放大电路工作在动态时，晶体管各极电压和电流的工作波形如图 8-10 所示。

由工作波形可以得出以下结论。

(1) 输出电压 u_o 的幅度比输入电压 u_i 的幅度大，说明该放大电路实现了电压放大作用。u_i、i_b、i_c 三者频率相同、相位相同，而 u_o 与 u_i 相位相反，这说明共发射极放大电路具有反相电压放大作用。

(2) 动态时，u_{BE}、i_B、i_C、u_{CE} 都是直流分量和交流分量的叠加，波形也是两种分量的合成，但是放大电路放大的对象是信号量，即交流分量。

(3) 虽然动态时各部分电压和电流的大小均随时间变化，但它们的方向却始终和静态时保持一致，所以静态工作点 I_{BQ}、I_{CQ}、U_{CEQ} 是交流放大的基础。

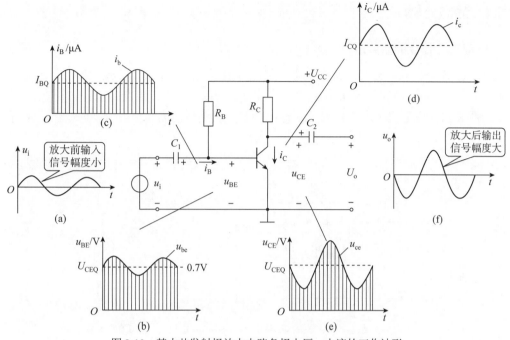

图 8-10　基本共发射极放大电路各极电压、电流的工作波形

需要注意：不能简单地认为，只要对输入电压进行了放大就是放大电路。从本质上说，上述电压放大作用其实是一种能量转换作用，即在能量很小的输入信号控制下，将电路中直流电源的能量转变成较大的输出信号能量。因此，任何一个放大电路的输出功率必须比输入功率大，否则不能算是放大电路，也就是说，功率放大才是放大电路的基本特征。例如，升压变压器可以增大电压幅度，但由于它的输出功率总是比输入功率小，因此不能被称为放大电路。

8.3　放大电路的分析方法

放大电路输入交流信号后，放大电路中总是同时存在直流分量和交流分量两种成分。由于放大电路中通常都存在电容或电感等电抗性元件，所以直流分量和交流分量流经的通路是不一样的。进行电路分析和计算时，要注意把两种不同分量作用下的通路区别开来，这样将使电路的分析更方便。

对放大电路进行定量分析，常用的分析方法是估算法和图解法。

估算法是指已知电路中各元器件的参数，利用公式通过近似计算来分析放大电路性能的方法。图解法则是指利用晶体管的输入输出特性曲线，通过做图来分析放大电路性能的方法。

在分析低频小信号放大电路时，一般采用估算法较为简便。

现以基本共发射极放大电路为例说明估算法和图解法，其他接法的放大电路或更为复杂的放大电路也同样适用这些分析方法。

8.3.1 静态分析

1. 静态工作点的估算法

由于静态分析只研究直流工作状态，因此可根据直流通路进行分析。所谓直流通路，是指直流电流流通的路径。因电容具有隔直作用，所以在画直流通路时，把电容看作开路。例如，图 8-11(a)所示基本共发射极放大电路的直流通路如图 8-11(b)所示。由直流通路可推导出有关估算静态工作点的公式，如表 8-2 所示。

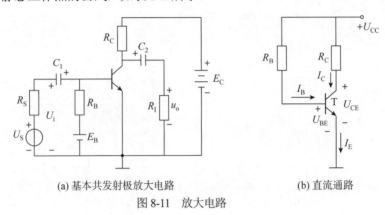

(a) 基本共发射极放大电路   (b) 直流通路

图 8-11　放大电路

表 8-2　静态工作点的估算

静态工作点		说　明
基极偏置电流	$I_{BQ} = \dfrac{U_{CC} - U_{BEQ}}{R_B} \approx \dfrac{U_{CC}}{R_B}$	晶体管 U_{BEQ} 很小(硅管约为 0.7V，锗管约为 0.3V)，与 U_{CC} 相比可忽略不计
静态集电极电流	$I_{CQ} \approx \beta I_{BQ}$	根据晶体管的电流放大原理
静态集电极电压	$U_{CEQ} = U_{CC} - I_{CQ} R_C$	根据基尔霍夫电压定律

2. 静态工作点的图解法

(1) 输入回路的图解法。图 8-11(b)所示电路中，由 $U_{CC} \to R_B \to$ 晶体管 B 极 $\to$ 晶体管 E 极 $\to$ 地构成的回路为直流输入回路。由直流输入回路，根据估算法可以求出 $I_{BQ} \approx \dfrac{U_{CC}}{R_B}$，再在晶体管的输入特性曲线上根据 I_{BQ} 的数值做平行于横轴的直线，该直线与输入特性曲线的交点即为静态工作点 Q，Q 点的横轴坐标即为 U_{BEQ}，如图 8-12(a)所示。如果是小功率晶体管，U_{BEQ} 为 0.6～0.8V，可近似取为 0.7V。

(2) 输出回路的图解法。图 8-11(b)所示电路中，由 $U_{CC} \to R_C \to$ 晶体管 C 极 $\to$ 晶体管 E 极 $\to$ 地构成的回路为直流输出回路。由基尔霍夫电压定律可知

$$U_{CE} = U_{CC} - I_C R_C$$

对于一个参数给定的放大电路来说，该方程为直线方程，对应晶体管输出特性曲线坐标系下的一条直线，称为输出直流负载线，其在横轴上的截距为 U_{CC}，在纵轴上的截距为 U_{CC}/R_C，斜率为 $-1/R_C$，如图 8-12(b)所示。

输出直流负载线与晶体管的输出特性曲线组将有许多交点，其中，直流负载线与由 I_{BQ} 所对应的输出特性曲线的交点即静态工作点 Q，其在横、纵轴上的截距分别为 U_{CEQ} 和 I_{CQ}，如图 8-12(c)所示。这样，就确定了放大电路的静态工作点。

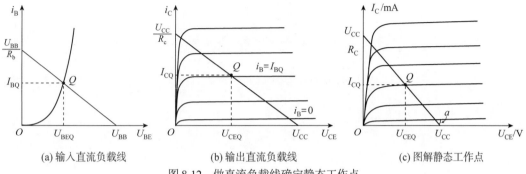

(a) 输入直流负载线　　　　　　(b) 输出直流负载线　　　　　(c) 图解静态工作点

图 8-12　做直流负载线确定静态工作点

最后，总结放大电路静态工作点的图解分析法步骤如下：

(1) 根据直流输入回路求出 I_{BQ}；

(2) 根据直流输出回路列写关于 I_C 和 U_{CE} 的线性方程，即直流负载线方程；

(3) 在晶体管的输出特性曲线坐标系下画出直流负载线；

(4) 直流负载线与由 I_{BQ} 所对应的输出特性曲线的交点即静态工作点 Q。

3. 静态工作点的稳定

(1) 基本共射电路存在的问题。基本共发射极放大电路是通过调节偏置电阻 R_B 来设置静态工作点的。当偏置电阻 R_B 的阻值确定之后，I_{BQ} 就被确定了，所以这种电路又称固定偏置共射极放大电路。这种电路虽然结构简单，易于调整，但最大的缺点是静态工作点不稳定，当环境温度变化、电源电压波动或更换晶体管时，都会使原来的静态工作点改变，严重时会使放大电路不能正常工作。

在引起静态工作点不稳定的诸多因素中，以温度变化的影响最大。当环境温度改变时，晶体管的参数会发生变化，例如，温度升高，会使晶体管的 β 增大，发射结电压 U_{BE} 减小，集电极与基极反向饱和电流 I_{CBO}、穿透电流 I_{CEO} 增大，使得晶体管的特性曲线也会发生相应的变化。图 8-13 所示为 3AX31 晶体管在 25℃和 45℃两种情况下的输出特性曲线，当温度升高时，整个曲线簇上移，并且各条曲线之间的间隔增大。如果静态工作点在 25℃时比较合适的话，则在 45℃时由于曲线上移的影响，必然使静态工作点由正常的 Q 点移到接近饱和区的 Q_1 点，从而使放大电路不能正常工作。同理，如果温度降低，必然会使静态工作点由正常的 Q 点下移到靠近截止区，同样使放大电路不能正常工作。实验表明：温度每升高 1℃，β 增大 0.1%左右，U_{BE} 减小 2～2.5mV，温度每升高 10℃，I_{CBO} 约增加一倍。晶体管参数随温度的变化，必然导致放大电路静态工作点发生漂移，这种漂移称为温漂。当温度升高时，U_{BE}、β、I_{CBO} 均升高。

为此，必须设法稳定静态工作点。具体地说，就是当环境温度变化时，能使 Q 点在输出特性坐标系中的位置基本不变，即所谓的稳定静态工作点，稳定的是 I_{CQ} 和 U_{CEQ}。

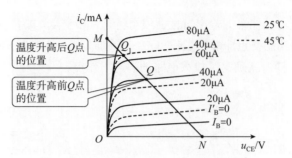

图 8-13　晶体管在不同温度时的输出特性曲线

基本共射电路的静态工作点：

$$
\begin{cases}
I_{\mathrm{B}} = \dfrac{V_{\mathrm{CC}} - U_{\mathrm{BE}}}{R_{\mathrm{B}}} \approx \dfrac{V_{\mathrm{CC}}}{R_{\mathrm{B}}} \\[2mm]
I_{\mathrm{C}} = \beta I_{\mathrm{B}} + I_{\mathrm{CEO}} \approx \beta I_{\mathrm{B}} \\[2mm]
U_{\mathrm{CE}} = V_{\mathrm{CC}} - I_{\mathrm{C}} R_{\mathrm{C}}
\end{cases}
$$

可以得出 $I_{\mathrm{C}} = \overline{\beta} I_{\mathrm{B}} + I_{\mathrm{CEO}} = \overline{\beta}\,\dfrac{U_{\mathrm{CC}} - U_{\mathrm{BE}}}{R_{\mathrm{B}}} + (1 + \overline{\beta})I_{\mathrm{CBO}}$。

所以 T（温度）升高，U_{BE}、β、I_{CBO} 均升高，导致 I_{C} 升高，温度升高时，I_{C} 将增加，使 Q 点沿负载线上移，容易使晶体管 T 进入饱和区造成饱和失真，甚至引起过热烧坏三极管。

解决的思路是，固定偏置电路的 Q 点是不稳定的，为此需要改进偏置电路。当温度升高使 I_{C} 增加时，能够自动减少 I_{B}，从而抑制 Q 点的变化，保持 Q 点基本稳定，这就需要分压式偏置电路。

(2) 稳定静态工作点的分析。分压式偏置电路如图 8-14 所示，图 8-15 是其直流通路。分压式偏置共射极放大电路与前面介绍的固定偏置共发射极放大电路的区别在于：晶体管的基极接了两个分压电阻 R_{B1} 和 R_{B2}，称为上偏置电阻 R_{B1} 和下偏置电阻 R_{B2}，同时发射极串联了电阻 R_{E} 和大容量的极性电容器 C_{E}。C_{E} 称为发射极交流旁路电容，仍然起着隔直通交的作用，其容量一般为几十微法到几百微法。

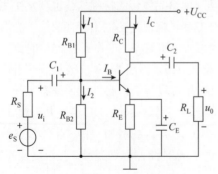

图 8-14　分压式偏置放大电路

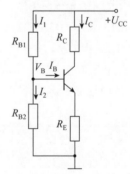

图 8-15　分压式偏置放大电路的直流通路

① 利用 R_{B1} 和 R_{B2} 组成串联分压电路，为基极提供稳定的静态工作电压 U_{BQ}。

设流过 R_{B1} 的电流为 I_1，流过 R_{B2} 的电流为 I_2，则 $I_1 = I_2 + I_{\mathrm{BQ}}$。

如果电路满足条件 $I_2 \gg I_{\mathrm{BQ}}$，则可认为 $I_1 \approx I_2$，即在直流通路中，电阻 R_{B1} 和 R_{B2} 可近

似看成串联关系，故静态基极电位

$$U_{BQ} \approx \frac{R_{B2}}{R_{B1} + R_{B2}} U_{CC}$$

由此可见，U_{BQ} 只取决于 U_{CC}、R_{B1} 和 R_{B2} 的参数，而电源电压和电阻阻值一般不随温度的变化而变化，所以 U_{BQ} 是一个基本上固定不变的数值。

② 利用发射极电阻 R_E，自动使静态电流 I_{CQ} 稳定不变。由于 $U_{BQ} = U_{BEQ} + I_{EQ} R_E$，若满足 $U_{BQ} \gg U_{BEQ}$，则根据晶体管的电流分配规律 $I_{CQ} \approx I_{EQ}$ 可得

$$I_{CQ} \approx I_{EQ} = \frac{U_{BQ} - U_{BEQ}}{R_E} \approx \frac{U_{CC} \cdot R_{B2}}{(R_{B1} + R_{B2}) R_E}$$

可见，静态电流 I_{CQ} 也只与电源电压和电阻的阻值有关，而与晶体管的参数无关，所以不会随温度的变化而变化。

综上所述，如果电路参数的选择能满足 $I_2 \gg I_{BQ}$ 和 $U_{BQ} \gg U_{BEQ}$ 两个条件，则静态基极电位 U_{BQ}、静态工作电流 I_{CQ}（或 I_{EQ}）将主要由电路的参数 U_{CC}、R_{B1}、R_{B2} 和 R_E 的数值决定，而与环境温度、晶体管的参数几乎无关，因而是稳定的静态工作点。

(3) 静态工作点稳定的实质。从晶体管的特性来看，如果温度升高，晶体管的 β 会增大，发射结电压 U_{BE} 会减小，穿透电流 I_{CEO} 会增大，必然会使晶体管的 I_{CQ} 有增大的趋势，即 Q 点必然要上移。那么，分压式偏置电路为什么能使静态工作点基本上稳定不变呢？

分压式偏置电路稳定静态工作点的物理过程分析如下。

当温度升高引起 I_{CQ} 增大时，I_{EQ} 也将增大，从而使发射极的静态电位 $I_{EQ} R_E$ 增大。由于静态基极电位 U_{BQ} 由电阻 R_{B1} 和 R_{B2} 近似串联分压固定，所以发射极静态电位的增大将使得作用于晶体管发射结上的电压 U_{BEQ} 减小。而根据晶体管的输入特性，U_{BEQ} 的微量减小就会引起 I_{BQ} 自动、显著地减小，结果又使得 I_{CQ} 有减小的趋势。这里不加证明地给出，如果参数选择得当，满足 $(1 + \beta) R_E \gg R_{B1} // R_{B2}$，则这种使 I_{CQ} 一增一减的变化趋势正好抵消，综合作用的结果就可以使 I_{CQ} 基本上恒定不变。

以上变化过程可表示为

$$T \uparrow \to I_C \uparrow \to V_E \uparrow \overset{V_E \updownarrow}{\to} U_{BE} \downarrow \to I_B \downarrow \to I_C \downarrow$$

可见，分压式偏置电路稳定静态工作点的实质是利用发射极电阻 R_E，将电流 I_{CQ} 的变化转换为发射极电位的变化，再引回晶体管的输入回路，引起发射结电压朝相反的方向变化，最后通过晶体管基极电流对集电极电流的控制作用使静态集电极电流 I_{CQ} 基本稳定不变。这种自动稳定静态工作点的作用实际上是一种直流负反馈。

从 Q 点稳定的角度来看，似乎 I_2、V_B 越大越好，但 I_2 越大，R_{B1}、R_{B2} 必须取较小的值，将增加损耗，降低输入电阻。V_B 过高必使 V_E 也增高，在 U_{CC} 一定时，势必使 U_{CE} 减小，从而减小放大电路输出电压的动态范围。所以要合理取值，估算时一般选取：

$$I_2 = (5 \sim 10) I_B, \quad V_B = (5 \sim 10) U_{BE}$$

(4) 静态工作点的估算。根据分压式偏置共射极放大电路的直流通路可估算电路的静态工作点，图 8-15 所示电路中：

$$V_B \approx \frac{R_{B2}}{R_{B1} + R_{B2}} U_{CC}$$

$$I_C \approx I_E = \frac{V_B - U_{BE}}{R_E}$$

$$I_B \approx \frac{I_C}{\beta}$$

$$U_{CE} = U_{CC} - I_C R_C - I_E R_E$$

【例 8-1】 电路如图 8-11(b)所示，已知 $V_{CC} = 15V$，$R_B = 500k\Omega$，$R_C = 4k\Omega$，晶体管的特性曲线如图 8-16 所示。试利用图解法求电路的静态工作点。

解： 静态基极电流 $I_{BQ} = \dfrac{V_{CC} - U_{BE}}{R_B} \approx \dfrac{V_{CC}}{R_B} = \dfrac{15}{500} = 30\mu A$

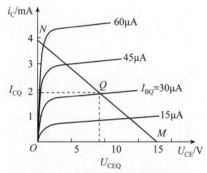

图 8-16　放大电路的直流负载线

列出直流输出回路中关于 I_C 和 U_{CE} 的线性方程 $U_{CE} = V_{CC} - I_C R_C = 15 - 4I_C$，做直流负载线，如图 8-16 所示。

直流负载线与 I_{BQ} 所对应的输出特性曲线的交点 Q 即静态工作点，如图 8-16 所示，可得 $I_{BQ} = 30\mu A$，$I_{CQ} = 2mA$，$U_{CEQ} = 7V$。

由以上分析可知，静态工作点的位置与 V_{CC}、R_B、R_C 的大小均有关。改变 V_{CC}、R_B、R_C 三个参数中的任一个，静态工作点都会发生相应的变化。但在实际应用中，调整静态工作点的位置一般不通过改变 R_C 和 V_{CC} 来实现，而是通过改变 R_B 的阻值来实现，通过电位器 R_P 与电阻 R_B 的串联，调节电位器 R_P 来调整共射极放大电路的静态工作点。

8.3.2　动态分析

对放大电路完成了静态分析，并确定放大电路已经设置了合适的静态工作点之后，就可以对放大电路进行动态分析了。这里强调一下，所谓动态，是指放大电路输入交流信号以后交、直流共存的工作状态，但是由于直流工作状态已经通过静态分析完成了，所以这里所说的动态分析其实就是分析交流信号的工作情况，其主要目的是研究放大电路的电压放大倍数以及输入电阻和输出电阻等动态性能指标。

1. 晶体管的 h 参数及小信号模型

(1) 晶体管的 h 参数。在合理设置静态工作点和输入为交流小信号的前提下，晶体管可等效为一个线性双端口电路，如图 8-17 所示。

按照晶体管输入和输出特性曲线的概念，晶体管的端口电压和电流的关系可表示为

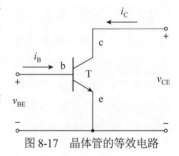

图 8-17　晶体管的等效电路

$i_B = f(u_{BE})\big|_{U_{CE} = \text{const}}$，也可写为 $v_{BE} = f_1(i_B, v_{CE})$

$$i_C = f(u_{CE})\big|_{I_B = \text{const}}, \quad \text{也可写为} \ i_C = f_2(i_B, v_{CE})$$

在输入小信号情况下，对上两式取全微分得：

$$\mathrm{d}v_{BE} = \frac{\partial v_{BE}}{\partial i_B}\bigg|_{V_{CEQ}} \mathrm{d}i_B + \frac{\partial v_{BE}}{\partial v_{CE}}\bigg|_{I_{BQ}} \mathrm{d}v_{CE}$$

$$\mathrm{d}i_C = \frac{\partial i_C}{\partial i_B}\bigg|_{V_{CEQ}} \mathrm{d}i_B + \frac{\partial i_C}{\partial v_{CE}}\bigg|_{I_{BQ}} \mathrm{d}v_{CE}$$

用小信号交流分量表示：

$$u_{BE} = h_{ie}i_b + h_{re}u_{ce}$$
$$u_{BE} = h_{fe}i_b + h_{oe}u_{ce}$$

h_{ie}、h_{re}、h_{fe}、h_{oe} 这 4 个参数称为晶体管的等效 h 参数，它们的物理意义如下。

h_{ie} 称为输出端交流短路时的输入电阻，简称输入电阻。它反映输出电压 U_{CE} 不变时，基极电压对基极电流的控制能力，习惯上用 r_{be} 表示。

h_{re} 称为输入端交流开路时的反向电压传输系数，又称内部电压反馈系数。它反映输出电压 u_{CE} 通过晶体管内部对输入回路的反馈作用，它是一个无量纲的比例系数。

h_{fe} 称为输出端交流短路时的电流放大系数，简称电流放大系数。它反映基极电流 I_B 对集电极电流 I_C 的控制能力，即晶体管的电流放大能力，是一个无量纲的数，习惯上用 β 表示。

h_{oe} 称为输入端交流开路时的输出电导，简称输出电导。它反映当 I_B 不变时，输出电压 u_{CE} 对输出电流的控制能力。单位是西门子(S)，习惯上用 $g_{CE} = 1/R_{CE}$ 表示。

可见，这 4 个参数具有不同的量纲，故称为混合参数，记作 h 参数。h 参数第一个下标的意义为：i 表示输入，r 表示反向传输，f 表示正向传输，o 表示输出；第二个下标 e 表示共射接法。在使用 h 参数时应当明确：

① 4 个 h 参数都是微变电流与微变电压之比，因此，h 参数是交流参数。

② 4 个 h 参数都是在 Q 点的偏导数，因此，它们都和 Q 点密切相关，随着 Q 点的变化而变化。

③ h 参数是晶体管在小信号条件下的等效参数。

(2) 晶体管的小信号模型。得到了晶体管的 h 参数后，就可以画出晶体管的线性等效电路，图 8-18 所示电路是晶体管的 h 参数等效电路。

关于 h 参数等效电路，应注意以下几点：

① 电压的参考极性为上正下负，电流的参考正方向是流入为正。

② 电路中出现了受控源。受控源的大小和极性均具有从属性。在分析电路时，可以像独立源一样进行等效变换，但控制量不能丢失，在涉及独立源取零值的处理中，不能对受控源进行开路或短路处理，只能视控制量而定。

③ 微变等效电路只适用于低频小信号放大电路，只能用来计算交流分量，不能计算总的瞬时值和静态工作点。

(3) 晶体管的小信号模型的简化及参数计算。h_{re} 很小，一般为 $10^{-3} \sim 10^{-4}$，r_{ce} 很大，约为 100 kΩ，一般可忽略它们的影响，得到简化等效电路如图 8-19 所示。其中

$$r_{\mathrm{be}} = \frac{v_{\mathrm{be}}}{i_{\mathrm{b}}} \approx 300 + (1+\beta)\frac{26}{I_{\mathrm{CQ}}} \text{。}$$

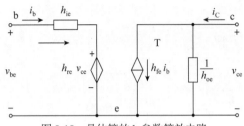

图 8-18　晶体管的 h 参数等效电路

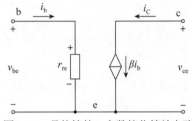

图 8-19　晶体管的 h 参数简化等效电路

2. 交流通路

由于电压放大倍数、输入电阻和输出电阻均只与放大电路中的交流分量有关，因此只需根据交流通路来进行分析。所谓交流通路，是指交流信号流通的路径。在画交流通路时，把握两个原则：一是大容量的电容器对于一定频率范围内的交流信号可视为短路；二是电路中的直流电压源(如 U_{CC})对交流信号是不起作用的，所以当研究交流分量的工作情况时要将直流电源去掉。因为直流电压源的内阻一般很小，所以对交流信号可以视为短路。据此得到图 8-20(a)所示共射极放大电路的交流通路，如图 8-20(b)所示。

注意：在交流通路中，所有的电压、电流均只是交流分量，切记不要混淆交流通路和直流通路。

3. 放大电路的微变等效电路法

当晶体管在低频小信号下工作，且仅研究交流信号的工作情况时，可以把晶体管近似地等效为一个线性电路，称为晶体管的微变等效电路。最后，在放大电路的交流通路中将晶体管用其微变等效电路替代之后所得到的电路就称为放大电路的微变等效电路，如图 8-20(c)所示。用微变等效电路分析法分析放大电路的关键在于正确地画出放大电路的微变等效电路，具体方法是：首先画出放大电路的交流通路，然后用晶体管的简化 h 参数等效电路代替晶体管，并标明电压、电流的参考方向：

① 确定放大电路的静态工作点，采用近似估算法或图解法。

② 求出静态工作点 Q 附近的 h 参数。应用式 $r_{\mathrm{be}} = \dfrac{v_{\mathrm{be}}}{i_{\mathrm{b}}} \approx 300 + (1+\beta)\dfrac{26}{I_{\mathrm{CQ}}}$ 估算。

③ 画出放大电路的微变等效电路。

④ 应用线性电路理论进行计算，求得放大电路的主要性能指标。

(1) 估算电压放大倍数。由微变等效电路图 8-20(c)可看出输入信号电压为

$$u_{\mathrm{i}} = i_{\mathrm{b}} r_{\mathrm{be}}$$

输出信号电压为

$$u_{\mathrm{o}} = -i_{\mathrm{c}}(R_{\mathrm{C}} /\!/ R_{\mathrm{L}}) = -\beta i_{\mathrm{b}} R_{\mathrm{L}}'$$

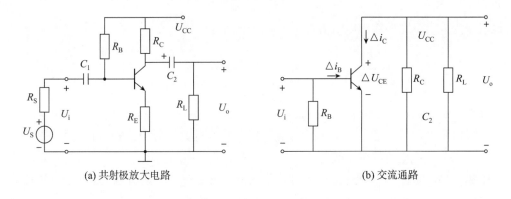

(a) 共射极放大电路　　　　　　　　　　　　　　(b) 交流通路

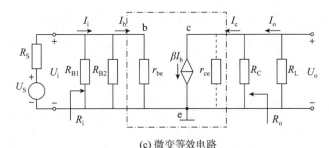

(c) 微变等效电路

图 8-20　放大电路的微变等效电路

式中，$R_{\mathrm{L}}' = R_{\mathrm{C}} /\!/ R_{\mathrm{L}}$，称为放大电路的等效负载电阻。

$$A_{\mathrm{u}} = \frac{u_{\mathrm{o}}}{u_{\mathrm{i}}} = -\frac{\beta(R_{\mathrm{C}}/R_{\mathrm{L}})}{r_{\mathrm{be}}} = -\frac{\beta R_{\mathrm{L}}'}{r_{\mathrm{be}}}$$

式中，负号说明了共射极放大电路的反相放大的性质。当放大电路不带负载(即空载)时，$R_{\mathrm{L}}' = R_{\mathrm{C}}$，即空载时的电压放大倍数为

$$A_{\mathrm{u}} = -\frac{\beta R_{\mathrm{C}}}{r_{\mathrm{be}}}$$

可见，负载阻值越大，电压放大倍数的数值也就越大。

(2) 估算输入电阻。根据输入电阻的定义，由微变等效电路图 8-20(c)可得

$$R_{\mathrm{i}} = \frac{u_{\mathrm{i}}}{I_{\mathrm{i}}} = R_{\mathrm{B}} /\!/ r_{\mathrm{be}}$$

因为通常情况下，$R_{\mathrm{B}} \gg r_{\mathrm{be}}$，所以 $R_{\mathrm{i}} \approx r_{\mathrm{be}}$。

一般情况下，总是希望放大电路的输入电阻 R_{i} 尽可能大些。R_{i} 越大，放大电路从信号源(或前一级电路)吸取的电流就越小，而取得的信号电压 u_{i} 就越大，这有利于减轻信号源的负担。但从上式可以看出，共发射极放大电路的输入电阻是比较小的，这是它的性能指标不利的一面。

(3) 估算输出电阻。前面介绍了放大电路输出电阻的测量方法，现在再来介绍输出电阻的估算。由于对负载来说，放大电路就相当于一个能够给负载提供输出信号的信号源，该信号源的内阻就是放大电路的输出电阻。因此在图 8-2 所示的放大电路的示意图中，可以先令 $u_{\mathrm{S}} = 0$，但是要保留其内阻 R_{S}，然后断开负载，则从放大电路的输出端口向放大电路内部看进去的等效电阻即为放大电路的输出电阻 R_{o}。如果不能直观地看出来，可以采用外加激励法，即在放大电路的输出端口外加一个电压源 u_{t}，设其产生的电流为 i_{t}，则 u_{t} 与 i_{t}

的比值即为放大电路的输出电阻值 R_o ，写成公式如下

$$R_o = \frac{u_t}{i_t}\bigg|_{\substack{1.\,令u_S=0,保留R_S \\ 2.\,令R_L=\infty}}$$

显然，图 8-2 所示的基本共射极放大电路的输出电阻 $R_o = R_C$ ，即电路的输出电阻等于其集电极电阻 R_C 。后面会看到，这个结论适用于所有的共发射极接法的放大电路。

为了提高放大电路的带负载能力，应设法降低放大电路的输出电阻。而共发射极放大电路中集电极电阻 R_C 典型的阻值为几千欧到几十千欧，是一个阻值偏大的电阻。因此，共发射极放大电路的输出电阻是偏大的，其带负载能力较差。

【例 8-2】图 8-20(a)所示基本共发射极放大电路中，设 $V_{CC} = 12V$ ， $R_B = 300k\Omega$ ， $R_C = 2\ k\Omega$ ， $\beta = 50$ ， $R_L = 2\ k\Omega$ 。试求静态工作点、输入电阻 R_i 、输出电阻 R_o 和电压放大倍数。

解：静态偏置电流： $I_{BQ} = \dfrac{V_{CC} - U_{BEQ}}{R_B} \approx \dfrac{V_{CC}}{R_B} = 40\mu A$

静态集电极电流： $I_{CQ} = \beta I_{BQ} = 2mA$

静态集–射极电压： $U_{CEQ} = V_{CC} - I_{CQ}R_C = 8V$

晶体管的输入电阻： $r_{be} = 300 + (1+\beta)\dfrac{26}{I_{EQ}} = 950\Omega$

放大电路的输入电阻： $R_i \approx r_{be} = 0.95k\Omega$

放大电路的输出电阻： $R_o \approx R_C = 2\ k\Omega$

等效负载电阻： $R_L' = R_C // R_L = \dfrac{R_C R_L}{R_C + R_L} = 1k\Omega$

放大电路的电压放大倍数： $A_u = -\dfrac{\beta R_L'}{r_{be}} = -53$

总之，共发射极放大电路的特点可以概括为：具有较强的反相电压放大能力；输入电阻偏小；输出电阻偏大。

4. 放大电路的动态分析图解法

当放大电路输入交流信号以后，由于已经设置了大小合适的静态工作点，所以晶体管各极电压和电流都是直流分量叠加交流分量的动态工作情况，其中直流分量由静态分析确定，根据直流通路有

$$U_{CE} = U_{CC} - I_C R_C$$

而交流分量由交流通路确定，为

$$u_{ce} = -i_C(R_C // R_L)$$

则晶体管总的集-射极电压 u_{CE} 为

$$u_{CE} = U_{CE} + u_{ce} = U_{CE} - i_C(R_C // R_L)$$

上式可转换为

$$u_{CE} = U_{CE} - (i_C + I_C)(R_C // R_L) + I_C(R_C // R_L) = U_{CE} - i_C(R_C // R_L) + I_C(R_C // R_L)$$

即

$$i_C = -\frac{u_{CE}}{R_C /\!/ R_L} + \frac{U_{CE} + I_C(R_C /\!/ R_L)}{R_C /\!/ R_L}$$

上式反映了动态(即输入交流信号后交流、直流共存的状态)时，总的集电极电流 i_C 与总的集-射极电压 u_{CE} 之间的约束关系，对应晶体管输出特性坐标系下的一条直线，其斜率为 $-\dfrac{1}{R_C /\!/ R_L}$，习惯上将它称为交流负载线。显然交流负载线比直流负载线要陡峭一些。另外，当输入交流信号经过零值的瞬间，放大电路实际上相当于没有交流信号输入，而只工作在直流工作状态(静态)，因此交流负载线也必然通过静态工作点 Q，如图 8-21(a)所示。

注意：动态时，放大电路输出回路的 i_C 和 u_{CE} 既要满足晶体管自身的伏安特性曲线(即输出特性)，又要满足外部电路的伏安关系约束(即交流负载线)，因此放大电路在有交流信号输入时，其工作点的变化轨迹必须且只能沿着交流负载线移动。

利用图解法进行动态分析的思路是先根据输入信号 u_i 的变化规律，在晶体管的输入特性曲线上画出 i_B 的波形，然后根据 i_B 的变化规律在晶体管的输出特性曲线上画出 i_C 和 u_{CE} 的波形，具体步骤如下。

(1) 做直流负载线，由 I_{BQ} 确定静态工作点 Q。

(2) 过静态工作点 Q，以$(-1/R_C /\!/ R_L)$为斜率做交流负载线。

(3) 已知输入交流信号 $u_i = U_{im}\sin\omega t$，因此在输入特性曲线上，u_{BE} 将以 U_{BEQ} 为基础，随 u_i 的变化而变化，如图 8-21(b)所示。可见，对应的基极电流 i_B 也将以 I_{BQ} 为基础而变化，总的基极电流 i_B 的瞬时值将在最大基极电流 I_{Bmax} 和最小基极电流 I_{Bmin} 之间变化。

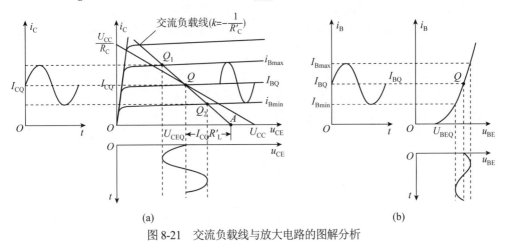

图 8-21 交流负载线与放大电路的图解分析

(4) 在输出特性曲线上找出与 I_{Bmin} 和 I_{Bmax} 对应的特性曲线和交流负载线的交点，则交流负载线在这两个交点之间的线段即为有输入信号 u_i 时放大电路工作点移动的轨迹，也就是晶体管集电极总电流 i_C 和集-射极总电压 u_{CE} 的变化范围。据此可以画出 i_C 和 u_{CE} 的波形，如图 8-21(a)所示。

(5) 最后，耦合电容 C_2 隔去了 u_{CE} 中的直流分量 U_{CEQ}，只输出其交流分量 u_{ce} 给负载，形成输出电压信号 u_o。显然从图中可以看出，u_o 与 u_i 的波形一样，但是相位正好相反，而幅度放大了若干倍，验证了前面估算法得出的结论。

如果做图足够精确的话，可以根据输入交流电压的峰值 U_{im} 和输出交流电压的峰值 U_{om} 求出电压放大倍数：

$$A_u = \frac{U_{om}}{U_{im}}$$

由图解分析过程可得出如下几个重要结论。

第一，晶体管各极间电压和电流都是由两个分量叠加而成的，其中一个是由直流电源 U_{CC} 引起的直流分量，另一个是随输入信号 u_i 而变化的交流分量。虽然这些电流、电压的瞬时值是变化的，但它们的方向是始终不变的。

第二，当输入信号 u_i 是正弦波时，电路中各交流分量都是与输入信号 u_i 同频率的正弦波，其中 u_{be}、i_B、i_C 与 u_i 同相，而 u_{ce}、u_o 与 u_i 反相。输出电压与输入电压相位相反，这是共射极放大电路的一个重要特征。

第三，输出电压 u_o 和输入电压 u_i 不但是同频率的正弦波，而且 u_o 的幅度比 u_i 的幅度大得多，这说明 u_i 经过放大电路以后被线性放大了。

注意： 此处所说的放大作用只能是输出的交流分量和输入信号之间的关系，绝对不能把直流分量也包含在内。

5. 放大电路的非线性失真及最大不失真输出电压

对放大电路有一个基本要求，就是输出信号尽可能不失真。所谓失真，就是输出信号的波形与输入信号的波形不一致。引起失真的原因有很多，其中最常见的原因是晶体管在工作的部分时间里脱离了线性区(放大区)进入非线性区(截止区或饱和区)而引起的失真。引起这种失真的本质原因是晶体管自身伏安特性的非线性特性，所以将这种失真称为非线性失真。产生非线性失真的原因主要来自两个方面：一是静态工作点 Q 点设置得不合适，二是输入信号的幅度过大。

(1) 饱和失真：如果静态工作点的位置偏高，如图 8-22 所示，在输入信号正半周的部分时间内，晶体管因为基极电流过大进入了饱和区，此时虽然 i_B 没有失真，但是 i_C 和 u_{CE} 的波形都出现了失真，导致输出信号 u_o 的波形底部被削平。这种失真是因为晶体管进入饱和区而产生的，称为饱和失真。

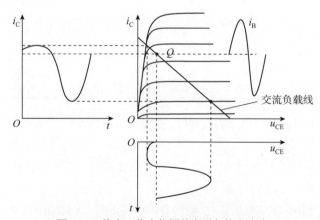

图 8-22　静态工作点位置偏高引起饱和失真

(2) 截止失真：若静态工作点位置偏低，如图 8-23 所示，在输入信号负半周的部分时间内，晶体管就会进入截止区，此时 i_B、i_C 和 u_{CE} 的波形都出现了严重的失真，导致输出信号 u_o 的波形顶部被削平。这种失真是因为晶体管进入截止区而产生的，称为截止失真。

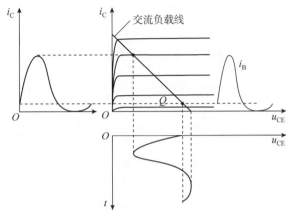

图 8-23　静态工作点位置偏低引起截止失真

饱和失真和截止失真统称为非线性失真。

根据图 8-22 和图 8-23 所示的分析过程可以看出，放大电路在不失真的情况下所能输出的最大信号电压的幅度受到饱和区和截止区的限制。

受饱和区的限制，不失真输出电压的最大幅度只能达到 $U_{CEQ} - U_{CES}$；受截止区的限制，不失真输出电压的最大幅度只能达到 $I_{CQ}(R_C /\!/ R_L)$。因此，放大电路在不失真的条件下实际能达到的输出电压的最大幅度只能为 $U_{CEQ} - U_{CES}$ 与 $I_{CQ}(R_C /\!/ R_L)$ 中较小的一个值，而最大不失真输出电压的有效值需要再除以 $\sqrt{2}$。

显然，静态工作点的位置对最大输出幅度有很大的影响。为了获得最大不失真输出电压，应把 Q 点设置在交流负载线的中点位置附近。

放大电路图解分析法的最大特点是直观、形象，有助于理解电路参数对工作点的影响，也有助于建立一些重要概念，如交、直流共存，非线性失真等，并能大致估算动态工作范围，从而更好地理解放大电路的工作原理。但是图解法比较烦琐，不适用于频率较高或输入信号幅度太小的场合。

8.4　三种基本的晶体管放大电路

晶体管有共发射极、共集电极、共基极三种接法的放大电路，其中，共射极放大电路应用最广，共集电极放大电路虽然没有电压放大作用，但由于它具有独特的优点，因而也被广泛用作多级放大电路中的输入级、输出级或隔离缓冲级，也可以作为功率放大电路。共基极放大电路具有较好的高频特性，主要用于高频或宽频带放大，也可用于恒流源电路。

三种基本放大电路的性能各有特点，因而决定了它们在电子电路中的不同应用。因此，在构成实际放大器时，应根据要求，合理选择电路并适当进行组合，取长补短，以使放大器的综合性能达到最佳。

8.4.1 分压式偏置共射极放大电路

1. 静态工作点的估算

根据图8-24(a)所示分压式偏置共射极放大电路的直流通路,可估算电路的静态工作点,如表8-3所示。

表8-3 估算电路的静态工作点

静态工作点		说 明
静态基极电位	$U_{BQ} \approx \dfrac{R_{B2}}{R_{B1}+R_{B2}}U_{CC}$	因为 $I_2 \gg I_{BQ}$
静态发射极电流	$I_{EQ} \approx \dfrac{U_{BQ}}{R_E}$	因为 $U_{BQ} \gg U_{BEQ}$
静态集电极电流	$I_{CQ} \approx I_{EQ}$	集电极电流 I_{CQ} 和发射极电流 I_{EQ} 相差不大
静态偏置电流	$I_{BQ} = \dfrac{I_{CQ}}{\beta}$	根据晶体管电流放大原理 $I_{CQ} \approx \beta I_{BQ}$
静态集-射极电压	$U_{CEQ} = U_{CC} - I_{CQ}(R_C + R_E)$	根据基尔霍夫电压定律

2. 估算输入电阻、输出电阻和电压放大倍数

图8-24(b)所示为分压式偏置共射极放大电路的微变等效电路,其与固定偏置共发射极放大电路的微变等效电路相似。所以,输入电阻、输出电阻和电压放大倍数的估算公式完全相似,仅是以 $R_{B1} /\!/ R_{B2}$ 替代 R_B 而已。

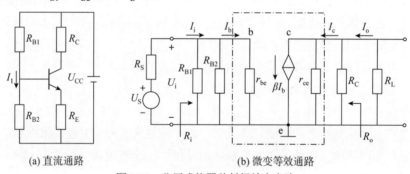

(a) 直流通路   (b) 微变等效通路

图8-24 分压式偏置共射极放大电路

【例 8-3】 图 8-25 所示电路中,若 R_{B2}=2.4kΩ,R_{B1}=7.6kΩ,R_C=2kΩ,R_L=4kΩ,R_E=1kΩ,U_{CC}=12V,晶体管的 β=60。试求:

(1) 放大电路的静态工作点;

(2) 放大电路的输入电阻 R_i、输出电阻 R_o 及电压放大倍数 A_u。

解: (1) 估算静态工作点。

基极电压: $U_B = \dfrac{R_{B2}}{R_{B1}+R_{B2}}U_{CC} = \dfrac{2.4 \times 12}{2.4+7.6} = 2.88\text{V}$

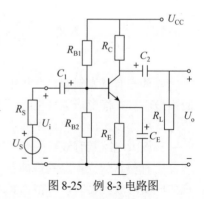

图8-25 例8-3电路图

静态集电极电流：$I_{CQ} = I_{EQ} = \dfrac{U_B - U_{BE}}{R_E} = \dfrac{2.88 - 0.7}{1 \times 10^3} \approx 2\text{mA}$

静态偏置电流：$I_{BQ} = \dfrac{I_{CQ}}{\beta} = \dfrac{2}{60} \approx 33\mu\text{A}$

静态集-射极电压：$U_{CEQ} = U_{CC} - I_{CQ}(R_C - R_E) = 12 - 2 \times (1 + 2) = 6\text{V}$

(2) 估算输入电阻 R_i、输出电阻 R_o 及电压放大倍数 A_u。

$$r_{be} = 300 + (1 + \beta)\dfrac{26}{I_{EQ}} = 300 + (1 + 60)\dfrac{26}{2} = 1093\Omega \approx 1\text{k}\Omega$$

放大电路的输入电阻：$R_i = R_{B1} // R_{B2} // r_{be} \approx 1\text{k}\Omega$

放大电路的输出电阻：$R_o \approx R_C = 2\text{k}\Omega$

放大电路的电压放大倍数：$A_u = -\dfrac{\beta(R_C // R_L)}{r_{be}} \approx -80$

分压式偏置共射极放大电路的静态工作点稳定性好，对交流信号基本无削弱作用。放大电路的静态工作点与晶体管的参数几乎无关，这是非常有意义的。例如，由于某种原因造成放大电路中的晶体管损坏时，只需要更换晶体管，而不必重新调整电路的静态工作点，这就给维修和调试工作带来了很大方便，所以分压式偏置电路在电子电气设备中得到了非常广泛的应用。

【例 8-4】 图 8-25 所示电路中，若去掉电容 C_E，其他参数都不变，试求：

(1) 放大电路的静态工作点；

(2) 放大电路的输入电阻 R_i、输出电阻 R_o 及电压放大倍数 A_u。

解：(1) 去掉电容 C_E，不影响电路的直流工作状态，因此静态工作点与例 8-3 相同。

(2) 画出微变等效电路如图 8-26 所示，则有

$$A_u = \dfrac{\dot{U}_o}{\dot{U}_i} = \dfrac{-\beta \dot{I}_b (R_C//R_L)}{\dot{I}_b r_{be} + \dot{I}_e R_E} = -\dfrac{\beta R_L'}{r_{be} + (1 + \beta)R_E}$$

$$R_i = R_{B1} // R_{B2} // [r_{be} + (1 + \beta)R_E]$$

$$R_o = R_C$$

去掉电容 C_E 会使电压放大能力有所下降，这是因为去掉 C_E 之后，R_E 就会存在于交流通路中，对交流分量形成负反馈，从而使得电压放大倍数减小。并且 R_E 越大，电压放大倍数下降得越多，但是同时放大电路的输入电阻 R_i 增大了，而输出电阻 R_o 保持不变，仍约等于集电极电阻 R_C。

要稳定静态工作点，除了在放大电路中引入负反馈(如分压式偏置电路)外，还可以采用温度补偿的方法，就是通过使用一些对温度敏感的元件(热敏电阻、二极管等)来补偿温度变化对静态工作点的影响。图 8-27 所示电路就是利用二极管的反向电流会随温度的升高而增大的特性来稳定静态工作点的，读者可以自行分析。

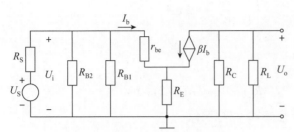 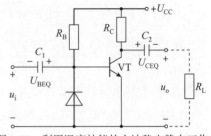

图 8-26　例 8-4 电路的微变等效电路　　　图 8-27　利用温度补偿的方法稳定静态工作点

8.4.2　共集电极放大电路和共基极放大电路

晶体管组成的放大电路有共发射极、共集电极、共基极三种连接方式(又称组态)，前面已经讨论过共射极放大电路，本小节将主要讨论共集电极放大电路和共基极放大电路，并对三种接法的放大电路的性能进行分析和比较。

1. 共集电极放大电路

共集电极放大电路如图 8-28(a)所示。图 8-28(b)、(c)分别为其直流通路和微变等效电路。

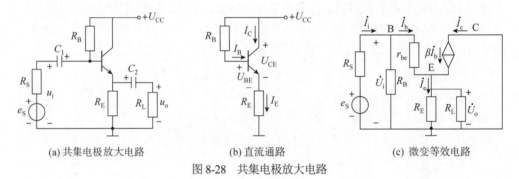

(a) 共集电极放大电路　　　(b) 直流通路　　　(c) 微变等效电路

图 8-28　共集电极放大电路

由交流通路可知，输入信号是从晶体管的基极与集电极输入，而输出信号则从发射极与集电极输出，集电极是输入回路与输出回路的公共端，故称共集电极放大电路。又由于信号是从发射极输出的，所以也称为射极输出器。

(1) 静态工作点的估算。分析该电路的直流通路可知

$$U_{CC} = I_{BQ}R_B + U_{BEQ} + I_{EQ}R_E = I_{BQ}R_B + U_{BEQ} + (1+\beta)I_{BQ}R_E$$

由此可得

$$I_{BQ} = \frac{U_{CC} - U_{BEQ}}{R_B + (1+\beta)R_E}$$

$$I_{CQ} = \beta I_{BQ}$$

$$U_{CEQ} = U_{CC} - I_{EQ}R_E \approx U_{CC} - I_{CQ}R_E$$

(2) 电压放大倍数的估算。由交流通路可知，输出电压 u_o、输入电压 u_i 及晶体管发射结电压 u_{be} 三者之间有如下关系：

$$u_o = u_i - u_{be}$$

通常 $u_{be} \ll u_i$，可认为 $u_o \approx u_i$，所以射极输出器的电压放大倍数总是小于 1 而且接近 1，即输出电压具有跟随输入电压的作用，所以射极输出器又称为射极跟随器，或简称射随器。

虽然射极输出器没有电压放大作用，但是由于发射极电流是基极电流的 $1+\beta$ 倍，故它有电流放大作用。电压跟随和电流放大使得射极输出器同时也有功率放大作用。

(3) 输入电阻和输出电阻的估算。图 8-27(c)所示电路中，若先不考虑 R_B 的作用，则输入电阻为

$$r'_i = \frac{\mu_i}{i_b} = \frac{i_b r_{be} + (1+\beta)i_b R'_L}{i_b} = r_{be} + (1+\beta)R'_L$$

式中，$R'_L = R_E \mathbin{/\mkern-5mu/} R_L$。

考虑 R_B 的作用，输入电阻应为

$$r_i = R_B \mathbin{/\mkern-5mu/} r'_i = R_B \mathbin{/\mkern-5mu/} [r_{be} + (1+\beta)R'_L]$$

显然，射极输出器的输入电阻比共射极放大电路的输入电阻大得多。

根据输出电阻的定义，由交流通路可得

$$R_o = R_E \mathbin{/\mkern-5mu/} \frac{r_{be} + R'_S}{1+\beta}$$

式中，$R'_S = R_S \mathbin{/\mkern-5mu/} R_B$，$R_S$ 为信号源内阻，考虑到 $R_B \gg R_S$，所以 $R'_S \approx R_S$，则上式可简化为

$$R_o \approx R_E \mathbin{/\mkern-5mu/} \frac{r_{be} + R_S}{1+\beta}$$

若 $R_E \gg \dfrac{r_{be} + R_S}{1+\beta}$，则

$$R_o \approx \frac{r_{be} + R_S}{1+\beta}$$

显然，射极输出器的输出电阻比共射极放大电路的输出电阻小得多。

综合以上分析可知，射极输出器的特点是：①电压放大倍数小于 1，且接近 1；②输出电压与输入电压相位相同；③输入电阻大；④输出电阻小。

射极输出器具有电压跟随作用和输入电阻大、输出电阻小的特点，且有一定的电流放大和功率放大作用，因而无论是在分立元件构成的多级放大电路中还是在集成电路中，都有着十分广泛的应用。它可以：①用作输入级，因其输入电阻大，可以减轻信号源的负担。②用作输出级，因其输出电阻小，可以提高电路带负载的能力。③用在两级共射极放大电路之间作为隔离级(或称缓冲级)，因其输入电阻大，对前级的影响小；因其输出电阻小，对后级的影响也小，所以可实现阻抗匹配，有效地提高总的电压放大倍数。

【例 8-5】电路如图 8-29(a)所示，设所有电容对交流均视为短路。已知 $U_{BEQ} = 0.7\text{V}$，$\beta = 100$，r_{ce} 可忽略。

(1) 估算静态工作点 $Q(I_{CQ}$、I_{BQ} 和 $U_{CEQ})$；

(2) 求解 A_u、R_i 和 R_o。

解：(1) $V_{BQ} = \dfrac{30}{30+60} \times 12 = 4\text{V}$，$I_{CQ} \approx I_{EQ} = \dfrac{4-0.7}{2} = 1.65\text{mA}$

$$U_{CEQ} = 12 - 1.65 \times 2 = 8.7\text{V}, \quad I_{BQ} = \frac{I_{CQ}}{\beta} = 16.5\mu\text{A}$$

(2) 画出微变等效电路，如图 8-29(b)所示。

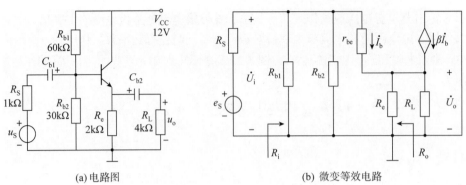

(a) 电路图　　　　　　　　　　(b) 微变等效电路

图 8-29　例 8-5 电路图和微变等效电路

$$r_{be} = 300 + 101 \times \frac{26}{1.65} = 1.89\text{k}\Omega$$

$$R_i = R_{b1} /\!/ R_{b2} /\!/ [r_{be} + (1 + \beta)R_e /\!/ R_L] = 17.45\text{k}\Omega$$

$$R_o = R_e /\!/ \frac{r_{be} + R_{b2} /\!/ R_{b1} /\!/ R_s}{1 + \beta} = 27.8\Omega$$

$$A_u = \frac{\dot{U}_o}{\dot{U}_i} = \frac{(1 + \beta)\dot{I}_b R_e /\!/ R_L}{\dot{I}_b [r_{be} + (1 + \beta)R_e /\!/ R_L]} = \frac{(1 + \beta) \cdot R_L{}'}{r_{be} + (1 + \beta)R_L{}'} = \frac{101 \times 2 /\!/ 4}{1.89 + 101 \times 2 /\!/ 4} = 0.986$$

2. 共基极放大电路

共基极放大电路如图 8-30(a)所示，图 8-30(b)、(c)、(d)分别为其直流通路、交流通路和微变等效电路。

可以发现，共基极放大电路的直流通路与分压式偏置共射极放大电路相同，因此两种电路的静态工作点的估算方法是相同的。

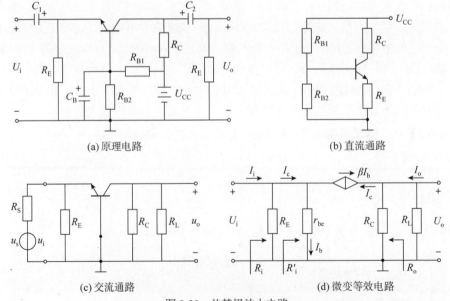

(a) 原理电路　　　　　　　　　　(b) 直流通路

(c) 交流通路　　　　　　　　　　(d) 微变等效电路

图 8-30　共基极放大电路

由共基极放大电路的交流通路可知，输入信号加在发射极与基极，而输出信号从集电极与基极输出，基极为输入回路与输出回路的公共端，所以把这种连接方式称为共基极放大电路。经分析、推导可得电压放大倍数为

$$A_\text{u} = \frac{\beta R'_\text{L}}{r_\text{be}}$$

式中，$R'_\text{L} = R_\text{C} /\!/ R_\text{L}$。

输入电阻为

$$R_\text{i} \approx R_\text{E} /\!/ \frac{r_\text{be}}{1 + \beta}$$

输出电阻为

$$R_\text{o} \approx R_\text{C}$$

共基极放大电路的电压放大倍数 A_u 为正值，表明共基极放大电路是同相电压放大电路。从计算公式来看，A_u 的数值与共射极放大电路相同，但这里并没有考虑信号源内阻的影响。实际上，由于共基极放大电路的输入电阻要比共射极放大电路的输入电阻小得多，因此，如果两种电路外接同样的信号源，当考虑信号源内阻时，共基极放大电路的源电压放大倍数要比共射极放大电路的源电压放大倍数小得多。共基极放大电路的输出电阻则与共射极放大电路的输出电阻相同，都等于集电极电阻 R_C。

另外，共基极放大电路没有电流放大作用，它的电流放大倍数小于 1，但接近 1。同时，由于它的输入电阻低而输出电阻高，故共基极放大电路又有电流跟随器或电流接续器之称，即能将低阻输入端的电流几乎不衰减地接续到高阻输出端，其功能接近理想的恒流源。

【例 8-6】图 8-31 所示电路中，设所有电容对交流均视为短路，已知 $U_\text{BEQ} = 0.7\text{V}$，$\beta = 20$，$r_\text{ce}$ 可忽略。

(1) 估算静态工作点 Q；

(2) 求解 A_u、R_i 和 R_o。

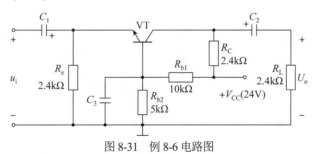

图 8-31　例 8-6 电路图

解： (1) $V_\text{BQ} = \dfrac{5}{5 + 10} \times 24 = 8\text{V}$，$I_\text{CQ} \approx I_\text{EQ} = \dfrac{8 - 0.7}{2.4} = 3.04\text{mA}$

$$U_\text{CEQ} = 24 - 3.04 \times (2.4 + 2.4) = 9.4\text{V}$$

(2) 画出微变等效电路，如图 8-32 所示。

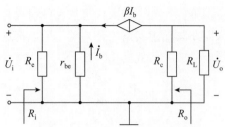

图 8-32　例 8-6 电路的微变等效电路

$$r_{be} = 300 + 21 \times \frac{26}{3.04} = 479.6\Omega$$

$$R_i = R_e \mathbin{/\mkern-4mu/} \frac{r_{be}}{1+\beta} = 22.8\Omega$$

$$R_o = R_c = 2.4k\Omega$$

$$A_u = \frac{\dot{U}_o}{\dot{U}_i} = \frac{-\beta \dot{I}_b \, R_c \mathbin{/\mkern-4mu/} R_L}{-\dot{I}_b \, r_{be}} = \frac{\beta \cdot R_L{}'}{r_{be}} = \frac{20 \times 2.4 \mathbin{/\mkern-4mu/} 2.4}{0.4796} = 50$$

8.4.3　三种基本放大电路的性能比较

综合上文分析，将共射、共集、共基三种接法的放大电路的性能指标列于表 8-4，以供比较。其中，共射极放大电路的电压、电流和功率放大倍数都比较高，因而应用最广，常用作各种放大器的主放大级。但作为电压放大或电流放大电路，它的输入电阻和输出电阻并不理想，在电压放大时，输入电阻不够大且输出电阻又不够小；而在电流放大时，输入电阻不够小且输出电阻也不够大。并且，共射极放大电路的高频特性较差，因此主要应用于低频放大。

共集电极放大电路虽然没有电压放大作用，但由于它具有独特的优点(输入电阻高而输出电阻低)，因而被广泛用作多级放大电路中的输入级、输出级或隔离缓冲级，也可以作为功率放大电路。

表 8-4　共射、共集、共基放大电路的性能指标

性能指标	共射极放大器	共基极放大器	共集电极放大器
A_u	$\dfrac{-\beta R_L'}{r_{be}}$ 大(几十到几百) U_i 与 U_o 反相	$\dfrac{\beta R_L'}{r_{be}}$ 大(几十到几百) U_i 与 U_o 相同	$\dfrac{(1+\beta)R_L'}{r_{be}+(1+\beta)R_L'}$ 小(≈ 1) U_i 与 U_o 同相
A_i	约为 β(大)	约为 α($\leqslant 1$)	约为 $1+\beta$(大)
G_p	大(几千)	中(几十到几百)	小(几十)
R_i	r_{be} 中(几百到几千欧)	$\dfrac{r_{be}}{1+\beta}$ 低(几到几十欧)	$r_{be}+(1+\beta)R_L'$ 大(几十千欧)
R_o	高($\approx R_C$)	高($\approx R_C$)	低$\left(\dfrac{R_S'+r_{be}}{1+\beta}\right)$

(续表)

性能指标	共射极放大器	共基极放大器	共集电极放大器
高频特性	差	好	好
用途	单级放大器或多级放大器的中间级	宽带放大、高频电路	多级放大器的输入、输出级和中间缓冲级

　　共基极放大电路则与共集电极放大电路正好相反，其输入电阻小而输出电阻大，具有电流跟随作用。共基极放大电路具有较好的高频特性，主要用于高频或宽频带放大，也可用于恒流源电路。

　　三种基本放大电路的性能各有特点，因而决定了它们在电子电路中的不同应用。因此，在构成实际放大器时，应根据要求合理选择电路并适当进行组合，取长补短，以使放大器的综合性能达到最佳。

8.5　场效应管放大电路

　　场效应管和晶体管的工作机理不同，但两种器件之间存在电极对应关系，即场效应管的栅极 G 对应晶体管的基极，源极 S 对应发射极，漏极 D 对应集电极。与晶体管组成的放大电路有三种连接方式相对应，场效应管组成的放大电路也有共源极、共漏极和共栅极三种接法，分别对应共射极、共集电极和共基极放大电路。进行动态分析时，同样采用微变等效电路法。但是，两者的不同之处在于晶体管是通过基极电流来控制集电极电流的电流控制型器件，而场效应管则是通过栅-源电压来控制漏极电流的电压控制型器件，因此，场效应管的微变等效电路中受控源的控制量是栅-源电压，而晶体管的微变等效电路中，受控源的控制量是基极电流。此外，由于场效应管的栅极几乎没有电流，所以输入电阻很高，分析时可近似认为输入端开路。在实际分析中，包含场效应管的电路分析过程比包含晶体管的电路分析过程简单。

8.5.1　共源极放大电路

　　场效应管组成放大电路时，也必须设置大小合适并且稳定的静态工作点，才能实现不失真的放大。与晶体管不同的是，场效应管是电压控制型器件，它只需要合适的偏压，而不需要偏流。需要注意的是，不同类型的场效应管对偏置电压的极性和大小有不同的要求。

1. 自给偏置电路

　　自给偏置共源极放大电路的基本电路如图 8-33(a)所示。图中采用的是 N 沟道结型场效应管。N 沟道结型场效应管正常工作需要负的栅-源电压。根据直流通路可知，漏极电流 I_{DQ} 在电阻 R_S 上产生的电压为 $I_{DQ}R_S$，由于栅极电阻 R_G 将栅极和源极构成了一个回路，使 R_S 上的电压能加到栅极而成为栅极偏压 $U_{GSQ}=-I_{DQ}R_S$。如果场效应管工作在恒流区(线性区)，根据其微变等效电路图，如图 8-33(b)所示，可知电压放大倍数为

$$A_u = -g_m R'_L$$

式中， $R'_L = R_D // R_L$ 。

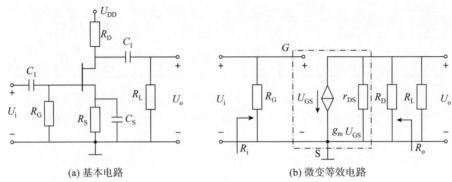

(a) 基本电路   (b) 微变等效电路

图 8-33   自给偏置共源极放大电路

2. 分压式偏置电路

如果用增强型绝缘栅场效应管构成放大电路，则不能采用自给偏置电路。原因是增强型绝缘栅场效应管正常工作需要一个正的并且大于其开启电压的栅-源电压，因此只能采用分压式偏置电路，如图 8-34 所示。

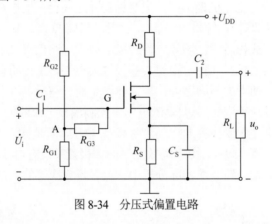

图 8-34   分压式偏置电路

根据其直流通路，有

$$U_{GSQ} = U_{GQ} - U_{SQ} = \frac{R_{G2}U_{DD}}{R_{G1} + U_{G2}} - I_{DQ}R_D$$

可见，只要合理选择 R_{G1}、R_{G2} 和 R_S 的阻值，就可以使 U_{GSQ} 为正压、零或负压，因此该分压式偏置电路适用于各种类型的场效应管。

当场效应管工作在恒流区时，其微变等效电路图与图 8-33(b) 相似，只是 $R_G = R_{G3} + R_{G1} // R_{G2}$。另外，电压放大倍数的计算也与图 8-33(b) 相同，仍为

$$A_u = -g_m R'_L$$

【例 8-7】场效应管放大电路如图 8-35(a)所示，已知工作点处的 $g_m=5\text{mA/V}$，场效应管工作在恒流区。

(1) 试画出放大电路的微变等效电路；

(2) 若 $R_S=1\text{k}\Omega$，计算 A_u、R_i 和 R_o；

(3) 说明电阻 R_{G3} 的作用。

解： (1) 将电路中所有的耦合电容、旁路电容短路，并将场效应管用其微变等效模型代替，画出放大电路的微变等效电路，如图 8-35(b)所示。

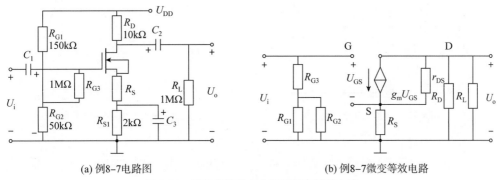

(a) 例8-7电路图　　　　　　(b) 例8-7微变等效电路

图 8-35　场效应管放大电路及微变等效电路

(2) 若忽略 r_{DS} 的影响，由图可知输入电压 U_i 为

$$U_i = U_{GS} + U_S = U_{GS} + g_m U_{GS} R_S = U_{GS}(1 + g_m R_S)$$

而输出电压为

$$U_o = -g_m U_{GS}(R_D /\!/ R_L)$$

则电压放大倍数为

$$A_u = \frac{U_o}{U_i} = -\frac{g_m}{1 + g_m R_S}(R_D /\!/ R_S)$$

式中，负号说明共源极放大电路和共射极放大电路一样，都具有反向电压放大的性质。

输入电阻为

$$R_i = R_{G3} + R_{G1} /\!/ R_{G2}$$

输出电阻为

$$R_o = R_D$$

(3) 由于栅极电流为零，因此隔离电阻 R_{G3} 的接入不会影响分压式偏置电路所设定的直流工作点。但从输入电阻的计算公式可以看出，R_{G3} 的作用是提高分压式偏置放大电路的输入电阻。为此，R_{G3} 通常会选择兆欧级的电阻。

8.5.2　共漏极放大电路

图 8-36 所示为分压式偏置共漏极放大电路图，其电压放大倍数为

$$A_u = \frac{g_m R_L'}{1 + g_m R_L'}$$

共漏极放大电路的输出电压与输入电压相位相同，而且大小近似相等，所以又称源极跟随器。

【**例 8-8**】电路如图 8-37 所示，场效应管的 $g_m = 11.3\text{ms}$，r_{ds} 忽略不计。试求共漏极放大电路的源电压增益 A_u、输入电阻 R_i 和输出电阻 R_o。

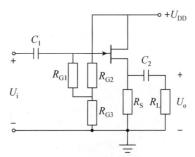

图 8-36　分压式偏置共漏极放大电路

解：画出微变等效电路，如图 8-38 所示。

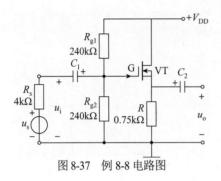

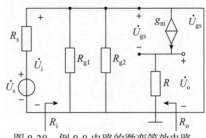

图 8-37　例 8-8 电路图　　　　　　　图 8-38　例 8-8 电路的微变等效电路

$$R_i = \frac{R_{g1}R_{g2}}{R_{g1}+R_{g2}} = 120\text{k}\Omega$$

$$R_o = \frac{R\dfrac{1}{g_m}}{R+\dfrac{1}{g_m}} = 79.2\Omega$$

8.5.3　共栅极放大电路

图 8-39(a)所示电路为共栅极放大电路，图 8-39(b)所示电路为微变等效电路。

1. 静态分析

设场效应管工作在饱和区，则有

$$I = I_{DQ} = K_n(V_{GSQ}-V_{TN})^2$$
$$g_m = 2K_n(V_{GSQ}-V_{TN})$$

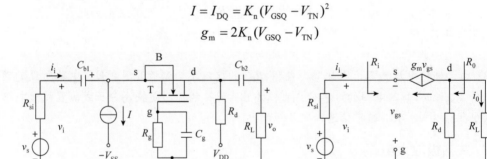

(a) 放大电路　　　　　　　　　　　(b) 微变等效电路

图 8-39　共栅极放大电路及其微变等效电路

2. 动态分析

$$v_o = -(g_m v_{gs})(R_d /\!/ R_L)$$

$$v_i = -v_{gs}$$

$$A_v = \frac{v_o}{v_i} = \frac{v_o}{-v_{gs}} = g_m(R_d /\!/ R_L)$$

$$R_i = \frac{v_i}{i_i} = \frac{-v_{gs}}{i_i}，而 i_i = -g_m v_{gs}，所以$$

$$R_i = \frac{1}{g_m}$$

$$R_o \approx R_d$$

共栅极放大电路应用较少。

场效应管组成的共源、共漏和共栅三种基本放大电路的性能特点与晶体管组成的共射、共集和共基放大电路相似。但由于场效应管的栅极不取电流，所以共源和共漏放大电路的输入电阻都远比共射和共集放大电路的输入电阻大。此外，由于表征场效应管电流放大能力的跨导 g_m 数值较小，所以在相同静态电流下，共源和共栅放大电路的电压放大倍数远比相应的共射和共基放大电路的电压放大倍数小。为了便于比较，现将三种场效应管基本放大电路的性能指标分别列于表 8-5 中。

表 8-5　场效应管三种基本放大电路的性能指标

性 能 指 标	共源极放大电路	共漏极放大电路	共栅极放大电路
电路图			
电压增益	$A_u \approx -g_m(R_D /\!/ R_L)$ $= -g_m R_L'$ $R_L' = R_D /\!/ R_L$	$A_u = \dfrac{g_m R_L'}{1 + g_m R_L'} < 1$ $R_L' = R_S /\!/ R_L$	$A_u = g_m R_L'$ $R_L' = R_D /\!/ R_L$
输入电阻	$R_i = R_G /\!/ R_i' = R_G$ $(R_i' \to \infty)$	$R_i = R_G$	$R_i = R_S /\!/ \dfrac{1}{g_m}$
输出电阻	$R_o = R_D$	$R_o = R_S /\!/ \dfrac{1}{g_m}$	$R_o \approx R_D$

习题 8

1. 基本放大电路的三种组态分别是(　　)放大电路、(　　)放大电路和(　　)放大电路。

2. 放大电路应遵循的基本原则是(　　)结正偏、(　　)结反偏。

3. 射极输出器具有(　　)恒小于 1，且接近于 1，(　　)和(　　)同相，并具有 (　　)高和(　　)低的特点。

4. 共射放大电路的静态工作点设置较低，造成截止失真，其输出波形为(　　)削顶。若采用分压式偏置电路，通过(　　)调节(　　)，可达到改善输出波形的目的。

5. 对放大电路来说，人们总是希望电路的输入电阻(　　)越好，以减轻信号源的负荷。

人们又希望放大电路的输出电阻(　　)越好,以增强放大电路的整个负载能力。

6. 反馈电阻 R_E 的数值通常为(　　),它不但能够对直流信号产生(　　)作用,同样可对交流信号产生(　　)作用,从而造成电压增益下降过多。为了不使交流信号削弱,一般在 R_E 的两端 (　　　　　　　　)。

7. 放大电路有两种工作状态:当 $u_i=0$ 时,电路的状态称为(　　)态;有交流信号 u_i 输入时,放大电路的工作状态称为(　　)态。在(　　)态情况下,晶体管各极电压、电流均包含(　　)分量和(　　)分量。放大器的输入电阻越(　　),就越能从前级信号源获得较大的电信号;输出电阻越(　　),放大器带负载能力就越强。

8. 电压放大器中的三极管通常工作在(　　)状态下,功率放大器中的三极管通常工作在(　　)参数情况下。功放电路不仅要求有足够大的(　　),而且还要求电路中有足够大的(　　),以获取足够大的功率。

9. 晶体管由于在长期工作过程中,受外界(　　)及电网电压不稳定的影响,即使输入信号为零时,放大电路输出端仍有缓慢的信号输出,这种现象叫作(　　)漂移。克服(　　)漂移的最有效的常用电路是(　　)放大电路。

10. 基本放大电路中,经过晶体管的信号有(　　)。

11. 基本放大电路的主要放大对象是(　　)。

12. 分压式偏置共发射极放大电路中,若 V_B 点电位过高,电路易出现(　　)。

13. 基极电流 i_B 的数值较大时,易引起静态工作点 Q 接近(　　)。

14. 分压式偏置电路如图 8-40(a)所示。其晶体管输出特性曲线如图 8-40(b)所示,电路中元件参数 $R_{b1}=15k\Omega$, $R_{b2}=62k\Omega$, $R_c=3k\Omega$, $R_L=3k\Omega$, $V_{CC}=24V$, $R_e=1k\Omega$, 晶体管的 $\beta=50$, $r_{bb'}=200\Omega$, 饱和压降 $V_{CES}=0.7V$, $r_s=100\Omega$ 。

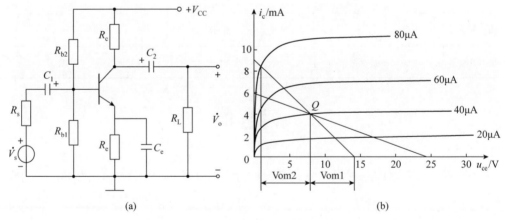

图 8-40　题 14 图

(1) 估算静态工作点 Q ;

(2) 求最大输出电压幅值 V_{om} ;

(3) 计算放大器的 A_v 、R_i 、R_o 和 A_{vs} ;

(4) 若电路其他参数不变,问上偏流电阻 R_{b2} 为多大时, $V_{CE}=4V$?

15. 用示波器观察图 8-41(a)电路中的集电极电压波形时,如果出现图 8-41(b)所示的三种情况，试说明各是哪一种失真？应该调整哪些参数以及如何调整才能使这些失真分别得到改善？

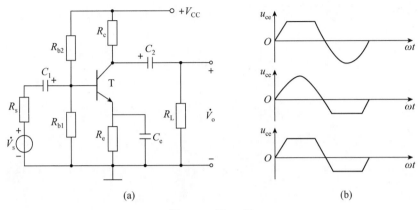

(a)　　　　　　　　　　　　(b)

图 8-41　题 15 图

16. 试分析图 8-42 所示各电路是否能够放大正弦交流信号，简述理由。设图中所有电容对交流信号均可视为短路。

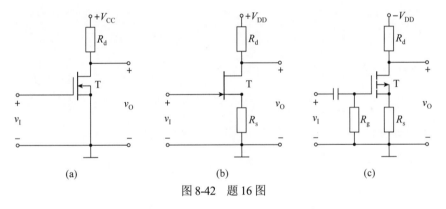

(a)　　　　　　　　(b)　　　　　　　　(c)

图 8-42　题 16 图

17. 场效应管放大器如图 8-43 所示，若 $V_{DD} = 20\text{V}$，要求静态工作点为 $I_{DQ} = 2\text{mA}$，$V_{GSQ} = -2\text{V}$，$V_{DSQ} = 10\text{V}$，试求 R_S 和 R_D。

18. 电路如图 8-44 所示，已知场效应管的低频跨导为 g_m，试写出 $\dot{A}_u$、R_i 和 R_o 的表达式。

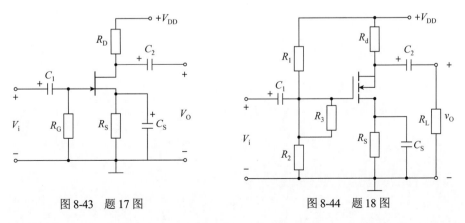

图 8-43　题 17 图　　　　　　　　　　　图 8-44　题 18 图

19. 设图 8-45 所示电路中场效应管参数 $V_P = -4V$，$I_{DSS} = 2mA$，$g_m = 1.2mS$，试求放大器的静态工作点 Q、电压放大倍数 A_u、输入电阻 R_i 和输出电阻 R_o，并画出该电路的微变等效电路(电路中所有电容的容抗可忽略不计，r_{ds} 可看作无穷大)。

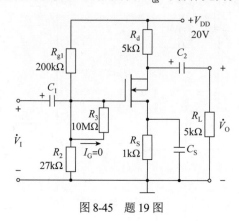

图 8-45　题 19 图

第9章　集成运算放大器

运算放大器是由多级放大电路组成的集成电路，输入级采用差分放大电路以实现高输入电阻和抑制零点漂移；中间级主要进行电压放大，具有高电压放大倍数，一般由共射极放大电路构成；输出极与负载相连，一般由功率放大电路组成以实现较强的带载能力、较低的输出电阻等特点。运算放大器的应用非常广泛。

9.1　差分放大电路

差分放大电路具有电路对称性的特点，此特点可以起到稳定工作点的作用，被广泛用于直接耦合电路和测量电路的输入级。差分放大电路是直接耦合放大电路的基本组成单元，该电路对于不同的输入信号有不同的作用，对于共模信号有很强的抑制作用，而对差模信号有放大作用。

9.1.1　直接耦合放大电路中的特殊问题

在自动控制及测量系统中，需要将温度、压力等非电量经传感器转换成电信号。这类信号的变化一般极其缓慢，利用阻容耦合和变压器耦合不可能传输这种信号，必须采用直接耦合放大电路。另外，在模拟集成电路中，为了避免制作大电容，其内部电路都采用直接耦合方式。直接耦合的多级放大电路虽然不会造成低频信号在传输中的损失，但存在以下两个问题。

1. 静态工作点相互制约

在直接耦合多级放大电路中，由于级与级之间没有耦合电容，因此各级的静态工作点相互影响、相互制约，在设计电路时，要合理安排，保证各级都有合适的静态工作点。

2. 零点漂移

若将直接耦合放大电路的输入端短路，即令 $u_i=0$，从理论上讲，放大电路的输出端应保持某个固定电压值(即其静态值)不变。然而，实际情况并非如此，如果用示波器观察此时的输出电压，会发现输出电压往往偏离其静态值，出现了缓慢的、无规则的变化，这种现象称为零点漂移。

放大电路产生零点漂移的原因主要是电源电压的波动、元件参数的变化和环境温度的变化，而其中又以温度变化产生的零点漂移最为严重，所以零点漂移经常被称为温度漂移，简称温漂。当放大电路输入级的静态工作点由于某种原因而稍有偏移(即产生了零点漂移)时，输入级的输出电压会发生微小的变化，而由于级间直接耦合，这种缓慢的微小变化就会被逐级传输、逐级放大，最终导致放大电路的输出端产生较大的漂移电压，而且放大电路的级数越多，漂移越大。当漂移电压的大小可以和有效信号电压相比拟时，就无法分辨是有效信号电压还是漂移电压，严重时，漂移电压甚至会淹没有效信号电压，使放大电路根本无法工作。

零点漂移是直接耦合放大电路最棘手的问题。可以说，直接耦合放大电路如果不采取措施来抑制零点漂移，则根本无法在实际中应用。通过前面的分析可知，多级直接耦合放大电路中的各级电路都会产生零点漂移，但是显然以第一级的零点漂移影响最严重。因此，抑制零点漂移要着重抑制第一级电路所产生的漂移。

人们采用多种补偿措施来抑制零点漂移，其中最有效的方法是输入级采用差分放大电路。

9.1.2　基本差分放大电路

1. 电路组成

图 9-1 所示为基本差分放大电路，它是由两个完全对称的共发射极放大电路组成的。输入信号 u_{i1} 和 u_{i2} 从两个三极管的基极输入，称为双端输入。输出信号从两个集电极输出，称为双端输出。R_c 为集电极负载电阻，R_e 为差分放大电路的公共发射极电阻，对抑制零点漂移起着非常关键的作用，称为共模抑制电阻。差分电路采用正负双电源 $+U_{CC}$ 和 $-U_{EE}$ 供电。

2. 静态分析

当输入信号为零(u_{i1} 和 u_{i2} 均为零)时，放大电路的直流通路如图 9-2 所示。由于电路左右对称，因此有 $I_{BQ1}=I_{BQ2}=I_{BQ}$，$I_{CQ1}=I_{CQ2}=I_{CQ}$，$I_{EQ1}=I_{EQ2}=I_{EQ}$，$U_{CEQ1}=U_{CEQ2}=U_{CEQ}$，即差分电路两边的静态工作点完全对称。由基极回路可得直流电压方程式为

$$I_{BQ}R_b + U_{BEQ} + 2I_{EQ}R_e = U_{EE}$$

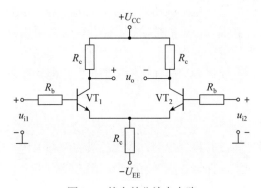

图 9-1　基本差分放大电路

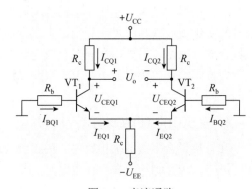

图 9-2　直流通路

经化简后得

$$I_{EQ} = \frac{U_{EE} - U_{BEQ}}{2R_e + \dfrac{R_b}{1+\beta}}$$

直流通路通常满足 $U_{EE} \gg U_{BEQ}$，$2R_e \gg \dfrac{R_b}{1+\beta}$ 的条件，近似可得

$$I_{EQ} \approx \frac{U_{EE}}{2R_e}$$

$$I_{CQ} \approx I_{EQ}$$

$$I_{BQ} \approx \frac{I_{CQ}}{\beta}$$

$$U_{CEQ} = U_{CC} + U_{EE} - I_{CQ}(R_C + 2R_e)$$

3. 动态分析

(1) 共模信号输入。在放大器的两输入端分别输入大小相等、极性相同的信号，即 $u_{i1} = u_{i2}$，这种输入方式称为共模输入，所输入的信号称为共模输入信号，用 u_{ic} 表示。图 9-3 所示电路就属于共模输入电路，因为两只晶体管的基极连接在一起，两管基极对地的信号是完全相同的，即 $u_{i1} = u_{i2} = u_{ic}$。

由图 9-3 可知，由于电路对称，$u_{i1} = u_{i2} = u_{ic}$，故两管的电流同时增加或减小，两管集电极的电位同时降低或升高，并且降低的量或升高的量对应相等，因此 $u_{ic} = 0$，即双端输出的共模电压放大倍数为

$$A_{uc} = \frac{u_{oc}}{u_{ic}} = 0$$

在实际应用中，共模输入信号其实是反映温度变化、干扰或噪声等无用信号对差分电路的影响的。因为温度的变化、干扰或噪声对差分电路中的两只晶体管的影响是相同的，可等效为输入了一对共模信号，在电路对称的情况下，其共模输出电压为零。

即使差分电路不完全对称，也可通过发射极电阻 R_e，产生 $2R_e$ 效果的共模负反馈，使每一个三极管的共模输出电压减小。这是因为共模信号输入时，两只晶体管的电流同时增大或同时减小，所以在 R_e 电阻上形成的共模信号电压是两管发射极共模信号电流相加后产生的，故 R_e 电阻对每一个管子来说都将产生 $2R_e$ 的共模负反馈效果，其共模交流通路如图 9-4 所示。

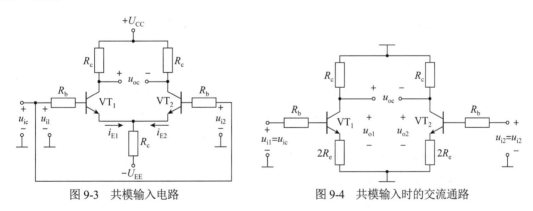

图 9-3　共模输入电路　　　　　　　　图 9-4　共模输入时的交流通路

定义 VT$_1$ 管或 VT$_2$ 管的单管共模电压放大倍数为 $A_{uc1} = \dfrac{u_{o1}}{u_{i1}}$，$A_{uc2} = \dfrac{u_{o2}}{u_{i2}}$，显然，

$$A_{uc1} = A_{uc2} = -\frac{\beta R_C}{R_b + r_{be} + 2(1+\beta)R_e}$$

由 A_{uc1} 和 A_{uc2} 的表达式可以看出，R_e 越大，A_{uc1}、A_{uc2} 的值就越小，即共模输出电压 u_{o1} 和 u_{o2} 越小，这样就限制了每只晶体管的共模输出电压。当采用双端输出方式时，就会使共模输出电压 $u_{oc} = u_{o1} - u_{o2}$ 更小，从而很好地抑制共模信号，也就抑制了零点漂移。

(2) 差模信号输入。在放大器的两个输入端分别输入大小相等、相位相反的信号，即 $u_{i1} = -u_{i2}$ 时，这种输入方式称为差模输入方式，所输入的信号称为差模输入信号，用 u_{id} 来表示，$u_{id} = u_{i1} - u_{i2}$。图 9-5 所示电路即为差模输入电路，输入信号 u_{id} 加在两个三极管的基极之间。由图 9-5 可知，由于电路对称，两个三极管的基极对地之间的信号电压 u_{i1} 和 u_{i2} 就是大小相等、相位相反的差模信号，其中，$u_{i1} = +\dfrac{u_{id}}{2}$，$u_{i2} = -\dfrac{u_{id}}{2}$。

由于两管的输入信号极性相反，因此流过两管的差模信号电流的方向也是相反的，且变化量相等。若 VT_1 管的电流增加，则 VT_2 管的电流减小；VT_1 管集电极的电位下降，则 VT_2 管集电极的电位上升，而且差模输入信号引起差分电路中两只晶体管的集电极电流和集电极电位的变化也是等值反向的。

另外，在电路完全对称的条件下，i_{E1} 增加的量与 i_{E2} 减小的量相等，所以流过 R_e 的电流变化为零，即 R_e 电阻两端没有差模信号电压产生，可以认为 R_e 对差模信号呈短路状态，从而得到差模输入时的交流通路如图 9-6 所示。

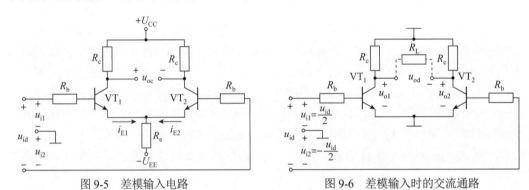

图 9-5　差模输入电路　　　　　　　　图 9-6　差模输入时的交流通路

当从两管集电极之间输出信号电压时，其差模电压放大倍数表示为

$$A_{ud} = \frac{u_{od}}{u_{id}} = \frac{u_{o1} - u_{o2}}{u_{i1} - u_{i2}} = \frac{2u_{o1}}{2u_{i1}} = -\beta \frac{R_C}{r_{be} + R_b}$$

当在两个三极管的集电极之间接上负载 R_L 时，差模电压放大倍数为

$$A_{ud} = -\beta \frac{R_L'}{r_{be} + R_b}$$

式中，$R_L' = R_C /\!/ (R_L / 2)$。这是因为当输入差模信号时，两管集电极电位的变化是大小相等、方向相反的，因此负载电阻 R_L 的中点处的电位始终不变，即相当于交流的地，所以在差模输入的交流通路中，相当于每只晶体管各带了一半的负载电阻，即 $R_L/2$。

综上分析可知：双端输入、双端输出差分放大电路的差模电压放大倍数与单管共发射极放大电路的电压放大倍数相同。可见，差分放大电路是以增加一个单管共发射极放大电路作为代价来换取电路对零点漂移的抑制能力。

由图 9-6 可得差模输入电阻为

$$r_{id} = 2(R_b + r_{be})$$

两集电极之间的差模输出电阻为

$$r_{od} = 2R_C$$

（3）一般输入。对于图9-1所示的电路，若两个输入的信号大小不等，则可认为差分放大电路既有差模信号输入，又有共模信号输入。其中差模信号分量为两输入信号之差，用 u_{id} 表示，即

$$u_{id} = u_{i1} - u_{i2}$$

共模信号分量为两输入信号的算术平均值，用 u_{ic} 表示，即

$$u_{ic} = \frac{1}{2}(u_{i1} + u_{i2})$$

于是，加在两输入端上的信号可分解为

$$u_{i1} = \frac{1}{2}u_{id} + u_{ic}$$

$$u_{i2} = -\frac{1}{2}u_{id} + u_{ic}$$

9.2　集成运算放大器基础

运算放大器是多级放大电路，它由输入级、中间级、输出级和偏置电路组成。衡量一个运算放大器的质量有许多指标与参数，掌握这些对于熟练使用运算放大器有较好的帮助作用。

9.2.1　集成运算放大器概述

1. 模拟集成电路的特点

利用常用的半导体三极管硅平面制造工艺技术，把组成电路的电阻、二极管及三极管等有源、无源器件及其内部连线同时制作在一块很小的硅基片上，便构成了具有特定功能的电子电路——集成电路。集成电路除了具有体积小、重量轻、耗电省及可靠性高等优点外，还具有下列特点。

（1）因为硅片上不能制作大电容与电感，所以模拟集成电路内部的电路均采用直接耦合方式。为了抑制零点漂移，输入级广泛采用差分放大电路。在必须使用大电容和电感的情况下，一般采用外接方式。

（2）由于硅片上不宜制作高阻值的电阻，所以模拟集成电路内部常以恒流源取代高阻值电阻。

（3）由于集成电路内部增加元件并不增加制造工序，所以集成电路内部普遍采用复杂的电路形式，以提高电路的性能。

（4）相邻元件具有良好的对称性，这对获得对称性能良好的差分放大电路十分有利。

2. 集成运算放大器的发展概况

集成运算放大器实质上是高增益的直接耦合放大电路，它的应用十分广泛，且远远超出了运算电路的范围。常见的集成运算放大器的外形有圆形、扁平形、双列直插式等，管脚数有 8 管脚及 14 管脚等，如图 9-7 所示。

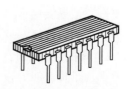

图 9-7　集成运算放大器的外形

自 1964 年 FSC 公司研制出第一块集成运算放大器μA702 以来，集成运算放大器发展迅速，目前已经历了四代产品。

第一代产品基本上沿用了分立元件放大电路的设计思想，内部结构采用以电流源为偏置电路的三级直接耦合放大电路，能满足一般应用的要求。典型产品有μA709 和国产的FC3、F003 及 5G23 等。

第二代产品以普遍采用有源负载为标志，简化了电路的设计，使集成运算放大器的开环增益有了明显的提高，各方面的性能指标比较均衡，属于通用型运算放大器。典型产品有μA741、LM324 和国产的 FC4、F007、F324 及 5G24 等。

第三代产品的输入级采用了超β管，β值高达 1000～5000，而且版图设计上考虑了热效应的影响，从而减小了失调电压、失调电流及温度漂移，增大了集成运算放大器的共模抑制比和输入电阻。典型产品有 AD508、MC1556 和国产的 F1556 及 F030 等。

第四代产品采用了斩波稳零的动态稳零技术，使集成运算放大器的各项性能指标和参数更加理想化，一般情况下不需要调零就能正常工作，大大提高了精度。典型产品有HA2900、SN62088 和国产的 5G7650 等。

9.2.2　集成运算放大器内部电路

集成运算放大器的内部实际上是一个高增益的直接耦合放大器，一般由输入级、中间级、输出级和偏置电路等四部分组成。现以图 9-8 所示的简单的集成运算放大器内部电路为例进行介绍。

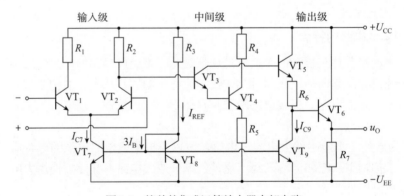

图 9-8　简单的集成运算放大器内部电路

(1) 输入级。输入级由 VT_1 和 VT_2 组成，这是一个双端输入、单端输出的差分放大电路，VT_7、VT_8 组成其发射极恒流源。输入级是提高运算放大器质量的关键部分，要求其输入电阻高。为了减小零点漂移和抑制共模干扰信号，输入级都采用具有恒流源的差分放大电路，又称差动输入级。

(2) 中间级。中间级由复合管 VT_3 和 VT_4 组成。中间级通常是共发射极放大电路，其主要作用是提供足够大的电压放大倍数，故又称电压放大级。为提高电压放大倍数，有时采用恒流源代替集电极负载电阻 R_4。

(3) 输出级。输出级的主要作用是输出足够大的电流以满足负载的需要，要求其输出电阻小，带负载能力强。输出级一般由射极输出器或互补对称功率放大电路组成。图 9-8 所示的集成运放电路的输出级由 VT_5 和 VT_6 组成，这是一个射极输出器，R_6 的作用是使直流电平移动，即通过 R_6 对直流的降压，以保证集成运放输入为零时输出亦为零。VT_9 是接在 VT_5 发射极上的恒流源负载。

(4) 偏置电路。偏置电路的作用是为各级提供合适的工作电流，一般由各种恒流源电路组成。图 9-8 中，$VT_7 \sim VT_9$ 组成恒流源形式的偏置电路。VT_8 的基极与集电极相连，使 VT_8 工作在临界饱和状态，故仍有放大能力。由于 $VT_7 \sim VT_9$ 的基极电压及参数相同，因而 $VT_7 \sim VT_9$ 的基极电流和集电极电流分别相等。一般 $VT_7 \sim VT_9$ 的基极电流之和(记为 $3I_B$)可忽略不计，于是有 $I_{C7}=I_{C9}=I_{REF}$，$I_{REF}=(U_{CC}+U_{EE}-U_{BEQ})/R_3$，当 I_{REF} 确定后，I_{C7} 和 I_{C9} 就成为恒流源。由于 I_{C7}、I_{C9} 与 I_{REF} 呈镜像关系，故称这种恒流源为镜像电流源。

该集成运算放大器采用正、负电源供电，一般取 $U_{CC} = -U_{EE}$。

注意：VT_2 的基极标有 "+"，它是集成运算放大器的同相输入端，由此端输入信号，则输出信号与输入信号的相位相同。VT_1 的基极标有 "−"，为集成运算放大器的反相输入端，由此端输入信号，则输出信号与输入信号的相位是相反的。请读者根据瞬时极性法自行判断这是为什么。

9.2.3　集成运算放大器的电路符号

集成运算放大器的电路符号如图 9-9 所示，图中 "▷" 表示信号的传输方向，"∞" 表示理想条件下运算放大器的开环放大倍数是无穷大。两个输入端中，"−" 号表示反相输入端，输入电压用 u_- 表示；符号 "+" 表示同相输入端，输入电压用 u_+ 表示。输出端的 "+" 号表示输出电压的极性与同相端输入信号的相位相同，输出电压用 u_o 表示。

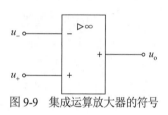

图 9-9　集成运算放大器的符号

9.2.4　集成运算放大器的主要参数

集成运算放大器的参数是评价其性能优劣的依据。为了正确挑选和使用集成运算放大器，必须掌握主要参数的含义。

1. 差模电压放大倍数

差模电压放大倍数 A_{ud} 是指在标称电源电压和额定负载下，运算放大器在开环运用时对差模信号的电压放大倍数。运算放大器的 A_{ud} 实际上是输入信号频率的函数，但通常给出的是直流开环增益。

2. 共模抑制比

共模抑制比 K_{CMR} 是指运算放大器的差模电压增益与共模电压增益之比，用对数表示，即

$$K_{CMR} = 20\lg\left|\frac{A_{ud}}{A_{uc}}\right|(dB)$$

K_{CMR} 越大越好。

3. 差模输入电阻

差模输入电阻 r_{id} 是指运算放大器对差模信号所呈现的输入电阻，即运算放大器两输入端之间的等效电阻。

4. 输入偏置电流

输入偏置电流 I_{IB} 是指运算放大器在静态时，流经两个输入端的基极电流的平均值，即

$$I_{IB} = \frac{I_{B1} + I_{B2}}{2}$$

输入偏置电流越小越好，通用型集成运算放大器的输入偏置电流 I_{IB} 的数量级约为几微安。

5. 输入失调电压及其温漂

一个理想的集成运算放大器能实现零输入时零输出。而实际的集成运算放大器，当输入电压为零时，存在一定的输出电压，将其折算到输入端就是输入失调电压 U_{IO}，它在数值上等于输出电压为零时输入端应施加的直流补偿电压，反映了差动输入级元件的失调程度。通用型运算放大器的 U_{IO} 值为 2～10mV，高性能运算放大器的 U_{IO} 小于 1mV。

输入失调电压对温度的变化率 dU_{IO}/dT 称为输入失调电压的温度漂移，简称温漂，用以表征 U_{IO} 受温度变化的影响程度，一般以 μV/℃ 为单位。通用型集成运算放大器的指标的数量级为微伏(μV)。

6. 输入失调电流及其温漂

一个理想的集成运算放大器两输入端的静态电流应该完全相等。实际上，当集成运算放大器的输出电压为零时，流入两输入端的电流不相等，这个静态电流之差就是输入失调电流 I_{IO}，它定义为 $I_{IO} = |I_{B1} - I_{B2}|$。引起输入电流失调的主要原因是输入级的差分电路可能完全对称。显然 I_{IO} 越小越好，一般为 1～10nA。I_{IO} 越小，说明差分电路的对称性越好。

输入失调电流对温度的变化率 dI_{IO}/dT 称为输入失调电流的温度漂移，简称温漂，用以表征 I_{IO} 受温度变化的影响程度。这类温度漂移一般为 1～5nA/℃，性能好的运放数量级可达 pA/℃。

7. 输出电阻

在开环条件下，运算放大器输出端等效为电压源时的等效动态内阻称为运算放大器的输出电阻，记为 r_o。r_o 的理想值为零，实际值一般为 100Ω～1kΩ。

8. 开环带宽 BW

开环带宽 BW 又称-3dB 带宽，是指运算放大器在放大小信号时，开环差模增益下降 3dB 时所对应的频率 f_H。

9. 单位增益带宽 BW_G

当输入信号的频率增大到使运算放大器的开环增益下降到 0dB 时所对应的频率范围称为单位增益带宽 BW_G。

10. 转换速率

转换速率又称压摆率，通常是指运算放大器在闭环状态下，输入为大信号(如阶跃信号)时，放大电路输出电压对时间的最大变化速率，即

$$S_R = \left. \frac{du_o(t)}{dt} \right|_{max}$$

S_R 反映了运算放大器的输出对于高速变化的大输入信号的响应能力。S_R 越大，表示运算放大器的高频性能越好。

此外，集成运算放大器还有最大差模输入电压 U_{idmax}、最大共模输入电压 U_{icmax}、最大输出电压 U_{omax} 及最大输出电流 I_{omax} 等参数。

9.3　集成运算放大器的基本应用

集成运算放大器外接一定形式的负反馈电路可实现各种功能，例如，能对信号进行反相放大与同相放大，对信号进行加、减、微分和积分运算等。

9.3.1　理想运算放大器的特点

一般情况下，我们把电路中的集成运算放大器看作理想运算放大器。

1. 理想运算放大器的主要性能指标

集成运算放大器的理想化性能指标有：

(1) 开环电压放大倍数 $A_{ud} \to \infty$；

(2) 输入电阻 $r_{id} \to \infty$；

(3) 输出电阻 $r_{od} \to 0$；

(4) 共模抑制比 $K_{CMR} \to \infty$。

此外，理想运放的失调和失调温漂均为零。当然，实际上理想运算放大器并不存在，但由于集成运算放大器的各项技术指标都比较接近理想值，在具体分析时将其理想化是允许的，这种理想化分析所带来的误差一般比较小，可以忽略不计。

2. 虚短和虚断的概念

对于理想的集成运算放大器，由于其 $A_{ud} \to \infty$，而运算放大器作为有源器件，其最大输出电压不能超过运算放大器的供电电源电压，因此集成运算放大器在开环工作时即使两个输入端之间存在很小的电压差，也足以使运算放大器的输出电压超出其线性范围而进入非线性区。因此，只有引入负反馈，使集成运算放大器的两个输入端之间的电压差趋于零，才能保证集成运算放大器工作在线性区。

理想集成运算放大器线性工作区的特点是存在虚短和虚断。

(1) 虚短。当集成运算放大器工作在线性区时，输出电压在有限值之间变化，而集成运算放大器的 $A_{ud} \to \infty$，则 $u_{id} = u_{od}/A_{ud} \approx 0$，即 $u_{id} = u_+ - u_- \approx 0$，得

$$u_+ \approx u_-$$

即反相端与同相端的电压几乎相等，近似于短路又不是真正短路，人们将此称为虚短路，简称虚短。

另外，当运算放大器的同相端接地时，即 $u_+ = 0$，根据虚短，则有 $u_- \approx 0$。这说明同相端接地时，反相端的电位会接近地电位，所以此时反相端称为虚地。

(2) 虚断。由于集成运算放大器的输入电阻 $r_{id} \to \infty$，而集成运算放大器两个输入端之

间的电压差显然是有限的，因此必然有流入集成运算放大器同相端和反相端的电流 $i_+ = i_- = \dfrac{u_{id}}{r_{id}} \to 0$，即运算放大器两输入端的电流几乎为零，称为虚断路，简称虚断。

9.3.2 反相放大与同相放大

1. 反相放大

图 9-10 所示电路为反相输入比例运算电路。输入信号 u_i 经过电阻 R_1 加到集成运算放大器的反相端，反馈电阻 R_F 接在输出端和反相输入端之间，构成电压并联负反馈，则集成运算放大器工作在线性区；同相端与地之间接平衡电阻 R_2，主要是保证静态时同相端与反相端外接的电阻相等，即

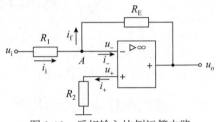

图 9-10 反相输入比例运算电路

$R_2 = R_1 // R_F$，以保证运算放大器的两个输入端处于平衡对称的工作状态，从而消除输入偏置电流及其温度漂移的影响。

根据虚断的概念，$i_+ = i_- \approx 0$，得 $u_+ = 0$，$i_i \approx i_f$；又根据虚短的概念，$u_- \approx u_+ = 0$，故称 A 点为虚地点。虚地是反相输入放大电路的一个重要特点。于是有

$$i_i = \frac{u_i}{R_1}, \quad i_f = -\frac{u_o}{R_F}$$

所以有

$$\frac{u_i}{R_1} = -\frac{u_o}{R_F}$$

移项后得电压放大倍数为

$$A_u = \frac{u_o}{u_i} = -\frac{R_F}{R_1}$$

或

$$u_o = -\frac{R_F}{R_1} \times u_i$$

上式表明，反相输入比例运算电路的电压放大倍数与 R_F 成正比，与 R_1 成反比，既可以实现输入信号的放大，也可以实现输入信号的衰减，式中负号表明输出电压与输入电压的相位相反。当 $R_1 = R_F = R$ 时，$u_o = -u_i$，即输入电压与输出电压大小相等、相位相反，反相放大成为反相器。

由于反相输入比例运算电路引入的是深度电压并联负反馈，因此它使闭环输入电阻和闭环输出电阻都减小，输入和输出电阻分别为

$$R_i \approx R_1$$
$$R_o \approx 0$$

2. 同相放大

如图 9-11 所示，输入信号 u_i 经过电阻 R_2 接到集成运算放大器的同相端，反馈电阻引回到其反相端，构成了电压串联负反馈。

根据虚断的概念，$i_+ = i_- \approx 0$，得 $u_+ = u_i$，又根据虚短的概念，可得 $u_- \approx u_+ = u_i$，于是有

$$u_i \approx u_- = u_o \times \frac{R_1}{R_1 + R_F}$$

移项后得电压放大倍数为

$$A_u = \frac{u_o}{u_i} = 1 + \frac{R_F}{R_1}$$

或

$$u_o = \left(1 + \frac{R_F}{R_1}\right) \times u_i$$

上式表明，同相输入比例运算电路的电压放大倍数恒大于等于 1，即只能实现输入信号的放大，不能实现输入信号的衰减，而且输出电压与输入电压的相位相同。当 $R_F=0$ 或 $R_1 \rightarrow \infty$ 时，如图 9-12 所示，此时 $u_o = u_i$，即输出电压与输入电压大小相等、相位相同，该电路称为电压跟随器。

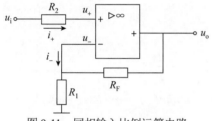

图 9-11　同相输入比例运算电路

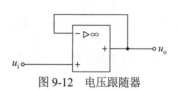

图 9-12　电压跟随器

由于同相输入放大电路引入的是深度电压串联负反馈，因此它使闭环输入电阻增大，而闭环输出电阻减小，输入和输出电阻分别为

$$R_i \rightarrow \infty$$

$$R_o \approx 0$$

【例 9-1】电路如图 9-13 所示，试求当 R_5 的阻值为多大时，才能使 $u_o = -55u_i$。

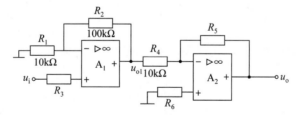

图 9-13　例 9-1 电路图

解： 在图 9-13 所示电路中，A_1 构成同相输入放大，A_2 构成反相输入放大，因此有

$$u_{o1} = \left(1 + \frac{R_2}{R_1}\right)u_i = \left(1 + \frac{100}{10}\right)u_i = 11u_i$$

$$u_o = -\frac{R_5}{R_4}u_{o1} = -\frac{R_5}{10} \times 11u_i = -55u_i$$

化简后得 $R_5=50\text{k}\Omega$。

9.3.3 加法运算与减法运算

1. 加法运算

在自动控制电路中，往往需要将多个采样信号按一定的比例叠加起来输入到放大电路中，这就需要用到加法运算电路，如图 9-14 所示。

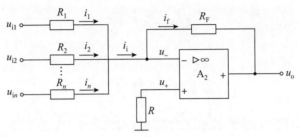

图 9-14 加法运算电路

根据虚断的概念及节点电流定律，可得 $i_f=i_1+i_2+\cdots+i_n$。再根据虚短的概念可得

$$i_1=\frac{u_{i1}}{R_1}, \quad i_2=\frac{u_{i2}}{R_2}, \quad \cdots, \quad i_n=\frac{u_{in}}{R_n}$$

则输出电压为

$$u_o=-R_F i_f = -R_F\left(\frac{u_{i1}}{R_1}+\frac{u_{i2}}{R_2}+\cdots+\frac{u_{in}}{R_n}\right)$$

上式表明该电路实现了各信号的比例加法运算。如取 $R_1=R_2=\cdots=R_n=R_F$，则有

$$u_o=-(u_{i1}+u_{i2}+\cdots+u_{in})$$

2. 减法运算

(1) 利用差分式电路实现减法运算。电路如图 9-15 所示，u_{i2} 经 R_1 加到反相输入端，u_{i1} 经 R_2 加到同相输入端。根据叠加定理，首先令 $u_{i1}=0$，当 u_{i2} 单独作用时，电路成为反相放大电路，其输出电压为

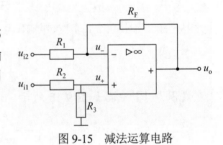

图 9-15 减法运算电路

$$u_{o2}=-\frac{R_F}{R_1}u_{i2}$$

再令 $u_{i2}=0$，u_{i1} 单独作用时，电路成为同相放大电路，同相端电压为

$$u_+=\frac{R_3}{R_2+R_3}u_{i1}$$

则输出电压为

$$u_{o1}=\left(1+\frac{R_F}{R_1}\right)u_+ = \left(1+\frac{R_F}{R_1}\right)\left(\frac{R_3}{R_2+R_3}\right)u_{i1}$$

这样，当 u_{i1} 和 u_{i2} 同时输入时，有

$$u_o=u_{o1}+u_{o2}=\left(1+\frac{R_F}{R_1}\right)\left(\frac{R_3}{R_2+R_3}\right)u_{i1}-\frac{R_F}{R_1}u_{i2}$$

当 $R_1=R_2=R_3=R_F$ 时，有

$$u_o = u_{i1} - u_{i2}$$

这样，就实现了两个输入信号的减法运算。

图 9-15 所示的减法运算电路又称差分减法电路，具有输入电阻低和增益调整难两大缺点。为满足高输入电阻及增益可调的要求，工程上常采用由多级运算放大器组成的减法运算电路。

(2) 利用反相求和实现减法运算。多级运算放大器组成的减法电路如图 9-16 所示。第一级为反相放大电路，若取 $R_{F1} = R_1$，则 $u_{o1} = -u_{i1}$。第二级为反相加法运算电路，可导出

$$u_o = -\frac{R_{F2}}{R_2}(u_{o1} + u_{i2}) = \frac{R_{F2}}{R_2}(u_{i1} - u_{i2})$$

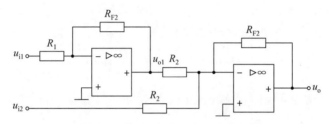

图 9-16　利用反相求和实现减法运算

若取 $R_2 = R_{F2}$，则有

$$u_o = u_{i1} - u_{i2}$$

这样，就实现了两个输入信号的减法运算。

【例 9-2】加减法运算电路如图 9-17 所示，求输出与各输入电压之间的关系。

解： 输入信号有 4 个，可利用叠加法。

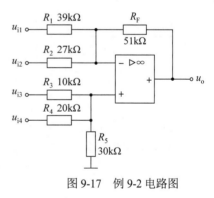

图 9-17　例 9-2 电路图

① 当 u_{i1} 单独输入、其他输入端接地时，有

$$u_{o1} = -\frac{R_F}{R_1}u_{i1} \approx -1.3u_{i1}$$

② 当 u_{i2} 单独输入、其他输入端接地时，有

$$u_{o2} = -\frac{R_F}{R_2}u_{i2} \approx -1.9u_{i2}$$

③ 当 u_{i3} 单独输入、其他输入端接地时，有

$$u_{o3} = \left(1 + \frac{R_F}{R_1 /\!/ R_2}\right)\left(\frac{R_4 /\!/ R_5}{R_3 + R_4 /\!/ R_5}\right)u_{i3} \approx 2.3u_{i3}$$

④ 当 u_{i4} 单独输入、其他输入端接地时，有

$$u_{o4} = \left(1 + \frac{R_F}{R_1 /\!/ R_2}\right)\left(\frac{R_3 /\!/ R_5}{R_4 + R_3 /\!/ R_5}\right)u_{i4} \approx 1.15u_{i4}$$

由此可得到

$$u_o = u_{o1} + u_{o2} + u_{o3} + u_{o4} = -1.3u_{i1} - 1.9u_{i2} + 2.3u_{i3} + 1.15u_{i4}$$

9.3.4　积分运算与微分运算

1. 积分运算

图 9-18 所示电路为积分运算电路。根据虚地的概念，$u_A≈0$，$i_R=u_i/R$。再根据虚断的概念，有 $i_c≈i_R$，即电容 C 以电流 $i_C=u_i/R$ 进行充电。假设电容 C 的初始电压为零，那么

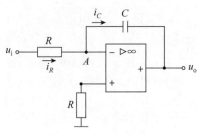

图 9-18　积分运算电路

$$u_o=-\frac{1}{C}\int i_C\mathrm{d}t=-\frac{1}{C}\int \frac{u_i}{R}\mathrm{d}t=-\frac{1}{RC}\int u_i\mathrm{d}t$$

上式表明，输出电压为输入电压对时间的积分，且相位相反。当求解 t_1 到 t_2 时间段的积分值时，有

$$u_o=-\frac{1}{RC}\int_{t_1}^{t_2}u_i\mathrm{d}t+u_o(t_1)$$

式中，$u_o(t_1)$ 为积分起始时刻 t_1 的输出电压，即积分的起始值；积分的终值是 t_2 时刻的输出电压。当 u_i 为常量 U_i 时，有

$$u_o=-\frac{1}{RC}U_i(t_2-t_1)+u_o(t_1)$$

积分电路可以实现波形变换，如图 9-19 所示。当输入为阶跃信号时，若 t_0 时刻电容上的初始电压为零，则输出电压的波形如图 9-19(a)所示。当输入为方波和正弦波时，输出电压的波形分别如图 9-19(b)和(c)所示。

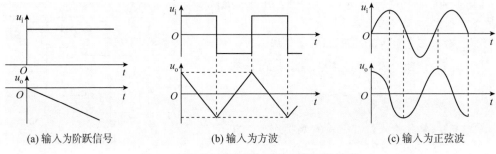

(a) 输入为阶跃信号　　　　　　(b) 输入为方波　　　　　　(c) 输入为正弦波

图 9-19　积分运算在不同输入情况下的波形

【例9-3】电路及输入信号的波形分别如图 9-20(a)和(b)所示，电容器 C 的初始电压 $u_c(0)=0$，试画出稳态时输出电压 u_o 的波形，并标出 u_o 的幅值。

解： 当 $t=t_1=40\mu s$ 时，有

$$u_o(t_1)=-\frac{u_i}{RC}t_1=-\frac{-10\mathrm{V}\times 40\times 10^{-6}\mathrm{s}}{10\times 10^3\Omega\times 5\times 10^{-9}\mathrm{F}}=8\mathrm{V}$$

当 $t=t_2=120\mu s$ 时，有

$$u_o(t_2)=u_o(t_1)-\frac{u_i}{RC}(t_2-t_1)=8\mathrm{V}-\frac{5\mathrm{V}\times(120-40)\times 10^{-6}\mathrm{s}}{10\times 10^3\Omega\times 5\times 10^{-9}\mathrm{F}}=0\mathrm{V}$$

得输出电压的波形如图 9-20(c)所示。

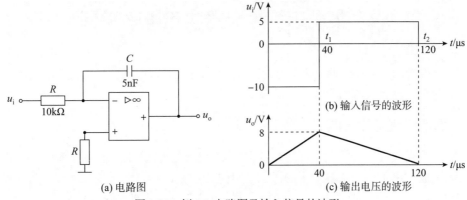

(a) 电路图　　　　　　　　(c) 输出电压的波形

图 9-20　例 9-3 电路图及输入信号的波形

2. 微分运算

将积分电路中的 R 和 C 位置互换，就可得到微分运算电路，如图 9-21 所示。

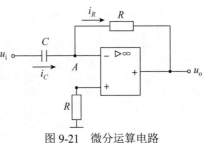

在这个电路中，A 点为虚地，即 $u_A \approx 0$。再根据虚断的概念，有 $i_R \approx i_C$。假设电容 C 的初始电压为零，那么有 $i_C = C\dfrac{du_i}{dt}$，则输出电压为

图 9-21　微分运算电路

$$u_o = -i_R \times R = -RC\frac{du_i}{dt}$$

上式表明，输出电压为输入电压对时间的微分，且相位相反。

图 9-21 所示的微分运算电路只是一个原理电路，其实用性很差，这是因为当输入电压产生阶跃变化(例如输入端有大的干扰)时，i_C 电流极大，会使集成运算放大器内部的晶体管进入饱和或截止状态，即使干扰消失以后，晶体管仍不能恢复到放大状态，也就是电路不能正常工作。同时，由于微分电路的反馈网络为滞后网络，它与集成运算放大器内部的滞后附加相移相加，易满足自激振荡条件，从而使电路不稳定。

实用的微分电路如图 9-22(a)所示，它在输入端串联了一个小电阻 R_1，以限制输入电流；同时在 R 上并联双向限幅稳压管，以限制输出电压，这就保证了集成运算放大器中的晶体管始终工作在放大区。另外，在 R 上并联小电容 C_1，起相位补偿作用。该电路的输出电压与输入电压近似为微分关系，当输入为方波，且 $RC \ll T/2$(T 为方波的周期)时，输出为正负尖顶波，波形如图 9-22(b)所示。

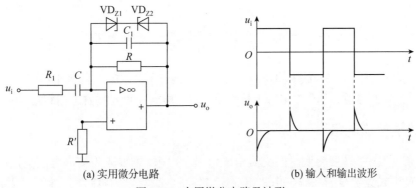

(a) 实用微分电路　　　　　　(b) 输入和输出波形

图 9-22　实用微分电路及波形

9.4 集成运算放大器实用电路举例

集成运算放大器除了运算电路、比较器等电路的应用以外，还在其他电路中有很多应用，下面介绍运算放大器的几种应用电路。

9.4.1 高精度测量放大电路

测量放大器又称仪表放大器，它是数据采集、精密测量及工业自动控制系统中的重要组成部分，通常用于将传感器输出的微弱信号进行放大，具有高增益、高输入阻抗和高共模抑制比的特点。具体的测量放大电路多种多样，但其基本原理都如图 9-23 所示。

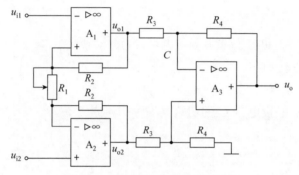

图 9-23 测量放大电路的基本原理

图 9-23 中，A_1 和 A_2 构成了两个特性参数完全相同的同相输入放大电路，故输入电阻很高。A_3 为第二级差分放大电路，具有抑制共模信号的能力。利用虚短特性可得到可调电阻 R_1 上的电压降为 $u_{i1} - u_{i2}$。鉴于理想运算放大器的虚断特性，流过 R_1 上的电流 $(u_{i1} - u_{i2})/R_1$ 就是流过电阻 R_2 的电流，因此有

$$\frac{u_{o1} - u_{o2}}{R_1 + 2R_2} = \frac{u_{i1} - u_{i2}}{R_1}$$

故得

$$u_{o1} - u_{o2} = \left(1 + \frac{2R_2}{R_1}\right)(u_{i1} - u_{i2})$$

输出与输入的关系式为

$$u_o = -\frac{R_4}{R_3}(u_{o1} - u_{o2}) = -\frac{R_4}{R_3}\left(1 + \frac{2R_2}{R_1}\right)(u_{i1} - u_{i2})$$

可见，电路保持了差分放大的功能，而且通过调节单个电阻 R_1 的大小就可自由调节其增益。目前，这种测量放大器已有多种型号的单片集成电路，如 AD521、AD522、INA128 等。

9.4.2 线性整流电路

在电子仪表中，若要将测量的交流电压值显示出来，需要先将交流电压变换成直流量，再去推动表头或数字显示系统工作。将交流量转变成直流量的电路称为整流电路，一般采

用二极管整流电路。但硅二极管的开启电压约为 0.5V，当输入整流电路的交流电压峰值低于开启电压时，二极管是不能导通的，因此根本无法实现整流。即使交流电压的峰值大于 0.5V，由于二极管的非线性也会使输出的直流电压与输入的交流电压不成线性关系，并且信号越小，由非线性而产生的误差越大，从而降低了电子仪表的测量精度。

集成运算放大器和二极管配合使用，则可以实现线性整流，所组成的电路也叫精密整流电路。

1. 半波线性整流电路

半波线性整流电路如图 9-24(a)所示，D_1 是钳位二极管，D_2 是整流二极管。

正弦信号 u_i 从集成运算放大器的反相端输入，若 u_i 为正半周时，u'_o 必为负值，故 D_1 导通，对运算放大器引入负反馈，使集成运算放大器的反相端为虚地点，故 D_1 给输入电流 u_i/R_1 提供通路，u'_o 被 D_1 钳位在约-0.7V，并引起 D_2 截止，故 R_F 中无电流，$u_o = 0$。

当 u_i 为负半周时，u'_o 必为正值，则 D_1 截止，D_2 导通，使 R_F 对集成运算放大器引入了负反馈，使运算放大器的反相端为虚地点，运算放大器电路构成了反相比例运算电路，$u_o = -R_F/R_1$。当 $R_F = R_1$ 时，则有 $u_o = -u_i$。

由此可见，当输入信号为正弦波时，输出信号是半个周期的正弦波，故称为半波整流，如图 9-24(b)所示。而且，整流二极管被接在反馈环内，使电路的输出电压与二极管的开启电压无关，与输入电压呈线性关系，故为精密半波整流电路。

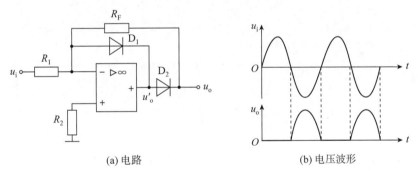

(a) 电路　　　　　　　　　　　　(b) 电压波形

图 9-24　半波线性整流电路

2. 全波线性整流电路

在半波线性整流电路的基础上，加上一级加法器，就可构成全波线性整流电路，如图 9-25(a)所示。其输出电压为

$$u_o = -\left(\frac{R_{F2}}{R_4} u_i + \frac{R_{F2}}{R_3} u_{o1} \right) = -(u_i + 2u_{o1})$$

当输入信号 u_i 为正半周时，根据半波整流原理，有 $u_{o1} = -u_i$，得
$$u_o = -(u_i + 2u_{o1}) = -(u_i - 2u_i) = u_i$$
当输入信号 u_i 为负半周时，根据半波整流原理，有 $u_{o1} = 0$，得
$$u_o = -(u_i + 2u_{o1}) = -u_i$$
全波线性整流电路的输入、输出波形如图 9-25(b)所示，是精密全波整流电路。

显然，输出电压也可以写作 $u_o = |u_i|$，所以精密全波整流电路又称为取绝对值电路。

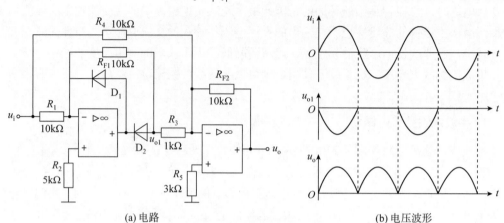

(a) 电路　　　　　　　　　　　　　　　(b) 电压波形

图 9-25　全波线性整流电路

9.5　电压比较器

电压比较器的基本功能是比较两个或多个模拟量的大小，并由输出端的高、低电平来表示比较结果。电压比较器是集成运算放大器非线性应用的典型电路，它可分为单门限电压比较器和滞回电压比较器两类。电压比较器是一类重要的模拟集成电路，可用于电压比较、电平鉴别、波形整形、波形产生等。

电压比较器通常开环运用或引入正反馈，因为运算放大器工作在非线性状态，所以虚短路一般不能使用。电压比较器开环工作时，其增益很大。当 $u_- < u_+$ 时，输出高电平 U_{oH} 接近正电源电压(U_{CC})；当 $u_- > u_+$ 时，输出低电平 U_{oL} 接近负电源电压($-U_{EE}$)。当 u_- 接近 u_+ 时，发生转换。

9.5.1　过零比较器

如图 9-26(a)所示，令参考电平 $U_{REF}=0$，即为同向过零比较器。输入信号 u_i 与 0 比较，$u_i>0$，输出为高电平(U_{oH})；而 $u_i<0$，输出为低电平。如图 9-26(b)所示，令参考电平 $U_{REF}=0$，即为反向过零比较器。输入信号 u_i 与 0 比较，$u_i>0$，输出为低电平(U_{oL})；而 $u_i<0$，输出为高电平。

9.5.2　一般单门限比较电路

如图 9-26(a)所示，令参考电平 $U_{REF}\neq0$，即为同相一般单门限比较器。输入信号 u_i 与 U_{REF} 比较，$u_i>U_{REF}$，输出为高电平(U_{oH})；而 $u_i<U_{REF}$，输出为低电平，其波形如图 9-26(b)所示。如图 9-26(c)所示，令参考电平 $U_{REF}\neq0$，即为反相输入一般单门限比较器。令参考电平 $U_{REF}\neq0$，则输入信号 u_i 与 U_{REF} 比较，$u_i>U_{REF}$，输出为低(U_{oL})电平；而 $u_i<U_{REF}$，输出为高电平，其波形如图 9-26(d)所示。一般单门限比较器可用于整形，将不规则的输入波形整形成规则的矩形波。

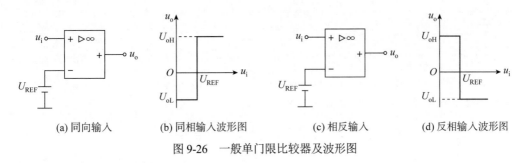

(a) 同向输入   (b) 同相输入波形图   (c) 相反输入   (d) 反相输入波形图

图 9-26   一般单门限比较器及波形图

9.5.3   迟滞比较电路

1. 同相输入的迟滞比较器

同相输入的迟滞比较电路如图 9-27(a)所示，信号与反馈都加到运算放大器同相端，而反相端接地($U_- =0$)。当 u_i 为负极性时，u_o 也为负，且 $U_o=U_{oL}$。只有当 u_i 极性变正，且当同相端电压 $U_+ =U_- =0$ 时，输出状态才可能由负(U_{oL})向正(U_{oH})跳变，据此可以确定 $U_{oL} \to$ U_{oH} 跳变的上门限电压 U_{TH} 为

$$u_i = \frac{R_2}{R_1 + R_2} + u_o \frac{R_2}{R_1 + R_2} = 0$$

$$U_{TH} = \frac{R_2}{R_1 + R_2} + U_{oL} \frac{R_2}{R_1 + R_2} = 0$$

$$U_{TH} = -\frac{R_1}{R_2} U_{oL} = \frac{R_1}{R_2} |U_{EE}|$$

当 u_i 由正向负变化时，可确定 u_o 由高电平($U_{oH}=U_{CC}$)向低电平($U_{oL}=-U_{EE}$)跳变的下门限电压 U_{TL} 为

$$U_{TL} = -\frac{R_1}{R_2} U_{oH} = -\frac{R_1}{R_2} U_{CC}$$

同相输入的迟滞比较电路的传输特性曲线如图 9-27(b)所示，由于它像磁性材料的磁滞回线，因此称为迟滞比较器或滞回比较器。

2. 反相输入的迟滞比较器

反相输入的迟滞比较电路如图 9-28(a)所示。当 $U_{REF}=0$ 时，R_1 将 u_o 反馈到运算放大器的同相端与 R_2 一起构成正反馈，其正反馈系数为 F。

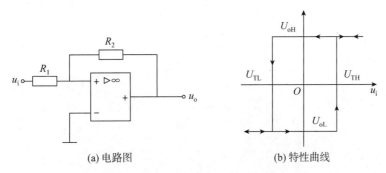

(a) 电路图   (b) 特性曲线

图 9-27   同相输入的迟滞比较电路及特性曲线

$$F = \frac{R_2}{R_1 + R_2}$$

因为信号加在运算放大器反相端，所以当 $U_p > u_i$ 时，u_o 必为正，且等于高电平 $U_{oH} = U_z$，此时，同相端电压($U+$)为参考电平 U_p；$U_p < u_i$ 时，u_o 必为负，且等于低电平 $U_{oL} = -U_{oH} = -U_z$，此时，同相端电压($U+$)为参考电平 $-U_p$。

$$U_p = U_{TH} = \frac{R_2}{R_1 + R_2} U_{oH} = \frac{R_2}{R_1 + R_2} U_z$$

如图 9-28(b)所示，滞回特性曲线的具体做法如下，先从左至右，再从右至左。

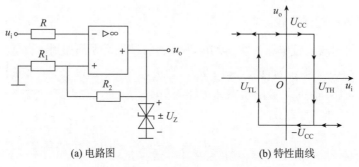

(a) 电路图　　　　　　(b) 特性曲线

图 9-28　反相输入的迟滞比较电路及特性曲线

(1) 当 u_i 由负无穷向正无穷方向变化时，输出首先为 $U_{oL} = -U_z$，此时 $U_p = U_{TH} = +U_z$，当 u_i 由负值增大，且 $u_i = U_{TH}$ 时，输出将由高电平 U_{oH} 转换为低电平 U_{oL}。此时所对应的 u_i 称为上门限电压，即 U_{TH}。

(2) 当 u_i 再增大，u_o 将一直维持在低电平。此时比较器的参考电压 U_p 也将发生变化，即

$$U_p = U_{TL} = \frac{R_2}{R_1 + R_2} U_{oL} = \frac{-R_2}{R_1 + R_2} U_z$$

(3) 当 u_i 由正无穷向负无穷变化时，刚开始 u_i 远大于零，此时输出为 $U_{oL} = -U_{oH} = -U_z$，比较电平将是 $U_p = U_{TL} = -U_{TH}$，只有当 u_i 变小并且等于 U_{TL} 时，u_o 才又从低变高。所以，称 U_{TL} 为下门限电压，即

$$U_{TL} = -\frac{R_2}{R_1 + R_2} U_z$$

【例 9-4】图 9-29 所示电路中，$u_i = 6\sin t$ V，试画出电路的电压传输特性和输出电压波形。

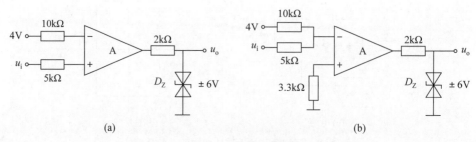

(a)　　　　　　　　　　　　　(b)

图 9-29　例 9-4 电路图

解：图 9-29(a)中，$u_i > 4V$ 时，$u_o = 6V$；$u_i < 4V$ 时，$u_o = -6V$。电压传输特性和输出电压波形如图 9-30 所示。

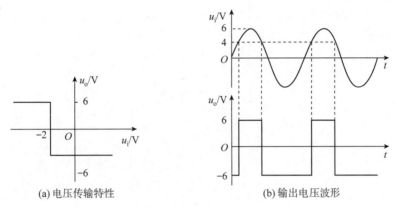

(a) 电压传输特性   (b) 输出电压波形

图 9-30 例 9-4(a)解图

图 9-29(b)中，$u_- = 0$，$u_+ = \dfrac{\dfrac{u_i}{5} + \dfrac{4}{10}}{\dfrac{1}{5} + \dfrac{1}{10}} = \dfrac{2}{3}u_i + \dfrac{4}{3} = 0$ 时，输出跳变，因此门限电压 $U_T = -2V$。

由于输入端接在同相端，因此，当 $u_i > U_T$ 时，$u_o = +6V$；$u_i < U_T$ 时。$u_o = -6V$，电压传输特性和输出电压波形如图 9-31 所示。

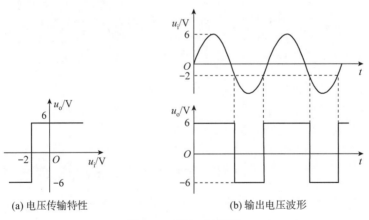

(a) 电压传输特性   (b) 输出电压波形

图 9-31 例 9-4(b)解图

【例 9-5】 图 9-32 所示电路中，设 $u_i = 6\sin\omega t\,\mathrm{V}$，求门限电压和回差电压，并画出电路的电压传输特性和输出电压波形。

解：图 9-32(a)中，$u_+ = \dfrac{15}{15 + 30}u_o = \dfrac{1}{3} \times (\pm 6) = \pm 2\mathrm{V}$

门限电压 $U_{T1} = 2V$，$U_{T2} = -2V$，回差电压 $\Delta U_T = 4V$，电压传输特性和输出电压波形如图 9-33 所示。

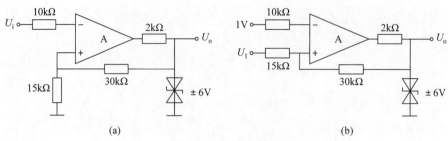

图 9-32 例 9-5 电路图

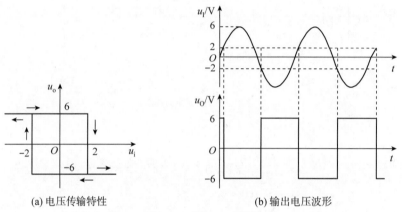

(a) 电压传输特性 (b) 输出电压波形

图 9-33 例 9-5(a)解图

图 9-32(b)中，由叠加定理可得

$$u_+ = \frac{30}{30+15}u_i + \frac{15}{30+15}u_o = \frac{2}{3}u_i + \frac{1}{3}u_o = \frac{2}{3}u_i \pm 2$$

门限电压满足方程

$$\frac{2}{3}U_T \pm 2 = 1$$

$$U_T = \frac{3}{2} \pm 3$$

门限电压 $U_{T1} = 4.5\text{V}$，$U_{T2} = -1.5\text{V}$，回差电压 $\Delta U_T = 6\text{V}$，传输特性和输出电压波形如图 9-34 所示。

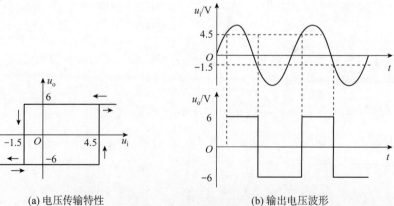

(a) 电压传输特性 (b) 输出电压波形

图 9-34 例 9-5(b)解图

习题 9

1. 若要集成运算放大器工作在线性区，则必须在电路中引入(　　)反馈；若要集成运算放大器工作在非线性区，则必须在电路中引入(　　)反馈或者在(　　)状态下。集成运算放大器工作在线性区的特点是(　　)等于零和(　　)等于零；工作在非线性区的特点：一是输出电压只具有(　　)状态和净输入电流等于(　　)；在运算放大器电路中，集成运算放大器工作在(　　)区，电压比较器工作在(　　)区。

2. 集成运算放大器具有(　　)和(　　)两个输入端，相应的输入方式有(　　)输入、(　　)输入和(　　)输入三种。

3. 理想运算放大器工作在线性区时有两个重要特点：一是差模输入电压(　　)，称为(　　)；二是输入电流(　　)，称为(　　)。

4. 理想集成运算放大器的 A_u=(　　)，r_i=(　　)，r_o=(　　)，K_{CMR}=(　　)。

5. (　　)比例运算电路中反相输入端为虚地，(　　)比例运算电路中的两个输入端电位等于输入电压。(　　)比例运算电路的输入电阻大，(　　)比例运算电路的输入电阻小。

6. (　　)比例运算电路的输入电流等于零，(　　)比例运算电路的输入电流等于流过反馈电阻的电流。(　　)比例运算电路的比例系数大于 1，而(　　)比例运算电路的比例系数小于零。

7. (　　)运算电路可实现 $A_u>1$ 的放大器，(　　)运算电路可实现 $A_u<0$ 的放大器，(　　)运算电路可将三角波电压转换成方波电压。

8. (　　)电压比较器的基准电压 U_R=0 时，输入电压每经过一次零值，输出电压就要产生一次(　　)，这时的比较器称为(　　)比较器。

9. 集成运算放大器的非线性应用常见的有(　　)、(　　)和(　　)发生器。

10. (　　)比较器在电压传输过程中具有回差特性。

11. 试分析图 9-35 所示电路，设电路参数完全对称，请分别写出电位器动端位于最左端、最右端和中点时的差模电压放大倍数的表达式。

12. 图 9-36 所示电路为由集成运算放大器组成的测量电阻的原理电路，试写出被测电阻 R_x 与电压表电压 U_o 的关系。

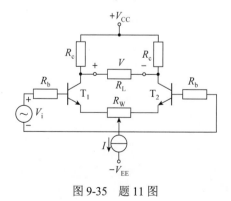

图 9-35　题 11 图

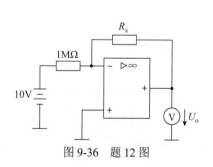

图 9-36　题 12 图

13. 电路如图 9-37 所示，假设运算放大器是理想的：

(1) 写出输出电压 U_o 的表达式,并求出 U_o 的值;

(2) 说明运算放大器 A_1、A_2 各组成何种基本运算电路。

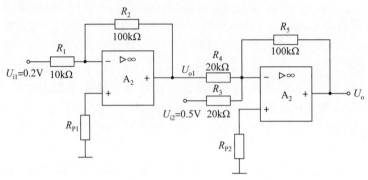

图 9-37　题 13 图

14. 求图 9-38 所示运算电路的输出电压,设 $R_1 = R_2 = 10\text{k}\Omega$,$R_3 = R_F = 20\text{k}\Omega$。

15. 用两个运算放大器设计一个实现 $u_o = 3u_{i1} - 5u_{i2} + 8u_{i3}$ 的运算电路,画出电路图,标出各电阻阻值,电阻的阻值为 $1\text{k} \sim 500\,\text{k}\Omega$。

16. 求图 9-39 所示电路中各运算放大器输出电压的表达式。

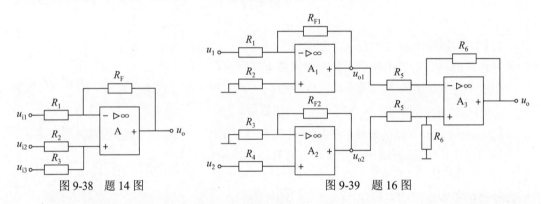

图 9-38　题 14 图　　　　　　　　　图 9-39　题 16 图

17. 图 9-40 所示电路为一波形转换电路,输入信号为矩形波,设电容的初始电压为零,试计算 $t = 0$、10s、20s 时 u_{o1} 和 u_o 的值,并画出 u_{o1} 和 u_o 的波形。

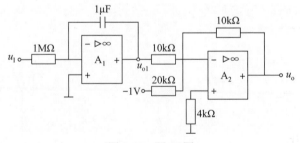

图 9-40　题 17 图

18. 电路如图 9-41(a)所示,已知运算放大器的最大输出电压 $U_{om} = \pm 12\text{V}$,输入电压波形如图 9-41(b)所示,周期为 0.1s。试画出输出电压的波形,并求出输入电压的最大幅值 U_{im}。

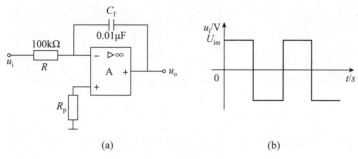

图 9-41　题 18 图

19. 电路如图 9-42(a)所示，设运算放大器为理想器件：

(1) 求出门限电压 U_{TH}，画出电压传输特性($u_{\mathrm{o}} \sim u_{\mathrm{i}}$)；

(2) 输入电压的波形如图 9-42(b)所示，画出电压输出波形($u_{\mathrm{o}} \sim t$)。

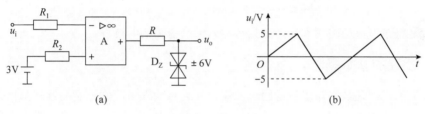

图 9-42　题 19 图

20. 电路如图 9-43 所示，运算放大器为理想的，试求出电路的门限电压 U_{TH}，并画出电压传输特性曲线。

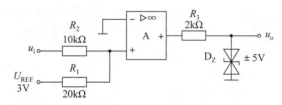

图 9-43　题 20 图

21. 电路如图 9-44(a)所示，运算放大器是理想的：

(1) 试求电路的门限电压 U_{TH}，并画出电压传输特性曲线；

(2) 输入电压波形如图 9-44(b)所示，试画出输出电压 u_{o} 的波形。

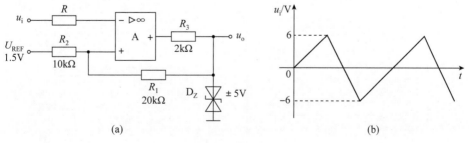

图 9-44　题 21 图

第10章 负反馈放大器

在放大电路中，信号从输入端输入，经过放大电路放大后，从输出端送给负载，这是信号的正向传输。但在很多放大电路中，常将输出信号再反向引回输入端，形成信号的反向传输，这实际上就是反馈。反馈在实际中有较大用途。

10.1 反馈的基本概念与分类

反馈是将输出量送回输入端，并且对输入量产生影响的过程。

10.1.1 反馈的基本概念

从广义上讲，凡是将输出量送回输入端，并且对输入量产生影响的过程都称为反馈。放大电路中的反馈是指把放大电路输出回路中的某个量(电压或电流)的一部分或全部，通过一定的电路(称为反馈电路或反馈网络)送回放大电路的输入端，并与输入信号(电压或电流)叠加，引起净输入信号的改变，进而影响放大电路的某些性能。引入反馈后的放大电路称为反馈放大电路。

图 10-1(a)所示为反馈放大电路的方框图。反馈放大电路由基本放大电路和反馈电路两部分组成，图中箭头表示信号的传输方向。引入反馈后，信号既有正向传输又有反向传输，电路形成了闭合环路，因此反馈放大电路也称为闭环放大电路，而未引入反馈的放大电路称为开环放大电路。

为了突出反馈的实质，忽略次要因素，简化分析过程，通常假定：①信号从输入端到输出端的传输只通过基本放大电路，而不通过反馈网络；②信号从输出端反馈到输入端只通过反馈网络而不通过基本放大电路。也就是说，信号的传输具有单向性。实践表明，这种假定是合理而有效的，符合这种假定的方框图称为理想方框图。

图 10-1(b)所示电路是一个具体的反馈放大电路实例。图中除了基本放大电路 A 外，还有一条由 R_f 和 R_1 组成的电路接在输入端和输出端之间，由于它将输出量反送到放大器输入端，

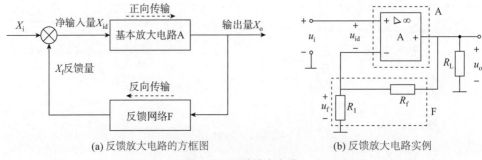

(a) 反馈放大电路的方框图　　　　　　　(b) 反馈放大电路实例

图 10-1　反馈放大电路

因此称为反馈元件，或称反馈网络 F。u_i、u_f、u_{id} 和 u_o 分别表示电路的输入电压、反馈电压、净输入电压和输出电压。

10.1.2　反馈的分类

1. 正反馈与负反馈

在反馈放大电路中，反馈量使放大器净输入量得到增强的反馈称为正反馈，使净输入量减弱的反馈称为负反馈。通常采用瞬时极性法来区别是正反馈还是负反馈，具体步骤如下：

(1) 假设输入信号某一瞬时的极性。

(2) 根据输入与输出信号的相位关系确定输出信号和反馈信号的瞬时极性。

(3) 根据反馈信号与输入信号的连接情况，分析净输入量的变化，如果反馈信号使净输入量增强即为正反馈；反之，为负反馈。

图 10-2(a)所示电路中，设输入信号 u_i 在某一瞬时的极性为正，用 ⊕ 表示；因为信号加在运算放大器的同相端，所以输出 u_o 为正，用 ⊕ 表示；输出 u_o 在电阻 R_2 上产生的分压为正，用 ⊕ 表示。因为 $u_{id} = u_i - u_f$，其中 $u_i > 0$，$u_f > 0$，所以 $u_{id} < u_i$，为负反馈。图 10-2(b) 和(c)所示电路，读者可自己分析。

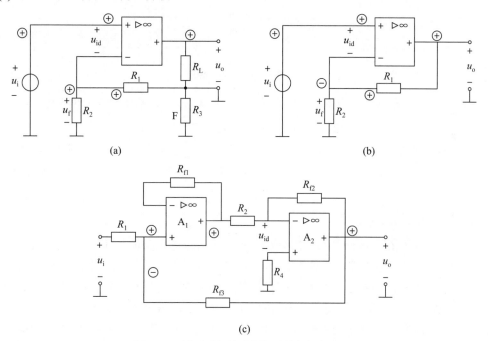

图 10-2　用瞬时极性法判断反馈极性的例子

【例 10-1】用瞬时极性法判断图 10-3 所示电路中级间反馈的反馈极性。

解： 图 10-3 所示电路为 CE-CC-CE 的形式，设 U_{B1} 为 ⊕，则图中各点相位的极性如下：

$$U_{B1} \oplus \xrightarrow{\text{CE}} U_{C1} \ominus \xrightarrow{\text{CC}} U_{C2} \ominus \xrightarrow{\text{CE}} U_{C3} \oplus$$

U_{C3} 为 ⊕，经电阻 R_F、R'_{E1} 馈送至 T_1 管发射极 U_{E1} 的信号也为瞬时 ⊕ 极性，由于 U_{E1} 为增量，使 T_1 管 B、E 极间的净输入量减弱，故图 10-3 所示电路的级间反馈为负反馈。

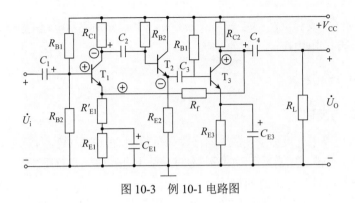

图 10-3 例 10-1 电路图

【例 10-2】 用瞬时极性法判断图 10-4 所示电路中级间反馈的反馈极性。

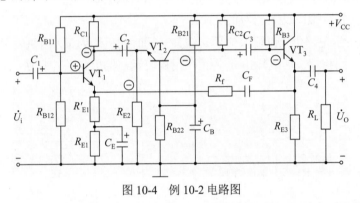

图 10-4 例 10-2 电路图

解： 图 10-4 所示电路为 CE-CB-CE 的形式，设 U_{B1} 为 ⊕，则图中各点相位的关系如下：

$$U_{B1} \oplus \xrightarrow{\text{CE}} U_{C1} \ominus \xrightarrow{\text{CB}} U_{C2} \ominus \xrightarrow{\text{CE}} U_{E3} \ominus$$

U_{C3} 为 ⊖，经电阻 R_F、电容 C_F 和电阻 R'_{E1} 馈送至 T_1 管发射极，则 U_{E1} 为 ⊖，由于 T_1 管 U_{B1} 为 ⊕，U_{E1} 为 ⊖，T_1 管 B、E 极间的净输入量增强，故图 10-4 所示电路的级间反馈为正反馈。

2. 交流反馈与直流反馈

放大电路中存在直流分量和交流分量，若反馈信号是交流量，则称为交流反馈，它影响电路的交流性能。若反馈信号是直流量，则称为直流反馈，它影响电路的直流性能，如静态工作点。若反馈信号中既有交流量又有直流量，则反馈对电路的交流性能和直流性能都有影响。判断交直流反馈的方法是将原电路的交直流通路画出来再判断。图 10-5(a)所示的反馈电路中，其直流通路如图 10-5(b)所示，可以看出存在直流反馈；其交流通路如图 10-5(c)所示，可以看出存在交流反馈。因此，该电路既有直流反馈又有交流反馈。

3. 电压反馈与电流反馈

从输出端来看，若反馈信号取自输出电压，则为电压反馈；若取自输出电流，则为电流反馈。

判断电压反馈时，根据电压反馈的定义，即反馈信号与输出电压成比例，可以假设将负载 R_L 两端短路($u_o=0$，但 $i_o \neq 0$)，判断反馈量是否为零，如果是零，就是电压反馈；如果不是零，就是电流反馈。如图 10-6 所示电路，如果将 R_L 短路，则 $u_o=0$，$u_f=0$，则为电压反馈。

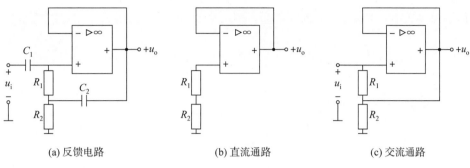

| (a) 反馈电路 | (b) 直流通路 | (c) 交流通路 |

图 10-5　具有不同反馈的电路

电压负反馈的重要特性是能稳定输出电压。无论反馈信号是以何种方式引回输入端，实际上都是利用输出电压本身通过反馈网络来对放大电路起自动调整作用的，这是电压反馈的实质。图 10-6 所示电路中，若负载电阻增加引起 u_o 的增加，则电路的自动调节过程如下：

$$u_o \uparrow \to u_f \uparrow \to u_{id}(u_{id} = u_i - u_f) \downarrow \to u_o \downarrow$$

判断电流反馈时，根据电流反馈的定义，即反馈信号与输出电流成比例，可以假设将负载 R_L 两端开路($i_o=0$，但 $u_o \neq 0$)，判断反馈量是零，就是电流反馈；反馈量不是零，就是电压反馈。如图 10-7 所示电路，R_L 开路，则 $i_o=0$，$i_f=0$，$u_f=0$，为电流反馈。

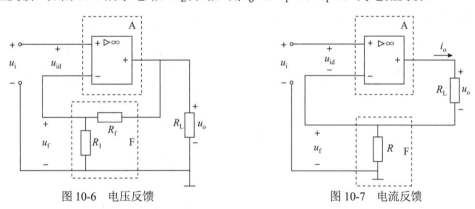

图 10-6　电压反馈　　　　　　　　　　图 10-7　电流反馈

电流负反馈的重要特点是能稳定输出电流。无论反馈信号是以何种方式引回输入端，实际都是利用输出电流 i_o 本身通过反馈网络来对放大器起自动调整作用的，这就是电流反馈的实质。图 10-7 所示电路稳流的自动调节过程如下：

$$i_o \uparrow \to u_f \uparrow \to u_{id}(u_{id} = u_i - u_f) \downarrow \to i_o \downarrow$$

由上述分析可知，判断电压反馈、电流反馈的简便方法是用负载短路法和负载开路法。由于输出信号只有电压和电流两种，输出端的取样不是取自输出电压便是取自输出电流，因此利用其中一种方法就能判定。常用的方法是负载短路法。具体表述为：假设将负载 R_L 短路，即 $u_o=0$，此时若反馈量为零，就是电压反馈，否则为电流反馈。

4. 串联反馈与并联反馈

若反馈网络的输出端口与信号源串联，称为串联反馈，如图 10-8(a)所示电路，反馈网络 F 的输出端口与信号源串联。若反馈网络的输出端口与信号源并联，称为并联反馈，如图 10-8(b)所示电路，反馈网络的输出端口与信号源并联。由上述分析可以看出，若反馈信号与信号源接在不同的端子上，即为串联反馈。若接在同一个端子上，则为并联反馈。

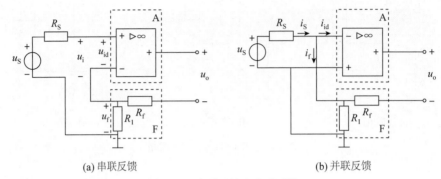

(a) 串联反馈   (b) 并联反馈

图 10-8 串联反馈和并联反馈

5. 负反馈的四种组态

根据输出端的取样方式和输入端的连接方式，可以组成以下四种不同类型的负反馈电路。

(1) 电压串联负反馈，如图 10-9(a) 所示。

(2) 电压并联负反馈，如图 10-9(b) 所示。

(3) 电流串联负反馈，如图 10-9(c) 所示。

(4) 电流并联负反馈，如图 10-9(d) 所示。

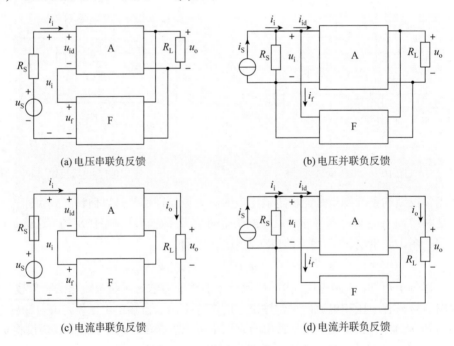

(a) 电压串联负反馈   (b) 电压并联负反馈

(c) 电流串联负反馈   (d) 电流并联负反馈

图 10-9 负反馈的四种组态

6. 负反馈放大器的基本关系式

由图 10-10 所示负反馈放大器的方框图可得各信号量之间的基本关系式：

$$x_{\mathrm{id}} = x_{\mathrm{i}} - x_{\mathrm{f}}$$

$$A = \frac{x_{\mathrm{o}}}{x_{\mathrm{id}}}$$

$$F = \frac{x_{\mathrm{f}}}{x_{\mathrm{o}}}$$

$$A_{\mathrm{f}} = \frac{x_{\mathrm{o}}}{x_{\mathrm{i}}} = \frac{x_{\mathrm{o}}}{x_{\mathrm{id}} + x_{\mathrm{f}}} = \frac{A}{1 + AF}$$

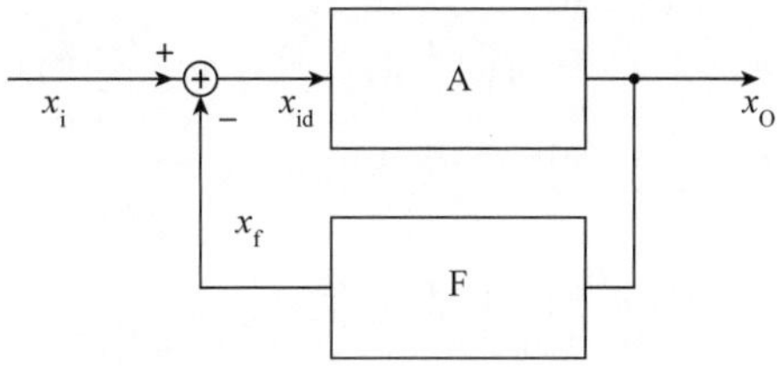

图 10-10　负反馈放大器的方框图

闭环增益 A_{f} 是开环增益 A 的函数。其中，$1+AF$ 称为反馈深度，它的大小反映了反馈的强弱，乘积 AF 常称为环路增益。

10.2　负反馈对放大器性能的影响

负反馈虽然使放大电路的放大倍数减小，但除此以外负反馈可以改善放大电路的许多性能，本节就此问题加以讨论。

10.2.1　减小非线性失真

我们可以通过一个具体的电路演示来说明此问题，如图 10-11(a)所示。

1. 演示电路

(1) 由信号发生器输入一个频率为 1kHz，峰值为 1V 的正弦波。

(2) 将开关 S 断开，用示波器观察输出波形，可看到输出波形明显失真，如图 10-11(b)所示。

(3) 将开关 S 闭合，观察输出波形，可看到失真波形明显改善，如图 10-11(c)所示。

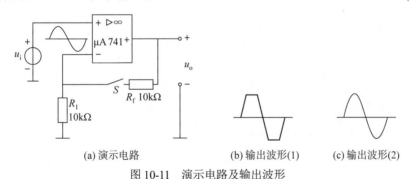

(a) 演示电路　　　　　(b) 输出波形(1)　　　　(c) 输出波形(2)

图 10-11　演示电路及输出波形

2. 演示现象分析

在开环放大器中，由于开环增益很大，使放大器工作在非线性区，输出波形为双向失真波形。开关闭合后，电路加上了负反馈，电路增益减小，放大器工作在线性区，输出波形为标准的正弦波，即负反馈能减小非线性失真。

可以证明，在引入负反馈前后输出量基波幅值相同的情况下，非线性失真减小到基本放大电路的 $1/(1+AF)$。

应当指出，由于负反馈的引入，在减小非线性失真的同时，降低了输出幅度。此外，输入信号本身固有的失真，是不能通过引入负反馈来改善的。

10.2.2　提高增益的稳定性

根据闭环增益方程 $A_f = \dfrac{A}{1+AF}$ ，求 A_f 对 A 的导数，得

$$\frac{\mathrm{d}A_f}{\mathrm{d}A} = \frac{A}{(1+AF)^2}$$

即微分 $\mathrm{d}A_f = \dfrac{\mathrm{d}A}{(1+AF)^2}$ ，闭环增益的相对变化量为

$$\frac{\mathrm{d}A_f}{A_f} = \frac{1}{1+AF}\frac{\mathrm{d}A}{A}$$

说明放大倍数减小到基本放大电路的 $\dfrac{1}{1+AF}$ ，或者反馈放大电路放大倍数的稳定性是基本放大电路的 $1+AF$ 倍。

10.2.3　负反馈对输入电阻的影响

负反馈对输入电阻的影响仅与反馈网络和基本放大电路在输入端的接法有关，即取决于是串联反馈还是并联反馈。输入电阻可用 $R_i = \dfrac{u_{id}}{i_i}$ 来计算。

1. 串联负反馈对输入电阻的影响

由图 10-12(a)可知，开环放大器的输入电阻为 $R_i = \dfrac{u_{id}}{i_i}$ ，引入负反馈后，闭环输入电阻 R_{if} 为

$$R_{if} = \frac{u_i}{i_i} = \frac{u_{id}+u_f}{i_i} = \frac{u_{id}+AFu_{id}}{i_i} = R_i(1+AF)$$

上式表明，引入串联负反馈后，输入电阻是无反馈时输入电阻的 $1+AF$ 倍，故串联负反馈使放大电路的输入电阻增大了。

2. 并联负反馈对输入电阻的影响

由图10-12(b)可知，开环放大器的输入电阻为 $R_i = \dfrac{u_{id}}{i_i}$ ，引入负反馈后，闭环输入电阻 R_{if} 为

$$R_{if} = \frac{u_i}{i_i} = \frac{u_i}{i_{id}+i_f} = \frac{u_i}{i_{id}+AFi_{id}} = R_i\frac{1}{1+AF}$$

上式表明，引入并联负反馈后，输入电阻是无反馈时输入电阻的 $\dfrac{1}{1+AF}$ 倍，并联负反馈使放大电路的输入电阻减小了。

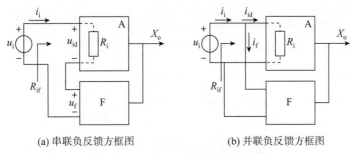

(a) 串联负反馈方框图　　　　(b) 并联负反馈方框图

图 10-12　负反馈对输出电阻的影响

10.2.4　负反馈对输出电阻的影响

负反馈对输出电阻的影响取决于反馈网络在输出端的取样方式，即取决于是电压反馈还是电流反馈。

1. 电压负反馈对输出电阻的影响

图 10-13(a)所示为电压负反馈计算输出电阻时的电路。从输出端看进去，等效的输出电阻相当于原开环放大电路输出电阻与反馈网络的电阻并联，其结果必然使输出电阻减小。计算如下：按照输出电阻的计算要求，设 $x_i = 0$ 且反馈电路 F 对电流 i_o 不分流，则 $x_{id} = x_i - x_f = -x_f$，而 $x_f = Fu_o$，所以 $x_{id} = -Fu_o$，所以有：

$$R_{of} = \frac{u_o}{i_o} = \frac{A_o x_{id} + R_o i_o}{i_o} = \frac{-A_o F u_o + R_o i_o}{i_o} = -A_o F \frac{u_o}{i_o} + R_o = -A_o F R_{of} + R_o$$

得 $R_{of} = \dfrac{R_o}{1 + A_o F}$，其中，$A_o$ 是负载开路时的电压放大倍数。

由以上计算可知，引入电压负反馈后的输出电阻是开环输出电阻的 $1/(1+A_oF)$。

2. 电流负反馈对输出电阻的影响

图 10-13(b)所示为电流负反馈计算输出电阻时的电路。从输出端看进去，等效的输出电阻相当于原开环放大电路输出电阻与反馈网络的电阻串联，其结果必然使输出电阻增大。计算如下：按照输出电阻的计算要求，设 $x_i = 0$ 且反馈电路 F 对电压 u_o 不分压，则 $x_{id} = x_i - x_f = -x_f$，而 $x_f = -Fi_o$，所以 $x_{id} = Fi_o$，所以有：

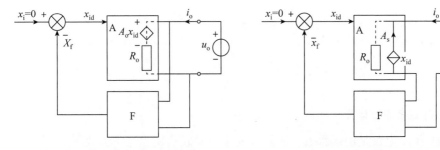

(a) 电压负反馈计算输出电阻电路　　　　(b) 电流负反馈计算输出电阻电路

图 10-13　负反馈对输出电阻的影响

$$R_{\mathrm{of}} = \frac{u_{\mathrm{o}}}{i_{\mathrm{o}}} = \frac{u_{\mathrm{o}}}{-A_{\mathrm{o}} x_{\mathrm{id}} + \dfrac{u_{\mathrm{o}}}{R_{\mathrm{o}}}} = \frac{u_{\mathrm{o}}}{-A_{\mathrm{o}} F i_{\mathrm{o}} + \dfrac{u_{\mathrm{o}}}{R_{\mathrm{o}}}} = \frac{1}{-A_{\mathrm{o}} F \dfrac{1}{R_{\mathrm{of}}} + \dfrac{1}{R_{\mathrm{o}}}}$$

得 $R_{\mathrm{of}} = (1 + A_{\mathrm{o}} F) R_{\mathrm{o}}$ ，其中，A_{o} 是负载开路时的放大倍数。

由以上计算可知，引入电流负反馈后的输出电阻是开环输出电阻的 $1 + A_{\mathrm{o}} F$ 倍。

10.3　深度负反馈放大电路的分析

深度负反馈的闭环增益只由反馈系数来决定，几乎与开环增益无关，利用这个特点可以简化负反馈电路的分析过程。

10.3.1　深度负反馈的特点

在负反馈放大电路中，反馈深度 $1+AF \gg 1$ 时的反馈称为深度负反馈。一般在 $1+AF \geqslant 10$ 时，就可以认为是深度负反馈。此时，由于 $1+AF \approx AF$，因此有：

$$A_{\mathrm{f}} = \frac{A}{1+AF} \approx \frac{A}{AF} = \frac{1}{F}$$

由上式得出：①深度负反馈的闭环增益 A_{f} 只由反馈系数 F 来决定，几乎与开环增益无关；②外加输入信号近似等于反馈信号，在深度负反馈条件下，由于 $x_{\mathrm{i}} \approx x_{\mathrm{f}}$，则有 $x_{\mathrm{id}} \approx 0$，即净输入量近似为零。

10.3.2　深度负反馈放大电路的参数估算

1. 电压串联负反馈电路

图 10-14 所示电路是由运算放大器组成的电压串联负反馈电路(此处省略反馈组态的判断)。

反馈电压 $u_{\mathrm{f}} \approx \dfrac{R_{\mathrm{l}}}{R_{\mathrm{l}} + R_{\mathrm{f}}} u_{\mathrm{o}}$，所以 $F = \dfrac{u_{\mathrm{f}}}{u_{\mathrm{o}}} \approx \dfrac{R_{\mathrm{l}}}{R_{\mathrm{l}} + R_{\mathrm{f}}}$ 。

在深度负反馈条件下，已知 F 值则可估算出 A_{uf} 值：

$$A_{\mathrm{uf}} \approx \frac{1}{F} = \frac{R_{\mathrm{l}} + R_{\mathrm{f}}}{R_{\mathrm{l}}} = 1 + \frac{R_{\mathrm{f}}}{R_{\mathrm{l}}}$$

也可利用在深度负反馈条件下 $x_{\mathrm{f}} \approx x_{\mathrm{i}}$ 的结论，在这里 $u_{\mathrm{f}} \approx u_{\mathrm{i}}$，同样可得：

$$A_{\mathrm{uf}} = \frac{u_{\mathrm{o}}}{u_{\mathrm{i}}} \approx \frac{u_{\mathrm{o}}}{u_{\mathrm{f}}} = \frac{R_{\mathrm{l}} + R_{\mathrm{f}}}{R_{\mathrm{l}}} = 1 + \frac{R_{\mathrm{f}}}{R_{\mathrm{l}}}$$

2. 电压并联负反馈电路

图 10-15 所示电路是由运算放大器组成的电压并联负反馈电路(此处省略反馈组态的判断)。

$i_{\mathrm{i}} = i_{\mathrm{f}} + i_{\mathrm{id}}$，由深度负反馈得到 $i_{\mathrm{id}} \approx 0$，所以 $i_{\mathrm{i}} \approx i_{\mathrm{f}}$ 。

由深度负反馈得到 $u_{\mathrm{id}} \approx 0$，所以 $u_{\mathrm{id}} = u_{-} - u_{+} = u_{-}$，所以 $u_{-} \approx 0$ 。

$u_o = -i_f R_i$,　$u_i = i_i R_i$，因此 $A_{uf} = \dfrac{u_o}{u_i} \approx \dfrac{-i_f R_f}{i_i R_i} \approx -\dfrac{R_f}{R_1}$。

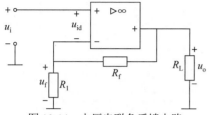

图 10-14　电压串联负反馈电路

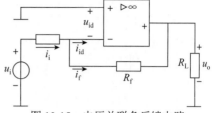

图 10-15　电压并联负反馈电路

3. 电流串联负反馈电路

由图 10-16 所示电流串联负反馈电路可得 $u_f = i_o R_f = \dfrac{u_o}{R_L} R_f$，因此，电压放大倍数为

$A_{uf} = \dfrac{u_o}{u_i} \approx \dfrac{u_o}{u_f} = \dfrac{R_L}{R_f}$。

4. 电流并联负反馈电路

图 10-17 所示电流并联负反馈电路中，由于 $i_{id} \approx 0$，因而有：

$$i_i \approx i_f$$

$$u_i \approx i_i R_1$$

$$u_o = -i_L R_L = -i_f \frac{R_2 + R_f}{R_2} R_L$$

$$A_{uf} = \frac{u_o}{u_i} = -(1 + \frac{R_f}{R_2})\frac{R_L}{R_1}$$

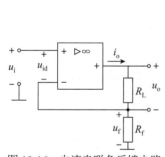

图 10-16　电流串联负反馈电路

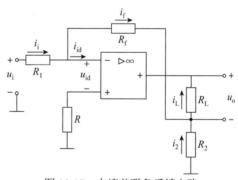

图 10-17　电流并联负反馈电路

【例 10-3】反馈放大电路如图 10-18 所示。

(1) 分析电路中级间反馈为何种组态；

(2) 在深度负反馈条件下，求电压放大倍数 A_{uf}。

解：(1) 图 10-18 所示电路为 CE-CE 型，按照瞬时极性法，设 T_1 管基极 U_{B1} 有一瞬时增量 ⊕，则 $U_{B1} \oplus \xrightarrow{\text{CE}} U_{C1} \ominus \xrightarrow{\text{CE}} U_{C2} \oplus$，$U_{C2} \oplus$ 经电阻 R_F 和 R_{E1} 反馈送至 T_1 管发射极 U_{E1} 的信号也为 ⊕，由于 T_1 管基极 U_{B1} 为 ⊕，U_{E1} 也为 ⊕，使 T_1 管 B、E 间的净输入量减弱，故电路的级间反馈应为负反馈。

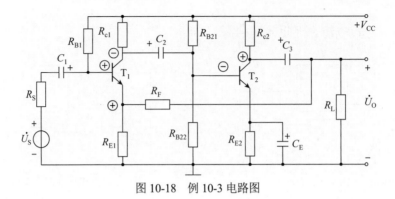

图 10-18 例 10-3 电路图

将 U_o 端接地(即 $U_o=0$)，经电阻 R_F、R_{E1} 引回的反馈量不存在，所以该反馈为电压反馈。电路引回的反馈量与输入信号不在同一点，是以电压的形式串联在输入回路中，所以该反馈为串联反馈。

该电路的级间反馈组态为电压串联负反馈。

(2) 闭环增益为 $A_{uf} = \dfrac{\dot{U}_o}{\dot{U}_i} \approx \dfrac{\dot{U}_o}{\dot{U}_f} = \dfrac{R_F + R_{E1}}{R_{E1}} = 1 + \dfrac{R_F}{R_{E1}}$。

【**例 10-4**】反馈放大电路如图 10-19 所示。

(1) 分析电路中级间反馈为何种组态；

(2) 在深度负反馈条件下，求电压放大倍数 A_{uf}。

解: (1) 图 10-19 所示电路为 CE-CC 型，采用瞬时极性法，设 T_1 管基极 U_{B1} 有一瞬时增量 ⊕，则 $U_{B1} \oplus \xrightarrow{\text{CE}} U_{C1} \ominus \xrightarrow{\text{CC}} U_{C2} \ominus$，$U_{B1} \oplus$ 和 $U_{E1} \ominus$ 使流过反馈电阻 R_F 的电流 I_f 增加，流入 T_1 管基极的净输入电流量减少，故反馈为负。

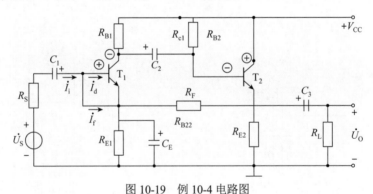

图 10-19 例 10-4 电路图

若令输出电压 U_o 端接地(即 $U_o=0$)，则反馈量不存在，故为电压反馈。

反馈量与输入信号在同一节点，是以电流的形式影响输入量的，故为并联反馈。

该电路的级间反馈组态为电压并联负反馈。

(2) 闭环增益为 $A_{usf} = \dfrac{\dot{U}_o}{\dot{U}_S} = \dfrac{-\dot{I}_f R_F}{\dot{I}_i R_S} = -\dfrac{R_F}{R_S}$。

【**例 10-5**】反馈放大电路如图 10-20 所示。

(1) 分析电路中级间反馈为何种组态；

(2) 在深度负反馈条件下，求电压放大倍数 A_{uf}。

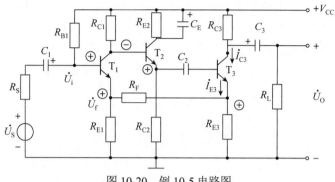

图 10-20　例 10-5 电路图

解：(1) 图 10-20 所示电路为 CE-CE-CE 型。T_3 输入信号从基极输入，集电极输出为共射 CE 组态，但是，反馈信号取自 T_3 的发射极，发射极与基极同极性。采用瞬时极性法分析反馈极性，设 T_1 管基极 U_{B1} 有一瞬时增量 $\oplus$，则 $U_{B1} \xrightarrow{\text{CE}} U_{C1} \ominus \xrightarrow{\text{CC}} U_{C2}$ $\oplus \longrightarrow U_{E3} \oplus$，$U_{E3} \oplus$ 经电阻 R_F 和 R_{E1} 馈送至 T_1 管发射极 U_{E1}，这样 T_1 管基极 U_{B1} 为 $\oplus$、发射极 $U_{E1} \oplus$，使 T_1 管 B、E 间的净输入量减弱，故电路反馈极性为负反馈。

将输出 U_o 端接地，由于电路中反馈信号取自 T_3 的发射极，其 C、E 间的受控电流源 βI_{B3} 在 R_{E3} 上产生的反馈量不会因 U_o 端接地而消失，因此该电路的级间反馈为电流反馈。

反馈量是经电阻 R_F 和 R_{E1} 馈送至 T_1 管发射极，输入量 U_i 减去反馈量 U_f 即为电路的净输入量 U_{BE}，反馈量 U_f 以电压串联的方式影响输入量，为串联反馈。

该电路的级间反馈组态为电流串联负反馈。

(2) 闭环增益为 $A_{\text{uf}} = \dfrac{\dot{U}_o}{\dot{U}_f} = \dfrac{-\dot{I}_{C3}\left(R_{C3} // R_L\right)}{\dot{I}_{E3} R_{E1}} \approx -\dfrac{R_{C3} // R_L}{R_{E1}}$。

【例 10-6】 反馈放大电路如图 10-21 所示。

(1) 分析电路中级间反馈为何种组态；

(2) 在深度负反馈条件下，求电压放大倍数 A_{uf}。

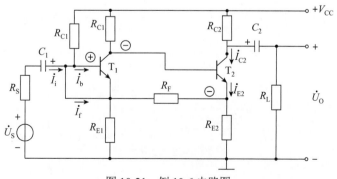

图 10-21　例 10-6 电路图

解：(1) 图 10-21 所示电路为 CE-CE 型，对于 T_2 信号从基极输入，集电极输出，为共射 CE 组态，但是，反馈信号取自 T_2 的发射极，发射极与基极同极性。采用瞬时极性法分析反馈极性，设 U_{B1} 为 $\oplus$，则 $U_{B1} \oplus \xrightarrow{\text{CE}} U_{C1} \ominus \longrightarrow U_{E2} \ominus$，$U_{E2} \ominus$ 经电阻 R_F 馈送回 T_1 管基极，削弱了输入信号，故电路为负反馈。若将 U_o 端接地，T_2 管发射极电阻 R_{E2} 上仍有反馈量馈送回输入回路影响电路的净输入量，该反馈为电流反馈。反馈回来的信号与输入信号同在基极，以电流的方式影响输入量，输入电流 I_i 减去反馈电流 I_f 为电路的净输入电流 I_b，故为并联反馈。总之，该电路的级间反馈组态为电压流并联负反馈。

(2) 闭环增益：

$$A_{usf} = \frac{\dot{U}_o}{\dot{U}_S} = \frac{\dot{I}_{C2}(R_{C2}//R_L)}{\dot{I}_i R_S} \approx \frac{\dot{I}_{E2}(R_{C2}//R_L)}{\dot{I}_i R_S}$$

$$= \frac{-\dot{I}_f \dfrac{R_F + R_{E2}}{R_{E2}}(R_{C2}//R_L)}{\dot{I}_i R_S} \approx -\frac{(R_F + R_{E2})(R_{C2}//R_L)}{R_S R_{E2}}$$

习题 10

1. 将放大器(　　)的全部或部分通过某种方式回送到输入端，这部分信号叫作(　　)信号。使放大器净输入信号减小，放大倍数也减小的反馈，称为(　　)反馈；使放大器净输入信号增加，放大倍数也增加的反馈，称为(　　)反馈。放大电路中常用的负反馈类型有(　　)负反馈、(　　)负反馈、(　　)负反馈和(　　)负反馈。

2. 什么叫反馈？反馈有哪几种类型？

3. 某放大电路的信号源内阻很小，为了稳定输出电压，应当引入什么类型的负反馈？

4. 负反馈放大电路一般由哪几部分组成？试用方框图说明它们之间的关系？

5. 要得到一个电流控制的电流源，应当引入什么负反馈？

6. 如果要求当负反馈放大电路的开环放大倍数变化 25%时，其闭环放大倍数变化不超过 1%，又要求闭环放大倍数为 100，问开环放大倍数和反馈系数应选什么值？如果引入的反馈为电压并联负反馈，则输入电阻和输出电阻如何变化？变化了多少？

7. 某负反馈放大电路的方框图如图 10-22 所示，试推导其闭环增益 $\dot{X}_o / \dot{X}_i$ 的表达式。

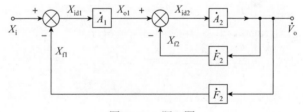

图 10-22　题 7 图

8. 某负反馈放大电路的方框图如图 10-23 所示，已知其开环电压增益 $\dot{A}_V = 2000$，反馈系数 $\dot{F}_V = 0.0495$。若输出电压 $\dot{V}_o = 2V$，求输入电压 $\dot{V}_i$、反馈电压 $\dot{V}_f$ 及净输入电压 $\dot{V}_{id}$ 的值。

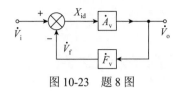

图 10-23 题 8 图

9. 指出下列说法是否正确，如果有错，错在哪里？

(1) 既然在深度负反馈条件下，闭环增益 $\dot{A}_F \approx \dfrac{1}{\dot{F}}$ 与放大电路的参数无关，那么放大器件的参数就没有什么意义了，随便取一个管子或组件，只要反馈系数 $\dot{A}_F \approx \dfrac{1}{\dot{F}}$ 就可以获得恒定闭环增益。

(2) 某人在做多级放大器实验时，用示波器观察到输出波形产生了非线性失真，然后引入了负反馈，立即看到输出幅度明显变小，并且消除了失真，你认为这就是负反馈改善非线性失真的结果吗？

10. 某反馈放大电路的方框图如图 10-24 所示，已知其开环电压增益 $\dot{A}_u = 2000$，反馈系数 $\dot{F}_u = 0.0495$。若输出电压 $\dot{U}_o = 2V$，求输入电压 $\dot{U}_i$、反馈电压 $\dot{U}_f$ 及净输入电压 $\dot{U}_{id}$ 的值。

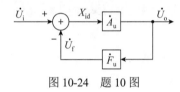

图 10-24 题 10 图

11. 一个放大电路的开环增益为 $A_{uo} = 10^4$，当它连接成负反馈放大电路时，其闭环电压增益为 $A_{uf} = 60$，若 A_{uo} 变化 10%，问 A_{uf} 变化多少？

12. 为了减小从电压信号源索取的电流并增加带负载的能力，应该引入什么类型的反馈？

13. 从反馈的效果来看，为什么说串联负反馈电路中，信号源内阻越小越好，而在并联负反馈电路中，信号源内阻越大越好？

14. 某电压反馈的放大器采用一个增益为 100V/V 且输出电阻为 1000Ω 的基本放大器，反馈放大器的闭环输出电阻为 100Ω，确定其闭环增益。

15. 某电压串联负反馈放大器采用一个输入与输出电阻均为 1kΩ 且增益 A=2000V/V 的基本放大器，反馈系数 F=0.1V/V，求闭环放大器的增益 A_{uf}、输入电阻 R_{if} 和输出电阻 R_{of}。

16. 负反馈电路如图 10-25 所示，若要降低输出电阻，应从 C 点和 E 点中哪点引出输出电压？设负载电阻为 R_L，分别估算从 C 点输出电压和从 E 点输出电压时的电压放大倍数。

17. 判断图 10-26 所示电路的反馈类型和性质，写出 I_o 的表达式，并说明电路的特点。

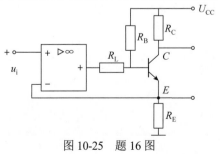

图 10-25 题 16 图

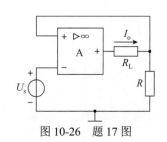

图 10-26 题 17 图

第11章　波形的产生、变换与处理

本章主要介绍正弦波振荡电路和非正弦波产生电路。正弦波振荡电路主要有 *RC* 型和 *LC* 型两大类，它们由四部分组成：放大电路、选频网络、正反馈网络和稳幅环节。一般从相位和幅值平衡条件来计算振荡频率和放大电路所需的增益。而石英晶体振荡器是 *LC* 振荡电路的一种特殊形式，由于晶体的等效谐振 *Q* 值很高，因而振荡频率有很高的稳定性。非正弦波发生电路由滞回比较器和 *RC* 延时电路组成，主要参数是振荡幅值和振荡频率。由于滞回比较器引入了正反馈，从而加速了输出电压的变化；延时电路使比较器输出电压周期性地从高电平跃变为低电平，再从低电平跃变为高电平，而不停留在某一状态，从而使电路产生自激振荡。

11.1　正弦波信号发生器

正弦波信号发生器也称为正弦波振荡器，与前面学习的自激类似，和前面学习的放电电路不同，正弦波振荡器是一种利用正反馈，不需要输入就能自行产生输出信号的电路。

11.1.1　产生正弦波的振荡条件及组成

1. 产生正弦波的振荡条件

要弄清楚振荡条件，应当从两个方面考虑：一是没有输入就有输出的原因；二是输出的内容。

如图 11-1 所示，引入正反馈的正弦波信号发生器由一个放大器 $\dot{A}$ 和反馈网络 $\dot{F}$ 组成。在电路刚接通的瞬间，将正弦波电压 u_i 输入放大电路后，产生输出的正弦波电压 u_o，同时产生反馈电压 u_f。若此时立即将输入 u_i 置零，用反馈电压 u_f 代替原来的输入电压 u_i，则输出电压 u_o 将保持不变，这样就实现了没有输入就有输出。

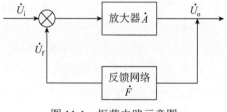

图 11-1　振荡电路示意图

由此得出维持振荡器输出等幅振荡的平衡条件为

$$\dot{U}_f = \dot{U}_i$$

已知放大器电压增益

$$\dot{A} = A\angle\varphi_A$$

反馈网络的反馈系数

$$\dot{F} = F\angle\varphi_F$$

由 $\dot{U}_f = \dot{U}_i$ 得到

$$\dot{U}_{\mathrm{f}} = \dot{F}\dot{U}_{\mathrm{o}} = \dot{A}\dot{F}\dot{U}_{\mathrm{i}}$$

综上可得 $\dot{A}\dot{F}=1$，即

$$\dot{A}\dot{F} = AF\angle(\varphi_A + \varphi_F) = 1$$

于是，可以得到自激振荡的平衡条件

$$\begin{cases} |\dot{A}\dot{F}|=1 \\ \varphi_A + \varphi_F = 2n\pi, \ n=0,1,2,\cdots \end{cases}$$

其中：

(1) $|\dot{A}\dot{F}|=1$ 称为幅度平衡条件，说明当反馈电压 u_{f} 与输入电压 u_{i} 的大小相等时，产生等幅振荡；当 $|\dot{A}\dot{F}|>1$ 时，振荡输出越来越大，产生增幅振荡，称为起振条件；若 $|\dot{A}\dot{F}|<1$，则振荡输出越来越小，直到最后输出为零而停振。

(2) $\varphi_A+\varphi_F=\pm 2n\pi(n=0,1,2,\cdots)$ 称为相位平衡条件，说明产生振荡时，反馈电压的相位与所需输入电压的相位相同，即形成正反馈。因此，由相位平衡条件可确定振荡器的振荡频率。

幅度起振条件和平衡条件可以通过调节电路参数来满足，所以相位平衡条件是否满足就成为判断正弦波振荡电路能否振荡的关键。

判断相位平衡条件一般采用瞬时极性法，即假设断开反馈网络与放大电路输入端的连接线(用×表示)，并视放大电路的输入阻抗为反馈网络的负载。然后，假定某一瞬时，有一个瞬时极性为"+"的信号电压 u_{i} 作用于放大电路的输入端，经放大和反馈后得到相应的反馈电压 u_{f} 的极性。再根据放大电路和反馈网络的相频特性分析 u_{f} 与 u_{i} 的相位关系，若在某一特定频率上，u_{f} 与 u_{i} 的相位差为 $\pm 2n\pi(n=0,1,2,\cdots)$，即为正反馈时，可认为电路满足相位平衡条件。

起始由接通电源造成的电扰动所引起的振荡信号十分微弱，但是由于不断地对它进行放大、选频、正反馈、再放大等，于是一个与振荡回路固有频率相同的自激振荡便由小到大地增长起来。最后由于晶体管的非线性特性，振幅会自动稳定到一定的幅度，振荡电路达到稳态振荡。

注意，为了保证振荡器在接通电源后能完成输出信号从小到大直至平衡在一定幅值的过程，电路的起振条件必须满足 $|AF|>1$。

2. 正弦波信号发生器的组成

正弦波信号发生器是以基本放大器为基础再加反馈网络组成的，具体可分为基本放大电路、选频网络和反馈网络三个部分，如图 11-2 所示。

图 11-2　正弦波信号发生器的组成

(1) 基本放大电路。利用三极管的电流放大作用或集成运放的放大作用，使电路具有足够大的放大倍数。

(2) 选频网络。它仅对某一特定频率的信号产生谐振，从而保证正弦波振荡器能输出

具有单一信号频率的正弦波。

(3) 反馈网络。将输出信号正反馈到放大电路
的输入端，作为输入信号，使电路产生自激振荡。

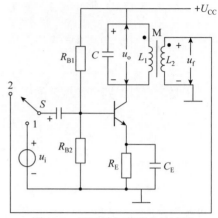

以图 11-3 所示电路为例，当开关 S 拨向位置
1 时，该电路为基本放大器，当输入信号为正弦波
时，放大器输出负载互感耦合变压器 L_2 上的电压
为 u_f，调整互感 M 及回路参数，可以使 $u_i = u_f$。

此时，若将开关 S 快速拨向位置 2，则集电极
电路和基极电路都维持开关 S 接到位置 1 时的状
态，即始终维持着与 u_i 相同频率的正弦信号。这
时，基本放大器就变为正弦波振荡器。

图 11-3　正弦波振荡建立的过程

按振荡频率划分，正弦波信号发生器有高频信号发生器、中频信号发生器和低频信号发
生器；按结构划分，正弦波信号发生器主要有 RC 型、LC 型及石英晶体型三大类。不同类型
的振荡电路输出的信号频率不同。RC 信号发生器的振荡频率较低，一般在 1MHz 以下，LC
信号发生器的振荡频率多在 1MHz 以上，石英晶体信号发生器的特点是振荡频率非常稳定。

11.1.2　RC 正弦波振荡电路

为了获得单一频率的正弦波，正弦波振荡电路必须由放大电路和正反馈网络组成，此外
电路中还必须包含选频网络和稳幅环节。增加选频网络是为了获得单一频率的正弦波振荡，而
增加稳幅环节是为了得到稳定的等幅振荡信号。由 R、C 元件组成选频网络的正弦波振荡电路，
称为 RC 正弦波振荡电路。在需要几十千赫兹以下的低频信号时，常用 RC 正弦波振荡器。

1. 电路组成

图 11-4(a)所示电路为 RC 正弦波振荡电路，其中集成运放是基本放大电路，R_F 和 R_3 构成
负反馈支路没有选频作用，起稳幅作用。R_1、C_1 和 R_2、C_2 组成 RC 串、并联选频网络同时兼作
正反馈网络，使电路产生振荡。上述两个反馈支路正好形成四臂电桥，也称为文氏桥振荡电路。

2. RC 串并联网络的频率特性

图 11-4(b)所示电路为由 R_1、C_1 和 R_2、C_2 组成的串并联电路，其中 $\dot{U}$ 为输入电压，即
放大电路的输出电压。$\dot{U}_f$ 为选频网络的输出电压，也即基本放大网络的输入电压。

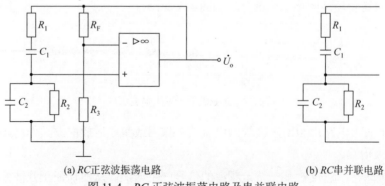

(a) RC 正弦波振荡电路　　　　　　　　　　　　　　(b) RC 串并联电路

图 11-4　RC 正弦波振荡电路及串并联电路

由图 11-4(a)所示电路可以写出 RC 串并联网络的频率特性表示式，即

$$F = \frac{\dot{U}_f}{\dot{U}} = \frac{Z_2}{Z_1 + Z_2} = \frac{\dfrac{R_2}{1 + j\omega R_2 C_2}}{R_1 + \dfrac{1}{j\omega C_1} + \dfrac{R_2}{1 + j\omega R_2 C_2}}$$

$$= \frac{1}{\left(1 + \dfrac{R_1}{R_2} + \dfrac{C_2}{C_1}\right) + j\left(\omega C_2 R_1 - \dfrac{1}{\omega C_1 R_2}\right)}$$

若选取 $R_1 = R_2 = R$，$C_1 = C_2 = C$，且令 $\omega_0 = \dfrac{1}{RC}$，则上式可以简化为

$$\dot{F} = \frac{1}{3 + j\left(\dfrac{\omega}{\omega_0} - \dfrac{\omega_0}{\omega}\right)}$$

其幅频特性为

$$|\dot{F}| = \frac{1}{\sqrt{3^2 + j\left(\dfrac{\omega}{\omega_0} - \dfrac{\omega_0}{\omega}\right)^2}}$$

相频特性为

$$\varphi_F = -\arctan\frac{\dfrac{\omega}{\omega_0} - \dfrac{\omega_0}{\omega}}{3}$$

显然，当 $\omega = \omega_0 = \dfrac{1}{RC}$ 时，$\dot{F}$ 的幅值最大，即 $|\dot{F}|_{\max} = \dfrac{1}{3}$，而且相角为零，即 $\varphi_F = 0$。

由以上分析，可以得出反馈系数 $\dot{F}$ 的幅频特性和相频特性曲线如图 11-5 所示。可见该网络在频率为 ω_0 时的反馈系数最大，为 1/3，且相移为 0，具有选频特性。

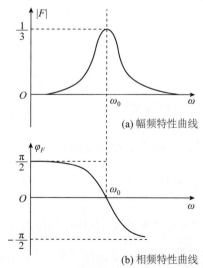

(a) 幅频特性曲线

(b) 相频特性曲线

图 11-5　RC 串并联网络的幅频特性典线和相频特性曲线

当输入信号 $\dot{U}$ 的频率 ω 较低时，由于 $1/\omega C_1 \gg R_1$，$1/\omega C_2 \gg R_2$，则信号频率越低，

输出信号 $\dot{U}_f$ 的幅值越小，且 $\dot{U}_f$ 比 $\dot{U}$ 的相位超前。当频率趋近零时，$|\dot{U}_f|$ 也趋近零，相移超前约 $+\pi/2$。

当输入信号 $\dot{U}$ 的频率较高时，由于 $1/\omega C_1 \ll R_1$，$1/\omega C_2 \ll R_2$，则信号频率越高，输出信号 $\dot{U}_f$ 的幅值也越小，且 $\dot{U}_f$ 比 $\dot{U}$ 的相位越滞后。在频率趋近无穷大时，$|\dot{U}_f|$ 趋近零，相移滞后约 $-\pi/2$。

由此可见，当信号频率由零向无穷大变化时，输出电压的相移由 $+\pi/2$ 向 $-\pi/2$ 变化。当信号的频率为某一频率时，输出电压幅度最大，相移为零。

1. 振荡频率

图 11-4(a)所示电路中，集成运放和 R_F、R_3 构成负反馈放大电路，为同相比例放大电路，其电压放大倍数为 $A_f = 1 + \dfrac{R_F}{R_3}$，并且在相当宽的中频范围内，$\varphi_A = 0$。

此时，RC 串并联网络作为正反馈网络，对电扰动中 $\omega = \omega_0 = \dfrac{1}{RC}$ 的频率成分，$\varphi_F = 0$，刚好满足 $\varphi_A + \varphi_F = \pm 2n\pi$ 的相位平衡条件，因此若再满足起振条件，该电路一定能产生振荡，其振荡频率只能是 $f_0 = \dfrac{1}{2\pi RC}$。而对其他任何频率，因为 $\dot{U}_o$ 与 $\dot{U}_f$ 不同相（$\varphi_F \neq 0$），所以均不满足相位平衡条件，不可能产生正弦波振荡，实现了电路的选频特性。

2. 起振条件

振荡电路在刚接通电源时，由电扰动引起的输出信号较小，要想得到理想的输出幅度，还必须满足起振条件 $|\dot{A}\dot{F}| > 1$。

如上所述，当 $f = f_0$ 时，RC 串并联网络的反馈系数 $|\dot{F}|_{\max} = 1/3$ 是最大的。根据起振条件，可以求出若电路的电压放大倍数满足 $|\dot{A}| > 3$，该振荡电路就可以起振。由于文氏桥振荡电路中基本放大电路的电压放大倍数为 $A_f = 1 + \dfrac{R_F}{R_3}$，所以电路起振条件为

$A_f = 1 + \dfrac{R_F}{R_3} > 3$，即 $R_F > 2R_3$。

3. 稳幅作用

当满足起振条件之后，文氏桥振荡电路开始起振，输出频率等于 $f_0 = \dfrac{1}{2\pi RC}$ 的正弦波。但是因为 $A_f = 1 + \dfrac{R_F}{R_3} > 3$，所以输出正弦波的幅度会不断增大。当输出幅度过大以后，受集成运放非线性特性的影响，输出波形会产生严重的非线性失真，因此必须采取稳幅措施。

一种稳幅的办法是选用具有负温度系数的热敏电阻作为 R_F。当输出幅度 $|\dot{U}_o|$ 增大时，R_F 上的温度升高，功耗加大，阻值减小，于是电压放大倍数 $A_f = 1 + \dfrac{R_F}{R_3}$ 下降，$|\dot{U}_o|$ 减小，从而使输出幅度保持稳定。相反，当 $|\dot{U}_o|$ 减小时，R_F 的阻值增大，使电压放大倍数

$A_f = 1 + \dfrac{R_F}{R_3}$ 增大，使 $|\dot{U}_o|$ 保持稳定，从而实现了稳幅作用。另外，图 11-4(a)所示电路中，R_F 和 R_3 构成了电压串联负反馈，还具有稳定输出电压、减小非线性失真、改善输出波形的作用。

如图 11-6 所示，两个二极管 D_1 和 D_2 构成稳幅电路，读者可以自行分析它们是如何起到稳幅作用的。

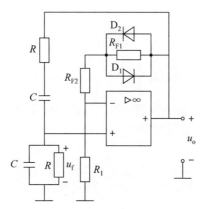

图 11-6　利用二极管稳幅的正弦波振荡电路

【例 11-1】 图 11-4(a)所示的 RC 正弦波振荡电路中，已知 $R_1=R_2=R=8.2\text{k}\Omega$，$C_1=C_2=C=0.02\text{F}$，$R_3=1.5\text{k}\Omega$，计算振荡频率 f_o，并估算 R_F 的阻值。

解： R_F 取值应满足起振条件 $R_F>2R_3=3\text{k}\Omega$，选取 $R_F=3.6\text{k}\Omega$。

$$f_o = \frac{1}{2\pi CR} = \frac{1}{6.28 \times 0.02 \times 10^{-6} \times 8.2 \times 10^3} \approx 971\text{Hz}$$

11.2　方波、三角波信号发生器

方波、三角波信号发生器是一个正反馈电路，通常也称为张弛振荡器，它由两部分组成：一部分是比较器，另一部分是积分器。比较器是用来控制状态转换时间的电路，一般采用迟滞比较器，而将积分器作为定时电路，如图 11-7 所示。

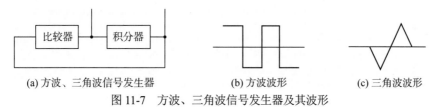

(a) 方波、三角波信号发生器　　　　(b) 方波波形　　　　(c) 三角波波形
图 11-7　方波、三角波信号发生器及其波形

11.2.1　单运放方波、三角波振荡器

单运放将状态记忆电路和定时电路集中在一起，如图 11-8(a)所示，其中带正反馈的运放构成迟滞比较器，RC 构成积分器即定时电路，其波形如图 11-8(b)所示。

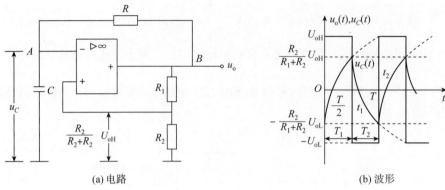

(a) 电路　　　　　　　　　　　　　　　(b) 波形

图 11-8　单运放方波、三角波振荡器电路及其波形

假定输出为高电平(U_{oH})，且电容初始电压$u_C(0)=0$，那么电容被充电，$u_C(t)$以指数规律上升，并趋向U_{oH}。此时，运放同相端电压U_+为

$$U_+ = F_{正}U_{oH} = \frac{R_2}{R_1+R_2}U_{oH} = \frac{R_2}{R_1+R_2}U_{CC}$$

该电压为比较器的参考电平。当u_C上升到该电平值时，即$U=U_+$，则输出状态要发生翻转，即由高电平跳变到低电平U_{oL}。将此时的U_+记为高门限电压U_{TH}，即

$$U_{TH} = F_{正}U_{oH} = \frac{R_2}{R_1+R_2}U_{oH}$$

一旦U_o变为低电平，电容就开始放电，后又反充电，u_C以指数规律下降，并趋向U_{oL}。但是，因为此时的U_+变为另一个参考电平(下门限电压)：

$$U_+ = F_{正}U_{oL} = \frac{-R_2}{R_1+R_2}|U_{EE}|$$

所以，当u_C下降到U_{TL}时，输出又从低电平跳变到高电平。周而复始，运放输出为方波，其峰-峰值为

$$U_{opp}=U_{oH}-U_{oL}=2U_{CC}$$

因为电容充电和放电时间常数均等于RC，所以$T_1=T_2$，占空比$D=T_2/T=50\%$。

现在来计算振荡频率f_0，首先计算时间T_1。如图11-18(b)所示，根据三要素法，电容电压$u_C(t)$为

$$u_C(t) = U_C(\infty) - [U_C(\infty) - U_C(0)]e^{-\frac{t}{\tau}}$$

趋向值：

$$U_C(\infty)=U_{oH}=U_{CC}$$

初始值：

$$U_C(0)=U_{TL}= -\frac{R_2}{R_1+R_2}|U_{oL}|$$

时常数：

$$\tau=RC$$

转换值，当 $t=T_1$ 时：

$$u_C(T_1) = U_{\text{TH}} = \frac{R_2}{R_1 + R_2}U_{\text{oH}}$$

$$U_2 = \tau \ln \frac{U_{\text{oH}} - U_{\text{TL}}}{U_{\text{oH}} - U_{\text{TH}}}$$

$$f_0 = \frac{1}{T} = \frac{1}{2T_2}$$

故 f_0 为

$$f_0 = \frac{1}{2RC \ln\left(1 + \dfrac{2R_2}{R_1}\right)}$$

可见，改变时间常数 RC 及正反馈系数(即 R_2/R_1 比值)均可改变振荡频率 f_0。

11.2.2　双运放方波、三角波振荡器

图 11-8(a)所示的 RC 电路不是理想的积分器，它不能保证电容恒流充放电，所以三角波的线性度不好。如果将 RC 电路改为理想积分器，保证电容恒流充放电，则可以产生线性度很好的三角波。

如图 11-9 所示，运放 A_1 构成同相输入的迟滞比较器，A_2 为理想积分器。A_1 输出为方波，该方波通过电阻 R 给电容 C 恒流充放电，形成三角波，反过来三角波又控制迟滞比较器的状态转换，周而复始形成振荡，其波形如图 11-10 所示。

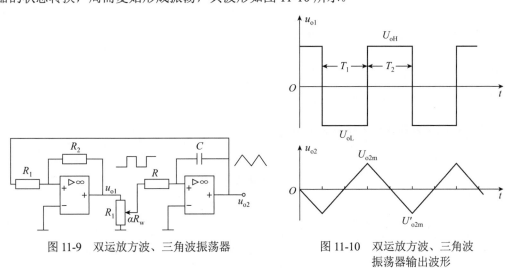

图 11-9　双运放方波、三角波振荡器　　　　图 11-10　双运放方波、三角波振荡器输出波形

1. u_{o1} 和 u_{o2} 幅度的计算

(1) u_{o1} 的幅度。u_{o1} 的高电平 $U_{\text{oH}}=U_{\text{CC}}$，低电平 $U_{\text{oL}}=-U_{\text{EE}}$，所以其峰-峰值为 $U_{\text{o1pp}}=2U_{\text{CC}}$，$u_{\text{o2}}$ 为三角波。当 u_{o1} 为高电平时，C 充电，充电电流 $i_C = \dfrac{\alpha U_{\text{oH}}}{R}$ (α 为电位器 R_{W} 的分压比)，u_{o2} 随时间线性下降。再看 A_1，其反相端接地，当 U_+ 过零时，A_1 输出状态翻转，而 U_+ 等于

u_{o1} 和 u_{o2} 的叠加，即

$$U_+ = \frac{R_1}{R_1 + R_2} U_{oH} + \frac{R_1}{R_1 + R_2} u_{o2} = U_- = 0$$

$$u_{o2} = U_{o2m} = \frac{-R_1}{R_2} U_{oH} = -\frac{R_1}{R_2} = U_{CC}$$

(2) u_{o2} 的幅度。同理，当 u_{o2} 为低电平时，C 反充电，充电电流 $i_C = \frac{\alpha U_{oL}}{R}$，$u_{o2}$ 随时间线性上升，当 U_+ 再次过零时，计算出

$$U'_+ = \frac{R_1}{R_1 + R_2} U_{oL} + \frac{R_1}{R_1 + R_2} u_{o2} = U_- = 0$$

$$u'_{o2} = U'_{o2m} = \frac{-R_1}{R_2} U_{oL} = \frac{R_1}{R_2} = |U_{EE}|$$

所以

$$U'_{o2pp} = 2\frac{R_1}{R_2} U_{CC}$$

可见，若 $R_1 > R_2$，三角波的幅度可以超过方波的幅度。

2. 频率 f_0 的计算

在 T_1 时间间隔内，电容 C 的电压增加了 $\Delta U_C = 2\frac{R_1}{R_2} U_{CC}$。由 $\Delta U_C = \Delta Q/C$ 计算得

$$\Delta U_C = 2\frac{R_1}{R_2} U_{CC} = \frac{\Delta Q}{C} = \frac{1}{C} \int i_C \mathrm{d}t = \frac{1}{C} \cdot \frac{\alpha U_{CC}}{R} T_1$$

$$f_0 = \frac{1}{T} = \frac{1}{2T_1} = \frac{\alpha R_2}{4RCR_1}$$

故

$$T_1 = \frac{2RCR_1}{\alpha R_2}$$

可见，改变分压比 α 可以改变恒流充放电电流，从而可以微调振荡频率。

习题 11

1. 振荡电路与放大电路有何异同点。

2. 正弦波振荡器的振荡条件是什么？负反馈放大电路产生自激的条件是什么？两者有何不同，为什么？

3. 根据选频网络的不同，正弦波振荡器可分为哪几类？各有什么特点？

4. 正弦波信号产生电路一般由几个部分组成，各部分作用是什么？

5. 电路如图 11-11 所示，稳压管 D_Z 起稳幅作用，其稳定电压 $\pm U_Z = \pm 6V$。试估算：

(1) 输出电压不失真情况下的有效值；

(2) 振荡频率。

6. 图 11-12 所示电路为某同学所接的方波发生电路，试找出图中的三个错误，并改正。

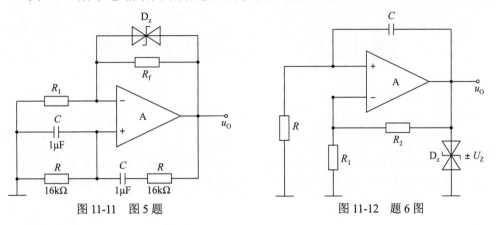

图 11-11　图 5 题　　　　　　　　　　　　　　图 11-12　题 6 图

7. 图 11-13 所示为正弦波振荡电路，已知 A 为理想运放。

(1) 已知电路能够产生正弦波振荡，为使输出波形频率增大应如何调整电路参数？

(2) 已知 $R_1 = 10\text{k}\Omega$，若产生稳定振荡，则 R_f 约为多少？

(3) 已知 $R_1 = 10\text{k}\Omega$，$R_f = 15\text{k}\Omega$，问电路产生什么现象？简述理由。

(4) 若 R_f 为热敏电阻，试问其温度系数是正还是负？

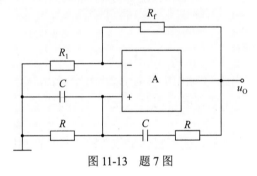

图 11-13　题 7 图

8. 电路如图 11-14 所示，设二极管和运放都是理想的：

(1) A_1、A_2 各组成什么电路？

(2) 求电路周期 T 的表达式。

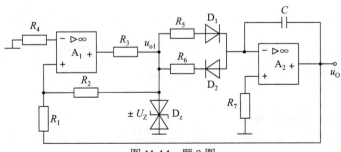

图 11-14　题 8 图

第12章 功率放大器

以提供给负载足够大的功率为主要目标的放大电路，称为功率放大电路。因为要求有足够的输出功率来驱动负载，所以其主要任务就是电压放大之后能进行电流放大。电流放大主要使用射极跟随器和源极输出电路，与电压放大电路不同的是，流过放大器的电流会随着功率的增大而加大，所以会导致功率管严重发热，因而散热问题就成为功率放大电路要解决的主要问题。

12.1 功率放大器概述

功率放大电路工作在大信号区，所以不可避免地会产生非线性失真。因而，在功率放大电路中，如何既能减小非线性失真，又能尽可能提高输出效率，就成为功率放大电路要重点解决的问题。

12.1.1 放大电路的特点

功率放大器作为放大电路的输出级，具有以下几个特点。

(1) 由于功率放大器的主要任务是向负载提供一定的功率，因而输出电压和电流的幅度足够大。

(2) 由于输出信号幅度较大，使三极管工作在饱和区与截止区的边沿，因此输出信号存在一定程度的失真。

(3) 功率放大器在输出功率的同时，三极管消耗的能量亦较大，因此，不可忽视管耗问题。

12.1.2 放大电路的要求

根据功率放大器在电路中的作用及特点，首先，要求它输出功率大、非线性失真小、效率高；其次，由于三极管工作在大信号状态，要求它的极限参数 I_{CM}、P_{CM}、$U_{(BR)CEO}$ 等应满足电路正常工作要求并留有一定余量，同时还要考虑三极管有良好的散热功能，以降低结温，确保三极管安全工作。

12.1.3 功率放大器的分类

根据放大器中三极管静态工作点设置的不同，可分成甲类、乙类和甲乙类三种，如图 12-1 所示。甲类放大器的工作点设置在放大区的中间，这种电路的优点是在输入信号的整个周期内，三极管都处于导通状态，输出信号失真较小(前面讨论的电压放大器都工作在这种状态)；缺点是三极管有较大的静态电流 I_{CQ}，这时管耗 P_C 大，电路能量转换效率低。

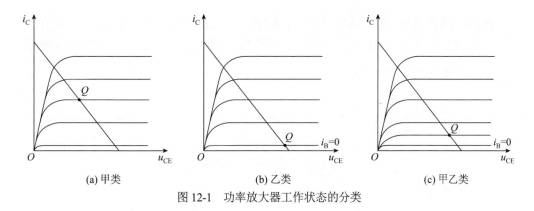

(a) 甲类　　　　　　　　　　(b) 乙类　　　　　　　　　(c) 甲乙类

图 12-1 功率放大器工作状态的分类

乙类放大器的工作点设置在截止区，这时，由于三极管的静态电流 $I_{CQ}=0$，所以能量转换效率高，它的缺点是只能对半个周期的输入信号进行放大，非线性失真大。甲乙类放大电路的工作点设在放大区但接近截止区，即三极管处于微导通状态，这样可以有效克服乙类放大电路的失真问题，且能量转换效率也较高，目前使用较广泛。

12.2 乙类互补对称功率放大电路

乙类双电源互补对称功率放大电路由于静态时输出端电位为零，负载可以直接连接，它较好地解决了效率与失真的矛盾，是功率放大电路的基础。

12.2.1 电路组成及工作原理

图 12-2(a)所示电路是双电源乙类互补对称功率放大电路。这类电路又称无输出电容的功率放大电路，简称 OCL 电路。T_1 为 NPN 型管，T_2 为 PNP 型管，两管参数对称。电路工作原理如下。

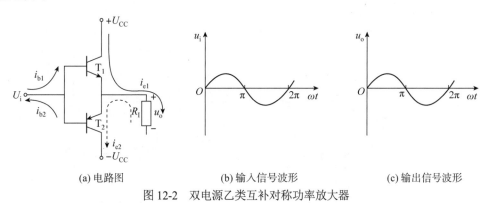

(a) 电路图　　　　　　　(b) 输入信号波形　　　　　　(c) 输出信号波形

图 12-2 双电源乙类互补对称功率放大器

(1) 静态分析。当输入信号 $u_i=0$ 时，两个三极管都工作在截止区，此时 I_{BQ}、I_{CQ}、I_{EQ} 均为零，负载上无电流通过，输出电压 $u_o=0$。

(2) 动态分析。当输入信号为正半周时，$u_i>0$，如图 12-2(b)所示，三极管 T_1 导通，T_2 截止，T_1 管的射极电流 i_{e1} 经＋U_{CC} 自上而下流过负载，在 R_L 上形成正半周输出电压，$u_o>0$，如图 12-2(c)所示。

当输入信号为负半周时，$u_i < 0$，如图 12-2(b)所示，三极管 V_2 导通，T_1 截止，T_2 管的射极电流 i_{e2} 经$-U_{CC}$ 自下而上流过负载，在 R_L 上形成负半周输出电压，$u_o < 0$，如图 12-2(c)所示。

12.2.2　功率和效率的估算

(1) 输出功率 $P_o = I_o U_o = \dfrac{1}{2} I_{om} U_{om} = \dfrac{1}{2} \dfrac{U_{om}^2}{R_L}$，而 $U_{o\,max} = U_{CC} - U_{CES} \approx U_{CC}$，所以

$$P_{om} = \frac{1}{2R_L}(U_{CC} - U_{CES})^2 \approx \frac{1}{2}\frac{U_{CC}^2}{R_L}$$

(2) 直流电流提供的功率 P_V。
因为

$$I_{VC} = \frac{1}{2\pi}\int_0^\pi I_{om}\sin(\omega t)\mathrm{d}(\omega t) = \frac{I_{om}}{\pi} = \frac{I_{om}}{\pi R_L}$$

所以

$$P_V = 2I_{om}U_{CC} = \frac{2}{\pi R_L}U_{om}U_{CC}$$

$$P_{V\,max} = \frac{2}{\pi}\frac{U_{CC}^2}{R_L}$$

(3) 管耗 $P_T = P_V - P_o = \dfrac{2}{\pi R_L}U_{CC}U_{om} - \dfrac{1}{2R_L}U_{CC}^2$，可求得当 $U_{om} = 0.63U_{CC}$ 时，三极管消耗的功率最大，其值为

$$P_{T\,max} = \frac{2U_{CC}^2}{\pi^2 R_L} = \frac{4}{\pi^2}P_{O\,max} \approx 0.4P_{O\,max}, \quad P_{T1\,max} = P_{T2\,max} = \frac{1}{2}P_{T\,max} \approx 0.2P_{O\,max}$$

12.2.3　交越失真及其消除

当输入信号很小，达不到三极管的开启电压时，三极管不导通。因此在正、负半周交替过零处会出现一些非线性失真，这个失真称为交越失真，如图 12-3 所示。

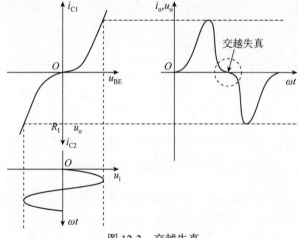

图 12-3　交越失真

产生交越失真的原因是：在乙类互补对称功率放大电路中，没有施加偏置电压，静态

工作点设置在零点，$U_{BEQ}=0$，$I_{BQ}=0$，$I_{CQ}=0$，三极管工作在截止区。由于三极管存在死区电压，当输入信号小于死区电压时，三极管 T_1、T_2 仍不导通，输出电压 u_o 为零，这样在输入信号正、负半周的交界处，无输出信号，使输出波形失真，即交越失真。

为了解决交越失真，可给三极管加适当的基极偏置电压，使之工作在甲乙类工作状态，如图 12-4 所示。

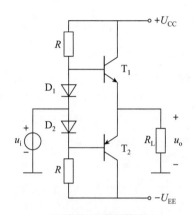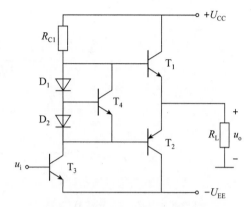

(a) 采用二极管提供偏压　　　　　　　　　(b) 采用二极管和三极管恒流源提供偏压

图 12-4　甲乙类互补功率放大电路

【例 12-1】图 12-5 所示电路中，设 BJT 的 $\beta=100$，$U_{BE}=0.7V$，$U_{CES}=0.5V$，$I_{CEO}=0$，电容 C 对交流可视为短路，输入信号 u_i 为正弦波。图 12-5 所示电路的曲线如图 12-6 所示。

(1) 计算电路可能达到的最大不失真输出功率 P_{om}。

(2) 此时 R_B 应调节到什么数值？

(3) 计算此时电路的效率 η。

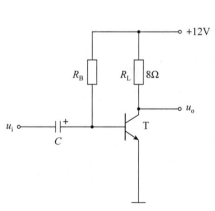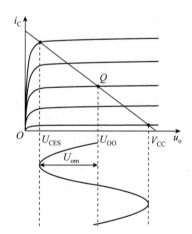

图 12-5　例 12-1 电路图　　　　　　　　图 12-6　图 12-5 所示电路的曲线

解：(1)先求输出信号的最大不失真幅值。由图 12-6 可知：$u_O = U_{OQ} + U_{om}\sin\omega t$。由 $U_{OQ}+U_{om}\leqslant V_{CC}$ 与 $U_{OQ}-U_{om}\geqslant U_{CES}$ 可知 $2U_{om}\leqslant V_{CC}-U_{CES}$，即

$$U_{om}\leqslant \frac{V_{CC}-U_{CES}}{2}$$

因此，最大不失真输出功率 P_{om} 为

$$P_{\mathrm{om}} = \left(\frac{U_{\mathrm{om}}}{\sqrt{2}}\right)^2 \frac{1}{R_{\mathrm{L}}} = \frac{(V_{\mathrm{CC}} - U_{\mathrm{CES}})^2}{8} \times \frac{1}{8} \approx 2.07\mathrm{W}$$

(2) 当输出信号达到最大幅值时，电路静态值为

$$U_{\mathrm{OQ}} = \frac{V_{\mathrm{CC}} - U_{\mathrm{CES}}}{2} + U_{\mathrm{CES}} = \frac{1}{2}(V_{\mathrm{CC}} + U_{\mathrm{CES}})$$

所以

$$I_{\mathrm{CQ}} = \frac{V_{\mathrm{CC}} - U_{\mathrm{OQ}}}{R_{\mathrm{L}}} = \frac{V_{\mathrm{CC}} - U_{\mathrm{CES}}}{2R_{\mathrm{L}}} = \frac{12 - 0.5}{2 \times 8} \approx 0.72\mathrm{A}$$

$$I_{\mathrm{BQ}} = \frac{I_{\mathrm{CQ}}}{\beta} = 7.2\mathrm{mA}$$

$$R_{\mathrm{B}} = \frac{V_{\mathrm{CC}} - U_{\mathrm{BE}}}{I_{\mathrm{BQ}}} = \frac{12 - 0.7}{7.2} \approx 1.57\mathrm{k\Omega}$$

(3) $\eta = \dfrac{P_{\mathrm{om}}}{P_{\mathrm{V}}} = \dfrac{P_{\mathrm{om}}}{V_{\mathrm{CC}} I_{\mathrm{CQ}}} = \dfrac{2.07}{12 \times 0.72} \times 100\% \approx 24\%$

甲类功率放大电路的效率很低。

【例 12-2】双电源互补对称功率放大电路如图 12-7 所示，已知 V_{CC}=12V，R_{L}=8Ω，u_i 为正弦波。

(1) 在 BJT 的饱和压降 U_{CES}=0 的条件下，负载上可能得到的最大输出功率 P_{om} 为多少？每个管子允许的管耗 P_{CM} 至少应为多少？每个管子的耐压 $|U_{\mathrm{(BR)CEO}}|$ 至少应大于多少？

(2) 当输出功率达到最大时，电源供给的功率 P_{V} 为多少？当输出功率最大时，输入电压有效值应为多大？

解：(1) 功率放大电路静态时，U_{o}=0。在 BJT 的饱和压降 U_{CES}=0 的条件下，则有 U_{om}=V_{CC}，因此，

$$P_{\mathrm{om}} = \frac{U_{om}^2}{2R_{\mathrm{L}}} = \frac{V_{\mathrm{CC}}^2}{2R_{\mathrm{L}}} = \frac{12^2}{2 \times 8} = 9\mathrm{W}$$

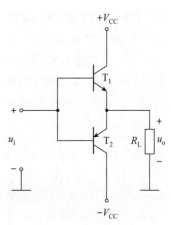

图 12-7　例 12-2 电路图

每个管子允许的管耗 $P_{\mathrm{CM}} \geqslant 0.2 P_{\mathrm{om}}$=0.2×9=1.8W。

每个管子承受的最大电压为 $2V_{\mathrm{CC}}$，所以每个管子的耐压 $|U_{\mathrm{(BR)CEO}}| \geqslant 2V_{\mathrm{CC}}$=24V。

(2) 当输出功率达到最大时，电源供给的功率 P_{V}

$$P_{\mathrm{V}} = \frac{2V_{\mathrm{CC}}(V_{\mathrm{CC}} - U_{\mathrm{CES}})}{\pi R_{\mathrm{L}}} = \frac{2V_{\mathrm{CC}}^2}{\pi R_{\mathrm{L}}} = 11.46\mathrm{W}$$

当输出功率最大时，输入电压幅值 $U_{\mathrm{im}} \approx V_{\mathrm{CC}}$=12V，则有效值为 $U_{\mathrm{i}} = \dfrac{U_{\mathrm{im}}}{\sqrt{2}} \approx 8.49\mathrm{V}$。

【例 12-3】图 12-8 所示电路中，已知 V_{CC} = 16V，R_{L} = 4Ω，T_1 和 T_2 的饱和管压降 $|U_{\mathrm{CES}}|$ = 2V，输入电压足够大。

(1) 最大输出功率 P_{om} 和效率 η 各为多少？

(2) 晶体管的最大功耗 P_{Tmax} 为多少？

解：(1) 最大输出功率 P_{om} 为

$$P_{\text{om}} = \frac{(V_{\text{CC}} - |U_{\text{CES}}|)^2}{2R_{\text{L}}} = 24.5\text{W}$$

效率 η 为

$$\eta = \frac{P_{\text{o}}}{P_{\text{V}}} = \frac{\pi}{4} \cdot \frac{U_{\text{om}}}{V_{\text{CC}}} = \frac{\pi}{4} \cdot \frac{V_{\text{CC}} - |U_{\text{CES}}|}{V_{\text{CC}}} \approx 68.69\%$$

(2) 每个晶体管的最大功耗 P_{Tmax} 为

$$P_{\text{Tmax}} = \frac{V_{\text{CC}}^2}{\pi^2 R_{\text{L}}} = \frac{2}{\pi^2} P_{\text{om}} \approx 0.2 P_{\text{om}} = 4.9\text{W}$$

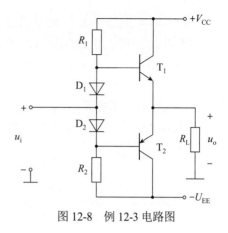

图 12-8　例 12-3 电路图

12.3　单电源互补对称功率放大电路

双电源互补对称功率放大电路由于静态时输出端电位为零，负载可以直接连接，不需要耦合电容，因而它具有低频响应好、输出功率大、便于集成等优点，但需要双电源供电，使用起来有时会感到不便，如果采用单电源供电，只需要在两管发射极与负载之间接入一个大容量电容 C_2。单电源互补对称功率放大电路通常又称无输出变压器的电路，简称 OTL 电路。

与 OCL 电路相比，OTL 电路少用了一个电源，但由于输出端的耦合电容容量大，则电容器内铝箔卷绕的圈数多，呈现的电感效应大，它会对不同频率的信号产生不同的相移，输出信号有附加失真，这是 OTL 电路的缺点。单电源互补功率放大电路如图 12-9(a)所示。当电路对称时，输出端 A 点的静态电位等于 $U_{\text{CC}}/2$。

电容器 C_{L} 串联在负载与输出端之间，它不仅用于耦合交流信号，而且起着等效电源的作用。

当输入信号处于正半周时，NPN 型三极管 T_1 导通，有电流通过负载 R_{L}，方向如图 12-9(a)所示。当输入信号处于负半周时，PNP 型三极管 T_2 导通，这时由电容 C_{L} 供电，I_{L} 方向与图中箭头方向相反。两个三极管轮流导通，在负载上将正、负半周电流合成在一起，就可以得到一个完整的波形，如图 12-9(b)所示。严格地讲，当输入信号很小，达不到三极管的开启电压时，三极管不导通。因此在正、负半周交替过零处会出现一些非线性失真，即交越失真，如图 12-9(c)所示。

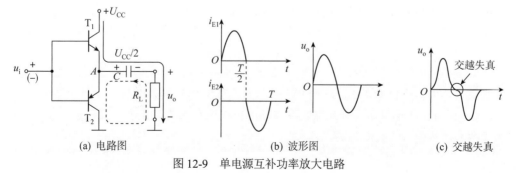

(a) 电路图　　　　　　　(b) 波形图　　　　　　　(c) 交越失真

图 12-9　单电源互补功率放大电路

为了消除交越失真，可给功放三极管稍微加一点偏置，使之工作在甲乙类。此时的互补功率放大电路如图 12-10 所示，在功放管 T_2、T_3 的基极之间加两个正向串联二极管 D_1、D_2，便可以得到适当的正向偏压，从而使 T_2、T_3 在静态时能处于微导通状态。

功放管的选择要求如下。

(1) 功放管集电极的最大允许功耗 $P_{CM} \geqslant 0.2P_{om}$。

(2) 功放管的最大耐压 $U_{(BR)CEO} \geqslant 2U_{CC}$。

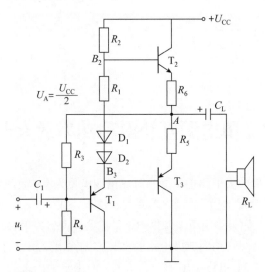

图 12-10　消除交越失真的单电源互补功率放大电路

(3) 功放管的最大集电极电流 $I_{CM} \geqslant \dfrac{U_{CC}}{R_L}$。

在实际选择过程中，其极限参数还应留有一定余量，一般提高 50%～100%。

【例 12-4】 乙类单电源互补对称电路如图 12-11(a)所示，设 T_1 和 T_2 的特性完全对称，u_i 为正弦波，$R_L = 8\Omega$。

(1) 静态时，电容 C 两端的电压应是多少？

(2) 若管子的饱和压降 U_{CES} 可以忽略不计，忽略交越失真，当最大不失真输出功率可达到 9W 时，电源电压 V_{CC} 至少应为多少？

(3) 为了消除该电路的交越失真，电路修改为图 12-11(b)所示电路，若此电路实际运行中还存在交越失真，应调整哪一个电阻？如何调？

解： (1)静态时，电容 C 两端的电压应是 $V_{CC}/2$。

(2) 若管子的饱和压降 U_{CES} 可以忽略不计。忽略交越失真，最大不失真输出功率为

$$P_{om} = \frac{U_{om}^2}{2R_L} \approx \frac{V_{CC}^2}{8R_L}$$

当最大不失真输出功率 P_{om} 达到 9W 时，电源至少应为 $V_{CC} = 24V$。

(3) 如图 12-11(b)所示，若此电路在实际运行中还存在交越失真，应调整电阻 R_3，使该电阻增大，从而消除交越失真。

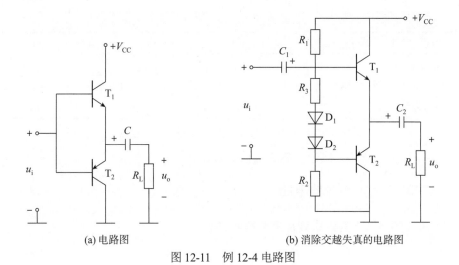

　　　　　(a) 电路图　　　　　　　　　　(b) 消除交越失真的电路图

图 12-11　　例 12-4 电路图

12.4　集成功率放大器介绍

　　集成功率放大器具有输出功率大、外围连接元件少、使用方便等优点，目前使用越来越广泛。它的品种很多，本节主要以 LM386、TDA2030 组成的功放电路为例加以介绍，希望读者在使用时能举一反三，灵活应用其他功率放大器件。

　　集成功率放大器简称集成功放，它是在集成运放的基础上发展起来的，其内部电路与集成运放相似。但是，由于其安全、高效、大功率和低失真的要求，使得它与集成运放又有很大的不同。集成功放电路内部多施加深度负反馈，使其工作稳定。集成功放广泛应用于收录机、电视机、开关功率电路、伺服放大电路中，输出功率由几百毫瓦到几十瓦。

　　除单片集成功放电路外，还有集成功率驱动器，它与外配的大功率管及少量阻容元件构成大功率放大电路，有的集成电路本身包含两个功率放大器，称为双通道功放。

12.4.1　集成功率放大器的主要性能指标

　　集成功率放大器的主要性能指标包括电路类型、电源电压范围、电源静态电流、电压增益、频带宽度、输入阻抗、输出功率、谐波失真等，几种集成功放的主要性能指标参数如表 12-1 所示。

表 12-1　　几种集成功放的主要性能指标参数

性能指标	LM386-4	LM2877	TDA1514A	TDA1566
电路类型	OTL	OTL(双通道)	OCL	BTL(双通道)
电源电压范围/V	5~18	6~24	±10~±30	6~18
电源静态电流/mA	4	25	56	80
电压增益/dB	26~46	70(开环)	89(开环)、30(闭环)	26(闭环)
频带宽度/kHz	300(1、8 管脚开路)		0.02~25	0.02~15

续表

性能指标	LM386-4	LM2877	TDA1514A	TDA1566
输入阻抗/kΩ	50		1000	120
输出功率/W	1(U_{CC}=16V, R_L=32)	4.5	48(U_{CC}=±23V, R_L=4)	22(U_{CC}=14.4V, R_L=4)
谐波失真/%dB	0.2%	0.07%	−90dB	0.1%

表 12-1 中的电压增益均在信号频率为 1kHz 条件下测试所得，表中所示均为典型数据，使用时应进一步查阅手册，以便获得更确切的数据。

12.4.2　LM386 组成的功放电路

1. LM386 的外形、管脚排列及主要技术参数

LM386 是一种低电压通用型音频集成功率放大器，广泛应用于收音机、对讲机和信号发生器，LM386 的外形与管脚排列如图 12-12 所示，它采用 8 脚双列直插式塑料封装。LM386 有两个信号输入端，2 脚为反相输入端，3 脚为同相输入端；每个输入端的输入阻抗均为 50kΩ，而且输入端对地的直流电位接近零，即使输入端对地短路，输出端直流电平也不会产生大的偏离。

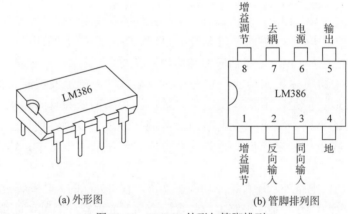

(a) 外形图　　　　　　　　　(b) 管脚排列图

图 12-12　LM386 外形与管脚排列

LM386 的主要技术参数如表 12-2 所示。

表 12-2　LM386 的主要技术参数

参 数 名 称	符号(单位)	参 考 值	测 试 条 件
电源电压	U_{CC}(V)	4～12	—
输入阻抗	R_i(kΩ)	50	—
静态电流	I_{CC}(mA)	4～8	U_{CC}=6V, u_i=0
输出功率	P_o(mW)	325	U_{CC}=6V, R_L=8Ω, THD=10%
带宽	B_W(kHz)	300	U_{CC}=6V, 1 脚、8 脚断开
谐波失真	THD(%)	0.2	U_{CC}=6V, R_L=8Ω, P_o=125mW f=1kHz, 1 脚、8 脚断开
电压增益	A_{uf}(dB)	20～46	1 脚、8 脚接不同电阻

2. LM386 应用电路

LM386 应用的 OTL 功放电路如图 12-13 所示，信号从 3 脚同相输入端输入，从 5 脚经耦合电容(220μF)输出。

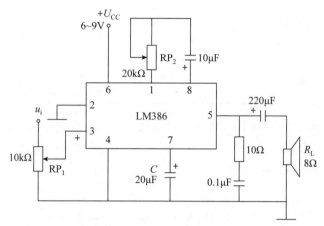

图 12-13　LM386 应用电路

如图 12-13 所示，7 脚所接 20μF 的电容为去耦滤波电容。1 脚与 8 脚所接电容、电阻用于调节电路的闭环电压增益，电容取值为 10μF，电阻 RP_2 在 0～20kΩ 范围内取值；改变电阻值，可使集成功放的电压放大倍数在 20～200 范围内变化，RP_2 值越小，电压增益越大。当需要高增益时，可取 $RP_2=0$，只需要将一个 10μF 电容接在 1 脚与 8 脚之间即可。输出端 5 脚所接 10Ω 电阻和 0.1μF 电容组成阻抗校正网络，抵消负载中的感抗分量，防止电路自激，有时也可省去不用。该电路如果用作收音机的功放电路，只需要将输入端接收音机检波电路的输出端即可。

12.4.3　TDA2030 组成的功放电路

1. TDA2030 的外形、管脚排列及主要技术参数

TDA2030 的外形及管脚排列如图 12-14 所示。它只有 5 个管脚，外接元件少，接线简单。它的电气性能稳定、可靠，适应长时间连续工作，且芯片内部具有过载保护和热切断保护电路。该芯片适用于收录机及高保真立体扩音装置中的音频功率放大器。

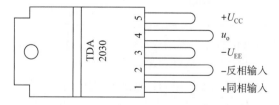

图 12-14　TDA2030 的外形及管脚排列

TDA2030 的主要技术参数如表 12-3 所示。

表 12-3　TDA2030 的主要技术参数表

参　　数	符号(单位)	数　　值	测 试 条 件
电源电压	U_{CC}(V)	±6～±18	—
静态电流	I_{CC}(mA)	I_{CCO}<40	—
输出峰值电流	I_{OM}(A)	I_{OM}=3.5	—
输出功率	P_o(W)	P_o=14	U_{CC}=14V，R_L=4Ω，THD<0.5%，f=1kHz
输入阻抗	R_i(kΩ)	140	A_u=30dB，R_L=4Ω，P_o=14W
−3dB 功率带宽	BW(Hz)	10～140k	R_L=4Ω，P_o=14W
谐波失真	THD	<0.5%	R_L=4Ω，P_o=0.1～14W

　　TDA2030 能在最低±6V、最高±22V 的电压下工作，在±19V、8Ω 阻抗时能够输出 16W 的有效功率，THD≤0.1%。

2. TDA2030 的特点及注意事项

　　(1) TDA2030 具有负载泄放电压反冲保护电路，如果电源电压峰值为 40V，那么在 5 脚与电源之间必须插入 LC 滤波器，以保证 5 脚上的脉冲串维持在规定的幅度内。

　　(2) 热保护：限热保护能够承受输出的过载(甚至是长时间的)，或者当环境温度过高时起保护作用。

　　(3) 与普通电路相比较，散热片可以有更小的安全系数。万一结温超过时，也不会对器件有所损害，如果发生这种情况，P_o(当然还有 P_{tot})和 I_o 就会减少。

　　(4) 印制电路板设计时必须较好地考虑地线与输出的去耦，因为这些电路有大的电流通过。

　　(5) 装配时，散热片与 TDA2030 之间不需要绝缘，引线长度应尽可能短，焊接温度不得超过 260℃。

　　(6) 虽然 TDA2030 所需的元件很少，但所选的元件必须是品质有保障的元件。

3. TDA2030 的检测方法

　　(1) 电阻法。正常情况下，TDA2030 各脚对③脚阻值如表 12-4 所示。

表 12-4　TDA2030 各脚对③脚阻值　　　　　　　　　　　　　单位：kΩ

引　　脚	①	②	③	④	⑤
黑表笔接③脚阻值	4	4	0	3	3
红表笔接③脚阻值	∞	∞	0	18	3

　　以上数据是采用 MF-500 型万用表用 $R×1k$ 挡测得，不同表所测阻值会有区别。

　　(2) 电压法。将 TDA2030 接成 OTL 电路，去掉负载，①脚用电容对地交流短路，然后将电源电压从 0 逐渐升高到 36V，用万用表测电源电压和④脚对地电压。若 TDA2030 性能完好，则④脚电压应始终为电源电压的一半，否则说明电路内部对称性差，用作功率放大器将产生失真。

4. TDA2030 实用电路

　　TDA2030 接成 OCL(双电源)典型应用电路如图 12-15 所示。

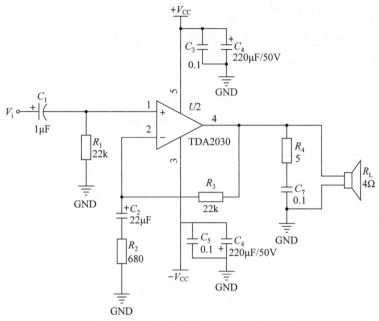

图 12-15   TDA2030 双电源典型应用电路

图 12-15 中，R_3、R_2、C_2 使 TDA2030 接成交流电压串联负反馈电路。闭环增益为

$$A_{uf} = 1 + \frac{R_3}{R_2}$$

C_5、C_6 为电源低频去耦电容，C_3、C_4 为电源高频去耦电容。R_4 与 C_7 组成阻容吸收网络，用以避免电感性负载产生过电压击穿芯片内功率管。为防止输出电压过大，可在输出端④脚与正、负电源接一个反偏二极管组成输出电压限幅电路。

习题 12

1. 由于功率放大电路中的晶体管常处于接近极限工作的状态，因此，在选择晶体管时必须特别注意哪 3 个参数？

2. 乙类互补对称功率放大电路的效率在理想情况下可以达到多少？

3. 双电源互补对称功率放大电路如图 12-16 所示，设 $U_{CC} = 12V$，$R_L = 16\Omega$，u_i 为正弦波。求：

(1) 在晶体管的饱和压降 U_{CES} 可以忽略的情况下，负载上可以得到的最大输出功率 P_{om}；

(2) 每个晶体管的耐压 $|U_{(BR)CEO}|$ 应大于多少；

(3) 这种电路会产生何种失真，为改善这种失真，应在电路中采取什么措施。

4. 图 12-16 所示电路中，已知 $U_{CC} = 16V$，$R_L = 4\Omega$，u_i 为正弦波，输入电压足够大，在忽略晶体管饱和压降 U_{CES} 的情况下，试求：

(1) 最大输出功率 P_{om}；

(2) 晶体管的最大管耗 P_{CM}；

(3) 若晶体管饱和压降 $U_{CES} = 1V$，最大输出功率 P_{om} 和 η。

5. 电路如图 12-17 所示。已知电源电压 $U_{CC}=15V$，$R_L=8\Omega$，$U_{CES}\approx0$，输入信号是正弦波。试问：

(1) 负载可能得到的最大输出功率和能量转换效率最大值分别是多少？

(2) 当输入信号 $u_i=10\sin\omega t$ V 时，求此时负载得到的功率和能量转换效率。

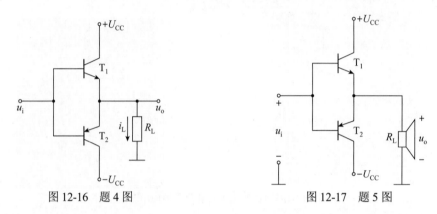

图 12-16　题 4 图　　　　　　　　图 12-17　题 5 图

6. 功率放大电路如图 12-18 所示，假设运放为理想器件，电源电压为±12V。

(1) 试分析 R_2 引入的反馈类型；

(2) 试求 $A_{Vf}=u_o/u_i$ 的值；

(3) 试求 $u_i=\sin\omega t$ V 时的输出功率 P_o，电源供给功率 P_E 及能量转换效率 η 的值。

7. 功率放大电路如图 12-19 所示。已知 $U_{CC}=12V$，$R_L=8\Omega$，静态时的输出电压为零，在忽略 U_{CES} 的情况下，试问：

(1) 电路的最大输出功率是多少？

(2) T_1 和 T_2 的最大管耗 P_{T1m} 和 P_{T2m} 是多少？

(3) 电路的最大效率是多少？

(4) T_1 和 T_2 的耐压 $|U_{(BR)CEO}|$ 至少应为多少？

(5) 二极管 D_1 和 D_2 的作用是什么？

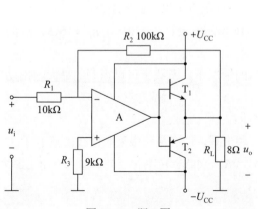

图 12-18　题 6 图

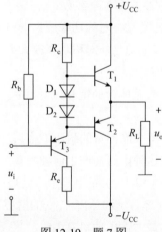

图 12-19　题 7 图

8. 在图 12-20 所示电路中，已知 U_{CC}=15V，T_1 和 T_2 管的饱和管压降 $|U_{CES}|$=1V，集成运放的最大输出电压幅值为±13V，二极管的导通电压为 0.7V。

(1) 若输入电压幅值足够大，则电路的最大输出功率为多少？

(2) 为了提高输入电阻，稳定输出电压，且减小非线性失真，应引入哪种组态的交流负反馈？在电路中画出反馈电路。

(3) 若 U_i=0.1V 时，U_o=5V，则反馈网络中电阻的取值约为多少？

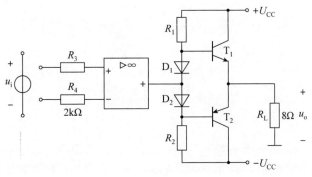

图 12-20　题 8 图

第13章 直流稳压电源

直流稳压电源是一种当电网电压波动或负载改变时，能保持输出直流电压基本不变的电源装置。电子计算机、测量仪器、自动控制系统等许多电子设备和装置都要求用直流稳压电源供电。

13.1 概述

直流稳压电源一般由变压、整流、滤波和稳压几部分组成，如图13-1所示。其中，电源变压器的作用是为用电设备提供所需的交流电压，整流器和滤波器的作用是把交流电变换成平滑的直流电，稳压器的作用是克服电网电压、负载及温度变化所引起的输出电压的变化，提高输出电压的稳定性。

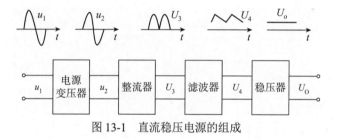

图13-1 直流稳压电源的组成

电源变压器的作用是为用电设备提供所需的交流电压，整流器和滤波器的作用是把交流电变换成平滑的直流电，稳压器的作用是克服电网电压、负载及温度变化所引起的输出电压的变化，提高输出电压的稳定性。

13.2 整流电路

在直流稳压电源中利用二极管的单向导电特性或者其他可控器件，将方向变化的交流电整流为直流电。

13.2.1 半波整流电路

半波整流电路如图13-2(a)所示，其中经电源变压器变压，副线圈端变压为所需交流电压 u_2，D_1 是整流二极管，R_1 是负载。副线圈是一个方向和大小随时间变化的正弦波电压，波形如图13-2(b)所示。

半波整流电路的工作过程是：$0 \sim \pi$ 期间是这个电压的正半周，这时B1次级上端为正、下端为负，二极管 D_1 正向导通，电源电压加到负载 R_1 上，负载 R_1 中有电流通过；$\pi \sim 2\pi$ 期间是这个电压的负半周，这时副线圈上端为负、下端为正，二极管 D_1 反向截止，没有电压加到负载 R_1 上，负载 R_1 中没有电流通过。在 $2\pi \sim 3\pi$、$3\pi \sim 4\pi$ 等后续周期中重复上述过程，这样电源负半周的波形被"削"掉，得到一个单一方向的电压，波形如图 13-2(b) 所示。

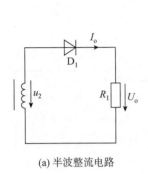 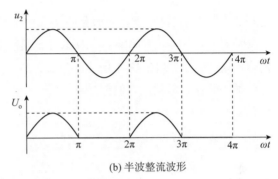

(a) 半波整流电路　　　　　　　　　　　　　　　　(b) 半波整流波形

图 13-2　半波整流电路及波形

设副线圈电压有效值为 U_2，理想状态下负载 R_1 两端的电压：

$$U_O = \frac{\sqrt{2}}{\Pi} U_2 = 0.45 U_2$$

整流二极管 D_1 承受的反向峰值电压为

$$U_D = \sqrt{2} U_2 = 1.4 U_2$$

13.2.2　单相桥式整流电路

桥式整流电路是由电源变压器、四只整流二极管 $D_1 \sim D_4$ 和负载电阻 R_L 组成。四只整流二极管接成电桥形式，故称桥式整流电路，如图 13-3(a)所示，图中 Tr 为电源变压器，它的作用是将交流电网电压 u_1 变成整流电路要求的交流电压 $U_2 = \sqrt{2} U_2 \sin \omega t$，图 13-3(b) 所示为它的简化画法。

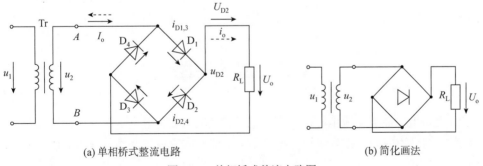

(a) 单相桥式整流电路　　　　　　　　　　　　　　　　(b) 简化画法

图 13-3　单相桥式整流电路图

桥式整流电路的工作原理：在 u_2 的正半周，D_1、D_3 导通，D_2、D_4 截止，电流由 Tr 次级上端经 $D_1 \rightarrow R_L \rightarrow D_3$ 回到 Tr 次级下端，在负载 R_L 上得到一个半波整流电压。

在 u_2 的负半周，D_1、D_3 截止，D_2、D_4 导通，电流由 Tr 次级的下端经 $D_2 \rightarrow R_L \rightarrow D_4$ 回到 Tr 次级上端，在负载 R_L 上得到另一半波整流电压。这样就在负载 R_L 上得到一个与全波整流相同的电压波形，其电流的计算与全波整流相同，在电源电压 u_2 的正、负半周内(设 A 端为正，B 端为负时是正半周)电流通路分别用图 13-3(a)中实线和虚线箭头表示。负载 R_L 上的电压 u_o 的波形如图 13-4 所示。电流 i_o 的波形与 u_o 的波形相同。显然，它们都是单方向的全波脉动波形。

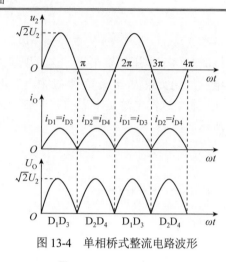

图 13-4　单相桥式整流电路波形

单相桥式整流电压的平均值 $U_o = \dfrac{1}{\pi} \displaystyle\int_0^\pi \sqrt{2} U_2 \sin\omega t \mathrm{d}\omega t = \dfrac{2\sqrt{2}}{\pi} U_2 = 0.9 U_2$。

流过负载电阻 R_L 的电流平均值 $I_O = \dfrac{0.9 U_2}{R_L}$。

在桥式整流电路中，二极管 D_1、D_3 和 D_2、D_4 是两两轮流导通的，所以流经每个二极管的平均电流 $I_D = \dfrac{1}{2} I_L = \dfrac{0.45 U_2}{R_L}$。

二极管在截止时，管子承受的最大反向电压 U_{RM} 可从图 13-4 看出。在 u_2 正半周时，D_1、D_3 导通，D_2、D_4 截止，此时 D_2、D_4 所承受的最大反向电压均为 u_2 的最大值，即 $U_{RM} = \sqrt{2} U_2$。

同理，在 u_2 的负半周，D_1、D_3 也承受同样大小的反向电压。

桥式整流电路的优点是输出电压高，纹波电压较小，克服了全波整流电路要求变压器次级有中心抽头和二极管承受反压大的缺点，管子所承受的最大反向电压较低，同时因电源变压器在正负半周内都有电流供给负载，电源变压器得到充分的利用，效率较高。因此，这种电路在半导体整流电路中得到了广泛的应用。

电路的缺点是用二极管较多。目前市场上已有许多品种的半桥和全桥整流电路出售，而且价格便宜，这在一定程度上弥补了桥式整流电路的缺点。在半导体器件发展快、成本较低的今天，此缺点并不突出，因而桥式整流电路在实际中应用较为广泛。

13.3　滤波电路

整流电路虽然能把交流电转换为直流电，但是输出的是脉动成分较大的直流电，其中仍含有很大的交流成分，称为纹波，不适用于一些要求直流电平滑的场合。因此要滤除整流电压中的纹波，这一过程称为滤波。常用的滤波电路有电容滤波电路、电感滤波电路、复式滤波及有源滤波电路，这里仅讨论电容滤波电路。

电容滤波电路是最简单的滤波器，它是在整流电路的负载上并联一个电容 C。电容一般采用带有正负极性的大容量电容器，如电解电容、钽电容等，电路形式如图 13-5(a)

所示。

1. 滤波原理

利用电容元件在整流二极管导通期间储存能量、在截止期间释放能量的作用，使输出电压变得比较平滑；或从另一角度来看，电容对交、直流成分反映出来的阻抗不同，把它们合理地安排在电路中，即可达到降低交流成分而保留直流成分的目的，体现出滤波作用。波形如图 13-5(b)所示。

当 u_2 为正半周并且数值大于电容两端电压 u_C 时，二极管 D_1 和 D_3 管导通，D_2 和 D_4 管截止，电流一路流经负载电阻 R_L，另一路对电容 C 充电。

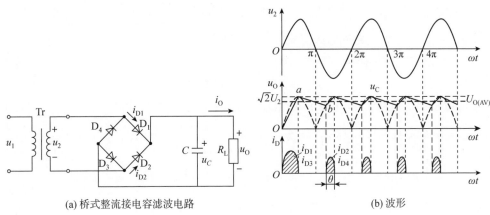

(a) 桥式整流接电容滤波电路   (b) 波形

图 13-5 桥式整流电容滤波电路及波形

当 $u_C > u_2$，导致 D_1 和 D_3 管反向偏置而截止，电容通过负载电阻 R_L 放电，u_C 按指数规律缓慢下降。当 u_2 为负半周幅值变化到恰好大于 u_C 时，D_2 和 D_4 因加正向电压变为导通状态，u_2 再次对 C 充电，u_C 上升到 u_2 的峰值后又开始下降；下降到一定数值时，D_2 和 D_4 变为截止，C 对 R_L 放电，u_C 按指数规律下降；放电到一定数值时，D_1 和 D_3 变为导通，重复上述过程。

由波形可见，桥式整流接电容滤波后，输出电压的脉动程度大为减小。

2. U_o 的大小与元件的选择

电容充电时间常数为 $\tau_1 = RC$ (R 为二极管正向电阻)，由于 R 值较小，所以充电速度快；放电时间常数为 $\tau_2 = R_L C$，由于 R_L 值较大，所以放电速度慢。$R_L C$ 越大，滤波后输出电压越平滑，并且其平均值越大。

当负载 R_L 开路时，τ_2 无穷大，电容 C 无放电回路，U_o 达到最大，即 $U_o = \sqrt{2} U_2$；若 R_L 很小时，输出电压几乎与无滤波时相同。因此，电容滤波器输出电压在 $0.9U_2 \sim \sqrt{2} U_2$ 范围内波动，在工程上一般采用经验公式估算其大小：

半波整流(有电容滤波)：$U_o = U_2$。

全波整流(有电容滤波)：$U_o = 1.2U_2$。

为了获得比较平滑的输出电压，一般要求 $R_L C \geqslant (3-5)\dfrac{T}{2}$，式中，$T$ 为交流电源的周期。关于滤波电容值的选取应视负载电流的大小而定，一般在几十微法到几千微法。从电容器的耐压角度考虑，电网电压 10%的波动应大于 $1.1\sqrt{2}U_2$ 。

【例 13-1】需要一个单相桥式整流电容滤波电路，如图 13-5(a)所示。交流电源频率 f=50Hz，负载电阻 R_L=120Ω，要求直流电压 U_o=30V，试选择整流元件及滤波电容。

解： (1)选择整流二极管

$$U_Z = \frac{U_m}{1.2} = \frac{30}{1.2} = 25V$$

① 流过二极管的平均电流为

$$I_D = \frac{1}{2}I_o = \frac{1}{2}\frac{U_o}{R_L} = \frac{1}{2} \times \frac{30}{120} = 125mA$$

由 $U_o = 1.2U_2$，所以交流电压有效值为 U_2=25V。

② 二极管承受的最高反向工作电压

$$U_{RM} = \sqrt{2}U_2 = \sqrt{2} \times 25 = 35V$$

可以选用 2CZ11A($I_{RM} = 1000mA$，$U_{RM} = 100V$)，整流二极管 4 个。

(2) 选择滤波电容 C，取 $R_L C = 5 \times \frac{T}{2}$，而 $T = \frac{1}{f} = \frac{1}{50} = 0.02s$，所以 $C = \frac{1}{R_L} \times 5 \times \frac{T}{2} = \frac{1}{120} \times 5 \times \frac{0.02}{2} = 417\mu F$ 。

耐压值 $U_C = 1.1\sqrt{2}U_2 = 1.1 \times \sqrt{2} \times 25 = 38.85V$ ，可以选用 $C = 500\mu F$，耐压值为 50V 的电解电容器。

电容滤波电路结构简单，输出电压较高，脉动较小，但电路的带负载能力不强，因此，电容滤波通常适合在小电流，且变动不大的电子设备中使用。

13.4 稳压电路

经过滤波之后的电压带负载的能力还是较弱，需要稳压以提高其带负载的能力。稳压器的作用是克服电网电压、负载及温度变化所引起的输出电压的变化，提高输出电压的稳定性。

13.4.1 稳压电源的主要技术指标

经整流滤波后输出的直流电压，虽然平滑程度较好，但其稳定性是比较差的，主要原因有以下几个方面。

(1) 由于输入电压不稳定(通常交流电网允许有±10%的波动)，导致整流、滤波电路输出直流电压不稳定。

(2) 当环境温度发生改变时，电路元件(特别是半导体器件)参数发生变化，也会使输出电压发生变化。

(3) 当负载电流 I_L 变化时，由于整流滤波电路有内阻，输出直流电压会发生变化。

所以，经整流滤波后的直流电压，必须采取一定的稳压措施，才能满足电子设备的需要。稳压电路的主要质量指标如下。

① 稳压系数 γ：指通过负载的电流和环境温度保持不变时，稳压电路输出电压的相对变化量与输入电压的相对变化量之比，即 $\gamma = \dfrac{\Delta U_\mathrm{o} / U_\mathrm{o}}{\Delta U_\mathrm{I} / U_\mathrm{I}}\Big|_{\Delta U_\mathrm{I}=0,\Delta T=0}$。式中，$U_\mathrm{I}$ 为稳压电源输入直流电压，U_o 为稳压电源输出直流电压，γ 数值越小，输出电压的稳定性越好。

② 输出电阻 r_o：指当输入电压和环境温度不变时，输出电压的变化量与输出电流变化量之比，即 $r_\mathrm{o} = \dfrac{\Delta U_\mathrm{o}}{\Delta I_\mathrm{o}}\Big|_{\Delta U_\mathrm{I}=0,\Delta T=0}$。式中，$r_\mathrm{o}$ 的值越小，带负载能力越强，对其他电路影响越小。

③ 纹波电压 S：指稳压电路输出端中含有的交流分量，通常用有效值或峰值表示。S 值越小越好，否则影响正常工作，如在电视接收机中表现交流嗡嗡声和光栅在垂直方向呈现 S 形扭曲。

④ 温度系数 S_T：指在 U_I 和 I_o 都不变的情况下，环境温度 T 变化所引起的输出电压的变化，即 $S_\mathrm{T} = \dfrac{\Delta U_\mathrm{O}}{\Delta T}\Big|_{\Delta U_\mathrm{I}=0,\Delta I_\mathrm{O}=0}$。式中，$\Delta U_\mathrm{O}$ 为漂移电压。S_T 越小，漂移越小，该稳压电路受温度影响越小。

另外，还有其他质量指标，如负载调整率、噪声电压等。

直流稳压电源的类型可分为并联型、串联型及开关型。

13.4.2　稳压电路

1. 并联稳压电路

(1) 电路组成。稳压管稳压电路如图 13-6 所示。因其稳压管 U_Z 与负载电阻 R_L 并联，又称并联型稳压电路。这种电路主要用于对稳压要求不高的场合，有时也作为基准电压源。

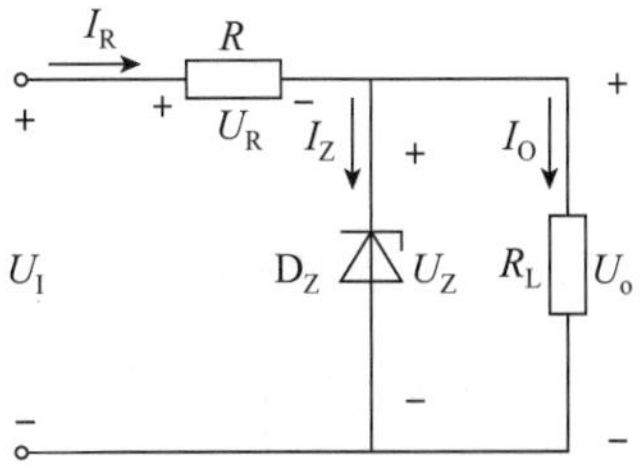

(2) 工作原理。

① 当稳压电路的输入电压 u_i 保持不变，负载电阻 R_L 增大时，输出电压 U_O 将升高，稳压管两端的电压 U_Z 上升，电流 I_Z 将迅速增大，流过 R 的电流 I_R 也增大，导致 R 上的压降 U_R 上升，从而使输出电压 U_O 下降。

图 13-6　稳压管稳压电路

上述过程简单表述如下：

$$R_L \uparrow \rightarrow U_\mathrm{O} \uparrow \rightarrow I_Z \uparrow \rightarrow I_R \uparrow \rightarrow U_R \uparrow \rightarrow U_\mathrm{O} \downarrow$$

如果负载 R_L 减小，其工作过程与上述相反，输出电压 U_O 仍保持基本不变。

② 当负载电阻 R_L 保持不变，电网电压下降导致 U_I 下降时，输出电压 U_O 也将随之下降，但此时稳压管的电流 I_Z 急剧减小，则在电阻 R 上的压降减小，以此来补偿 U_I 的下降，使输出电压基本保持不变。上述过程简单表述如下：

$$R_L \uparrow \to U_O \uparrow \to I_Z \uparrow \to I_R \uparrow \to U_R \uparrow \to U_O \downarrow$$

如果输入电压 U_I 升高，R 上压降增大，其工作过程与上述相反，输出电压 U_O 仍保持基本不变。

由以上分析可知，硅稳压管稳压原理是利用稳压管两端电压 U_Z 的微小变化，引起电流 I_Z 的较大的变化，通过电阻 R 起电压调整作用，保证输出电压基本恒定，从而达到稳压作用。

(3) 元件选择。稳压管稳压电路的设计首先选定输入电压和稳压二极管，然后确定限流电阻 R。

① 输入电压 u_i 的确定。考虑电网电压的变化，u_i 可按下式选择：$u_i = (2 \sim 3)U_O$。

② 稳压二极管的选取。稳压管的参数可按下式选取：$U_Z = U_O$；$I_{Zmax} = (2 \sim 3)I_{Omax}$。

③ 限流电阻的确定。$\dfrac{U_{Imax} - U_O}{I_{Zmax} + I_{Omin}} < R < \dfrac{U_{Imin} - U_O}{I_{Zmin} + I_{Omax}}$；$P_R \geqslant \dfrac{(U_{Imax} - U_O)^2}{R}$。

【例 13-2】电路如图 13-7 所示，已知稳压管的稳定电压 $U_Z = 6\text{V}$，最小稳定电流 $I_{Zmin} = 5\text{mA}$，允许耗散功率 $P_{ZM} = 240\text{mW}$。试问当输入电压 U_I 为 20～24V，R_L 为 200～600Ω 时，限流电阻 R 的选取范围是多少？

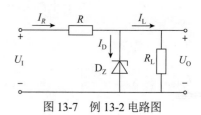

图 13-7　例 13-2 电路图

解：稳压管的最大稳定电流 $I_{Zmax} = P_{ZM} / U_Z = 40\text{mA}$

流过负载的最大电流 $I_{Lmax} = \dfrac{U_Z}{R_{Lmin}} = \dfrac{6}{200}\text{A} = 30\text{mA}$

流过负载的最小电流 $I_{Lmin} = \dfrac{U_Z}{R_{Lmax}} = \dfrac{6}{600}\text{A} = 10\text{mA}$

限流电阻应满足：

$$R_{max} = \frac{U_{Imin} - U_Z}{I_{Zmin} + I_{Lmax}} = \frac{20 - 6}{0.005 + 0.03} = 400\Omega$$

$$R_{min} = \frac{U_{Imax} - U_Z}{I_{Zmax} + I_{Lmin}} = \frac{24 - 6}{0.04 + 0.01} = 360\Omega$$

即限流电阻 R 的取值范围为 360～400Ω。

2. 串联型稳压电路

并联型稳压电路依靠稳压管的电流调节作用和限流电阻的电压调节作用，使输出电压稳定。其电路结构简单，但输出电压不可调，只适用于负载电流较小且其变化范围也较小的场合。

(1) 电路组成。分立元件组成的串联型稳压电路如图 13-8 所示，串联型稳压电源方框图如图 13-9 所示。

(2) 工作原理。

① 当负载 R_L 不变，输入电压 U_I 减小时，输出电压 U_O 有下降趋势，通过取样电阻的分压使比较放大管的基极电位 U_{B2} 下降，而比较放大管的发射极电压不变($U_{E2} = U_Z$)，因此 U_{BE2} 也下降，于是比较放大管导通能力减弱，U_{C2} 升高，调整管导通能力增强，调整管 T_1 集射之间的电阻 R_{CE1} 减小，管压降 U_{CE1} 下降，使输出电压 U_O 上升，保证了 U_O 基本不变。上述稳压过程表示如下：

$$U_I \downarrow \to U_O \downarrow \to U_{BE2} \downarrow \to U_{C2} \uparrow (U_{B1} \uparrow) \to R_{CE1} \downarrow \to U_{CE1} \downarrow \to U_O \uparrow$$

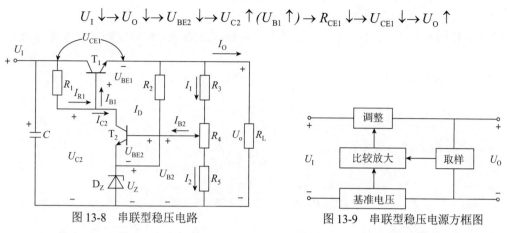

图 13-8　串联型稳压电路　　　　　　图 13-9　串联型稳压电源方框图

② 当输入电压 U_I 不变，负载 R_L 增大时，引起输出电压 U_O 有增长趋势，则电路将产生下列调整过程：

$$R_L \uparrow \to U_O \uparrow \to U_{BE2} \uparrow \to U_{C2} \downarrow (U_{B1}) \downarrow \to R_{CE} \uparrow \to U_{CE1} \uparrow$$

$$U_O \downarrow \longleftarrow \quad U_O = U_I - U_{CE1}$$

当负载 R_L 减小时，稳压过程相反。

由此看出，稳压的过程实质上是通过负反馈使输出电压维持稳定的过程。

(3) 输出电压计算。图 13-8 所示稳压电路中有一个电位器 R_4 串接在 R_3 和 R_5 之间，可以通过调节 R_4 来改变输出电压 U_O。设计这种电路时要满足 $I_2 \gg I_{B2}$，因此，可以忽略 I_{B2}，$I_1 \approx I_2$，则

$$U_{B2} = U_O \cdot \frac{R_5 + R_4'}{R_3 + R_4 + R_5} \ , \quad U_O = U_{B2} \cdot \frac{R_3 + R_4 + R_5}{R_5 + R_4'} = (U_Z + U_{BE2}) \cdot \frac{R_3 + R_4 + R_5}{R_5 + R_4'}$$

式中，U_Z 为稳压管的稳压值，U_{BE2} 为 T_2 发射结电压，R_4' 为图 13-8 中电位器滑动触点下半部分的电阻值。

当 R_4 调到最上端时，输出电压为最小值，$U_{Omin} = (U_Z + U_{BE2}) \cdot \dfrac{R_3 + R_4 + R_5}{R_4 + R_5}$。

当 R_4 调到最下端时，输出电压为最大值，$U_{Omin} = (U_Z + U_{BE2}) \cdot \dfrac{R_3 + R_4 + R_5}{R_5}$。

【例 13-3】串联型稳压电路如图 13-10 所示，U_{BE}=0.7V，试求：

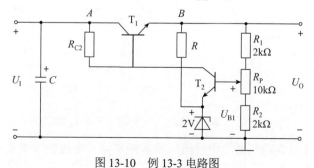

图 13-10　例 13-3 电路图

(1) 输出电压 U_O 的最大值、最小值各为多少？

(2) 如果把 T_2 的集电极偏置电阻 R_{C2} 的 A 点该接到 B 点，电路能否正常工作？为什么？

解： (1) 设流过 T2 的基极电流 I_{B2} 远小于流过 R_1、R_2 和 R_P 的电流，由图可知

$$U_{B2} = U_Z + U_{BE2} = 2 + 0.7 = 2.7\text{V}$$

当电位器 R_P 的滑动端在最上端，$U_{B2} = \dfrac{R_2 + R_P}{R_1 + R_2 + R_P} U_O$，此时输出电压 U_O 最小，为

$$U_{Omin} = \frac{R_1 + R_2 + R_P}{R_2 + R_P} U_{B2} = \frac{2 + 2 + 10}{2 + 10} \times 2.7 = 3.15\text{V}$$

当电位器 R_P 的滑动端在最下端，$U_{B2} = \dfrac{R_2}{R_1 + R_2 + R_P} U_O$，此时输出电压 U_O 最大，为

$$U_{Omax} = \frac{R_1 + R_2 + R_P}{R_2} U_{B2} = \frac{2 + 2 + 10}{2} \times 2.7 = 18.9\text{V}$$

(2) 如果把 T_2 的集电极偏置电阻 R_{C2} 的 A 点改接到 B 点，电路将不能正常工作。因为在这种接法下，如果 T_2 导通，使得 $U_{E1} > U_{B1}$，T_1 的发射结反偏，调整管不能正常工作，致使 T_2 也不能获得工作所需电压。

13.4.3　三端集成稳压器

1. 三端固定式集成稳压器

(1) 三端固定式集成稳压器外形及管脚排列。三端固定式集成稳压器的外形和管脚排列如图 13-11 所示。由于它只有输入、输出和公共地端三个端子，故称为三端稳压器。

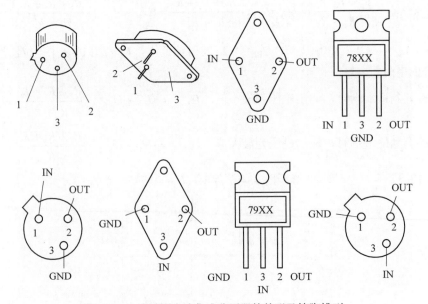

图 13-11　三端固定式集成稳压器的外形及管脚排列

(2) 三端固定式集成稳压器的型号组成及其意义。三端固定式集成稳压器的型号组成及其意义见图 13-12。

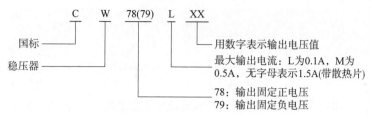

图 13-12　三端固定式集成稳压器的型号组成及其意义

国产的三端固定集成稳压器有 CW78XX 系列(正电压输出)和 CW79XX 系列(负电压输出)，其输出电压有±5V、±6V、±8V、±9V、±12V、±15V、±18V、±24V，最大输出电流有 0.1A、0.5A、1A、1.5A、2.0A 等。

(3) 三端固定式集成稳压器的应用。

① 固定输出稳压器，电路组成如图 13-13 所示。图中，C_1 为滤波电容，C_2 的作用是屏蔽旁路高频干扰信号，C_3 的作用是改善负载瞬态响应。

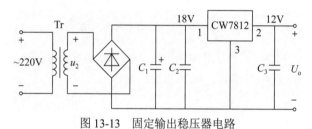

图 13-13　固定输出稳压器电路

② 提高输出电压的方法。如果需要输出电压高于三端稳压器输出电压时，可采用图 13-14 所示电路。图 13-14(a)中，$U_O = U_{XX} + U_Z$。式中，U_{XX} 为集成稳压器的输出电压；U_Z 为稳压管的稳压值。

图 13-14(b)中，$U_O = U_{XX}\left(1 + \dfrac{R_2}{R_1}\right) + I_W R_2$，式中，$I_W$ 为三端稳压器的静态电流，一般

为几毫安。若经过 R_1 的电流 I_{R1} 大于 $5I_W$，可以忽略 $I_W R_2$ 的影响，则有 $U_O = U_{XX}\left(1 + \dfrac{R_2}{R_1}\right)$。

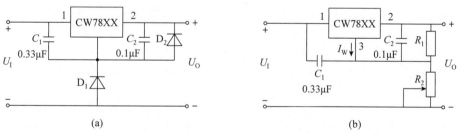

(a)　　　　　　　　　　　　　　(b)

图 13-14　提高输出电压的接线图

③ 提高输出电流的方法。当负载电流大于三端稳压器输出电流时，可采用图 13-15 所示电路。

$$I_O = I_{XX} + I_C$$

$$I_{XX} = I_R + I_B - I_W$$

$$I_O = I_R + I_B - I_W + I_C = \frac{U_{BE}}{R} + \frac{1+\beta}{\beta} I_C - I_W$$

由于 $\beta \gg 1$，且 I_W 很小，可忽略不计，所以 $I_O \approx \dfrac{U_{BE}}{R} + I_C$，$R \approx \dfrac{U_{BE}}{I_O - I_C}$。

式中，R 为 U_{BE} 提供偏置电压，U_{BE} 由三极管决定，锗管为 0.3V，硅管为 0.7V。图 13-15(b) 中，输出电流为单片三端稳压器的两倍，即 $I_O = 2I_{XX}$。

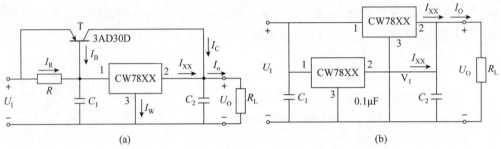

(a)　　　　　　　　　　　　　　　　(b)

图 13-15　提高输出电流的电路

④ 具有正、负电压输出的稳压电源如图 13-16 所示，由图可知，电源变压器带有中心抽头并接地，输出端得到大小相等、极性相反的电压。

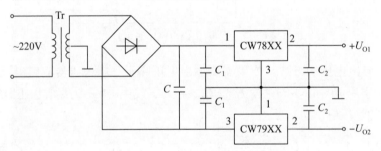

图 13-16　正负对称的稳压电路

2. 三端可调集成稳压器

(1) 型号组成及意义。三端可调集成稳压器克服了固定三端稳压器输出电压不可调的缺点，继承了三端固定式集成稳压器的诸多优点，其型号组成及意义见图 13-17。

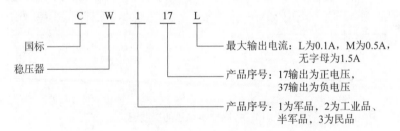

图 13-17　可调集成稳压器的型号组成及其意义

三端可调集成稳压器 CW317 和 CW337 是一种悬浮式串联调整稳压器，它们的外形如图 13-18 所示。

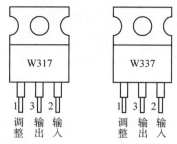

图 13-18　CW317 和 CW337 外形图

(2) 典型应用电路如图 13-19 所示。为了使电路正常工作，一般输出电流不小于 5mA。输入电压范围为 2～40V，输出电压可在 1.25～37V 范围内调整，负载电流可达 1.5A，由于调整端的输出电流非常小(50μA)且恒定，故可将其忽略，那么输出电压可表示为

$$U_O \approx (1 + \frac{R_{RP}}{R_1}) \times 1.25\text{V}$$

式中，1.25V 是集成稳压器输出端与调整端之间的固定参考电压 U_{REF}；R_1 一般取 120～240Ω(此值保证稳压器在空载时也能正常工作)，调节 R_P 可改变输出电压的大小(R_P 取值视 R_L 和输出电压的大小而确定)。

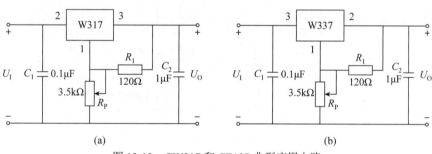

图 13-19　CW317 和 CE137 典型应用电路

习题 13

1. 图 13-20 所示的整流滤波电路中，已知 $U_2 = 20\text{V}$，求下列情况下 A、B 两点间的电压：

(1) 电路正常工作；

(2) 电容 C 开路；

(3) 负载 R_L 开路；

(4) 二极管 D_1 开路。

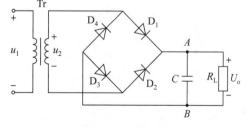

图 13-20　题 1 图

2. 设计一桥式整流、电容滤波电路，要求其直流输出电压为 15V，最大直流输出电流为 100mA，已知交流电源的频率为 50Hz，电压为 220V，试确定变压器的变比、选择整流二极管的参数，并大致确定滤波电容的容量。

3. 在桥式整流电容滤波电路中，已知 $R_L = 120Ω$，$U_{o(AV)} = 30\text{V}$，交流电源频率 $f = 50\text{Hz}$。选择整流二极管，并确定滤波电容的容量和耐压值。

4. 已知稳压管稳压电路如图 13-21 所示，稳压二极管的特性为：稳压电压 $U_Z = 6.8\text{V}$，$I_{Z\max} = 10\text{mA}$，$I_{Z\min} = 0.2\text{mA}$，直流输入电压 $U_I = 10\text{V}$，其不稳定量 $\Delta U_I = \pm 1\text{V}$，$I_L$=0～4mA。试求：

(1) 直流输出电压 U_O；

(2) 为保证稳压管安全工作，限流电阻 R 的最小值；

(3) 为保证稳压管稳定工作，限流电阻 R 的最大值。

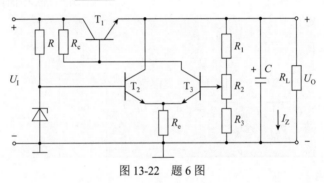

图 13-21　题 4 图

5. 在下面几种情况下，可选用什么型号的三端集成稳压器？

(1) $U_o = + 12\text{V}$，R_L 最小值为 15Ω；

(2) $U_o = + 6\text{V}$，最大负载电流 $I_{L\max} = 300\text{mA}$；

(3) $U_o = -15\text{V}$，输出电流范围 I_o 为 10～80mA。

6. 图 13-22 所示电路中，调整管为_____，采样电路由_____组成，基准电压电路由组成，比较放大电路由_____组成，保护电路由_____组成；输出电压最小值的表达式为_____，最大值的表达式为_____。

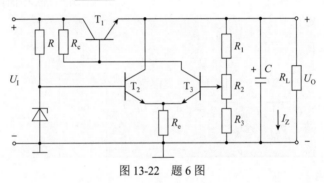

图 13-22　题 6 图

7. 电路如图 13-23 所示，已知稳压管的稳定电压 U_Z=6V，晶体管的 U_{BE}=0.7V，$R_1 = R_2 = R_3$=300Ω，U_I=24V。判断出现下列现象时，分别因为电路产生什么故障(即哪个元件开路或短路)：

(1) $U_O \approx 24\text{V}$；

(2) $U_O \approx 23.3\text{V}$；

(3) $U_O \approx 12\text{V}$ 且不可调；

(4) $U_O \approx 6\text{V}$ 且不可调；

(5) U_O 可调范围变为 6～12V。

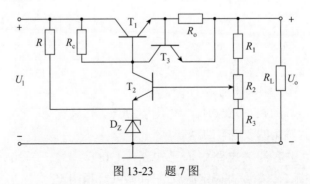

图 13-23　题 7 图

8. 直流稳压电源如图 13-24 所示。

(1) 说明电路的整流电路、滤波电路、调整管、基准电压电路、比较放大电路、采样电路等部分各由哪些元件组成。

(2) 标出集成运放的同相输入端和反相输入端。

(3) 写出输出电压的表达式。

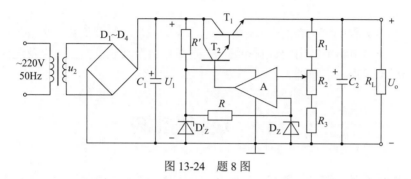

图 13-24　题 8 图

9. 图 13-25 所示电路为扩展输出电压的简易电路，试写出输出电压的表示式。

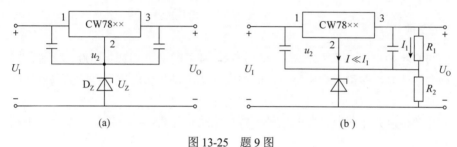

(a)　　　　　　　　　　　(b)

图 13-25　题 9 图

10. 已知三端可调式集成稳压器 W117 的基准电压 U_{REF} =1.25V，调整端电流 I_W =50A，用它组成的稳压电路如图 13-26 所示。

(1) 若 $I_1 = 100I_W$，忽略 I_W 对 U_O 的影响，要得到 5V 的输出电压，则 R_1 和 R_2 应选取多大；

(2) 若 R_2 改为 0～ 2.5kΩ 的可变电阻，求输出电压 U_O 的可调范围。

11. 可调恒流源电路如图 13-27 所示。

(1) 当 $U_{21}=U_{REF}=1.2V$，R 从 0.8～120Ω 变化时，恒流电流 I_O 的变化范围如何？

(2) 当 R_L 用充电电池代替，若 50mA 恒流充电，充电电压 $U_O=1.5V$，求电阻 R_L。

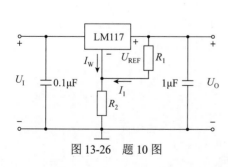

图 13-26　题 10 图

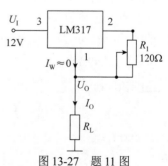

图 13-27　题 11 图

第14章　逻辑代数基础

本章介绍有关数制和码制的一些基本概念、逻辑代数的基本运算、常用公式和基本定理，然后给出数字电路中常用的数制和编码、逻辑代数及其表示方法，以及逻辑函数的化简方法，为后续课程打下基础。

14.1　数制与编码

数制与编码都是数字表达的对象，但它们有本质的不同，理解它们的不同之处是非常重要的。

14.1.1　数制

数码最直接的作用就是表示大小，比如我们常见的十进制数字 100、80 等，它们可以进行各种数学运算。多位数码中每一位的构成方法，以及从低位到高位的进位规则，称为进位计数制。

最常用的数制是十进制，除此之外，数字电路和计算机中常用的数制是二进制、八进制和十六进制。

1. 十进制(decimal)

进位规则：逢十进一，借一当十。

表示：$(xxx)_{10}$ 或 $(xxx)_D$。

任意一个 n 位整数、m 位小数的十进制数 D 可表示为

$$(D)_{10} = k_{n-1}k_{n-2}\cdots k_0 k_{-1}\cdots k_{-m}$$

$$= k_{n-1}\times 10^{n-1} + \cdots + k_0\times 10^0 + k_{-1}\times 10^{-1} + \cdots + k_{-m}\times 10^{-m} = \sum_{i=-m}^{n-1} k_i\times 10^i$$

式中，k_i 称为数制的系数，表示第 i 位的系数，十进制 k_i 的取值为 $0\sim 9$ 十个数，i 的取值为 $(n-1)\sim 0$ 的所有正整数和 $-1\sim -m$ 的所有负整数；10^i 表示第 i 位的权值，10 为基数，即采用数码的个数；n、m 为正整数，n 为整数部分的位数，m 为小数部分的位数。

【例 14-1】$(2249.156)_{10} = 2\times 10^3 + 2\times 10^2 + 4\times 10^1 + 9\times 10^0 + 1\times 10^{-1} + 5\times 10^{-2} + 6\times 10^{-3}$

2. 二进制(binary)

进位规律：逢二进一，借一当二。

表示：$(xxx)_2$ 或 $(xxx)_B$。

任意一个 n 位整数、m 位小数的二进制数 D 可表示为

$$(D)_2 = k_{n-1}k_{n-2}\cdots k_0 k_{-1}\cdots k_{-m}$$

$$= k_{n-1}\times 2^{n-1} + \cdots + k_0 \times 2^0 + k_{-1}\times 2^{-1} + \cdots + k_{-m}\times 2^{-m} = \sum_{i=-m}^{n-1} k_i \times 2^i$$

式中，k_i 称为数制的系数，表示第 i 位的系数，十进制 k_i 的取值为 0、1 两个数，i 取值为 $(n-1)\sim 0$ 的所有正整数和 $-1\sim -m$ 的所有负整数；2^i 表示第 i 位的权值，2 为基数，即采用数码的个数；n、m 为正整数，n 为整数部分的位数，m 为小数部分的位数。

【例 14-2】 $(1101.111)_2 = 1\times 2^3 + 1\times 2^2 + 0\times 2^1 + 1\times 2^0 + 1\times 2^{-1} + 1\times 2^{-2} + 1\times 2^{-3}$

3. 八进制(octal)

进位规律：逢八进一，借一当八。

表示：$(xxx)_8$ 或 $(xxx)_O$。

任意一个 n 位整数、m 位小数的八进制数 D 可表示为

$$(D)_8 = k_{n-1}k_{n-2}\cdots k_0 k_{-1}\cdots k_{-m}$$

$$= k_{n-1}\times 8^{n-1} + \cdots + k_0 \times 8^0 + k_{-1}\times 8^{-1} + \cdots + k_{-m}\times 8^{-m} = \sum_{i=-m}^{n-1} k_i \times 8^i$$

式中，k_i 称为数制的系数，表示第 i 位的系数，十进制 k_i 的取值为 0~7 八个数，i 取值为 $(n-1)\sim 0$ 的所有正整数和 $-1\sim -m$ 的所有负整数；8^i 表示第 i 位的权值，8 为基数，即采用数码的个数；n、m 为正整数，n 为整数部分的位数，m 为小数部分的位数。

【例 14-3】 $(7763.127)_8 = 7\times 8^3 + 7\times 8^2 + 6\times 8^1 + 3\times 8^0 + 1\times 8^{-1} + 2\times 8^{-2} + 7\times 8^{-3}$

4. 十六进制(hexadecimal)

进位规律：逢十六进一，借一当十六。

表示：$(xxx)_{16}$ 或 $(xxx)_H$。

任意一个 n 位整数、m 位小数的八进制数 D 可表示为

$$(D)_{16} = k_{n-1}k_{n-2}\cdots k_0 k_{-1}\cdots k_{-m}$$

$$= k_{n-1}\times 16^{n-1} + \cdots + k_0 \times 16^0 + k_{-1}\times 16^{-1} + \cdots + k_{-m}\times 16^{-m} = \sum_{i=-m}^{n-1} k_i \times 16^i$$

式中，k_i 称为数制的系数，表示第 i 位的系数，十进制 k_i 的取值为 0~9、A~F 十六个数，i 取值为$(n-1)\sim 0$ 的所有正整数和 $-1\sim -m$ 的所有负整数；16^i 表示第 i 位的权值，16 为基数，即采用数码的个数；n、m 为正整数，n 为整数部分的位数，m 为小数部分的位数。

【例 14-4】 $(A763.1F7)_{16} = 10\times 16^3 + 7\times 16^2 + 6\times 16^1 + 3\times 16^0 + 1\times 16^{-1} + 15\times 16^{-2} + 7\times 16^{-3}$

5. 任意 R 进制

只由 $0\sim (R-1)R$ 个数码和小数点组成，不同数位上的数具有不同的权值 R^i，基数 R，逢 R 进一。

任意一个 R 进制数 D，都可按其权位展成多项式的形式。

$$(D)_R = k_{n-1}k_{n-2}\cdots k_0 k_{-1}\cdots k_{-m}$$

$$= k_{n-1}\times R^{n-1} + \cdots + k_0 \times R^0 + k_{-1}\times R^{-1} + \cdots + k_{-m}\times R^{-m} = \sum_{i=-m}^{n-1} k_i \times R^i$$

表 14-1 所示为常用数制的对照。

表 14-1　常用数制对照表

十进制	二进制	八进制	十六进制
0	0000	0	0
1	0001	1	1
2	0010	2	2
3	0011	3	3
4	0100	4	4
5	0101	5	5
6	0110	6	6
7	0111	7	7
8	1000	10	8
9	1001	11	9
10	1010	12	A
11	1011	13	B
12	1100	14	C
13	1101	15	D
14	1110	16	E
15	1111	17	F

14.1.2　数制之间的转换

不同进制的数码之间的转换叫作数制转换。

1. 任意 R 进制转换成十进制

利用 R 进制数的按权展开式，可以将任意一个 R 进制数转换成相应的十进制数。

【例 14-5】 $(101.11)_2 = 1 \times 2^2 + 0 \times 2^1 + 1 \times 2^0 + 1 \times 2^{-1} + 1 \times 2^{-2} = (5.75)_{10}$

【例 14-6】 $(176.51)_8 = 1 \times 8^2 + 7 \times 8^1 + 6 \times 8^0 + 5 \times 8^{-1} + 1 \times 8^{-2}$
$$= 64 + 56 + 6 + 0.625 + 0.015625 = (126.64)_{10}$$

【例 14-7】 $(2\mathrm{AF.CE})_{16} = 2 \times 16^2 + 10 \times 16^1 + 15 \times 16^0 + 12 \times 16^{-1} + 14 \times 16^{-2}$
$$= 512 + 160 + 15 + 0.75 + 0.0546875 = (688.81)_{10}$$

2. 十进制转换成二进制

(1) 整数部分的转换采用除基取余法：用目标数制的基数 $(R=2)$ 去除十进制数，第一次相除所得余数为目的数的最低位 k_0，将所得商再除以基数，反复执行上述过程，直到商为 0，所得余数为目的数的最高位 k_{n-1}。简单地说就是，除 2 取余，逆序排列。

(2) 小数部分的转换采用乘基取整法：小数乘以目标数制的基数 $(R=2)$，第一次相乘结果的整数部分为目的数的最高位 k_{-1}，将其小数部分再乘基数依次记下整数部分，反复进行下去，直到小数部分为 0，或满足要求的精度为止(即根据设备字长限制，取有限位的近似值)。简单地说就是，乘 2 取整，顺序排列。

【例 14-8】将十进制数 $(27.35)_{10}$ 转换成二进制数。

十进制数转换为二进制数分整数和净小数两部分进行。整数部分的转换采取除 2 取余法，直到商为零为止。净小数部分的转换采取乘 2 取整法，直到满足规定的位数为止。

整数部分的转换：

$$
\begin{array}{r}
2 \enclose{longdiv}{27} \quad \cdots\cdots\cdots\cdots\cdots\cdots \text{余数}1\ (k_0) \\
2 \enclose{longdiv}{13} \quad \cdots\cdots\cdots\cdots\cdots\cdots \text{余数}1\ (k_1) \\
2 \enclose{longdiv}{6} \quad \cdots\cdots\cdots\cdots\cdots\cdots \text{余数}0\ (k_2) \\
2 \enclose{longdiv}{3} \quad \cdots\cdots\cdots\cdots\cdots\cdots \text{余数}1\ (k_3) \\
2 \enclose{longdiv}{1} \quad \cdots\cdots\cdots\cdots\cdots\cdots \text{余数}1\ (k_4) \\
0
\end{array}
$$

净小数部分的转换：

$$0.35\times 2=0.7 \cdots\cdots \text{整数 } 0\ (k_{-1})$$
$$0.7\times 2=1.4 \cdots\cdots \text{整数 } 1\ (k_{-2})$$
$$0.4\times 2=0.8 \cdots\cdots \text{整数 } 0\ (k_{-3})$$
$$0.8\times 2=1.6 \cdots\cdots \text{整数 } 1\ (k_{-4})$$
$$0.6\times 2=1.2 \cdots\cdots \text{整数 } 1\ (k_{-5})$$

$(27.35)_{10}=(k_4 k_3 k_2 k_1 k_0 \cdot k_{-1}k_{-2}k_{-3}k_{-4}k_{-5}) = (11011.01011)_2$

依次类推，对于十进制转换成其他进制，只要把基数 2 换成其他进制的基数即可。

3. 二进制与十六进制的转换

从小数点开始，将二进制数的整数和小数部分每 4 位分为一组，不足 4 位的分别在整数的最高位前和小数的最低位后加"0"补足，然后每组用等值的十六进制码替代，即得目的数。

【例 14-9】将 $(101111\ 0.1011001)_2$ 转换成十六进制。

$(1011110.1011001)_2=(0101\ 1110.1011\ 0010)_2 = (5E.B2)_{16}$

4. 二进制与八进制的转换

从小数点开始，将二进制数的整数和小数部分每 3 位分为一组，不足三位的分别在整数的最高位前和小数的最低位后加"0"补足，然后每组用等值的八进制码替代，即得目的数。

【例 14-10】将 $(1011110.1011001)_2$ 转换成八进制。

$(1011110.1011001)_2=(001\ 011\ 110.101\ 100\ 100)_2=(136.544)_8$

14.1.3 二进制数的算术运算

当两个二进制数码表示两个数量的大小，并且这两个数进行数值运算，这种运算称为算术运算，其规则是逢二进一、借一当二。算术运算包括加、减、乘、除，但减、乘、除最终都可以化为带符号的加法运算。

【例 14-11】求两个数 1001 和 0101 的加减乘除运算。

$$
\begin{array}{cccc}
\begin{array}{r}
1001 \\
+\ 0101 \\
\hline
1110
\end{array}
&
\begin{array}{r}
1001 \\
-\ 0101 \\
\hline
0100
\end{array}
&
\begin{array}{r}
1001 \\
\times\ 0101 \\
\hline
1001 \\
0000 \\
1001 \\
0000 \\
\hline
0101101
\end{array}
&
\begin{array}{r}
1.11\ \cdots \\
0101\ \overline{)\ 1001} \\
\underline{0101} \\
1000 \\
\underline{0101} \\
0110 \\
\underline{0101} \\
0010
\end{array}
\end{array}
$$

1. 原码、反码及补码

(1) 原码：在用二进制数码表示一个数值时，其正负是怎么区别的呢？二进制数的正负数值的表述是在二进制数码前加一位符号位，用 0 表示正数，用 1 表示负数，这种带符号位的二进制数码称为原码。例如，+17 的原码为 010001，−17 的原码为 110001。

(2) 反码：引入反码是为了在求补码时不做减法运算。二进制的反码求法是：正数的反码与原码相同，负数的原码除了符号位外的数值部分按位取反，即 1 改为 0，0 改为 0。例如，+7 的原码为 0 111，反码为 0 111；−7 的原码为 1 111，反码为 1 000。

注意：0 的反码有两种：+0 的反码为 0 000，−0 的反码为 1 111。

(3) 补码：用电路实现减法运算较复杂(需要先比较大小才能减)，而实现加法相对容易，为了将减法运算转换为加法运算，引入了补码。下面以手表为例说明补码运算的原理。

早上 7 点起床发现手表停在 11 点。调表的方法有两种：第一种方法(减法)，回拨 4 格，即 11−4=7；第二种方法(加法)，向前拨 8 格，即 11+8=(12)+7。

说明：在忽略进位的情况下，可以用加法运算代替减法运算。

问题：如何从 4 找到 8？

4+8=12，恰好为表盘的模(也称为进制、容量)。对于模 12 来说，8 为 4 的补码。

对于二进制系统也是同样的道理。以四位二进制(模 16)系统为例，若要做减法运算 1011−0111(十进制 11−7)时，首先应找到 0111 的补码。因为 7+9=16，所以 1011−0111 可以用加法运算 1011+1001(十进制 11+9)代替，即对于模 16 运算，1001 为 0111 的补码。

以上讨论的是无符号二进制数的补码。下面讨论有符号数的补码。

有符号数采用"符号位+数值位"的形式表示，符号位为 0 时表示正数，为 1 时表示负数，而数值位表示数值的大小。有符号数有原码、反码和补码三种表示方法。

对于"符号位+n 位数值位"构成的 $n+1$ 位有符号二进制数 N，原码能够表示数的范围为 $-(2^n-1) \sim +(2^n-1)$。"0"的表示方式有两种：+0 和−0。

二进制数 N 的基数的补码又称为 2 的补码，常简称为补码，用补码表示有符号数时，符号位保持不变，数值大小定义为

$$N_{\text{补码}} = \begin{cases} N, & \text{正数时} \\ 2^n - N, & \text{负数时} \end{cases}$$

n 是二进制数 N 整数部分的位数。

补码的表示：正数的补码和原码相同，负数的补码是符号位为 1，数值位按位取反加 1，即反码加 1。

2. 原码、反码及补码应注意的问题

(1) 采用补码后，可以方便地将减法运算转换成加法运算，而乘法和除法通过移位和相加也可实现，这样可以使运算电路结构得到简化。

(2) 正数的补码是它所表示的数的真值，负数的补码部分不是它所示的数的真值。

(3) 与原码和反码不同，"0"的补码只有一个，即 $(00000000)_2$。

(4) 已知原码，求补码和反码：正数的原码和补码、反码相同；负数的反码是符号位不变，数值位取反，而补码是符号位不变，数值位取反加 1。

(5) 已知补码，求原码：正数的补码和原码相同；负数的补码应该是数值位减 1 再取反，

但对于二进制数来说，先减 1 取反和先取反再加 1 的结果是一样的。故由负数的补码求原码就是数值位取反加 1。

(6) 如果二进制的位数为 n，则可表示的有符号位数的范围为 $-2^n \sim 2^{n-1}-1$，如 $n=8$，则可表示 $-128 \sim 127$，故在做加法时，注意两个数的绝对值不要超出它所表示数的范围。

3. 二进制数的原码、反码和补码表示

(1) 二进制正数的原码、反码和补码：对于正数而言，三种表示法相同即符号位为 0，随后是二进制数的绝对值，也就是原码。

$[-25]_原 = 1\ 1100111$，即符号位"1"加原码。

$[-25]_反 = 1\ 1100111$，即符号位"1"加反码。

$[-25]_补 = 1\ 1100111$，即符号位"1"加补码。

(2) 二进制负数的原码、反码和补码：在数字电路中，用原码求两个正数 M 和 N 的减法运算电路相当复杂，但如果采用反码或补码，即可把原码的减法运算变成反码或补码的加法运算，易于电路实现。

4. 反码和补码的运算

(1) 反码运算：$[X_1]_反 + [X_2]_反 = [X_1+X_2]_反$。

当符号位有进位时需要循环进位，即把符号位进位加到和的最低位。

【例 14-12】 $X_1 = 0001000$，$X_2 = -0000011$，求 $X_1 + X_2$。

解：

$$[X_1]_反 + [X_2]_反 = [X_1+X_2]_反$$

$$[X_1]_反 = 1\ 0001000$$

$$+\ [X_2]_反 = 0\ 11111\ 00$$

$$10\ 0000100$$

进位加到和的最低位

因为 $[X_1]_反 + [X_2]_反 = [X_1+X_2]_反 = 0\ 0000101$，所以 $X_1 + X_2 = +0000101$。

(2) 补码运算：$[X_1]_补 + [X_2]_补 = [X_1+X_2]_补$。

符号位参加运算，不过不需要循环进位，如有进位，自动丢弃。

【例 14-13】 $X_1 = -0001000$，$X_2 = 0001011$，求 $X_1 + X_2$。

解：

$$[X_1]_补 + [X_2]_补 = [X_1+X_2]_补$$

$$[X_1]_补 = 1\ 1111000$$

$$+\ [X_2]_补 = 0\ 0001011$$

$$1\ 0\ 0000011$$

进位自动丢弃位

因为 $[X_1]_补 + [X_2]_补 = [X_1+X_2]_补 = 0\ 0000011$，所以 $X_1 + X_2 = +0000011$。

(3) $[[N]_补]_补 = [N]_原$，$[[N]_反]_反 = [N]_原$，即无论是补码还是反码，按定义再求补或求反一次，将还原为原码。

【例 14-14】用二进制补码计算 13+10、13-10、-13+10 和-13-10。

解：由于 13+10=23，故需要用 5 位二进制数表示。用补码运算时，需要再加上 1 位符号位，所以需要用 6 位有符号二进制数运算。

```
 +13    0 01101        +13    0 01101        -13    1 10011        -13    1 10011
 +10    0 01010        -10    1 10110        +10    0 01010        -10    1 10110
─────────────      ──────────────────      ─────────────      ──────────────────
 +23    0 10111        +3  (1)0 00011        -3    1 11101       -23  (1)1 01001
```

应用补码可以将减法转化成加法，而乘法可以用移位相加实现，除法运算可以用移位相减实现，故加、减、乘、除全部可以用移位和相加这两种操作实现，简化了电路结构。

14.1.4　二进制编码

数码不但可以表示数的大小，还可以用来表示不同的事物(如身份证号、学号、二维码、车牌号等)。此外，编码还可用来表示事物的不同状态，如开关的断开或闭合，灯的亮、灭，以及事件的真、假等。

编码就是用文字、符号或数码表示特定对象的过程。这些数码并不表示数量的大小，仅区别不同事物或状态，称为代码。

n 位二进制数可以组合成 2^n 个不同的信息，给每个信息规定一个具体码组。数字系统中常用的编码有两类：一类是二进制编码，另一类是二-十进制编码。另外，无论二进制编码还是二-十进制编码，都可分成有权码(每位数码代表的权值固定)和无权码。

1. 二-十进制码(BCD 码)

用 4 位二进制代码表示十进制的 0~9 个数码，即二-十进制的编码。4 位二进制代码可以有 0000~1111 十六个状态，则表示 0~9 十个状态可以有多种编码形式，其中常用的有 8421 码、余 3 码、2421 码、5211 码、余 3 循环码等，其中 8421 码、2421 码、5211 码为有权码，即每一位的 1 都代表固定的值。

(1) 8421BCD 码，属于有权码，用 4 位自然二进制码的 16 种组合中的前 10 种，来表示十进制数 0~9，由高位到低位的权值为 2^3、2^2、2^1、2^0，即为 8、4、2、1，由此得名。此外，有权的 BCD 码还有 2421BCD 码和 5421BCD 码等。

(2) 余 3 码，属于无权码，由于它按二进制展开后十进制数比所表示的对应的十进制数大 3，如 0101 表示 2，其展开十进制数为 5，故称为余 3 码。采用余 3 码的好处是：利用余 3 码做加法时，如果所得之和为 10，恰好对应二进制 16，可以自动产生进位信号，如 0110(3)＋1010(7)＝1111(10)。另外，0 和 9、1 和 8、2 和 7 等互为反码，这对于求补很方便。

(3) 2421 码，属于有权码，其每位的权为 2、4、2、1，如 $(1100)_2=1×2+1×4=6$，与余 3 码相同，0 和 9、1 和 8、2 和 7 等互为反码。另外，当任何两个这样的编码值相加等于 9 时，结果的 4 个二进制码一定都是 1111。

(4) 5211 码，属于有权码，其每位的权为 5、2、1、1，如 $(0111)_2=1×2+1×1+1×1=4$，主要用在分频器上。

(5) 余 3 循环码，属于无权码，它的特点是相邻的两个代码之间只有一位状态不同，这在译码时不会出错。

表 14-2 列出了几种常用的 BCD 码。

表 14-2　常用的 BCD 码

十进制	2421BCD	5421BCD	余 3 码
0	0000	0000	0011
1	0001	0001	0100
2	0010	0010	0101
3	0011	0011	0110
4	0100	0100	0111
5	1011	1000	1000
6	1100	1001	1001
7	1101	1010	1010
8	1110	1011	1011
9	1111	1100	1100
位权	2、4、2、1	5、4、2、1	无权

2. 二进制码

按自然数顺序排列的二进制码，包括循环码和自然码。

(1) 循环码：循环码又称为格雷码，其特点是任意两个相邻码之间只有一位不同。对于四位循环码，其构成规律为：最低位按照 01、10 变化，次低位按 0011、1100 变化，次高位按 00001111、11110000 变化，最高位按 0000000011111111、1111111100000000 变化。循环码的特点是任何相邻的两个码组中，仅有一位代码不同，抗干扰能力强，主要用在计数器中。

(2) 自然码：有权码，每位代码都有固定权值，结构形式与二进制数完全相同，最大计数为 2^n-1，n 为二进制数的位数。

14.2　二值逻辑变量与基本逻辑运算

逻辑代数是用于描述客观事物逻辑关系的数学工具，又称布尔代数或开关代数。它与普通代数的相似之处在于用字母表示变量，用代数式描述客观事物间的关系；相异之处在于逻辑代数描述客观事物间的逻辑关系，相应的函数称逻辑函数，变量称逻辑变量，逻辑变量和逻辑函数的取值都只有两个，通常用 1 和 0 表示，而且运算规律有很多不同。

14.2.1　数字信号的基本概念

数字信号是表示数字量的信号，数字量在时间和数值上都是离散的。实现数字信号的产生、传输和处理的电路称为数字电路。数字信号的特点如下：

(1) 数字信号在时间上和数值上均是离散的；

(2) 数字信号在电路中常表现为突变的电压或电流。

数字信号包括脉冲型(归 0 型)和电平型(不归 0 型)，如图 14-1 所示。

(a) 脉冲型数字信号　　　　　　　(b) 电平型数字信号

图 14-1　两种数字信号波形

14.2.2　二值数字逻辑及正、负逻辑

在数字电路中，1位二进制数码"0"和"1"不仅可以表示数量的大小，也可以表示事物的两种不同的逻辑状态，如电平的高和低、开关的闭合和断开、电机的起动和停止、电灯的亮和灭等。这种只有两种对立逻辑状态的逻辑关系，称为二值逻辑。

数字信号是一种二值信号，用两个电平(高电平和低电平)分别表示两个逻辑值(逻辑 1和逻辑 0)，称二值数字逻辑。二值数字逻辑有以下两种逻辑体制。

(1) 正逻辑体制：高电平为逻辑 1，低电平为逻辑 0。

(2) 负逻辑体制：低电平为逻辑 1，高电平为逻辑 0。

通常未加说明，则为正逻辑体制。

14.2.3　基本逻辑运算

当二进制数码"0"和"1"表示二值逻辑，并按某种因果关系进行运算时，称为逻辑运算，最基本的三种逻辑运算为与、或、非，它与算术运算的本质区别是"0"和"1"没有数量的意义，故在逻辑运算中 1+1=1(或运算)。

数字电路是一种开关电路，输入、输出量是高、低电平，可以用二值变量(取值只能为0、1)来表示。输入量和输出量之间的关系是一种逻辑上的因果关系。仿效普通函数的概念，数字电路可以用逻辑函数的数学工具来描述。

逻辑代数是布尔代数在数字电路中二值逻辑的应用，它是由英国数学家乔治·布尔(George Boole)首先提出的，用在逻辑运算上。后来用在数字电路中，就被称为开关代数，它是逻辑函数的基础。在数字电路中，输入信号是"条件"，输出信号是"结果"，因此输入、输出之间存在一定的因果关系，称其为逻辑关系。它可以用逻辑表达式、图形和真值表来描述。

在二值逻辑函数中，最基本的逻辑运算有与(AND)、或(OR)、非(NOT)三种逻辑运算。

1. 与运算

假设决定某一个事件的条件共有 $n(n \geqslant 2)$ 个，只有当所有条件都满足时，事件才会发生，我们把这种因果关系称为与逻辑，也称为与运算。

图 14-2 所示电路中，两个串联的开关控制一盏灯就是与逻辑事例，只有开关 A、B 同时闭合时灯才会亮。

设开关闭合用"1"表示，断开用"0"表示；灯亮用"1"表示，灯灭用"0"表示(逻辑赋值)，则可得到表 14-3 所示的开关与灯的状态关系表，此表可转化为表 14-4 所示与逻辑真值表。

由表 14-4 可知，其逻辑规律为"有 0 出 0，全 1 才出 1"。这种与逻辑可以写成下面的表达式：$Y = A \cdot B = AB$，该式称为与逻辑式，这种运算称为与运算。

数字电路中能实现与运算的电路称为与门电路，其逻辑符号如图 14-3 所示(图中的逻辑符号分别为国际标准符号和美国标准符号。因很多专业类图书和技术文档多采用美国标准符号，为便于学生学习，本书同时采用了两种标准符号)。与运算可以推广到多变量：$Y = ABCD \cdots$

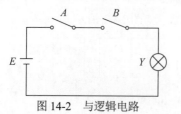

图 14-2　与逻辑电路

图 14-3　与门逻辑符号

表 14-3	开关与灯的状态关系表	
输入		输出
A	B	Y
断开	断开	灭
断开	闭合	灭
闭合	断开	灭
闭合	闭合	亮

表 14-4	与逻辑真值表	
输入		输出
A	B	Y
0	0	0
0	1	0
1	0	0
1	1	1

2. 或运算

假设决定某一个事件的条件共有 $n(n \geqslant 2)$ 个，至少有一个条件满足时，事件就会发生，这种逻辑关系称为或逻辑，也称为或运算。

图 14-4 所示电路中，两个并联的开关控制一盏灯就是或逻辑事例，只要开关 A 或 B 闭合时灯会亮。

设开关闭合用 "1" 表示，断开用 "0" 表示；灯亮用 "1" 表示，灯灭用 "0" 表示(逻辑赋值)，则可得到表 14-5 所示的开关与灯的状态关系表，此表可转化为表 14-6 所示或逻辑真值表。

由表 14-6 可知，其逻辑规律为 "有 1 出 1，全 0 才出 0"。这种或逻辑可以写成下面的表达式：$Y = A + B$，该式称为或逻辑式，这种运算称为或运算。

数字电路中能实现或运算的电路称为或门电路，其逻辑符号如图 14-5 所示。或运算可以推广到多变量：$Y = A + B + C + D + \cdots$

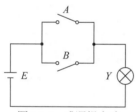

图 14-4 或逻辑电路

图 14-5 或门逻辑符号

表 14-5	开关与灯的状态关系表	
输入		输出
A	B	Y
断开	断开	灭
断开	闭合	亮
闭合	断开	亮
闭合	闭合	亮

表 14-6	或逻辑真值表	
输入		输出
A	B	Y
0	0	0
0	1	1
1	0	1
1	1	1

3. 非运算

假设决定某一事件的条件只有一个，当条件满足时事件不发生，当条件不满足时事件则会发生，这种逻辑关系称为非逻辑，也称为逻辑反。

图 14-6 所示电路中，一个开关控制一盏灯就是非逻辑事例，开关 A 闭合时灯就会不亮。

设开关闭合用 "1" 表示，断开用 "0" 表示；灯亮用 "1" 表示，灯灭用 "0" 表示(逻辑赋值)，则可得到表 14-7 所示的开关与灯的状态关系表，此表可转化为表 14-8 所示非逻辑真值表。

这种非逻辑可以写成下面的表达式：$Y = \overline{A}$ 或者 $Y = A'$，该式称为非逻辑式，这种运算称为非运算。

数字电路中能实现非运算的逻辑电路称为非门，也叫反相器，其逻辑符号如图 14-7 所示。

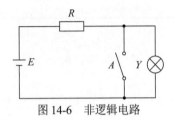

图 14-6　非逻辑电路　　　　　　　　　　图 14-7　非门逻辑符号

表 14-7　开关与灯的状态关系表

输入	输出
B	Y
断开	亮
闭合	灭

表 14-8　非逻辑真值表

输入	输出
B	Y
0	1
1	0

以上为最基本的三种逻辑运算，除此之外，还有下面的由基本逻辑运算组合出来的逻辑运算。

14.2.4　其他常用逻辑运算

1. 与非(NAND)运算

将与逻辑和非逻辑进行组合可以派生出复合逻辑：与非逻辑。以二变量为例，布尔代数表达式为 $Y = \overline{A \cdot B} = \overline{AB}$ 或者 $Y = (A \cdot B)' = (AB)'$。

与非逻辑真值表如表 14-9 所示，可知其逻辑规律为"有 0 出 1，全 1 才出 0"。与非运算用与非门电路来实现，如图 14-8 所示。

2. 或非(NOR)运算

将或逻辑和非逻辑进行组合可以派生出复合逻辑：或非逻辑。以二变量为例，布尔代数表达式为 $Y = \overline{A + B}$ 或者 $Y = (A + B)'$。

或非逻辑真值如表 14-10 所示，可知其逻辑规律为"有 1 出 0，全 0 才出 1"。或非运算用或非门电路来实现，如图 14-9 所示。

表 14-9　与非逻辑真值表

输入		输出
A	B	Y
0	0	1
0	1	1
1	0	1
1	1	0

表 14-10　或非逻辑真值表

输入		输出
A	B	Y
0	0	1
0	1	0
1	0	0
1	1	0

图 14-8　与非逻辑电路　　　　　　　　　图 14-9　或非门逻辑符号

3. 与或非运算

与或非运算是"先与后或再非"三种运算的组合。以四变量为例，逻辑表达式为
$Y = \overline{(AB + CD)} = (AB + CD)'$。该式说明：当输入变量 A、B 同时为 1 或 C、D 同时为 1 时，
输出 Y 才等于 0。与或非运算是先或运算后非运算的组合。在工程应用中，与或非运算由
与或非门电路来实现，其逻辑符号如图 14-10 所示。

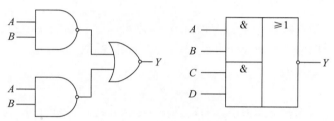

图 14-10　与或非门逻辑符号

4. 异或(XOR)运算

异或是一种二变量逻辑运算，当两个变量取值相同时，逻辑函数值为 0；当两个变量取值
不同时，逻辑函数值为 1。其布尔表达式(逻辑函数式)为 $Y = A \oplus B = A\overline{B} + \overline{A}B = AB' + A'B$。

符号 $\oplus$ 表示异或运算，即两个输入逻辑变量取值不同时 Y=1，即不同为"1"，相同
为"0"，异或运算用异或门电路来实现，其真值如表 14-11 所示，其门电路的逻辑符号如
图 14-11 所示。

表 14-11　　异或逻辑真值表

输入		输出
A	B	Y
0	0	0
0	1	1
1	0	1
1	1	0

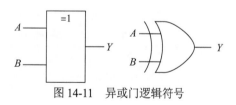

图 14-11　异或门逻辑符号

异或运算的性质：

(1) 交换律：$A \oplus B = B \oplus A$。

(2) 结合律：$A \oplus (B \oplus C) = (A \oplus B) \oplus C$。

(3) 分配律：$A(B \oplus C) = AB \oplus AC$。

(4) $A \oplus \overline{A} = 1$，$A \oplus A = 0$，$A \oplus 1 = \overline{A}$，$A \oplus 0 = A$。

5. 同或(NXOR)运算

两个变量 A、B 取值相同时 Y 为 1，取值不同时 Y 为 0，其真值如表 14-12 所示。同或
逻辑表达式记为 $Y = A \odot B = (A \oplus B)' = \overline{A \oplus B} = AB + A'B'$。

符号⊙表示同或运算，即两个输入变量值相同为"1"不同为"0"。同或运算用同或门电路来实现，它等价于异或门输出加非门，其门电路的逻辑符号如图 14-12 所示。

表 14-12　　同或逻辑真值表

输入		输出
A	B	Y
0	0	1
0	1	0
1	0	0
1	1	1

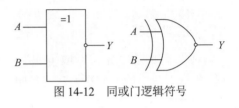

图 14-12　同或门逻辑符号

14.2.5　逻辑函数的表示方法

对于任意一个逻辑式 Y，当逻辑变量的取值确定以后，运算结果便随之确定，因此运算结果与逻辑变量取值之间是一种函数关系，称为逻辑函数。

逻辑函数一般表示为

$$Y = F(A, B, C, \cdots)$$

一个逻辑函数有 5 种表示方法，即真值表、函数表达式、逻辑图、波形图、卡诺图。以下通过具体例子说明这些表示方法。

【例 14-15】三个人表决一件事情，结果按少数服从多数的原则决定。试建立该问题的逻辑函数。

解：(1)真值表表示法。逻辑真值表就是采用表格来表示逻辑函数的运算关系，其中输入部分列出输入逻辑变量的所有可能取值的组合，输出部分根据逻辑函数得到相应的输出逻辑变量值，即可得到真值表。步骤：①按 n 位二进制数递增的方式列出输入变量的各种取值组合；②分别求出各种组合对应的输出逻辑值填入表格。

对于三人表决逻辑问题，若用变量 A、B、C 表示三个人的意见，同意用 1 表示，不同意用 0 表示；用变量 Y 表示表决结果，通过用 1 表示，不通过用 0 表示。该逻辑问题的真值如表 14-13 所示。

表 14-13　三人表决逻辑真值表

输入			输出
A	B	C	Y
0	0	0	0
0	0	1	0
0	1	0	0
0	1	1	1
1	0	0	0
1	0	1	1
1	1	0	1
1	1	1	1

(2) 函数表达式表示法。按一定逻辑规律写成的函数形式，也是逻辑代数式。与普通函数式不同的是，逻辑函数式中的输入输出变量都是二值的逻辑变量。

三人表决问题事件通过有以下三种情况：①当 A、B 同意时，无论 C 是否同意；②当

A、C 同意时，无论 B 是否同意；③当 B、C 同意时，无论 A 是否同意。

三种情况满足其中一个即可，因此可推理出逻辑函数的表达式为 $Y = AB + BC + AC$。

(3) 逻辑图表示法。采用规定的图形符号，来构成逻辑函数运算关系的网络图形，将函数表达式中的逻辑关系用相应的逻辑符号表示，即可画出表示函数关系的逻辑图。三人表决问题的逻辑式 $Y = AB + BC + AC$ 的逻辑电路如图 14-13 所示，也可以表示为 $Y = AB + BC + AC = AB + (B + A)C$，逻辑电路如图 14-14 所示。

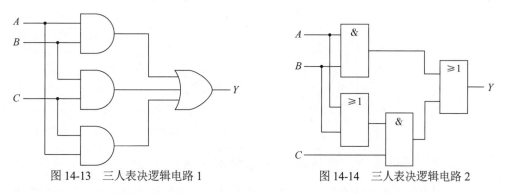

图 14-13　三人表决逻辑电路 1　　　　　　　　图 14-14　三人表决逻辑电路 2

(4) 波形图表示法。将输入变量的取值与相应的逻辑函数值按照时间顺序依次排列起来画成时间波形，即逻辑函数的波形图表示法。图 14-15 所示波形即表示异或逻辑关系。

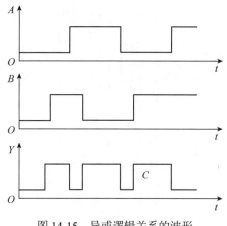

图 14-15　异或逻辑关系的波形

除上面介绍的四种逻辑函数表示方法外，还有卡诺图表示法，在后面的课程中将介绍卡诺图表示法。

14.2.6　逻辑函数的表示方法的相互转换

设计数字电路时，有时需要进行各种表示逻辑函数的表示方法的转换。

(1) 根据真值表写出逻辑函数式。根据真值表写出逻辑函数式的方法如下：①找出函数值为 1 的项；②将这些项中输入变量取值为 1 的用原变量代替，取值为 0 的用反变量代替，则得到一系列与项；③将这些与项相加即得逻辑式。

由此得出表 14-13 所示三人表决真值表的逻辑式为

$$Y = AB\overline{C} + \overline{A}BC + A\overline{B}C + ABC = ABC' + A'BC + AB'C + ABC$$

(2) 根据函数表达式画出逻辑图。将表达式中的逻辑关系用逻辑符号表示、连接即可画出逻辑图。

【例 14-16】 画出逻辑函数 $Y = \overline{AB + \overline{C}} + \overline{\overline{AC}} + B$ 的逻辑电路。

解： 逻辑电路如图 14-16 所示。

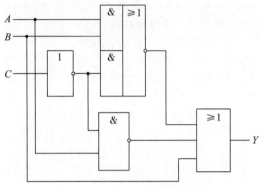

图 14-16　例 14-16 逻辑电路图

(3) 根据逻辑图写出函数表达式。从输入变量开始，将每个逻辑符号表示的逻辑式写出来，逐级向输出端推导，即可得到逻辑函数的表达式。

【例 14-17】 写出图 14-17 所示逻辑电路图的函数表达式。

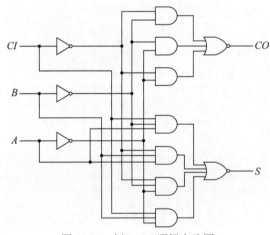

图 14-17　例 14-17 逻辑电路图

解： $CO = \overline{\overline{AB} + \overline{ACI} + \overline{BCI}} = (A+B)(A+CI)(B+CI)$

$S = \overline{\overline{ABCI} + \overline{ABCI} + \overline{ABCI} + AB\overline{CI}} = (A+B+CI)(\overline{A}+B+\overline{CI})(A+\overline{B}+\overline{CI})(\overline{A}+\overline{B}+CI)$

(4) 根据真值表画出波形图。按照真值表的输入取值，画出输入输出的波形。

【例 14-18】 已知逻辑函数的真值如表 14-14 所示，试画出输入输出波形和输出端的逻辑函数式。

表 14-14　例 14-18 逻辑真值表

输入			输出
A	B	C	Y
0	0	0	1
0	0	1	1
0	1	0	0
0	1	1	0
1	0	0	1
1	0	1	0
1	1	0	0
1	1	1	0

　　解：由真值表画出输入输出波形如图 14-18 所示。由表14-14 可以得到逻辑式为

$$Y = A'B'C' + A'B'C + AB'C'$$

（5）根据波形图得到真值表。根据所给的波形，列出各输入变量组合所对应的输出值。

【**例 14-19**】已知图 14-19 所示波形是某个数字逻辑电路的输入输出波形，试写出真值表。

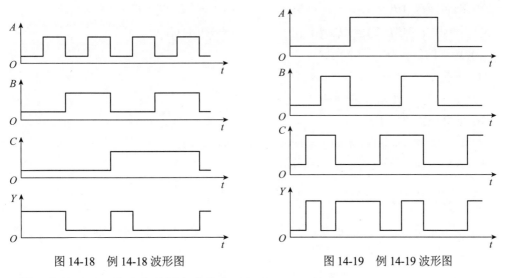

图 14-18　例 14-18 波形图　　　　　　　　图 14-19　例 14-19 波形图

　　解：由图 14-19 所示波形得出真值表，如表 14-15 所示。

表 14-15　例 14-19 逻辑真值表

输入			输出
A	B	C	Y
0	0	0	0
0	0	1	1
0	1	0	1
0	1	1	0
1	0	0	1
1	0	1	0
1	1	0	0
1	1	1	1

14.3　逻辑代数的运算规则

逻辑代数中的公式可分为基本公式和常用公式两大类。基本公式反映逻辑代数中存在的一些基本规律，常用公式是由基本公式推导出来的实用公式。

14.3.1　逻辑代数的基本公式

(1) 常量与常量的运算关系。

$0 \cdot 0=0$ $0 \cdot 1=0$ $1 \cdot 0=0$ $1 \cdot 1=1$ $0+0=0$ $0+1=1$ $1+0=1$ $1+1=1$

$\overline{0}=1$ $\overline{1}=0$

(2) 变量与常数关系的定理。

$A \cdot 1 = A$ $A \cdot 0 = 0$ $A + 0 = A$ $A + 1 = 1$

(3) 交换律、结合律、分配律。

① 交换律：$AB = BA$ $A + B = B + A$

② 结合律：$ABC = (AB)C = A(BC)$ $A + B + C = (A + B) + C = A + (B + C)$

③ 分配律：$A(B+C) = AB+AC$ $A+BC = (A+B)(A+C)$

(4) 逻辑函数独有的基本定理。

① 重叠律：$AA = A$ $A+A = A$

② 互补律：$A\overline{A} = 0$ $A+\overline{A} = 1$

③ 非非律：$\overline{\overline{A}} = A$

④ 吸收律：$A + AB = A$ $A(A + B) = A$ $A+\overline{A}B = A + B$

⑤ 摩根定律：$\overline{AB} = \overline{A} + \overline{B}$ $\overline{A + B} = \overline{A} \cdot \overline{B}$

14.3.2　逻辑代数的常用公式

(1) $A + AB = A$。两个乘积项相加时，如果其中一项包含另一项，则这一项是多余的，可以删掉。

(2) $A + \overline{A}B = A + B$。两个乘积项相加时，如果其中一项含有另一项的取反因子，则此取反因子多余的，可从该项中删除。

(3) $AB + A\overline{B} = A$。两个乘积项相加时，如果它们其中的一个因子相同，而另一个因子取反，则两项合并，保留相同因子。

(4) $A(A + B) = A$。当一项和包含这一项的和项相乘时，其和项可以消掉。

(5) $AB + \overline{A}C + BC = AB + \overline{A}C$。三个乘积项相加时，如果两项中的一个因子互为反，那么剩余的因子组成的另一项则是多余的，可以删掉。

(6) $A \cdot \overline{AB} = \overline{AB}$。某个项取反和包含这一项的乘积项取反相乘时，则只保留这个取反项。

(7) $\overline{A} \cdot \overline{AB} = \overline{A}$。如果某项和包含这一项的乘积项取反相乘时，则这一项可以删掉。

以上定律均可由真值表验证，读者可以自行推导。以上的公式比较常用，读者应熟练掌握，为以后逻辑函数的化简打好基础。

14.4　逻辑代数的规则

逻辑代数有三个规则：代入规则、对偶规则和反演规则。掌握它们可以认识逻辑代数的特点，利用它们可以对前面的一些常用公式进行证明。

14.4.1　代入规则

代入规则是指对于任何一个包含变量 A 的逻辑等式，若将式中所有的变量 A 用另外一个逻辑式替换，那么等式仍然成立。

利用代入规则可以证明一些公式，也可以将前面的两变量常用公式推广成多变量的公式。

【例 14-20】证明摩根定理适用于任意变量。

解： 在反演律中用 BC 代替等式中的 B，则新的等式仍成立：

$$\overline{ABC} = \overline{A} + \overline{BC} = \overline{A} + \overline{B} + \overline{C}$$

14.4.2　对偶规则

(1) 对偶式：设 Y 是一个逻辑函数，如果将 Y 中所有的"+"换成"·"，将"·"换成"+"，将"1"换成"0"，将"0"换成"1"，而变量保持不变，则所得的新的逻辑式 Y^D 称为 Y 的对偶式。

(2) 对偶规则：如果两个函数相等，则其对偶式也必然相等。

利用对偶式可以证明一些常用公式。

【例 14-21】求 $Y = (A + \overline{B})(A + C \cdot 1)$ 的对偶式。

解： 根据对偶规则得：

$$Y^D = A \cdot \overline{B} + A \cdot (C + 0)$$

【例 14-22】证明 $A + BC = (A + B)(A + C)$。

证明：设 $Y = A + BC$，$G = (A+B)(A+C)$，则它们的对偶式为

$$Y^D = A \cdot (B + C) = AB + AC$$

$$G^D = AB + AC$$

所以 $Y^D = G^D$，根据对偶规则有：

$$A + BC = (A + B)(A + C)$$

14.4.3　反演规则

若已知逻辑函数 Y 的逻辑式，则只要将 Y 式中所有的"·"换为"+"，将"+"换成"·"，将常量"0"换成"1"，将"1"换成"0"，所有原变量(不带非号)变成反变量，所有反变量换成原变量，得到的新函数即为原函数 Y 的反函数(补函数) $\overline{Y}$。

注意：(1) 变换中必须保持先与后或的顺序。

(2) 对跨越两个或两个以上变量的"非"运算要保留不变。

【例 14-23】求逻辑函数 $Y = (AB + C)D + E$ 的反函数。

解： 根据反演规则得：

$$\overline{Y} = ((\overline{A} + \overline{B})\overline{C} + \overline{D})\overline{E}$$

【例 14-24】求逻辑函数 $Y = \overline{\overline{\overline{AB} + C} + D + C}$ 的反函数。

解：由反演定理得：

$$\overline{Y} = \overline{\overline{\overline{\overline{AB} + C} + D + C}} = \overline{(A + \overline{B})CDC} = \overline{(A + \overline{B} + C + D)\overline{C}} = A\overline{C} + \overline{B}\,\overline{C} + \overline{C}D$$

或者可以对 Y 直接求反得到。

利用反演规则，可以非常方便地求得一个函数的反函数。

14.5　逻辑函数的标准形式

一种表达输入与输出的逻辑关系的逻辑函数可以由多种等效的表达式表示，例如，与或式(如 $Y = A + BC$)、或与式(如 $Y = (A + B)(A + C)$)、与非-与非式(如 $Y = \overline{\overline{ABCD}}$)、或非-或非式(如 $Y = \overline{\overline{A + BC + D}}$)，另外，由其反函数变换而来的逻辑函数式还有 4 种形式：与或非式、或与非式、与非-与式和或非-或式。因此，同一个逻辑函数共有 8 种不同的表示形式，但它们可以化为标准形式，其标准型有两种：标准与或式和标准或与式。

14.5.1　最小项和最大项

1. 最小项

(1) 最小项的定义：在 n 变量的逻辑函数中，设有 n 个变量 $A_1 \sim A_n$，而 m 是由所有这 n 个变量组成的乘积项(与项)。若 m 中包含的每一个变量都以原变量或反变量的形式出现一次且仅一次，则称 m 是 n 变量的最小项。

两变量逻辑函数 $Y=F(A, B)$ 共有 4 个最小项：$\overline{A}\,\overline{B}$、$\overline{A}B$、$A\overline{B}$、$AB$。

三变量逻辑函数 $Y=F(A, B, C)$ 共有 8 个最小项：$\overline{A}\,\overline{B}\,\overline{C}$、$\overline{A}\,\overline{B}C$、$\overline{A}B\overline{C}$、$\overline{A}BC$、$A\overline{B}\,\overline{C}$、$A\overline{B}C$、$AB\overline{C}$、$ABC$。

一般地，n 变量逻辑函数共有 2^n 个最小项。

(2) 最小项的编号：n 个变量构成的最小项有 2^n 个，通常用 m_i 表示第 i 个最小项，变量按 $A_1 \sim A_n$ 排列，原变量出现时对应的值为 1，反变量出现时对应的值取 0，按二进制排列时，其十进制数即为 i。

两变量逻辑函数 $Y=F(A, B)$ 共有 4 个最小项：$m_0 = \overline{A}\,\overline{B}$、$m_1 = \overline{A}B$、$m_2 = A\overline{B}$、$m_3 = AB$。

三变量逻辑函数 $Y=F(A, B, C)$ 共有 8 个最小项：$m_0 = \overline{A}\,\overline{B}\,\overline{C}$、$m_1 = \overline{A}\,\overline{B}C$、$m_2 = \overline{A}B\overline{C}$、$m_3 = \overline{A}BC$、$m_4 = A\overline{B}\,\overline{C}$、$m_5 = A\overline{B}C$、$m_6 = AB\overline{C}$、$m_7 = ABC$。

四变量逻辑函数 $Y=F(A, B, C, D)$ 共有 16 个最小项：$m_0 = \overline{A}\,\overline{B}\,\overline{C}\,\overline{D}$、$m_1 = \overline{A}\,\overline{B}\,\overline{C}D$、$m_2 = \overline{A}\,\overline{B}C\overline{D}$、$m_3 = \overline{A}\,\overline{B}CD$、$m_4 = \overline{A}B\overline{C}\,\overline{D}$、$m_5 = \overline{A}B\overline{C}D$、$m_6 = \overline{A}BC\overline{D}$、$m_7 = \overline{A}BCD$、$m_8 = A\overline{B}\,\overline{C}\,\overline{D}$、$m_9 = A\overline{B}\,\overline{C}D$、$m_{10} = A\overline{B}C\overline{D}$、$m_{11} = A\overline{B}CD$、$m_{12} = AB\overline{C}\,\overline{D}$、$m_{13} = AB\overline{C}D$、$m_{14} = ABC\overline{D}$、$m_{15} = ABCD$。

(3) 最小项的性质。

① 对于任一个最小项，仅有一组变量取值使它的值为 1，而其他取值均使它为 0，或者说输入变量的任何取值必有一个最小项也仅有一个最小项的值为 1。

② n 变量组成的全体最小项的逻辑和为 1，即 $\sum\limits_{i=0}^{2^n-1} m_i = 1$。

③ 同一逻辑函数的任意两个最小项之积为 0。

④ 在同一逻辑函数中，只有一个变量不同的两个最小项称为相邻最小项。两个相邻最小项之和可以合并成一项，并消去一对因子。

例如，三变量逻辑函数 $Y = A\overline{B}C + ABC = AC(\overline{B} + B) = AC$。

最小项的性质④是卡诺图表示法化简逻辑函数的理论基础。

2. 最大项

(1) 最大项的定义：在 n 变量的逻辑函数中，设有 n 个变量 $A_1 \sim A_n$，而 M 是由所有这 n 个变量组成的和项(或项)。若 M 中包含的每一个变量都以原变量或反变量的形式出现一次且仅一次，则称 M 是 n 变量的最大项。

两变量逻辑函数 $Y=F(A, B)$ 共有 4 个最大项：$\overline{A} + \overline{B}$、$\overline{A} + B$、$A + \overline{B}$、$A + B$。

三变量逻辑函数 $Y=F(A, B, C)$ 共有 8 个最大项：$\overline{A} + \overline{B} + \overline{C}$、$\overline{A} + \overline{B} + C$、$\overline{A} + B + \overline{C}$、$\overline{A} + B + C$、$A + \overline{B} + \overline{C}$、$A + \overline{B} + C$、$A + B + \overline{C}$、$A + B + C$。

一般地，n 变量逻辑函数共有 2^n 个最大项。

(2) 最大项的编号：n 个变量构成的最大项有 2^n 个，通常用 M_i 表示第 i 个最小项，变量按 $A_1 \sim A_n$ 排列，原变量出现时对应的值为 0，反变量出现时对应的值取 1，按二进制排列时，其十进制数即为 i。

两变量逻辑函数 $Y=F(A, B)$ 共有 4 个最大项：$M_0 = A + B$、$M_1 = A + \overline{B}$、$M_2 = \overline{A} + B$、$M_3 = \overline{A} + \overline{B}$。

三变量逻辑函数 $Y=F(A, B, C)$ 共有 8 个最大项：$M_0 = A + B + C$、$M_1 = A + B + \overline{C}$、$M_2 = A + \overline{B} + C$、$M_3 = A + \overline{B} + \overline{C}$、$M_4 = \overline{A} + B + C$、$M_5 = \overline{A} + B + \overline{C}$、$M_6 = \overline{A} + \overline{B} + C$、$M_7 = \overline{A} + \overline{B} + \overline{C}$。

四变量逻辑函数 $Y=F(A, B, C, D)$ 共有 16 个最大项。

(3) 最大项的性质。

① 对于任一个最大项，仅有一组变量取值使它的值为 0，而其他取值均使它为 1，或者说输入变量的任何取值必有一个最小项也仅有一个最大项的值为 0。

② n 变量组成的全体最大项之逻辑乘积为 0，即 $\prod\limits_{i=0}^{2^n-1} M_i = 0$。

③ 同一逻辑函数的任意两个最大项之和为 1。

④ 在同一逻辑函数中，只有一个变量不同的两个最大项称为相邻最大项。两个相邻最大项之积可以合并成一项，并消去一对因子。

例如，三变量逻辑函数：

$$Y = (A + \overline{B} + C)(A + B + C) = (A + C + \overline{B})(A + C + B) \overset{\text{分配律}}{=} A + C + B\overline{B} = A + C$$

3. 最小项与最大项的关系

n 变量中任意一对最小项 m_i 和最大项 M_i 都是互补的，即

$$\overline{m_i} = M_i \quad \text{或} \quad \overline{M_i} = m_i$$

设有三变量 A、B、C 的最小项，如 $m_3 = \overline{A}BC$，对其求反得：

$$\overline{m_3} = \overline{\overline{A}BC} = A + \overline{B} + \overline{C} = M_3$$

14.5.2　逻辑函数的标准与或式——最小项之和标准型

由若干最小项相加构成的与或式称为标准与或式。

两变量逻辑函数：

$$Y = F(A, B) = m_0 + m_2 = \overline{A}\,\overline{B} + A\overline{B}$$

三变量逻辑函数：

$$Y = F(A, B, C) = m_3 + m_6 + m_7 = \overline{A}BC + AB\overline{C} + ABC$$

四变量逻辑函数：

$$Y = F(A, B, C, D) = m_0 + m_2 + m_4 + m_{11} = \overline{A}\,\overline{B}\,\overline{C}\,\overline{D} + \overline{A}\,\overline{B}C\overline{D} + \overline{A}B\overline{C}\,\overline{D} + A\overline{B}CD$$

1. 最小项之和标准型的特点

(1) 式子为乘积和的形式。

(2) 不一定包含所有的最小项，但每一项必须为最小项。

2. 利用公式 $A + \overline{A} = 1$ 可将任意一个与或形式的逻辑函数写成标准与或式

在 n 变量的逻辑函数中，若某一乘积项由于缺少一个变量而不是最小项，则在这项中添加此变量与这个变量的反变量之和，使之成为最小项。

【例 14-25】 将逻辑函数 $Y(A, B, C) = A + BC$ 化成标准与或式。

解： $Y(A, B, C) = A + BC = A(B + \overline{B})(C + \overline{C}) + (A + \overline{A})BC$

$$= ABC + AB\overline{C} + A\overline{B}C + A\overline{B}\,\overline{C} + \overline{A}BC = m_3 + m_4 + m_5 + m_6 + m_7$$

3. 利用真值表获得逻辑函数标准与或式

由真值表确定逻辑函数为 1 的项作为函数的最小项(乘积项)。若输入变量取 1，则写成原变量；若输入变量取 0，则写成反变量。不同的输出"1"为和的关系。

【例 14-26】 写出表 14-15 的逻辑式 Y。

解： 按照真值表与逻辑式的关系可写出：

$$Y = \overline{A}\,\overline{B}C + \overline{A}B\overline{C} + A\overline{B}\,\overline{C} + ABC = m_1 + m_2 + m_4 + m_7$$

14.5.3　逻辑函数的标准或与式——最大项之积标准型

由若干最大项相乘构成的或与式称为标准或与式。

两变量逻辑函数：

$$Y = F(A, B) = M_0 M_2 = (A + B)(\overline{A} + B)$$

三变量逻辑函数：

$$Y = F(A, B, C) = M_3 + M_6 + M_7 = (A + \overline{B} + \overline{C})(\overline{A} + \overline{B} + C)(\overline{A} + \overline{B} + \overline{C})$$

1. 最大项之和标准型的特点

(1) 式子为和积的形式。

(2) 不一定包含所有的最大项，但每一项必须为最大项。

2. 利用公式 $A\overline{A}=0$ 可将任意一个或与形式的逻辑函数写成标准或与式

在 n 变量的逻辑函数中，若某一和项由于缺少一个变量而不是最大项，则在这项中加上此变量与这个变量的反变量之积，即利用公式 $A\overline{A}=0$，然后利用公式 $A+BC=(A+B)(A+C)$ 使之成为最大项。

【例 14-27】 将逻辑函数 $Y(A,B,C)=A+BC$ 化成标准或与式。

解： $Y(A,B,C)=A+BC=(A+B)(A+C)=(A+B+C\overline{C})(A+B\overline{B}+C)$

$$=(A+B+C)(A+B+\overline{C})(A+\overline{B}+C)=M_0 \cdot M_1 \cdot M_2$$

3. 利用真值表获得逻辑函数标准或与式

由真值表确定逻辑函数为 0 的项作为函数的最大项(和项)。若输入变量取 1，则写成反变量；若输入变量取 0，则写成原变量。不同的输出"0"为积的关系。

【例 14-28】 写出表 14-15 的逻辑式 Y。

解： 按照真值表与逻辑式的关系可写出：

$$Y=(A+B+C)(A+\overline{B}+\overline{C})(\overline{A}+B+\overline{C})(\overline{A}+\overline{B}+C)=M_0 \cdot M_3 \cdot M_5 \cdot M_6$$

14.5.4　逻辑函数形式的变换

除了上述标准与或式和标准或与式外，还需要将逻辑函数变换成其他形式。假如给出的是一般与或式，要用与非门实现，就需要将其变成与非–与非式。

1. 与或式化为与非þ与非式

根据反演规则，二次求反，将第一级非号用摩根定理拆开，第二级保持不变。

【例 14-29】 把 $Y=AB+BC+AC$ 化成与非 – 与非式。

解： $Y=AB+BC+AC=\overline{\overline{AB+BC+AC}}=\overline{\overline{AB} \cdot \overline{BC} \cdot \overline{AC}}$

2. 将与或式化为与或非式

先根据反演规则求函数 Y 的反函数 $\overline{Y}$，并整理成与或式，再将左边的反号移到等式右边，即两边同时求反。

【例 14-30】 把 $Y=AC+B\overline{C}$ 化成与或非式。

解： 由 $Y=AC+B\overline{C}$ 得 $\overline{Y}=\overline{AC+B\overline{C}}=(\overline{A}+\overline{C})(\overline{B}+C)=\overline{AB}+\overline{AC}+\overline{BC}$，所以得：

$$Y=\overline{\overline{Y}}=\overline{\overline{AB}+\overline{AC}+\overline{BC}}$$

3. 将与或式化为或非þ或非式

先将函数 Y 化为与或非形式，再根据反演定理求 $\overline{Y}$，并根据摩根定理展开，再求 Y，就可得到或非–或非式。

【例 14-31】 把 $Y=AC+B\overline{C}$ 化成或非 – 或非式。

解： 由 $Y=AC+B\overline{C}=\overline{\overline{AC+B\overline{C}}}=\overline{\overline{AC} \cdot \overline{B\overline{C}}}=\overline{(\overline{A}+\overline{C})(\overline{B}+C)}=\overline{\overline{AC}+\overline{BC}}$ 得：

$$\overline{Y}=\overline{(B+C)(A+\overline{C})}=\overline{B+C}+\overline{A+\overline{C}}$$

所以得：

$$Y=\overline{\overline{Y}}=\overline{\overline{\overline{B+C}+\overline{A+\overline{C}}}}$$

14.6　逻辑函数的化简

一个逻辑函数有多种不同形式的逻辑表达式，函数形式越简单，所需要的元器件数量越少，实现的成本越低，电路的可靠性越高，因此在设计电路时必须将逻辑函数进行简化。逻辑函数的简化方法有很多，主要有公式化简法和卡诺图化简法。

14.6.1　公式化简法

公式化简法就是利用逻辑代数的一些定理、公式和运算规则，将逻辑函数进行简化。实现电路的器件不同，最终得到的逻辑函数的形式不同，其最简的定义也不同。

1. 逻辑函数的最简与或表达式的标准

一个逻辑函数有多种不同形式的逻辑表达式，其中，与或表达式是逻辑函数的最基本表达形式，逻辑函数的最简与或表达式的标准如下。

(1) 与项最少，即表达式中"+"号最少。

(2) 每个与项中的变量数最少，即表达式中"·"号最少。

最简的与或式是所含与项最少，且每个与项的逻辑变量最少。下面以逻辑函数与或表达式为例介绍常见的化简方法。

2. 与或式的简化方法

(1) 并项法。运用公式 $AB + A\overline{B} = A$ ，将两项合并为一项，消去一个变量。

【例 14-32】化简逻辑函数 $Y = A(BC + B\overline{C}) + A(B\overline{C} + \overline{B}C)$ 。

解： $Y = A(BC + B\overline{C}) + A(B\overline{C} + \overline{B}C) = ABC + AB\overline{C} + AB\overline{C} + A\overline{B}C$

$\qquad = ABC + AB\overline{C} + A\overline{B}C + A\overline{B}\overline{C} = AB(C + \overline{C}) + A\overline{B}(\overline{C} + C)$

$\qquad = AB + A\overline{B} = A(B + \overline{B}) = A$

(2) 吸收法。运用吸收律 $A + AB = A$ 消去多余的与项。

【例 14-33】化简逻辑函数 $Y = A\overline{B} + A\overline{B}C + A\overline{B}DE$ 。

解： $Y = A\overline{B} + A\overline{B}C + A\overline{B}DE = Y = A\overline{B} + A\overline{B}(C + DE) = A\overline{B}$

(3) 消去法。运用吸收律 $A + \overline{A}B = A + B$ 消去多余的因子。

【例 14-34】化简逻辑函数 $Y = \overline{A} + AB + \overline{B}E$ 。

解： $Y = \overline{A} + AB + \overline{B}E = (\overline{A} + AB) + \overline{B}E = \overline{A} + B + \overline{B}E = \overline{A} + B + E$

(4) 配项法。利用 $A + \overline{A} = 1$ 或者 $A\overline{A} = 0$ 增加一些项，再进行简化。

【例 14-35】化简逻辑函数 $Y = AB + \overline{A}C + BCD$ 。

解： $Y = AB + \overline{A}C + BCD = AB + \overline{A}C + BCD(A + \overline{A})$

$\qquad = (AB + ABCD) + (\overline{A}BCD + \overline{A}C)$

$\qquad = AB + \overline{A}C$

(5) 加项法。利用 $A + A = A$ 增加一些项，再进行简化。

【例 14-36】化简逻辑函数 $Y = ABC + \overline{A}BC + A\overline{B}C + AB\overline{C}$ 。

解： $Y = ABC + \overline{A}BC + A\overline{B}C + AB\overline{C}$

$\qquad = (ABC + \overline{A}BC) + (A\overline{B}C + ABC) + (AB\overline{C} + ABC)$

$$= BC + AC + AB$$

化简逻辑函数时，要灵活运用上述方法，一般化简需要各种方法综合起来，同时化简需要技巧和经验，需要多练习。另外，难以判断最后的结果是否为最简。

【例 14-37】化简逻辑函数 $Y = AD + A\overline{D} + AB + \overline{A}C + BD + A\overline{B}EF + \overline{B}EF$。

解：$Y = (AD + A\overline{D}) + AB + \overline{A}C + BD + (A\overline{B}EF + \overline{B}EF)$

$\quad\quad = (A + AB) + \overline{A}C + BD + \overline{B}EF$

$\quad\quad = (A + \overline{A}C) + BD + \overline{B}EF = A + C + BD + \overline{B}EF$

【例 14-38】化简逻辑函数 $Y = A + A\overline{C} + \overline{B}C + B\overline{C} + \overline{B}D + B\overline{D} + ADEF$。

解：$Y = (A + A\overline{C} + ADEF) + \overline{B}C + B\overline{C} + \overline{B}D + B\overline{D}$

$\quad\quad = A + \overline{B}C + B\overline{C} + \overline{B}D + B\overline{D}$

$\quad\quad = A + \overline{B}C(D + \overline{D}) + B\overline{C} + \overline{B}D + B\overline{D})(C + \overline{C})$

$\quad\quad = A + \overline{B}CD + \overline{B}C\overline{D} + B\overline{C} + \overline{B}D + B\overline{D}C + B\overline{D}\,\overline{C}$

$\quad\quad = A + (\overline{B}CD + \overline{B}D) + (\overline{B}C\overline{D} + BC\overline{D}) + (B\overline{D}\,\overline{C} + B\overline{C})$

$\quad\quad = A + \overline{B}D + C\overline{D} + B\overline{C}$

【例 14-39】化简逻辑函数 $Y = AC + \overline{B}C + B\overline{D} + C\overline{D} + A(B + \overline{C}) + \overline{A}BC\overline{D} + A\overline{B}DE$。

解：$Y = AC + \overline{B}C + B\overline{D} + C\overline{D} + A(B + \overline{C}) + \overline{A}BC\overline{D} + A\overline{B}DE$

$\quad\quad = AC + \overline{B}C + B\overline{D} + C\overline{D} + AB + A\overline{C} + \overline{A}BC\overline{D} + A\overline{B}DE$

$\quad\quad = (AC + AB + A\overline{C} + A\overline{B}DE) + \overline{B}C + B\overline{D} + C\overline{D} + \overline{A}BC\overline{D}$

$\quad\quad = A(C + B + \overline{C} + \overline{B}DE) + \overline{B}C + B\overline{D} + C\overline{D} + \overline{A}BC\overline{D}$

$\quad\quad = A + \overline{B}C + B\overline{D} + (C\overline{D} + \overline{A}BC\overline{D}) = A + (\overline{B}C + B\overline{D} + C\overline{D})$

$\quad\quad = A + \overline{B}C + B\overline{D}$

【例 14-40】化简逻辑函数 $Y = A\overline{B} + B\overline{C} + \overline{A}B + \overline{B}C$。

解 1：$Y = (A\overline{B} + B\overline{C}) + \overline{A}B + \overline{B}C = (A\overline{B} + B\overline{C} + A\overline{C}) + \overline{A}B + \overline{B}C$

$\quad\quad = A\overline{B} + (B\overline{C} + A\overline{C} + \overline{A}B) + \overline{B}C = A\overline{B} + A\overline{C} + \overline{A}B + \overline{B}C$

$\quad\quad = (A\overline{B} + A\overline{C} + \overline{B}C) + \overline{A}B = A\overline{C} + \overline{B}C + \overline{A}B$

解 2：$Y = A\overline{B} + B\overline{C} + (\overline{A}B + \overline{B}C) = A\overline{B} + B\overline{C} + (\overline{A}B + \overline{B}C + \overline{A}C)$

$\quad\quad = (A\overline{B} + \overline{A}C + B\overline{C}) + B\overline{C} + \overline{A}B = (A\overline{B} + \overline{A}C) + B\overline{C} + \overline{A}B$

$\quad\quad = A\overline{B} + (\overline{A}C + B\overline{C} + \overline{A}B) = A\overline{B} + (\overline{A}C + B\overline{C}) = A\overline{B} + \overline{A}C + B\overline{C}$

可见，逻辑函数的化简结果不是唯一的。

14.6.2　卡诺图化简法

公式法化简逻辑函数不直观，且要熟练掌握逻辑代数的公式及化简技巧，而卡诺图化简法能克服公式法的不足，可以直观地给出简化的结果。

1. 卡诺图

n 个变量的逻辑函数中，包含全部变量的乘积项称为最小项。n 变量逻辑函数的全部最小项共有 2^n 个。用小方格来表示最小项，一个小方格代表一个最小项，然后将这些最小项按照相邻性排列起来，即用小方格几何位置上的相邻性来表示最小项逻辑上的相邻性。也就是将逻辑函数的真值表图形化，把真值表中的变量分成两组分别排列在行和列的方格中，就构成二维图表，即为卡诺图。卡诺图是卡诺(Karnaugh)和范奇(Veich)提出的。

如果两个最小项中只有一个变量互为反变量，其余变量均相同，则称这两个最小项为逻辑相邻，简称相邻项。例如，三变量逻辑函数的最小项 ABC 和 $A\overline{B}C$ 就是相邻最小项。

如果两个相邻最小项出现在同一个逻辑函数中，可以合并为一项，同时消去互为反变量的量，如 $Y = A\overline{B}C + ABC = AC$。

图 14-20 所示为二变量、三变量和四变量的卡诺图。

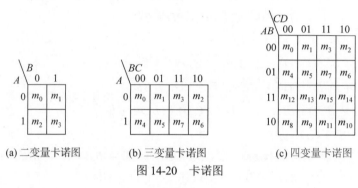

(a) 二变量卡诺图　　(b) 三变量卡诺图　　(c) 四变量卡诺图

图 14-20　卡诺图

仔细观察可以发现，卡诺图具有很强的相邻性：

(1) 直观相邻性，只要小方格在几何位置上相邻，它代表的最小项在逻辑上一定是相邻的。

(2) 对边相邻性，即与中心轴对称的左右两边和上下两边的小方格具有相邻性。

2. 用卡诺图表示逻辑函数

如果画出逻辑函数的卡诺图，首先将逻辑函数化成标准与或型(最小项和)，在相应的最小项位置填"1"，其方法如下。

(1) 从真值表到卡诺图。将逻辑函数的真值表做出，将表中对应"1"项的最小项填到卡诺图中。

【**例 14-41**】某逻辑函数的真值如表 14-16 所示，用卡诺图表示该逻辑函数。

解：该函数为三变量，先画出三变量卡诺图，然后根据真值表将 8 个最小项 Y 的取值 0 或者 1 填入卡诺图中对应的 8 个小方格中即可，如图 14-21 所示，卡诺图中的 0 可以不填。

表 14-16　例 14-41 逻辑真值表

输入		输出	
A	B	C	Y
0	0	0	0
0	0	1	0
0	1	0	0
0	1	1	1
1	0	0	1
1	0	1	1
1	1	0	0
1	1	1	1

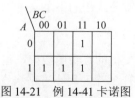

图 14-21　例 14-41 卡诺图

(2) 从逻辑表达式到卡诺图。

① 如果表达式为最小项表达式，则可直接填入卡诺图。

【例 14-42】用卡诺图表示逻辑函数 $Y = \overline{A}B\overline{C} + AB\overline{C} + \overline{A}BC + A\overline{B}C$ 。

解： $Y = \overline{A}B\overline{C} + AB\overline{C} + \overline{A}BC + A\overline{B}C = m_5 + m_6 + m_3 + m_4$ ，然后填入卡诺图，如图 14-22 所示。

② 如果表达式不是最小项表达式，而是与–或表达式，可将其先化成最小项表达式，再填入卡诺图。

【例 14-43】用卡诺图表示逻辑函数 $Y = A\overline{B} + B\overline{C}D$ 。

解： $Y = A\overline{B} + B\overline{C}D = A\overline{B}\overline{C}\overline{D} + A\overline{B}\overline{C}D + A\overline{B}C\overline{D} + A\overline{B}CD + AB\overline{C}D + \overline{A}B\overline{C}D$

$$= m_8 + m_9 + m_{10} + m_{11} + m_{13} + m_5$$

然后填入卡诺图，如图 14-23 所示。

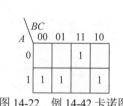

图 14-22　例 14-42 卡诺图

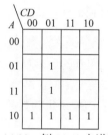

图 14-23　例 14-43 卡诺图

3. 逻辑函数的卡诺图化简法

(1) 卡诺图化简逻辑函数的原理。

① 2 个相邻的最小项结合，可以消去 1 个取值不同的变量而合并为 1 项。

② 4 个相邻的最小项结合，可以消去 2 个取值不同的变量而合并为 1 项。

③ 8 个相邻的最小项结合，可以消去 3 个取值不同的变量而合并为 1 项。

总之，$2n$ 个相邻的最小项结合，可以消去 n 个取值不同的变量而合并为 1 项。

(2) 用卡诺图合并最小项的原则(画圈的原则)。

① 尽量画大圈，但每个圈内只能含有 $2n(n = 0, 1, 2, 3, \cdots)$ 个相邻项，要特别注意对边相邻性和四角相邻性。

② 圈的个数尽量少。

③ 卡诺图中所有取值为 1 的方格均要被圈过，即不能漏下取值为 1 的最小项。

④ 在新画的包围圈中至少要含有 1 个未被圈过的取值为 1 的方格，否则该包围圈是多余的。

(3) 用卡诺图化简逻辑函数的步骤。

① 画出逻辑函数的卡诺图。

② 合并相邻的最小项，即根据前述原则画圈。

③ 写出化简后的表达式。每一个圈写一个最简与项，规则是取值为1的变量用原变量表示，取值为 0 的变量用反变量表示，将这些变量相与。将所有与项进行逻辑加，即得最简与或表达式。

【例 14-44】求图 14-24 所示的逻辑函数。

解：按照原则画出包围圈如图 14-24 所示，可得 $Y = A\overline{B} + A\overline{C}D + \overline{B}CD + \overline{A}B\overline{D}$。

【**例 14-45**】化简 $Y(A,B,C,D) = \sum m(0,2,3,4,6,7,10,13,14,15)$。

解：由表达式画出卡诺图，如图 14-25 所示。

画包围圈，如图 14-25 所示。合并最小项，得简化的与或表达式：

$$Y(A,B,C,D) = C + \overline{A}\,\overline{D} + ABD$$

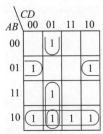

图 14-24　例 14-44 卡诺图

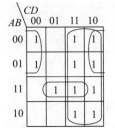

图 14-25　例 14-45 卡诺图

(4) 卡诺图化简逻辑函数的另一种方法——圈 0 法。

在卡诺图上圈 0 的最小项，其规则与圈 1 相同，可化成与式，只是得到的逻辑函数为反函数，需要再变回原函数。

【**例 14-46**】已知逻辑函数的卡诺图如图 14-26 所示，分别用圈 1 法和圈 0 法写出其最简与式。

解：用圈 0 法，如图 14-26 所示，画包围圈，得 $\overline{Y} = B\overline{C}\,\overline{D}$，化简得：

$$Y = \overline{B\overline{C}\,\overline{D}} = \overline{B} + C + D$$

用圈 1 法，如图 14-27 所示，画包围圈，得 $Y = \overline{B} + C + D$。

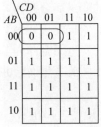

图 14-26　例 14-46 卡诺图圈 0 法

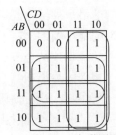

图 14-27　例 14-46 卡诺图圈 1 法

14.6.3　具有无关项的逻辑函数的化简

无关项是在实际中经常碰到的一种情况，无关项的处理对于逻辑函数的化简的组合电路的设计有较大影响。

1. 无关项

(1) 约束项。在逻辑函数中，输入变量的取值不是任意的，会受到限制。对输入变量取值所加的限制称为约束，被约束的项叫作约束项。

例如，三个逻辑变量 A、B、C 分别表示一台电动机的正转、反转和停止。若 $A=1$ 表示电动机正转，$B=1$ 表示电动机反转，$C=1$ 表示电动机停止，则其 ABC 的状态只能是 100、010、001，而其他状态如 000、011、101、110、111 是不能出现的状态，C 为具有约束的变量。

(2) 任意项。输入变量的某些取值对电路的功能没有影响，这些项称为任意项。

例如，8421BCD 码取值为 0000～1001，代表 10 个状态，而 1010～1111 这 6 个状态不可能出现，故对应的函数取 0 或取 1 对函数没有影响，这些项就是任意项。

(3) 无关项。将约束项和任意项统称为无关项，用 d 表示。在卡诺图中无关项对应的格子中一般填入"×"表示既可以取 1 也可以取 0。

化简具有无关项的逻辑函数时，如果能合理利用这些无关项，一般都可得到更加简单的化简结果。

【例 14-47】 十字路口有红、绿、黄三色交通信号灯，规定红灯亮则停，绿灯亮则行，黄灯亮则等一等，试分析车行与三色信号灯之间的逻辑关系。

解： 设红、绿、黄灯分别用 R、G、Y 表示，且灯亮为 1，灯灭为 0。车用 Z 表示，车行 $Z=1$，车停 $Z=0$。列出该函数的真值表，如表 14-17 所示。

表 14-17　例 14-47 逻辑真值表

输入			输出
R	G	Y	Z
0	0	0	×
0	0	1	0
0	1	0	1
0	1	1	×
1	0	0	0
1	0	1	×
1	1	0	×
1	1	1	×

分析知道，在这个函数中，有 5 个最小项为无关项。带有无关项的逻辑函数的最小项表达式为

$$Z(R,G,Y) = \sum m(2) + \sum d(0,3,5,6,7)$$

2. 具有无关项的逻辑函数的化简过程

化简具有无关项的逻辑函数时，要充分利用无关项可以当 0 也可以当 1 的特点，尽量扩大卡诺圈，使逻辑函数更简。在考虑无关项时，哪些无关项当作 1，哪些无关项当作 0，要以尽量扩大卡诺圈、减少圈的个数，使逻辑函数更简为原则。

【例 14-48】 某逻辑函数表达式为

$$Y(A,B,C,D) = \sum m(4,5,6,7,8,10) + \sum d(9,11,12,13,14,15)$$

用卡诺图法化简该逻辑函数。

解： (1) 画出四变量卡诺图。将 4、5、6、7、8、10 号小方格填入 1；将 9、11、12、13、14、15 号小方格填入×。

(2) 合并最小项，图 14-28 所示是考虑无关项的卡诺图，图 14-29 所示是不考虑无关项的卡诺图。注意，1 方格不能漏；×方格根据需要，可以圈入，也可以放弃。

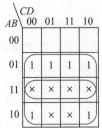

图 14-28　例 14-48 考虑无关项的卡诺图　　图 14-29　例 14-48 不考虑无关项的卡诺图

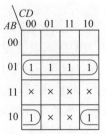

(3) 写出逻辑函数的最简与或表达式。

由图 14-28 考虑无关项的卡诺图得

$$Y = A + B$$

由图 14-29 不考虑无关项的卡诺图得

$$Y = \overline{A}B + A\overline{B}\overline{D}$$

可见，不考虑无关项时逻辑函数较为复杂，所以合理运用无关项可以简化逻辑函数。

注意：化简具有无关项的逻辑函数时，究竟把卡诺图中的×作为 1 还是作为 0(即是否把×圈中)，应以得到的相邻最小项矩形组合最大，而且矩形组合数目最少为原则。

习题 14

1. 时间上和数值上均做连续变化的电信号称为(　　)信号；时间上和数值上离散的信号称为(　　)信号。

2. 在正逻辑的约定下，"1"表示(　　)电平，"0"表示 (　　)电平。

3. 数字电路中，输入信号和输出信号之间的关系是(　　)关系，所以数字电路也称为(　　)电路。在逻辑关系中，最基本的关系是(　　)、(　　)和(　　)。

4. 用来表示各种计数制数码个数的数称为(　　)，同一数码在不同数位所代表的(　　)不同。十进制计数各位的(　　)是10，(　　)是10的幂。

5. (　　)BCD码和(　　)码是有权码；(　　)码和 (　　)码是无权码。

6. (　　)是表示数值大小的各种方法的统称。一般都是按照进位方式来实现计数的，简称为(　　)制。任意进制数转换为十进制数时，均采用(　　)的方法。

7. 十进制整数转换成二进制时采用(　　)法；十进制小数转换成二进制时采用(　　)法。

8. 十进制数转换为八进制和十六进制时，应先转换成(　　)制，然后再根据转换的(　　)数，按照(　　)一组转换成八进制；按照(　　)一组转换成十六进制。

9. 8421BCD码是最常用，也是最简单的一种BCD代码，各位的权依次为(　　)、(　　)、(　　)、(　　)。8421BCD码的显著特点是它与(　　)数码的4位等值(　　)完全相同。

10. (　　)、(　　)和(　　)是把符号位和数值位一起编码的表示方法，是计算机中数的表示方法。在计算机中，数据常以(　　)的形式进行存储。

11. 逻辑代数的基本定律有(　　)律、(　　)律、(　　)律、(　　)律和(　　)律。

12. 最简与或表达式是指在表达式中(　　)最少，且(　　)也最少。

13. 卡诺图是将代表(　　)的小方格按(　　)原则排列而构成的方块图。卡诺图的画图规则：任意两个几何位置相邻的(　　)之间，只允许(　　)的取值不同。

14. 在化简的过程中，约束项可以根据需要看作(　　)或(　　)。

15. 逻辑函数中的逻辑与和它对应的逻辑代数运算关系为(　　)。

16. 十进制数100对应的二进制数为(　　)。

17. 和逻辑式 $\overline{AB}$ 表示不同逻辑关系的逻辑式是(　　)。

18. 数字电路中，机器识别和常用的数制是(　　)。

19. [+56]的补码是(　　)。

20. 将下列各式写成按权展开式：

(352.6)$_{10}$　(101.101)$_2$　(54.6)$_8$　(13A.4F)$_{16}$

21. 按十进制 0～17 的次序，列表填写相应的二进制、八进制、十六进制数。

22. 二进制数 00000000～11111111 和 0000000000～1111111111 分别可以代表多少个数？

23. 将下列各数分别转换成十进制数：

(1111101000)$_2$　(1750)$_8$　(3E8)$_{16}$

24. 将下列各数分别转换成二进制数：

(210)$_8$　(136)$_{10}$　(88)$_{16}$

25. 将下列各数分别转换成八进制数：

(111111)$_2$　(63)$_{10}$　(3F)$_{16}$

26. 将下列各数分别转换成十六进制数：

(11111111)$_2$　(377)$_8$　(255)$_{10}$

27. 转换下列各数，要求转换后保持原精度：

(1) (1.125)$_{10}$=(　　)$_2$(小数点后至少取 10 位)

(2) (0010 1011 0010)$_{2421BCD}$=(　　)$_2$

(3) (0110.1010)$_{余3循环BCD码}$=(　　)$_2$

28. 分别用 8421BCD 码和余 3BCD 码表示(123)$_{10}$、(1011.01)$_2$。

29. 已知 A=(1011010)$_2$，B=(101111)$_2$，C=(1010100)$_2$，D=(110)$_2$，求：

(1) 按二进制运算规律求 $A+B$、$A-B$、$C×D$、$C÷D$；

(2) 将 A、B、C、D 转换成十进制数后，求 $A+B$、$A-B$、$C×D$、$C÷D$，并将结果与(1)进行比较。

30. 试用 8421BCD 码完成下列十进制数的运算：

(1) 5+8　　(2) 9+8　　(3) 58+27　　(4) 9-3　　(5) 87-25　　(6) 843-348

31. 用代数法化简下列逻辑函数：

(1) $F = (A + \overline{B})C + \overline{A}B$

(2) $F = \overline{A}\overline{C} + \overline{A}B + BC$

(3) $F = \overline{A}\overline{B}C + \overline{A}BC + AB\overline{C} + \overline{A}\overline{B}\overline{C} + ABC$

(4) $F = A\overline{B} + B\overline{C}D + \overline{C}\,\overline{D} + AB\overline{C} + A\overline{C}D$

32. 用卡诺图化简下列逻辑函数：

(1) $F = \Sigma m(3,4,5,10,11,12) + \Sigma d(1,2,13)$

(2) $F(ABCD) = \Sigma m(1,2,3,5,6,7,8,9,12,13)$

(3) $F = (A, B, C, D) = \sum m(0, 1, 6, 7, 8, 12, 14, 15)$

(4) $F = (A, B, C, D) = \sum m(0, 1, 5, 7, 8, 14, 15) + \sum d(3, 9, 12)$

33. 有 A、B、C 三个输入信号，列出下列问题的真值表，并写出最小项表达式：

(1) 如果 A、B、C 均为 0 或其中一个信号为 1 时。输出 $F=1$，其余情况下 $F=0$；

(2) 若 A、B、C 出现奇数个 0 时输出为 1，其余情况输出为 0；

(3) 若 A、B、C 有两个或两个以上为 1 时，输出为 1，其余情况下，输出为 0。

34. 试证明如下逻辑函数等式：

(1) $A\bar{B} + A\bar{B}C = A\bar{B}$；

(2) $AB(C + \bar{C}) + AC = AB + AC$；

(3) $A(BC + BC) + AC = A(BC) + AC$ 。

35. 对如下逻辑函数式实行摩根定理变换：

(1) $Y_1 = \overline{A + B}$；

(2) $Y_2 = \overline{\overline{AB}}$；

(3) $Y_3 = \overline{A\bar{B}(C + \bar{D})}$；

(4) $Y_4 = \overline{(A + \overline{B\bar{C}} + CD) + \overline{\overline{BC}}}$ 。

36. 试用代数法化简如下逻辑函数式：

(1) $Y_1 = A(A + B)$；

(2) $Y_2 = BC + \bar{B}C$；

(3) $Y_3 = A(A + \bar{A}B)$ 。

37. 试用代数法将如下逻辑函数式化简成最简与或式：

(1) $Y_1 = \overline{A}B + \overline{A}\bar{B}C + \overline{A}BCD + \overline{A}B\bar{C}\,\overline{D}E$；

(2) $Y_2 = AB + \overline{AB}C + A$；

(3) $Y_3 = AB + (\bar{A} + \bar{B})C + AB$ 。

38. 试用代数法将如下逻辑函数式化简成最简与或式：

(1) $Y_1 = \overline{A}\,\overline{B}C + \overline{(A + B + C)} + \overline{A}\,\overline{B}\,\overline{C}D$；

(2) $Y_2 = ABCD + AB\overline{CD} + \overline{AB}CD$；

(3) $Y_3 = ABC(AB + \bar{C}(BC + AC))$ 。

39. 将如下逻辑函数式转换成最小项之和的形式：

(1) $Y_1 = (A + \bar{B})(C + B)$；

(2) $Y_2 = (A + B\bar{C})C$；

(3) $Y_3 = AB + CD(A\bar{B} + CD)$；

(4) $Y_4 = AB(\overline{B}\,\overline{C} + BD)$ 。

第15章 逻辑门电路

第 14 章介绍的逻辑运算都要通过门电路实现，门电路是数字电路和数字系统的基本逻辑单元。本章主要讲述数字电路的基本逻辑单元门电路，具体有 TTL 逻辑门、MOS 逻辑门，讨论它们的电路结构、工作原理、逻辑功能等，为以后的学习及实际逻辑电路设计打下基础。本章重点讨论 TTL 门电路和 CMOS 门电路。

15.1 逻辑门电路概述

门电路是实现输入输出逻辑关系的电路，它用二值逻辑来表示实际中的两种相互对立的状态。

15.1.1 门电路

用来实现基本逻辑关系和复合逻辑关系的单元电子线路称为门电路。

常用的门电路有非门、与非门、或非门、异或门、与或非门等，可以用分立元件实现，也可以用集成电路实现。

15.1.2 正逻辑与负逻辑

正逻辑：在二值逻辑中，用高电平表示逻辑 1，用低电平表示逻辑 0，在这种规定下的逻辑关系称为正逻辑，如图 15-1(a)所示。

负逻辑：在二值逻辑中，用低电平表示逻辑 1，用高电平表示逻辑 0，在这种规定下的逻辑关系称为负逻辑，如图 15-1(b)所示。

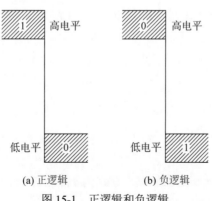

(a) 正逻辑   (b) 负逻辑

图 15-1 正逻辑和负逻辑

在数字系统的逻辑设计中，若采用 NPN 晶体管和 NMOS 管，电源电压是正值，一般采用正逻辑；若采用的是 PNP 管和 PMOS 管，电源电压为负值，则采用负逻辑比较方便。

本书中除非特别说明，一律采用正逻辑。

高电平和低电平为某规定范围的电位值，而非一个固定值，这个值对 TTL 门电路和 CMOS 门电路是不同的。一般对 TTL 门电路，其高电平为 2～5V，低电平为 0～0.8V；对 CMOS 门电路，其高电平为 3.5～5V，低电平为 0～1.5V。

数字电路由于采用高电平和低电平，并且高电平和低电平都有一个允许的范围，故对元器件的精度和电源稳定性的要求都比模拟电路要低，抗干扰能力也强。

15.1.3　高电平和低电平的获得

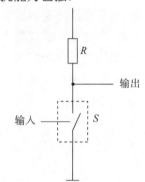

数字电路中，输入、输出都是二值逻辑，其高电平和低电平分别用"1"和"0"表示。其高电平和低电平的获得通过开关电路来实现，如图 15-2 所示。

当开关 S 断开时，输出电压 $v_O=V_{cc}$，为高电平 1；当开关闭合时，输出电压 $v_O=0$，为低电平 0。若开关由三极管构成，则控制三极管工作在截止和饱和状态，就相当开关 S 的断开和闭合。

图 15-2　获得高电平和低电平的原理

15.1.4　门电路分类

门电路可分为分立元件逻辑门电路和集成逻辑门电路，分立元件逻辑门电路由半导体器件、电阻和电容连接而成；集成逻辑门电路是将大量的分立元件通过特殊工艺集成在很小的半导体芯片上。

数字集成电路根据规模可分为小规模集成电路(small scale integrated circuit，SSI)、中规模集成电路(medium scale integrated circuit，MSI)、大规模集成电路(large scale integrated circuit，LSI)、超大规模集成电路(very large scale integrated circuit，VLSI)。

15.2　分立元件门电路

逻辑门电路是数字电路中最基本的逻辑元件。所谓门，就是一种开关，它能按照一定的条件去控制信号的通过或不通过。门电路的输入和输出之间存在一定的逻辑关系(因果关系)，所以门电路又称为逻辑门电路。分立元件逻辑门电路由半导体器件、电阻和电容连接而成。

15.2.1　二极管与门电路

二输入二极管与门电路如图 15-3(a)所示，其中 A、B 为两个输入变量，Y 为输出变量。图 15-3(b)为与门电路符号。

设 $V_{CC}=5V$，A、B 输入端的高低电平分别为 $V_{IH}=3V$，$V_{IL}=0.3V$，D_1、D_2 的正向导通压降均为 0.7V。

(1) 当 A、B 全接为高电平 3V 时，二极管 D_1、D_2 都截止，$V_Y=3.7V$，即输出高电平。

(2) A、B 中只要有一个为低电平 0.3V 时，低电平对应的二极管导通，$V_Y=1V$，即输出低电平。

所以该电路满足与逻辑关系，即 $Y = A + B$。

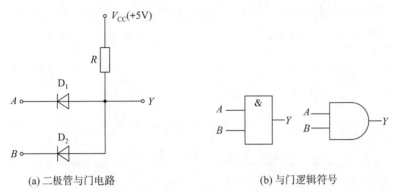

(a) 二极管与门电路　　　　　　　　　　(b) 与门逻辑符号

图 15-3　二极管与门电路及逻辑符号

表 15-1 为二极管与门电路逻辑电平表，表 15-2 为其对应的真值表。

表 15-1　二极管与门逻辑电平表

输入		输出
V_A/V	V_B/V	V_Y/V
0.3	0.3	1
0.3	3	1
3	0.3	1
3	3	3.7

表 15-2　二极管与门逻辑真值表

输入		输出
A	B	Y
0	0	0
0	1	0
1	0	0
1	1	1

15.2.2　二极管或门电路

二输入二极管或门电路如图 15-4(a)所示，其中 A、B 为两个输入变量，Y 为输出变量。图 15-4(b)为或门电路符号。

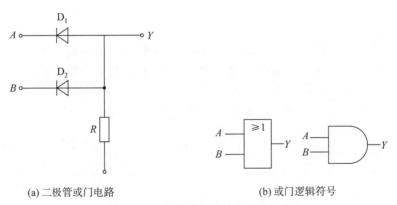

(a) 二极管或门电路　　　　　　　　　　(b) 或门逻辑符号

图 15-4　二极管或门电路及逻辑符号

设 V_{CC} =5V，A、B 输入端的高低电平分别为 V_{IH} =3V，V_{IL} =0.3V，D_1、D_2 的正向导通压降均为 0.7V。

(1) 当 A、B 全接为低电平 0.3V 时，二极管 D_1、D_2 都截止，V_Y =0V，即输出低电平。

(2) A、B 中只要有一个为高电平 3V 时，高电平对应的二极管导通而低电平对应的二极管截止，V_Y =3.7V，即输出高电平。

所以该电路满足或逻辑关系，即 $Y = A+B$。

表 15-3 为二极管或门电路逻辑电平表，表 15-4 为其对应的真值表。

<table>
<tr><th colspan="3">表 15-3 二极管或门逻辑电平表</th></tr>
<tr><th colspan="2">输入</th><th>输出</th></tr>
<tr><th>V_A/V</th><th>V_B/V</th><th>V_Y/V</th></tr>
<tr><td>0.3</td><td>0.3</td><td>0</td></tr>
<tr><td>0.3</td><td>3</td><td>3.7</td></tr>
<tr><td>3</td><td>0.3</td><td>3.7</td></tr>
<tr><td>3</td><td>3</td><td>3.7</td></tr>
</table>

<table>
<tr><th colspan="3">表 15-4 二极管或门逻辑真值表</th></tr>
<tr><th colspan="2">输入</th><th>输出</th></tr>
<tr><th>A</th><th>B</th><th>Y</th></tr>
<tr><td>0</td><td>0</td><td>0</td></tr>
<tr><td>0</td><td>1</td><td>1</td></tr>
<tr><td>1</td><td>0</td><td>1</td></tr>
<tr><td>1</td><td>1</td><td>1</td></tr>
</table>

15.2.3 三极管非门电路

在数字电路中，三极管工作在截止或饱和状态，称为开关状态，而放大区则看作开关由闭合到断开或者由断开到闭合的过渡状态。由三极管构成的基本开关电路如图 15-5(a) 所示。图 15-5(b)为门电路符号。

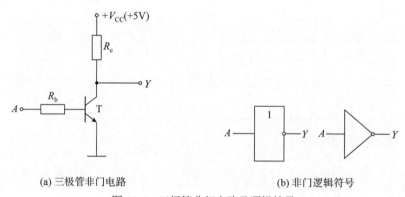

(a) 三极管非门电路   (b) 非门逻辑符号

图 15-5 三极管非门电路及逻辑符号

工作原理：

(1) 当 A 为低电平 0.3V 时，晶体管 T 截止，V_Y=5V，即输出高电平。

(2) 当 A 为高电平 3V 时，晶体管 T 饱和，V_Y=0.3V，即输出低电平。

所以该电路满足或逻辑关系，即 $Y = \overline{A}$。

表 15-5 为三极管非门电路逻辑电平表，表 15-6 为真值表。

<table>
<tr><th colspan="2">表 15-5 三极管非门逻辑电平表</th></tr>
<tr><th>输入</th><th>输出</th></tr>
<tr><th>V_A/V</th><th>V_Y/V</th></tr>
<tr><td>0.3</td><td>5</td></tr>
<tr><td>3</td><td>0.3</td></tr>
</table>

<table>
<tr><th colspan="2">表 15-6 三极管非门逻辑真值表</th></tr>
<tr><th>输入</th><th>输出</th></tr>
<tr><th>A</th><th>B</th></tr>
<tr><td>0</td><td>1</td></tr>
<tr><td>1</td><td>0</td></tr>
</table>

15.2.4 二极管与门和或门电路的缺点

二极管与门和或门电路的缺点：

(1) 输出电平偏移：输出的高低电平数值与输入的高低电平数值不相等。如图 15-6 所示，经过二级与门运算之后，输出的低电平成为 1.4V。如何解决这个问题呢？一般将二极管与门(或门)电路和三极管非门电路组合起来，如图 15-7 所示。

(2) 带负载能力差：负载电阻的改变有时会影响输出的高电平。

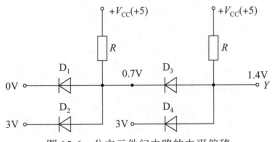

图 15-6　分立元件门电路的电平偏移

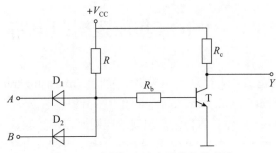

图 15-7　克服门电路电平偏移的电路

15.2.5　与非门电路

将二极管与门和三极管反相器级联即可构成与非门，如图 15-8 所示。这种由二极管和三极管复合而成的门电路称为 DTL(diode transistor logic)门电路。

工作原理：

(1) 当 A、B、C 全接为高电平 5V 时，二极管 $D_1 \sim D_3$ 都截止，而 D_4、D_5 和 T 导通，且 T 为饱和导通，V_Y=0.3V，即输出低电平。

(2) A、B、C 中只要有一个为低电平 0.3V 时，则 $V_P \approx 1V$，从而使 D_4、D_5 和 T 都截止，V_Y=5V，即输出高电平。

所以该电路满足与非逻辑关系，即 $Y = \overline{ABC}$。真值如表 15-7 所示，与非门电路如图 15-8 所示，与非门逻辑符号如图 15-9 所示。

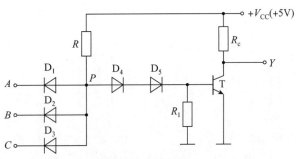

图 15-8　与非门电路

表 15-7　与非门逻辑真值表

输入			输出
A	B	C	Y
0	0	0	1
0	0	1	1
0	1	0	1
0	1	1	1
1	0	0	1
1	0	1	1
1	1	0	1
1	1	1	0

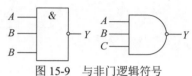

图 15-9　与非门逻辑符号

15.3　CMOS 集成逻辑门电路

集成门电路根据制造工艺进行划分，主要分为 TTL(transistor transistor logic)门电路和 CMOS(complementary metal oxide semiconductor)门电路两种类型。

CMOS 逻辑门电路是在 TTL 器件之后出现的应用比较广泛的数字逻辑器件，在功耗、抗干扰、带负载能力方面优于 TTL，所以超大规模器件几乎都采用 CMOS 门电路，如存储器 ROM、可编程逻辑器件 PLD 等。

CMOS 门电路有 4000、74HC/AHC、74HCT/AHCT、74LVC/ALVC 等多个系列。本节以 4000 系列中的 CMOS 反相器为例进行讲解。讲解 CMOS 反相器的目的不仅仅是了解反相器本身的特性，还要通过 CMOS 反相器的特性来了解 CMOS 这一类电路的特性，原因在于绝大多数 CMOS 电路的输入和输出接的都是反相器。

CMOS 反相器采用互补开关模型设计，内部原理电路如图 15-10(a)所示，图 15-10(b)为其逻辑符号。由于 N 沟道增强型 MOS 管和 P 沟道增强型 MOS 管在电特性上恰好为互补关系，因此由 N 沟道增强型 MOS 和 P 沟道增强型 MOS 管构成的门电路称为 CMOS(C 表示 complementary，意为互补)门电路。

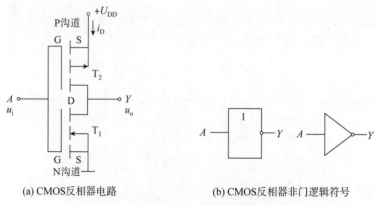

(a) CMOS反相器电路　　　　　　　　(b) CMOS反相器非门逻辑符号

图 15-10　CMOS 反相器电路及逻辑符号

15.3.1　CMOS 反相器的电路结构及工作原理

设它们的开启电压分别为 $V_{\mathrm{GS(th)P}}$、$V_{\mathrm{GS(th)N}}$，且 $V_{\mathrm{GS(th)N}} = \left| V_{\mathrm{GS(TH)P}} \right|$，并设 $V_{\mathrm{DD}} > \left| V_{\mathrm{GS(TH)P}} \right| +$ $V_{\mathrm{GS(th)N}}$。

当输入电压 u_{i} 为低电平($0\mathrm{V}$，$A{=}0$)时，$\mathrm{T_1}$ 管 PMOS 导通而 $\mathrm{T_2}$ 管 NMOS 截止，输出电压 u_{o} 为高电平($Y{=}1$)。

当输入电压 u_{i} 为低电平(V_{DD})($A{=}1$)时，$\mathrm{T_1}$ 管 PMOS 截止而 $\mathrm{T_2}$ 管 NMOS 导通，输出电压 u_{o} 为低电平($Y{=}0$)。

CMOS 反相器的特点：

(1) 无论 u_{i} 是高电平还是低电平，$\mathrm{T_1}$ 和 $\mathrm{T_2}$ 管总是处于一个导通一个截止的工作状态，称为互补；

(2) 由于无论输入为低电平还是高电平，$\mathrm{T_1}$ 和 $\mathrm{T_2}$ 总是有一个截止的，其截止电阻很高，流过 $\mathrm{T_1}$ 和 $\mathrm{T_2}$ 的静态电流很小，故其静态功耗很小。

分析和设计数字系统时，不但要熟悉门电路的功能，同时还必须掌握门电路的特性，包括静态特性和动态特性。静态特性包括电压传输特性和电流传输特性、噪声容限，以及输入特性和输出特性。动态特性主要包括传输延迟时间、交流噪声容限及动态功耗等。

15.3.2　电压传输特性和电流传输特性

电压传输特性用来描述门电路输出电压随输入电压变化的关系，即 $u_{\mathrm{o}} = f(u_{\mathrm{i}})$。CMOS 反相器的电压传输特性曲线如图 15-11(a)所示。

电流传输特性用来描述门电路电源电流随输入电压变化的关系，即 $i_{\mathrm{D}} = f(u_{\mathrm{i}})$。CMOS 反相器的电流传输特性曲线如图 15-11(b)所示。

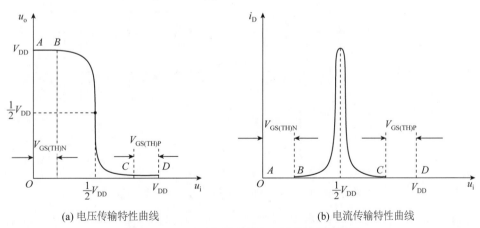

(a) 电压传输特性曲线　　　　　　　　　　(b) 电流传输特性曲线

图 15-11　CMOS 相器电压和电流传输特性曲线

由图 15-11 可以得出以下几点。

(1) AB 段：输入电压 $u_{\mathrm{i}} < V_{\mathrm{GS(TH)N}}$，$\mathrm{T_1}$ 管 PMOS 导通而 $\mathrm{T_2}$ 管 NMOS 截止，输出电压 u_{o} 为高电平($Y{=}1$)，$i_{\mathrm{D}} \approx 0$。

(2) BC 段：输入电压 $V_{GS(TH)N} < u_i < V_{DD} - \left| V_{GS(TH)P} \right|$，$T_1$ 和 T_2 均导通。随着 u_i 的升高，T_1 内阻 R_N 逐渐减小，T_2 内阻 R_P 逐渐增大，u_o 随着 u_i 的升高从高电平逐渐下降为低电平，称为电压传输特性的转折区。i_D 先增大后减小，在 $u_i = \frac{1}{2}V_{DD}$ 时达到最大。

把电压传输特性曲线转折区的中点所对应的输入电压定义为 CMOS 反相器的阈值电压(threshold voltage)，用 V_{TH} 表示。当 T_2 管和 T_1 管的参数对称时，$V_{TH} = \frac{1}{2}V_{DD}$。在近似分析中，阈值电压表示门电路输入端高、低电平的分界线。

(3) CD 段：输入电压 $u_i > V_{DD} - \left| V_{GS(TH)P} \right|$，$T_2$ 导通而 T_1 截止，输出 $u_o \approx 0$ 为低电平，$i_D \approx 0$。

15.3.3　输入端噪声容限

由图 15-11(a)所示 CMOS 反相器的电压传输特性可知，在输入电压 u_i 偏离正常低电平或高电平时，输出电压 u_o 并不马上随之改变，允许输入电压有一定的变化范围。输入端噪声容限是指在保证输出高、低电平基本不变(不超过规定范围)时，允许输入信号高、低电平的波动范围。

15.3.4　CMOS 反相器的静态输入特性

输入特性用来描述门电路输入电流与输入电压之间的关系，即 $i_i = f(u_i)$。

CMOS 反相器的输入端为 MOS 管的栅极，所以以输入阻抗很高。但由于绝缘层极薄，所以 CMOS 电路容易受到静电放电(electrostatic discharge)而损坏。因此在制造 CMOS 集成电路时，输入端都加有保护电路。74HC 系列门电路的两种常用输入保护电路如图 15-12 所示。

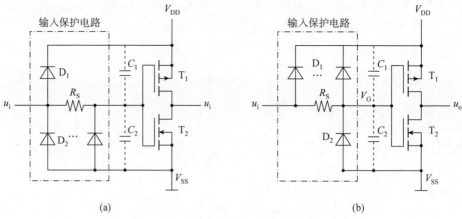

图 15-12　CMOS 反相器的两种常用输入保护电路

其中，D_1 和 D_2 正向导通压降为 $u_D = 0.5 - 0.7V$，反向击穿电压约为 30V，D_2 为分布式二极管，可以通过较大的电流，$R_S = 1.5k \sim 2.5k\Omega$。$C_1$ 和 C_2 为 T_1 和 T_2 的栅极等效电容，在输入信号正常工作范围内，即 $0 \leqslant u_i \leqslant V_{DD}$，输入端保护电路不起作用。当 $u_i > V_{DD} + u_D$ 时，D_1 导通，将栅极电位 V_G 钳位在 $V_{DD} + u_D$，而当 $u_i < -u_D$ 时，D_2 导通，将栅极电位 V_G 钳位在 $-u_D$，这样使得 C_1、C_2 不会超过允许值。

通过分析可得 74HC 系列反相器的输入特性如图 15-13 所示。当输入电压 $u_i = 0 \sim V_{DD}$

时，CMOS 反相器的输入电流仅取决于输入端保护二
极管的漏电流和 MOS 管栅极的漏电流。

15.3.5　CMOS 反相器的静态输出特性

输出特性用来描述门电路输出电压与输出电流
之间的关系，即 $i_o = f(u_o)$。CMOS 反相器的输出特
性分为高电平输出特性和低电平输出特性。

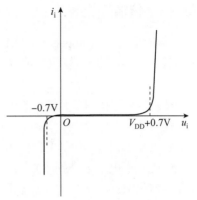

图 15-13　CMOS 反相器的输入特性

1. 高电平输出特性

高电平输出特性是指门电路输出高电平时输出
电压与输出电流之间的关系，即 $V_{OH} = f(i_{OH})$。用高
电平驱动负载时，负载应接在输出与地之间，如图15-14(a)所示。这种接法的负载称为拉电
流负载(source current load)，其输出特性曲线如图 15-14(b)所示。

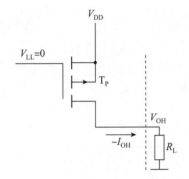

(a) CMOS反相器的高电平电路

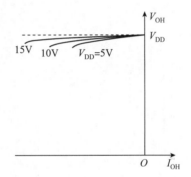

(b) CMOS反相器的高电平输出特性曲线

图 15-14　CMOS 反相器的高电平电路和输出特性曲线

2. 低电平输出特性

低电平输出特性是指门电路输出低电平时输出电压与输出电流之间的关系，即
$V_{OL} = f(i_{OL})$。用低电平驱动负载时，负载应接在输出与电源之间，如图 15-15(a)所示。这
种接法的负载称为灌电流负载(sink current load)，其输出特性曲线如图 15-15(b)所示。

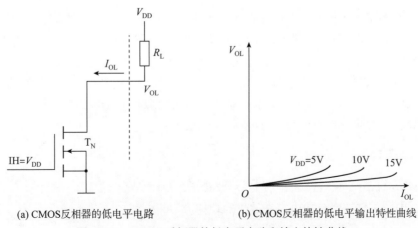

(a) CMOS反相器的低电平电路　　　　　(b) CMOS反相器的低电平输出特性曲线

图 15-15　CMOS 反相器的低电平电路和输出特性曲线

15.3.6　传输延迟时间

传输延迟时间(propagation delay time)是指从门电路的输入信号发生跳变到引起输出变化的延迟时间，用 t_{PD} 表示。造成门电路输出滞后于输入的原因有两个：第一个是二极管、三极管的开与关两个状态之间相互转换，内部 PN 结中的载流子存在聚集和消散的过程，所以转换需要一定的时间；第二个是门电路在驱动容性负载(例如通过长线驱动负载，线路上存在较大的分布电容)时，还伴随着对电容的充电和放电过程，同样会导致输出滞后于输入。

CMOS 反相器电路如图 15-16(a)所示，图 15-16(b)所示是输入输出波形。把反相器的输入电压从低电平上升到 $50\%V_{OH}$ 的时刻到输出电压从高电平下降到 $50\%V_{OH}$ 的时刻之差定义为前沿滞后时间，用 t_{PHL} 表示；把输入电压从高电平下降到 $50\%V_{OH}$ 的时刻到输出电压从低电平上升到 $50\%V_{OH}$ 的时刻之差定义为后沿滞后时间，用 t_{PLH} 表示。反相器的传输延迟时间则定义为前沿滞后时间和后沿滞后时间的平均值，即 $t_{PD} = \dfrac{t_{PHL} + t_{PLH}}{2}$ 。

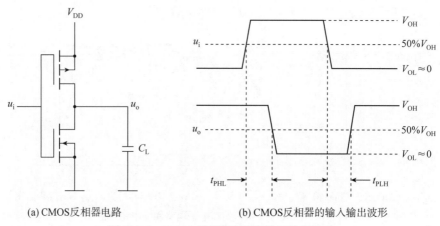

(a) CMOS反相器电路　　　　　　(b) CMOS反相器的输入输出波形

图 15-16　CMOS 反相器电路和输入输出波形

传输延迟时间是反映门电路工作速度的参数。t_{PD} 越小，说明门电路的工作速度越快。74HC 系列 CMOS 门电路的 t_{PD} 约为 9ns，74LS 系列 TTL 门电路的 t_{PD} 约为 9.5ns。

15.3.7　交流噪声容限

数字电路在正常工作时，允许在线路上叠加一定的噪声，只要噪声电压不超过一定的限度，就不会影响数字电路正常工作，这个限度就称为噪声容限。它反映 CMOS 反相器的动态抗干扰能力。由于电路中存在着开关时间和分布电容的充放电过程，因而门电路输出状态的改变直接与输入脉冲信号的幅度和宽度有关，当输入脉冲信号的宽度接近门电路传输延迟时间的情况下，则需要较大的输入脉冲幅度才能使电路的输出发生变化。也就是说，门电路对窄脉冲的噪声容限要高于直流噪声容限。

15.3.8　动态功耗

当 CMOS 反相器从一种稳定工作状态突然转变到另一种稳定状态，将产生附加的功耗，称为动态功耗。它包括对负载电容充放电的功耗 P_C 和 $V_{GS(TH)N} < u_i < V_{DD} - \left| V_{GS(TH)P} \right|$ 且两个管

子同时导通时的功耗 P_T。

其他类型的 CMOS 逻辑门电路还有很多，在这里就不一一介绍了。

15.4 TTL 集成逻辑门电路

TTL 集成门电路的输入输出都由半导体晶体管组成，分成 54 系列和 74 系列两大类，其电路结构、逻辑功能和电气参数完全相同。不同的是，54 系列的工作环境温度、电源工作范围比 74 系列的宽。74 系列的工作环境温度为 $0\sim70℃$，电源电压工作范围为 $5V\pm5\%$；而 54 系列的工作环境温度为 $-55\sim125℃$，电源电压工作范围为 $5V\pm10\%$。本节以 74 系列中的与非门为例进行讲解。介绍 TTL 与非门的目的不仅仅是介绍与非门本身，而是通过它介绍 TTL 这类电路的电气特性。

15.4.1 TTL 与非门电路

1. TTL 与非门的基本结构

TTL 与非门电路如图 15-17 所示，它是由 T_1、R_{b1} 组成输入级、由 T_2、R_{c2} 和 R_{e2} 组成中间级、由 T_3、T_4、R_4、D 和 R_{c4} 组成推拉式输出级构成的。

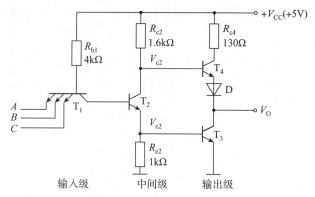

图 15-17 TTL 与非门电路

多发射极三极管就是把多个发射结做在同一个发射区中的三极管中，实际上也就是多个三极管并联在一起，但共用一个基区和一个集电区的复合三极管。多发射极三极管能够提高集成电路的集成度，可以提高集成电路的工作速度。多发射极三极管可以等效为一个多输入与门电路，如图 15-18 所示，三发射极三极管可以等效为三输入二极管与门。

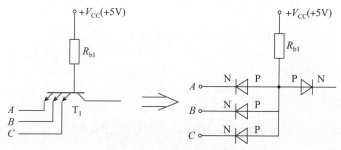

图 15-18 三发射极三极管

2. TTL 与非门的逻辑关系

(1) 输入全为高电平 3.6V 时，T_2、T_3 导通，$V_{B1} = 0.7 \times 3 = 2.1V$，$T_1$ 发射结反偏，集电结正偏，所以 T_1 处于倒置状态，由于 T_3 饱和导通，输出电压 $V_O = V_{CES3} \approx 0.3V$，这时 T_2 也饱和导通，故有 $V_{C2} = V_{E2} + V_{CE2} = 1V$，这样使 T_4 和二极管 D 都截止，实现了与非门的逻辑功能之一：输入全为高电平时，输出为低电平。图 15-19 所示为各管的状态。

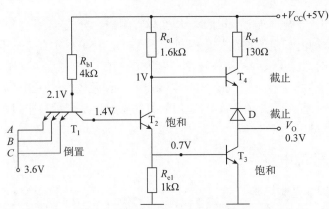

图 15-19　与非门的输入全为高电平时各管的工作状态

(2) 输入为低电平 0.3V 时，设 $V_C = V_{IL} = 0.3V$，其余输入为高电平，如图 15-20 所示。T_1 发射结导通，$V_{B1} = 1V$，所以 T_2、T_3 都截止。由于 T_2 截止，流过 R_{c2} 的电流较小，可以忽略，所以 $V_{B4} = V_{CC} = 5V$，

这样使 T_4 和 D 导通，则有 $V_O = V_{CC} - V_{BE4} - V_D = 5 - 0.7 - 0.7 = 3.6V$。实现了与非门的逻辑功能的另一方面：输入为低电平时，输出为高电平。图 15-20 所示为各管子的状态。

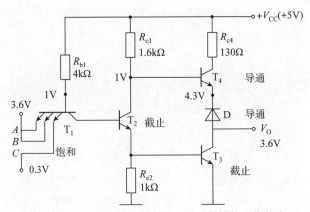

图 15-20　与非门的输入为低电平时各管的工作状态

综合上述两种情况，该电路满足与非的逻辑功能，即 $Y = \overline{ABC}$。

15.4.2　TTL 非门电路

1. 电路结构

TTL 非门电路如图 15-21 所示，由 T_1、R_1 和 D_1 组成输入级，由 T_2、R_2 和 R_3 组成倒相级，由 T_4、T_5、R_4、D_2 组成推拉式输出级。

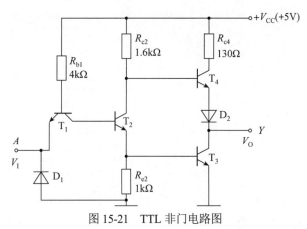

图 15-21　TTL 非门电路图

2. 工作原理

(1) 当 $V_I = V_{IL} = 0.3V$ 时，T_1 导通，T_2 截止，T_4 导通，T_3 截止，D_2 导通，所以 $V_o = V_{CC} - I_{C2}R_{C2} - 0.7 - 0.7 \approx V_{CC} - 0.7 - 0.7 = 3.4V = V_{OH}$，输出高电平。

(2) 当 $V_I = V_{IH} = 3.6V$ 时，T_1 截止，T_2 导通，T_4 截止，T_5 导通，D_2 截止，所以 $V_o = U_{CES3} \approx 0.3V = V_{OL}$，输出低电平。

则输出和输入的逻辑关系为 $Y = \overline{A}$。

3. 电路特点

(1) T_1 处于倒置状态，其电流放大系数远远小于 1。

(2) 由 T_4 和 T_3 构成 TTL 反相器推拉式输出，在输出为高电平时，T_4 导通，T_3 截止；在输出为低电平时，T_4 截止，T_3 导通。由于 T_4 和 T_3 总有一个导通，一个截止，这样就降低输出级的功耗，提高带负载能力。

(3) 当输出为高电平时，其输出阻抗低，具有很强的带负载能力，可提供 5mA 的输出电流。当输出为低电平时。其输出阻抗小于 100Ω，可灌入电流 14mA，也有较强的驱动能力。

(4) 二极管 D_1 是输入级的钳位二极管，作用是抑制负脉冲干扰和保护 T_1 发射极，防止输入为负电压时，电流过大，它可允许最大电流为 20mA。

15.4.3　TTL 或非门和与或非门电路

TTL 或非门电路如图 15-22 所示，TTL 与或非门电路如图 15-23 所示，它们的工作原理这里就不分析了，有兴趣的读者可自行分析。

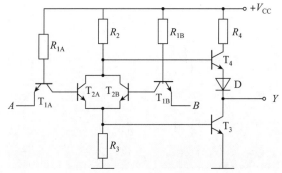

图 15-22　TTL 或非门电路图

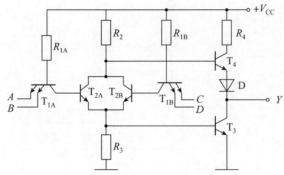

图 15-23　TTL 与或非门电路图

15.4.4　TTL 集成逻辑门电路的使用要点

(1) 电源电压用+ 5 V，74 系列应满足 5 V ± 5%。

(2) 输出端的连接：①普通 TTL 门输出端不允许直接并联使用。②三态输出门的输出端可并联使用，但同一时刻只能有一个门工作，其他门输出处于高阻状态。③集电极开路门输出端可并联使用，但公共输出端和电源 V_{CC} 之间应接负载电阻 R_L。④输出端不允许直接接电源 V_{CC} 或直接接地。输出电流应小于产品手册上规定的最大值。

(3) 多余输入端的处理：①与门和与非门的多余输入端接逻辑 1 或者与有用输入端并接。TTL 电路输入端悬空时相当于输入高电平，做实验时与门和与非门等的多余输入端可悬空，但使用中多余输入端一般不悬空，以防止干扰。②或门和或非门的多余输入端接逻辑 0 或者与有用输入端并接。

习题 15

1. 试画出 74HC 与 74LS 系列逻辑门电路的输出逻辑电平与输入逻辑电平示意图。

2. 某逻辑门的输入低电平信号范围为 3～12 V，输入高电平信号范围为 3～12 V。若该逻辑门的输入电压值为 5 V、8 V、+5 V、+8 V，对于正逻辑约定，这些电压值各代表什么逻辑值？若是采用负逻辑约定，这些电压值各代表什么逻辑值？

3. CMOS 非门电路采用什么类型的 MOS 管？

4. 试确定图 15-24 所示的 MOS 管中，哪些是导通的？哪些是截止的？

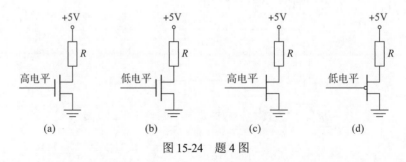

图 15-24　题 4 图

5. 试分析图 15-25 所示 MOS 电路的逻辑功能，写出 Y 端的逻辑函数式，并画出逻辑图。

6. 某门电路的输出电流值为负数，请确定该电流是拉电流还是灌电流。

7. 请叙述 CMOS 数字电路输入端不能悬空的原因。

8. 门电路有哪两个重要时间参数？各有何意义？

9. 某 CMOS 开漏输出门驱动发光二极管，若电源电压为 5V，发光二极管电流为 5mA，发光管压降为 1.8V，试计算上拉电阻值。

10. 试判断图 15-26 中的三极管是导通或是截止的。

11. 当 74LS 系列门电路采用拉电流方式驱动流过 5mA 电流的发光二极管时，出现什么情况？若是采用 74HC 系列电路驱动，有什么不同吗？

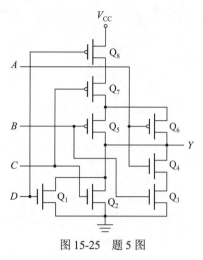

图 15-25　题 5 图

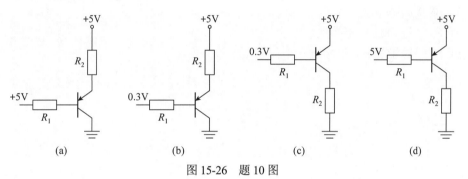

(a)　　　　　(b)　　　　　(c)　　　　　(d)

图 15-26　题 10 图

12. 连接 5V 电压的上拉电阻要保持 15 个 74LS00 输入为高电平，上拉电阻的最大阻值是多少？若按照计算的最大阻值，高电平噪声容限为多少？

13. 试确定图 15-27 所示 74LS 门电路的输出状态(设电源 V_{CC} 为 5 V)。

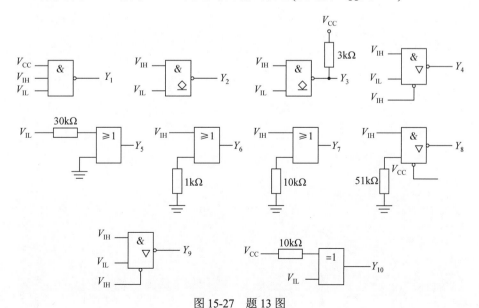

图 15-27　题 13 图

14. 试确定图 15-28 所示 74HC 门电路的输出状态(设电源 V_{CC} 为 5 V)。

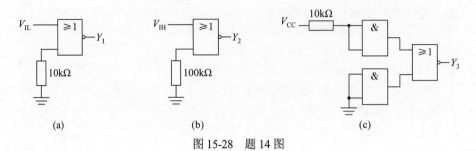

图 15-28　题 14 图

15. 图 15-29 所示的 74LS 电路中，若 V_{I1} 为下列情况时，V_{I2} 为多少? 假设电压表内阻为 50kΩ。

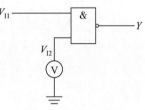

图 15-29　题 15 图

(1) V_{I1} 悬空。

(2) V_{I1} 接低电平(0.3V)。

(3) V_{I1} 接高电平(3.6V)。

(4) V_{I1} 经过 68Ω 电阻接地。

(5) V_{I1} 经过 10kΩ 电阻接地。

第16章　组合逻辑电路

本章主要介绍组合逻辑电路的特点、分析与设计，并在此基础上介绍常用的集成组合逻辑电路，最后介绍组合逻辑电路中存在的竞争与冒险现象、产生的原因及消除的方法。通过对本章的学习，读者应能在给定电路的情况下，分析其逻辑功能，也可在给定逻辑要求的情况下，用逻辑电路实现某逻辑功能。对于集成组合逻辑电路，如编码器、译码器、数据选择器等，应了解其电路的逻辑功能、输入与输出的逻辑关系，并能利用它们实现逻辑功能。

16.1　概述

数字电路根据逻辑功能的不同分为组合逻辑电路和时序逻辑电路。组合逻辑电路是指任何时刻的输出仅取决于该时刻输入信号的组合，而与电路原有的状态无关的电路；时序逻辑电路是指任何时刻的输出不仅取决于该时刻输入信号的组合，而且与电路原有的状态有关的电路。

16.1.1　组合逻辑电路的特点

(1) 从功能上讲。电路在任意时刻的输出仅仅取决于该时刻电路的输入，与电路原来的状态无关。

如图 16-1 所示的组合逻辑电路，可以写出其输出的逻辑函数为 $Y_1 = \overline{A}B + A\overline{B} = A \oplus B$，$Y_2 = AB$。可以看出，当输入端的值一定时，输出的取值也随之确定，与电路的过去状态无关，无存储单元，属于组合逻辑电路。

(2) 从电路结构上讲。基本组成单元是门电路，不含存储电路，输出和输入之间无反馈。图 16-1 所示的组合逻辑电路由门电路构成，不含记忆单元，只存在从输入到输出的通路，没有反馈回路。

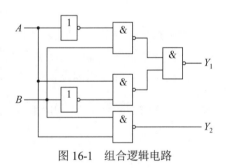

图 16-1　组合逻辑电路

16.1.2　组合电路逻辑功能的描述方法

逻辑功能的描述可以用逻辑函数、逻辑图及真值表来实现。由于逻辑图不够直观，一般需要将其转换成逻辑函数或真值表的形式。

对于任何一个多输入、多输出的组合逻辑电路来讲，都可以用图 16-2 所示框图来表示。其中：$a_1, a_2, \cdots, a_n$ 表示输入变量，$y_1, y_2, \cdots, y_m$ 表示输入变量，其输出与输入的逻辑关系可

表述为 $Y = F(A)$ 。

$$\begin{cases} y_1 = f_1(a_1, a_2, \cdots, a_n) \\ y_2 = f_2(a_1, a_2, \cdots, a_n) \\ \qquad \vdots \\ y_m = f_m(a_1, a_2, \cdots, a_n) \end{cases}$$

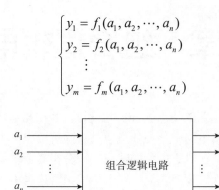

图 16-2　组合逻辑电路的框图

在电路结构上，信号的流向是单向的，没有从输出端到输入端的反馈。电路的基本组成单元是逻辑门电路，不含记忆元件，但由于门电路有延时，故组合逻辑电路也有延迟时间。

16.1.3　组合逻辑电路的分类

(1) 小规模组合电路，如各种逻辑门电路。

(2) 大规模组合电路，如编码器、译码器、全加器等。

(3) 大和超大规模组合电路，如微处理器、可编程逻辑器件等。

16.2　组合逻辑电路的分析与设计方法

组合逻辑电路分析，就是对于给定的组合电路，确定电路的逻辑功能，即根据给定逻辑电路，找出输出与输入的逻辑关系，从而确定电路的逻辑功能。组合逻辑电路的设计就是根据给出的实际逻辑问题，求出实现这一逻辑功能的最简单逻辑电路。

16.2.1　组合逻辑电路的分析方法

组合电路分析的过程一般包含 4 个步骤：

(1) 由逻辑电路图写出输出的逻辑函数式。

(2) 对逻辑函数式进行化简或变换。

(3) 列出真值表。

(4) 由真值表分析电路的逻辑功能，即电路的作用是什么。

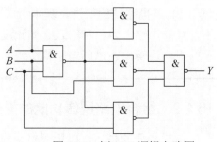

图 16-3　例 16-1 逻辑电路图

【例 16-1】分析图 16-3 所示逻辑电路的逻辑功能。

解：(1)由逻辑电路图写出输出的逻辑函数式，由图 16-3 得：

$$Y = \overline{\overline{A\overline{ABC}} \cdot \overline{B\overline{ABC}} \cdot \overline{C\overline{ABC}}}$$

(2) 对逻辑函数式进行化简或变换:

$$Y = \overline{\overline{A\,\overline{ABC}} \cdot \overline{B\,\overline{ABC}} \cdot \overline{C\,\overline{ABC}}} = A\overline{ABC} + B\overline{ABC} + C\overline{ABC} = (A+B+C)(\overline{A}+\overline{B}+\overline{C})$$

(3) 列出真值表, 如表 16-1 所示。

表 16-1　例 16-1 逻辑真值表

输入			输出
A	B	C	Y
0	0	0	0
0	0	1	1
0	1	0	1
0	1	1	1
1	0	0	1
1	0	1	1
1	1	0	1
1	1	1	0

(4) 由真值表可知, 仅当 A、B、C 全为 0 或全为 1 时, 输出 Y 才为 1, 否则为 0, 故该电路为判一致电路, 可用于判断三输入端的状态是否一致。

【例 16-2】 分析图 16-4 所示逻辑电路的逻辑功能。

解: (1) 由逻辑电路图写出输出的逻辑函数式, 由图 16-4 得:

$$Y_1 = \overline{\overline{AB} \cdot \overline{A\overline{B}}}$$

$$Y_2 = \overline{\overline{AB}}$$

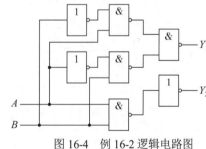

图 16-4　例 16-2 逻辑电路图

(2) 对逻辑函数式进行化简或变换:

$$Y_1 = \overline{\overline{\overline{A}B} \cdot \overline{A\overline{B}}} = \overline{A}B + A\overline{B}$$

$$Y_2 = \overline{\overline{AB}} = AB$$

(3) 列出真值表, 如表 16-2 所示。

表 16-2　例 16-2 逻辑真值表

输入		输出	
A	B	Y_1	Y_2
0	0	0	0
0	1	1	0
1	0	1	0
1	1	0	1

(4) 由真值表可知, 仅当 A、B 全为 1 时, 输出 Y_2 才为 1, 否则为 0; A、B 不相等时, 输出 Y_1 才为 1, 否则为 0。可以将 A、B 看成两个一位二进制数, Y_1 看成 A、B 相加的和, Y_2 看成 A、B 相加进位, 其逻辑功能为半加器(后面要学习)。

对于同一个逻辑电路, 不同的人可能会有不同的认识, 从而抽象出不同的逻辑功能。一般来说, 需要从整体的角度考查电路的逻辑功能, 不能只见树木, 不见森林。

16.2.2 　组合逻辑电路的设计方法

组合逻辑电路的设计就是根据给出的实际逻辑问题，求出实现这一逻辑功能的最简单逻辑电路。所谓最简单逻辑电路，是指实现的电路所用的器件数最少、器件的种类最少、器件之间的连线也最少。也就是通过分析给定的逻辑要求，设计出能实现该功能的最简组合逻辑电路，其设计步骤如下。

(1) 首先分析给定问题，弄清楚输入变量和输出变量是哪些，并规定它们的符号与逻辑取值(即规定它们何时取值 0，何时取值 1)。然后分析输出变量和输入变量的逻辑关系，列出真值表。具体来讲就是：①分析事件的逻辑因果关系，确定输入变量和输出变量。②定义逻辑状态的含义，即逻辑状态的赋值。③根据给定的逻辑因果关系列出逻辑真值表。

(2) 根据真值表用代数法或卡诺图法求最简与或式，然后根据题中对门电路类型的要求，将最简与或式变换为与门类型对应的最简式。

(3) 根据化简或变换后的逻辑函数式，画出逻辑电路的连接图。

(4) 工艺设计。

工艺设计是指做出实物来，本书只讲理论，所以工艺设计这一步骤省略。

【例 16-3】在举重比赛中，有两名副裁判、一名主裁判。当两名以上裁判(必须包括主裁判在内)认为运动员上举杠铃合格，按动电钮，裁决合格信号灯亮，试用与非门设计该电路。

解：设主裁判为变量 A，副裁判分别为 B 和 C；按电钮为 1，不按为 0。表示成功与否的灯为 Y，合格为 1，否则为 0。

(1) 根据逻辑要求列出真值表，如表 16-3 所示。

(2) 由真值表写出表达式并化简：

$$Y = \overline{A}BC + A\overline{B}\overline{C} + ABC = (\overline{A}BC + ABC) + (A\overline{B}\overline{C} + ABC) = AC + AB$$

表 16-3 　例 16-3 逻辑真值表

输入			输出
A	B	C	Y
0	0	0	0
0	0	1	0
0	1	0	0
0	1	1	0
1	0	0	0
1	0	1	1
1	1	0	1
1	1	1	1

(3) 画出逻辑电路图：略。

【例 16-4】设计一个楼上、楼下都有开关的控制逻辑电路来控制楼梯上的路灯：上楼前，用楼下开关打开电灯，上楼后，用楼上开关关灭电灯；下楼前，用楼上开关打开电灯，下楼后，用楼下开关关灭电灯。

解：设楼上开关为 A，楼下都有开关为 B，灯泡为 Y。并设 A、B 闭合时为 1，断开时为 0；灯亮时 Y 为 1，灯灭时 Y 为 0。

(1) 根据逻辑要求列出真值表，如表 16-4 所示。

表 16-4　例 16-4 逻辑真值表

输入		输出
A	B	Y
0	0	0
0	1	1
1	0	1
1	1	0

(2) 由真值表写逻辑表达式：

$$Y = A\overline{B} + \overline{A}B = A \oplus B$$

(3) 如果要求用与非门实现设计，就要对逻辑式进行变换：

$$Y = A\overline{B} + \overline{A}B = \overline{\overline{A\overline{B} + \overline{A}B}} = \overline{\overline{A\overline{B}} \cdot \overline{\overline{A}B}}$$

(4) 画逻辑电路。图 16-5(a)所示为用异或门实现的电路，图 16-5(b)所示为用与非门实现的电路。

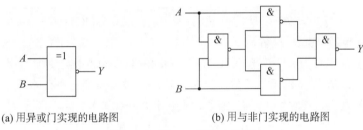

(a) 用异或门实现的电路图　　　　　(b) 用与非门实现的电路图

图 16-5　例 16-4 逻辑电路图

【例 16-5】某工厂有 A、B、C 三个车间和一个自备电站，站内有两台发电机 G_1 和 G_2。G_1 的容量是 G_2 的两倍。如果一个车间开工，只需要 G_2 运行即可满足要求；如果两个车间开工，只需要 G_1 运行即可满足要求，如果三个车间同时开工，则 G_1 和 G_2 均需要运行才能满足要求。试画出控制 G_1 和 G_2 运行的逻辑图，要求用与非门实现。

解：(1) 根据逻辑要求列状态表。首先假设逻辑变量、逻辑函数取 0、1 的含义。设 A、B、C 分别表示三个车间的开工状态，开工为 1，不开工为 0；G_1 和 G_2 运行为 1，不运行为 0。

逻辑要求：如果一个车间开工，只需要 G_2 运行即可满足要求；如果两个车间开工，只需要 G1 运行即可满足要求；如果三个车间同时开工，则 G_1 和 G_2 均需要运行才能满足要求。设车间开工状态为 1，车间不开工状态为 0；发电机运行状态为 1，发电机不运行状态为 0。

列真值表，如表 16-5 所示。

表 16-5　例 16-5 逻辑真值表

输入			输出	
A	B	C	G_1	G_2
0	0	0	0	0

（续表）

输入			输出	
0	0	1	0	1
0	1	0	0	1
0	1	1	1	0
1	0	0	0	1
1	0	1	1	0
1	1	0	1	0
1	1	1	1	1

(2) 由状态表写出逻辑式:

$$G_1 = \overline{A}BC + A\overline{B}C + AB\overline{C} + ABC = BC + AC + AB$$

$$G_2 = \overline{A}\,\overline{B}C + \overline{A}B\overline{C} + A\overline{B}\,\overline{C} + ABC$$

(3) 用与非门构成逻辑电路:

$$G_1 = \overline{\overline{BC + AC + AB}} = \overline{\overline{BC} \cdot \overline{AC} \cdot \overline{AB}}$$

$$G_2 = \overline{\overline{\overline{A}\,\overline{B}C + \overline{A}B\overline{C} + A\overline{B}\,\overline{C} + ABC}} = \overline{\overline{\overline{A}\,\overline{B}C} \cdot \overline{\overline{A}B\overline{C}} \cdot \overline{A\overline{B}\,\overline{C}} \cdot \overline{ABC}}$$

(4) 画出逻辑图, 如图 16-6 所示。

【例 16-6】 某水箱由大小两台水泵 M_L 和 M_S 供水, 如图 16-7 所示。水箱中设置了 3 个水位检测点 A、B、C。水面低于检测点时, 检测元件给出高电平; 水面高于检测点时, 检测元件给出低电平。现要求当水位超过 C 点时水泵停止工作, 水位低于 C 点而高于 B 点时小水泵 M_S 单独工作, 水位低于 B 点而高于 A 时大水泵 M_L 单独工作, 水位低于 A 点时两水泵同时工作。设计一个水泵控制电路, 能够按上述要求工作, 要求电路尽量简单。

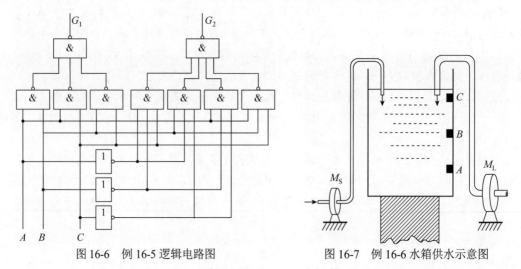

图 16-6　例 16-5 逻辑电路图　　　　　图 16-7　例 16-6 水箱供水示意图

解: (1) 根据逻辑要求列状态表。由于水位检测点 A、B、C 的状态控制着大、小水泵 M_L 和 M_S 的工作状态, 因此用 1 表示水泵工作, 0 表示水泵不工作; 设水位高于检测点时该点状态为 0, 否则为 1, 分析该控制电路的要求, 得到 M_L 和 M_S 的真值表, 如表 16-6 所示。

表 16-6　例 16-6 逻辑真值表

输入			输出	
A	B	C	M_L	M_S
0	0	0	0	0
0	0	1	0	1
0	1	0	×	×
0	1	1	1	0
1	0	0	×	×
1	0	1	×	×
1	1	0	×	×
1	1	1	1	1

(2) 由状态表写出卡诺图再化简逻辑式，卡诺图如图 16-8 所示。

逻辑式化简为

$$M_L = B$$

$$M_S = A + \overline{B}C$$

(3) 画出逻辑图，如图 16-9 所示。

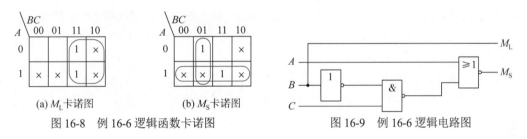

(a) M_L 卡诺图　　　(b) M_S 卡诺图

图 16-8　例 16-6 逻辑函数卡诺图　　　图 16-9　例 16-6 逻辑电路图

16.3　若干典型的组合逻辑集成电路

在数字电路中，常用的组合逻辑电路有编码器、译码器、数据分配器、数据选择器、数值比较器和加法器等。本节主要介绍这几种典型组合逻辑电路的基本结构、工作原理和使用方法。

16.3.1　编码器

编码是为了区分一系列不同的事物，将特定含义的输入信号(文字、数字、符号)转换成二进制代码的过程。能够实现编码功能的数字电路称为编码器。

由于在二值逻辑电路中，信号是以高低电平给出的，故编码器就是把输入的每一个高低电平信号变成一个对应的二进制代码。数字电路中常用的编码器为二进制编码器，用于将 2^n 个高、低电平信号编成 n 位二进制代码，因此命名为 2^n 线-n 线编码器，如图 16-10 所示，其中 $I_0 \sim I_{2^n-1}$ 为 2^n 个高、低电平信号的输入端，$Y_0 \sim Y_{n-1}$ 为 n 位二进制编码器输出端。

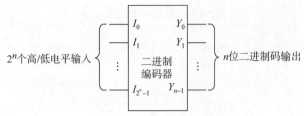

图 16-10　二进制编码器示意图

一般而言，N 个不同的信号至少需要 n 位二进制数编码，N 和 n 之间满足关系 $2^n \geq N$。编码器分为普通编码器和优先编码器。根据计数进制可分为二进制编码器和二-十进制编码器。

1. 普通编码器

普通编码器要求每一时刻只有一个输入信息有效，当输入信息中出现不该出现的组合(多于一个)时，输出混乱。

常见的有二进制编码器和二-十进制编码器。

(1) 二进制编码器。常见的编码器有 8 线-3 线(8 个输入端，3 个输出端)、16 线-4 线(16 个输入端，4 个输出端)等。

【例 16-7】设计一个 8 线-3 线的编码器。设 8 线-3 线编码器输入用 $I_0 \sim I_8$ 表示，$I_0 \sim I_7$ 为高电平时表示输入有效，这种情况称为输入高电平有效，简称高有效。输出的三位二进制码分别用 A_2、A_1、A_0 表示。

解： ①确定输入输出变量的个数：由题意知输入为 $I_0 \sim I_8$ 8 个，输出为 A_1、A_2、A_3。

② 根据要求列真值表，如表 16-7 所示(输入为高电平有效)，特点是任何时刻只允许输入一个编码信号。

表 16-7　例 16-7 编码器真值表

输入								输出		
I_0	I_1	I_2	I_3	I_4	I_5	I_6	I_7	A_2	A_1	A_0
1	0	0	0	0	0	0	0	0	0	0
0	1	0	0	0	0	0	0	0	0	1
0	0	1	0	0	0	0	0	0	1	0
0	0	0	1	0	0	0	0	0	1	1
0	0	0	0	1	0	0	0	1	0	0
0	0	0	0	0	1	0	0	1	0	1
0	0	0	0	0	0	1	0	1	1	0
0	0	0	0	0	0	0	1	1	1	1

③ 由真值表写出各输出的逻辑表达式。在输入变量相互排斥的情况下，利用约束项可以将逻辑函数化简为

$$A_2 = \overline{\overline{I_4} \cdot \overline{I_5} \cdot \overline{I_6} \cdot \overline{I_7}}$$

$$A_1 = \overline{\overline{I_2} \cdot \overline{I_3} \cdot \overline{I_6} \cdot \overline{I_7}}$$

$$A_0 = \overline{\overline{I_1} \cdot \overline{I_3} \cdot \overline{I_5} \cdot \overline{I_7}}$$

④ 用门电路实现逻辑电路，如图 16-11 所示。

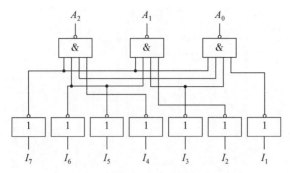

图 16-11　8 线-3 线普通二进制编码器逻辑电路图

(2) 二-十进制编码器。二-十进制编码器是指用四位二进制$(Y_3\ Y_2\ Y_1\ Y_0)$代码表示一位十进制数(0、1、2、3、4、5、6、7、8、9)的编码电路。这里用最常用的 8421 BCD 码来表示与设计电路。该编码器其实是 10 线-4 线编码器。

【例 16-8】 设计一个 8421 BCD 码编码器，即用四位二进制$(Y_3\ Y_2\ Y_1\ Y_0)$代码表示一位十进制数(0、1、2、3、4、5、6、7、8、9)的编码电路。

解：①输入信号 $I_0 \sim I_9$ 代表 0~9 共 10 个十进制信号，输出信号为 $Y_0 \sim Y_3$ 相应二进制代码。

② 根据要求列真值表，如表 16-8 所示。

表 16-8　例 16-8 编码器真值表

输入										输出			
I_0	I_1	I_2	I_3	I_4	I_5	I_6	I_7	I_8	I_9	Y_3	Y_2	Y_1	Y_0
1	0	0	0	0	0	0	0	0	0	0	0	0	0
0	1	0	0	0	0	0	0	0	0	0	0	0	1
0	0	1	0	0	0	0	0	0	0	0	0	1	0
0	0	0	1	0	0	0	0	0	0	0	0	1	1
0	0	0	0	1	0	0	0	1	0	0	1	0	0
0	0	0	0	0	1	0	0	1	0	0	1	0	1
0	0	0	0	0	0	1	0	0	0	0	1	1	0
0	0	0	0	0	0	0	1	0	0	0	1	1	1
0	0	0	0	0	0	0	0	1	0	1	0	0	0
0	0	0	0	0	0	0	0	0	1	1	0	0	1

③ 逻辑表达式。在输入变量相互排斥的情况下，利用约束项可以将逻辑函数化简为

$$Y_0 = \overline{\overline{I_1} \cdot \overline{I_3} \cdot \overline{I_5} \cdot \overline{I_7} \cdot \overline{I_9}}$$

$$Y_1 = \overline{\overline{I_2} \cdot \overline{I_3} \cdot \overline{I_7} \cdot \overline{I_7}}$$

$$Y_2 = \overline{\overline{I_4} \cdot \overline{I_5} \cdot \overline{I_6} \cdot \overline{I_7}}$$

$$Y_3 = \overline{\overline{I_8} \cdot \overline{I_9}}$$

④ 画逻辑图, 如图 16-12 所示。

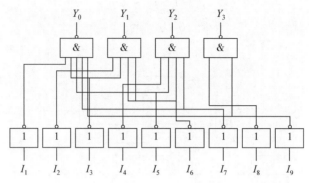

图 16-12　10 线-4 线二-十进制编码器逻辑电路图

2. 优先编码器

普通编码器是在输入信号相互排斥的前提下设计的, 若实际情况不满足这一约束条件, 则会发生错误。因此需要对普通编码器进行改进, 引入优先编码。

优先编码器可以同时输入几个信号, 但在设计时已经将各输入信号的优先顺序排好。当几个信号同时输入时, 优先权最高的信号优先编码。

【例 16-9】电话室有三种电话, 按优先级由高到低排序依次是火警电话、急救电话、工作电话, 要求电话编码依次为 00、01、10。试设计电话编码控制电路。

解: ①根据题意知, 同一时间电话室只能处理一部电话, 假如 A、B、C 分别代表火警、急救、工作三种电话, 设电话铃响用 1 表示, 铃没响用 0 表示。当优先级别高的信号有效时, 低级别的则不起作用, 这时用×表示; 用 Y_1、Y_2 表示输出编码。

② 列真值表, 如表 16-9 所示。

表 16-9　例 16-9 逻辑真值表

输入			输出	
A	B	C	Y_1	Y_2
1	×	×	0	0
0	1	×	0	1
0	0	1	1	0

③ 写逻辑表达式:

$$Y_1 = \overline{A}\,\overline{B}C$$

$$Y_2 = \overline{A}B$$

④ 画优先编码器逻辑图, 如图 16-13 所示。

在优先编码器中, 优先级别高的信号排斥级别低的信号, 即具有单方面排斥的特性。常见的集成 3 位二进制优先编码器 74HC148 的内部逻辑如图 16-14 所示, 它

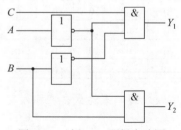

图 16-13　例 16-9 逻辑电路图

的逻辑符号如图 16-15 所示。图 16-15 中, $\overline{I_0} \sim \overline{I_7}$ 为输入信号端, $\overline{S}$ 是使能输入端, $\overline{Y_0} \sim \overline{Y_2}$ 是三个输出端, $\overline{Y_S}$ 和 $\overline{Y_{EX}}$ 是用于扩展功能的输出端。表 16-10 所示为 74HC148 逻辑真值表。

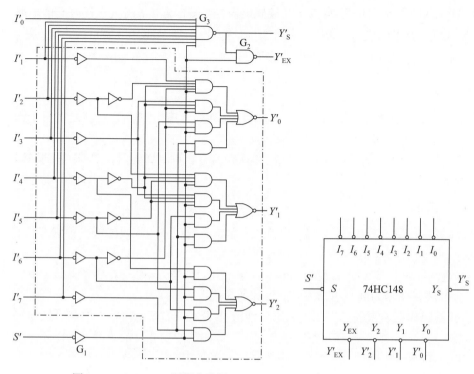

图 16-14　74HC148 逻辑电路图　　　　图 16-15　74HC148 逻辑符号

表 16-10　74HC148 逻辑真值表

输入									输出				
$\overline{S}$	$\overline{I_0}$	$\overline{I_1}$	$\overline{I_2}$	$\overline{I_3}$	$\overline{I_4}$	$\overline{I_5}$	$\overline{I_6}$	$\overline{I_7}$	$\overline{Y_2}$	$\overline{Y_1}$	$\overline{Y_0}$	$\overline{Y_S}$	$\overline{Y_{EX}}$
1	×	×	×	×	×	×	×	×	1	1	1	1	1
0	1	1	1	1	1	1	1	1	1	1	1	0	1
0	×	×	×	×	×	×	×	0	0	0	0	0	1
0	×	×	×	×	×	×	0	1	0	0	1	0	1
0	×	×	×	×	×	0	1	1	0	1	0	0	1
0	×	×	×	×	0	1	1	1	0	1	1	0	1
0	×	×	×	0	1	1	1	1	1	0	0	0	1
0	×	×	0	1	1	1	1	1	1	0	1	0	1
0	×	0	1	1	1	1	1	1	1	1	0	0	1
0	0	1	1	1	1	1	1	1	1	1	1	0	1

　　表 16-10 中，输入 $\overline{I_0} \sim \overline{I_7}$ 低电平有效，$\overline{I_7}$ 为最高优先级，$\overline{I_0}$ 为最低优先级，即只要 $\overline{I_7}=0$，不管其他输入端是 0 还是 1，输出只对 I_7 编码，且对应的输出为反码有效，$\overline{Y_2}\cdot\overline{Y_1}\cdot\overline{Y_0}=000$。$\overline{S}$ 为使能输入端，只有 $\overline{S}=0$ 时编码器工作，$\overline{S}=1$ 时编码器不工作。$\overline{Y_S}$ 为使能输出端。当 $\overline{S}=0$ 允许工作时，如果 $\overline{I_0}\sim\overline{I_7}$ 端有信号输入，$\overline{Y_S}=1$；若 $\overline{I_0}\sim\overline{I_7}$ 端无信号输入时，$\overline{Y_S}=0$。$\overline{Y_{EX}}$ 扩展输出端，当 $\overline{S}=0$ 时，只要有编码信号，$\overline{Y_{EX}}$ 就是低电平。

　　74HC148 编码器的应用是非常广泛的。例如，常用计算机键盘的内部就是一个字符编码器。它将键盘上的大小写英文字母，数字，符号，以及一些功能键(回车、空格)等编成一系列的 7 位二进制数码，送到计算机的中央处理单元 CPU，然后再进行处理、存储、输出到显示器或打印机上。还可以用 74HC148 编码器监控炉罐的温度，若其中任何一个炉温超过标准温度或低于标准温度，则检测传感器输出一个 0 电平到 74HC148 编码器的输入端，编码器编码后输出三位二进制代码到微处理器进行控制。

16.3.2　译码器

译码就是编码的逆过程，即将输入代码"翻译"成特定的输出信号，也就是将每个输入的二进制代码译成对应的输出高、低电平信号。

译码器是实现译码功能的数字电路。常用的译码器有二进制译码器、二–十进制译码器和显示译码器。

1. 二进制译码器

二进制译码器的输入端为 n 个，输出端为 2^n 个，且对应输入代码的每一种状态，2^n 个输出中只有一个为 1(或为 0)，其余全为 0(或为 1)。

常见的二进制译码器有 2 线–4 线译码器、3 线–8 线译码器、4 线–16 线译码器。下面以常见的 3 线–8 线译码器为例介绍译码器的设计及应用。

设 3 线–8 线译码器输入的三位二进制码分别用 A_2、A_1、A_0 表示，输出的高、低电平信号分别用 $Y_0 \sim Y_7$ 表示，且输出高电平有效，则根据译码器的功能要求即可写出译码器的真值表，如表 16-11 所示。

表 16-11　3 线–8 线译码器逻辑真值表

输入			输出							
A_2	A_1	A_0	Y_0	Y_1	Y_2	Y_3	Y_4	Y_5	Y_6	Y_7
0	0	0	1	0	0	0	0	0	0	0
0	0	1	0	1	0	0	0	0	0	0
0	1	0	0	0	1	0	0	0	0	0
0	1	1	0	0	0	1	0	0	0	0
1	0	0	0	0	0	0	1	0	0	0
1	0	1	0	0	0	0	0	1	0	0
1	1	0	0	0	0	0	0	0	1	0
1	1	1	0	0	0	0	0	0	0	1

各输出函数的表达式为

$$Y_0 = \overline{A_2}\,\overline{A_1}\,\overline{A_0}$$
$$Y_1 = \overline{A_2}\,\overline{A_1}A_0$$
$$Y_2 = \overline{A_2}A_1\overline{A_0}$$
$$Y_3 = \overline{A_2}A_1A_0$$
$$Y_4 = A_2\overline{A_1}\,\overline{A_0}$$
$$Y_5 = A_2\overline{A_1}A_0$$
$$Y_6 = A_2A_1\overline{A_0}$$
$$Y_7 = A_2A_1A_0$$

　　由以上逻辑式可以看出，它们是三变量的所有最小项，所以也叫最小项译码器。根据逻辑式画出逻辑电路图，译码器有以下三种实现方法。

　　(1) 二极管与门阵列构成的 3 位二进制译码器。由二极管与门阵列构成的 3 线-8 线译码器如图 16-16 所示。设 $V_{cc}=5V$，输入信号的高低电平分别为 3V 和 0V，二极管导通压降为 0.7V，例如，当 $A_2A_1A_0=010$ 时，只有 $Y_2=1$，其余为 0。其他情况以此类推。

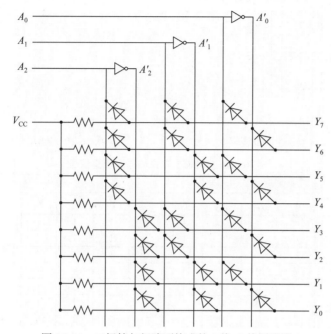

图 16-16　二极管与门阵列构成的 3 线-8 线译码器

　　二极管构成的译码器的优点是电路比较简单；缺点是电路的输入电阻低，输出电阻高，另外存在输出电平偏移的问题，通常用在中大规模的集成电路中。

　　(2) 门电路构成的 3 线-8 线译码器如图 16-17 所示。

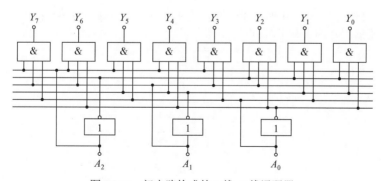

图 16-17　门电路构成的 3 线-8 线译码器

　　(3) 中规模集成译码器 74HC138。74HC138 是由 CMOS 门构成的 3 线-8 线译码器，其逻辑图如图 16-18 所示，逻辑符号如图 16-19 所示。

　　A_2、A_1、A_0 为二进制译码输入端，$\overline{Y_7} \sim \overline{Y_0}$ 为译码输出端(低电平有效)，S_1、$\overline{S_2}$、$\overline{S_3}$ 为使能输入端。当 $S_1=1$ 且 $\overline{S_2}=\overline{S_3}=0$ 时，译码器处于工作状态；否则，译码器处于禁止状态。74HC138 译码器逻辑真值如表 16-12 所示。

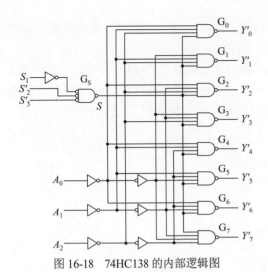

图 16-18 74HC138 的内部逻辑图

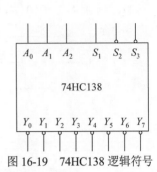

图 16-19 74HC138 逻辑符号

表 16-12 74HC138 译码器逻辑真值表

使能			输入			输出							
S_1	$\overline{S_2}$	$\overline{S_3}$	A_2	A_1	A_0	$\overline{Y_7}$	$\overline{Y_6}$	$\overline{Y_5}$	$\overline{Y_4}$	$\overline{Y_3}$	$\overline{Y_2}$	$\overline{Y_1}$	$\overline{Y_0}$
0	×	×	×	×	×	1	1	1	1	1	1	1	1
×	1	×	×	×	×	1	1	1	1	1	1	1	1
×	×	1	×	×	×	1	1	1	1	1	1	1	1
1	0	0	0	0	0	1	1	1	1	1	1	1	0
1	0	0	0	0	0	1	1	1	1	1	1	0	1
1	0	0	0	0	0	1	1	1	1	1	0	1	1
1	0	0	0	0	0	1	1	1	1	0	1	1	1
1	0	0	0	0	0	1	1	1	0	1	1	1	1
1	0	0	0	0	0	1	1	0	1	1	1	1	1
1	0	0	0	0	0	1	0	1	1	1	1	1	1
1	0	0	0	0	0	0	1	1	1	1	1	1	1

由表 16-12 分析可知:

① 当 $S_1 = 1$ 且 $\overline{S_2} = \overline{S_3} = 0$ 时，译码器处于工作状态；否则，译码器处于禁止状态。

② 当译码器工作时，输出端的逻辑式为

$$\overline{Y_0} = \overline{\overline{A_2}\,\overline{A_1}\,\overline{A_0}} = \overline{m_0}$$

$$\overline{Y_1} = \overline{\overline{A_2}\,\overline{A_1}\,A_0} = \overline{m_1}$$

$$\overline{Y_2} = \overline{\overline{A_2}\,A_1\,\overline{A_0}} = \overline{m_2}$$

$$\overline{Y_3} = \overline{\overline{A_2}\,A_1\,A_0} = \overline{m_3}$$

$$\overline{Y_4} = \overline{A_2\,\overline{A_1}\,\overline{A_0}} = \overline{m_4}$$

$$\overline{Y_5} = \overline{A_2\,\overline{A_1}\,A_0} = \overline{m_5}$$

$$\overline{Y_6} = \overline{A_2\,A_1\,\overline{A_0}} = \overline{m_6}$$

$$\overline{Y_7} = \overline{A_2\,A_1\,A_0} = \overline{m_7}$$

③ 输出端的逻辑式是以输入的三个变量最小项取反的形式表示，故这种译码器也叫最小项译码器。

2. 二−十进制译码器

二−十进制译码器就是将 10 个 BCD 码译成 10 个高低电平的输出信号，BCD 码以外的伪码(1010～1111)，输出均无低电平信号产生。74HC42 即为二−十进制的译码器，其内部逻辑如图 16-20 所示，逻辑符号如图 16-21 所示。

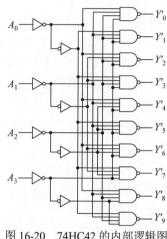

图 16-20　74HC42 的内部逻辑图

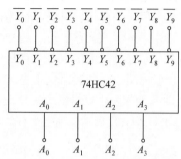

图 16-21　74HC42 的逻辑符号

3. 显示译码器

显示译码器通常由译码器、驱动器和显示器等部分组成。

常用的显示器有多种类型，按显示方式分，有字形重叠式、点阵式、分段式等；按发光物质分，有半导体显示器(又称发光二极管(LED)显示器)、荧光显示器、液晶显示器、气体放电管显示器等。

七段数字显示器是常用的显示译码器，即用七段字符显示 0～9 个十进制数码，常用的七段数字显示器有半导体数码管和液晶显示器两种。

(1) 半导体数码管(LED 七段显示器)。半导体数码管内部由 8 个发光二极管 a、b、c、d、e、f、g、DP 构成，如图 16-22(a)所示。根据内部发光二极管连接方式的不同，数码管可分为共阳极(如图 16-22(b)所示)和共阴极(如图 16-22(c)所示)两种类型，其中 COM 为公共端。

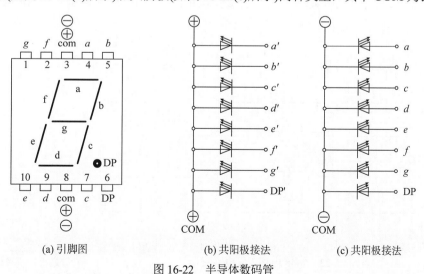

(a) 引脚图　　　　　(b) 共阳极接法　　　　　(c) 共阳极接法

图 16-22　半导体数码管

半导体数码管的每段都是一个发光二极管，材料不同，LED 发出光线的波长不同，其发光的颜色也不一样。半导体数码管的优点是工作电压低、体积小、寿命长、可靠性高、响应时间短、亮度高等，缺点为工作电流大(10mA)。

(2) 液晶显示器(LCD显示器)。液晶显示器与数码管一样，也是采用七段的形式实现数码或字符显示的。与数码管不同的是，反射式液晶是通过控制可见光的反射达到显示的目的。液晶是一种既有液体的流动性又具有光学特性的有机化合物，它的透明度和呈现的颜色受外加电场的影响，利用这一特性做成七段数字显示器。七段液晶电极也排列成 8 字形，当没有外加电场时，由于液晶分子整齐地排列，呈透明状态，射入的光线大部分被折回，显示器呈白色；当有外加电场，且选择不同的电极组合并加以电压，由于液晶分子的整齐排列被破坏，呈浑浊状态，射入的光线大部分被吸收，故呈暗灰色，显示出各种字符。

液晶显示器的最大优点是功耗极低，工作电压也低，但亮度很差，另外它的响应速度较低，一般应用在小型仪器仪表中。

设显示译码器输入的四位 BCD 码分别用 D、C、B、A 表示，各段的输出分别用 Y_a、Y_b、Y_c、Y_d、Y_e、Y_f 和 Y_g 表示，高电平有效，则可列出显示译码器的真值表，如表 16-13 所示。

表 16-13　显示译码器逻辑真值表

输入				输出							显示数字
D	C	B	A	Y_a	Y_b	Y_c	Y_d	Y_e	Y_f	Y_g	
0	0	0	0	1	1	1	1	1	1	0	0
0	0	0	1	0	1	1	0	0	0	0	1
0	0	1	0	1	1	0	1	1	0	1	2
0	0	1	1	1	1	1	1	0	0	1	3
0	1	0	0	1	0	1	0	0	1	1	4
0	1	0	1	1	0	1	1	0	1	1	5
0	1	1	0	0	0	1	1	1	1	1	6
0	1	1	1	1	1	1	0	0	0	0	7
1	0	0	0	1	1	1	1	1	1	1	8
1	0	0	1	1	1	1	0	0	1	1	9

7448 就是按照表 16-13 所示逻辑真值表设计，并添加一些附加控制端和输出端，集成的显示译码器可以驱动共阴极数码管，其内部逻辑如图 16-23 所示，逻辑符号如图 16-24 所示。

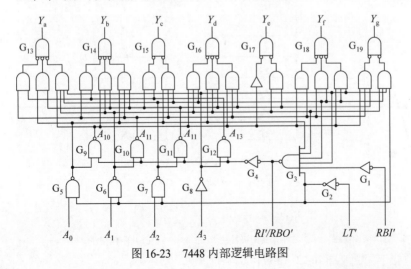

图 16-23　7448 内部逻辑电路图　　　　　　　　图 16-24　7448 逻辑符号

$\overline{LT}$ 为试灯输入：当 $\overline{LT}=0$ 时，若七段均完好，显示字形是"8"，该输入端常用于检查 74LS48 显示器的好坏；当 $\overline{LT}=1$ 时，译码器方可进行译码显示。

$\overline{RBI}$ 用来动态灭零，当 $\overline{LT}=1$ 时，且 $\overline{RBI}=0$，输入 $A_3A_2A_1A_0$=0000 时，则使数字符的各段熄灭。

$\overline{BI}/\overline{RBO}$ 为灭灯输入/灭灯输出：当作为输入端时，若 $\overline{BI}/\overline{RBO}=0$，无论输入 $A_3A_2A_1A_0$ 为何种状态，无论输入状态是什么，数码管熄灭，称灭灯输入控制端。当作为输出端时，只有当 $A_3A_2A_1A_0$=0000，且灭零输入信号 $\overline{RBO}=0$ 时，$\overline{BI}/\overline{RBO}=0$，输入称灭零输出端。因此 $\overline{BI}/\overline{RBO}=0$ 表示译码器将本来应该显示的零熄灭了。

4. 译码器的应用

由于译码器的每个输出端分别与一个最小项相对应，因此辅以适当的门电路，便可实现任何组合逻辑函数和译码器的扩展。

(1) 实现逻辑函数。

【例 16-10】试用译码器和门电路实现逻辑函数 $Y=AB+AC+BC$。

解： 将逻辑函数转换成最小项表达式，再转换成与非-与非形式。

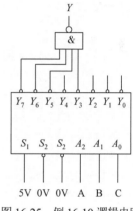

图 16-25　例 16-10 逻辑电路

$$Y=\overline{\overline{ABC+AB\overline{C}+A\overline{B}C+\overline{A}BC}}=m_7+m_6+m_5+m_3$$
$$=\overline{\overline{m_7+m_6+m_5+m_3}}=\overline{\overline{m_7 \cdot m_6 \cdot m_5 \cdot m_3}}=\overline{\overline{Y_3} \cdot \overline{Y_5} \cdot \overline{Y_6} \cdot \overline{Y_7}}$$

该函数有三个变量，所以选用 3 线-8 线译码器 74HC138。用一片 74LS138 加一个与非门就可实现逻辑函数 Y，逻辑电路如图 16-25 所示。

(2) 译码器的扩展。

【例 16-11】将两片 74LS138 扩展为 4 线-16 线译码器。

解： 实现电路如图 16-26 所示。当 A=0 时，低位片 74LS138(1)工作，对输入 A_3、A_2、A_1、A_0 进行译码，还原出 $Y_0 \sim Y_7$，则高位禁止工作；当 A=1 时，高位片 74LS138(2)工作，还原出 $Y_8 \sim Y_{15}$，而低位片禁止工作。

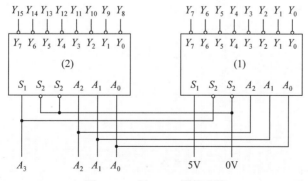

图 16-26　例 16-11 逻辑电路

16.3.3　数据分配器

数据分配器的功能是把输入的数据根据地址码的不同分配到不同的单元中去。数据分配器的功能如图 16-27 所示。

在数字电路中，按照数据分配器的原理就可以看出带有控制端的译码器本身就是数据分配器。译码器用作数据分配器时，将待分配的数据 D 连接到译码器的控制端，根据二进制码的不同即可将数据 D 分配到不同的输出口。

【例 16-12】 用 74HC138 译码器设计一个 1 线–8 线数据分配器。

解： 用数据 D 控制 74HC138 低电平有效的控制端 $\overline{S_2}$ 或 $\overline{S_3}$，如图 16-28 所示，通过改变地址码 ABC 的值即可将数据 D 分配到相应的输出口。

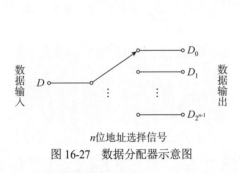

图 16-27　数据分配器示意图

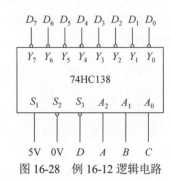

图 16-28　例 16-12 逻辑电路

16.3.4　数据选择器

数据选择器的功能是在数字信号的传输过程中，从一组数据中根据地址选择码选出某一个来送到输出端，也叫多路开关。

数据选择器通常是从 2^n 路数据中根据 n 位地址码的不同选择一路输出，故命名为 2^n 选一数据选择器。

现以 8 选 1 数据选择器 74HC151 为例说明数据选择器的工作原理，其内部逻辑图如图 16-29 所示，管脚排列如图 16-30 所示。

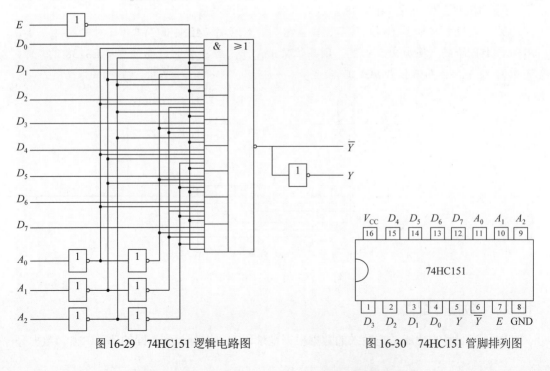

图 16-29　74HC151 逻辑电路图

图 16-30　74HC151 管脚排列图

74HC151 译码器逻辑真值如表 16-14 所示。

表 16-14　74HC151 译码器逻辑真值表

输入				输出	
使能	地址			Y	$\overline{Y}$
E	A_2	A_1	A_0		
1	×	×	×	0	1
0	0	0	0	D_0	$\overline{D_0}$
0	0	0	1	D_1	$\overline{D_1}$
0	0	1	0	D_2	$\overline{D_2}$
0	0	1	1	D_3	$\overline{D_3}$
0	1	0	0	D_4	$\overline{D_4}$
0	1	0	1	D_5	$\overline{D_5}$
0	1	1	0	D_6	$\overline{D_6}$
0	1	1	1	D_7	$\overline{D_7}$

$E=1$ 时，数据选择器禁止工作；$E=0$ 时，数据选择器允许工作，可以从输入的 8 个数据中选择一个送到输出，可以输出反码。

除了 74HC151 型 8 选 1 数据选择器，还有 4 选 1 数据选择器等。74HC153 就是双 4 选 1 数据选择器，这里就不一一介绍了。

数据选择器的应用如下。

(1) 数据选择器的通道扩展。

【例 16-13】用两片 74HC151 组成 16 选 1 数据选择器。

解：1 片 74HC151 只有 8 个输入，因此需要 2 片 74HC151 以达到 16 个输入。74HC151 的地址选择只有 3 位，要选择 16 个输入数据就需要 4 位地址，可以选择使能端作为地址高位。完成后的电路如图 16-31 所示。

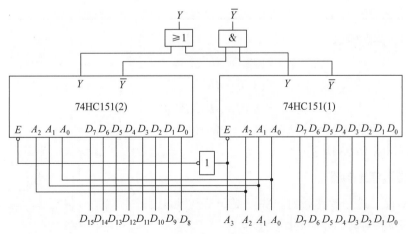

图 16-31　例 16-13 逻辑电路图

(2) 实现组合逻辑函数。

【例 16-14】试用 8 选 1 数据选择器 74HC151 实现逻辑函数 $Y = AB + AC + BC$。

解：将逻辑函数转换成最小项表达式

$$Y = AB + AC + BC = ABC + AB\overline{C} + A\overline{B}C + \overline{A}BC = m_3 + m_5 + m_6 + m_7$$

m_i 对应的 D_i 保持高电平，其余 D_i 保持低电平，逻辑变量从地址输入端输入，E 接地，画出逻辑电路，如图 16-32 所示。

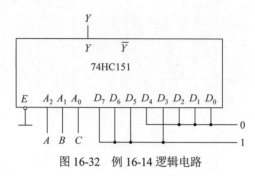

图 16-32　例 16-14 逻辑电路

16.3.5　数值比较器

实现比较两个数值大小功能的逻辑电路即为数值比较器。

1. 一位数值比较器

两个二进制数 A、B 的比较结果有三种可能性：$A>B$、$A=B$ 或者 $A<B$，分别用 $Y_{(A>B)}$、$Y_{(A=B)}$ 和 $Y_{(A<B)}$ 表示。当 A、B 为一位二进数时，其取值组合只有 00、01、10 和 11 四种可能性，所以一位数值比较器逻辑真值如表 16-15 所示。

表 16-15　一位数值比较器逻辑真值表

输入		输出		
A	B	$Y_{(A=B)}$	$Y_{(A>B)}$	$Y_{(A<B)}$
0	0	1	0	0
0	1	0	0	1
1	0	0	1	0
1	1	1	0	0

由真值表得逻辑式：

$$Y(A>A)=A\overline{B}$$
$$Y(A<B)=\overline{A}B$$
$$Y(A=B)=\overline{A}\overline{B}+AB=\overline{A \oplus B}$$

根据上述逻辑函数表达式即可设计出一位数值比较器，如图 16-33 所示。

2. 多位数值比较器

两个多位二进制数比较时，先从高位开始比较，只有高位相等时，才需要比较低位。

多位数值比较器可由一位数值比较器构成。比

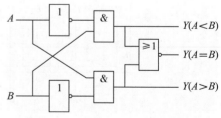

图 16-33　一位数值比较器逻辑电路图

较两个多位数的大小时，必须自高位向低位逐位比较，只有高位相等时，才需要比较低位。

【例 16-15】比较两个四位二进制数 $A_3 A_2 A_1 A_0$ 和 $B_3 B_2 B_1 B_0$，输出为 $Y_{(A>B)}$、$Y_{(A=B)}$ 和 $Y_{(A<B)}$。

解： 根据比较原理可以写出真值表，如表 16-16 所示。

表 16-16　四位数值比较器逻辑真值表

输入								输出		
A_3	B_3	A_2	B_2	A_1	B_1	A_0	B_0	$Y_{(A=B)}$	$Y_{(A>B)}$	$Y_{(A<B)}$
$A_3>B_3$		×		×		×		0	1	0
$A_3<B_3$		×		×		×		0	0	1
$A_3=B_3$		$A_2>B_2$		×		×		0	1	0
$A_3=B_3$		$A_2<B_2$		×		×		0	0	1
$A_3=B_3$		$A_2=B_2$		$A_1>B_1$		×		0	1	0
$A_3=B_3$		$A_2=B_2$		$A_1=B_1$		×		0	0	1
$A_3=B_3$		$A_2=B_2$		$A_1=B_1$		$A_0>B_0$		0	1	0
$A_3=B_3$		$A_2=B_2$		$A_1=B_1$		$A_0<B_0$		0	0	1
$A_3=B_3$		$A_2=B_2$		$A_1=B_1$		$A_0=B_0$		1	0	0

因此，四位数值比较器 $Y_{(A>B)}$ 的逻辑表达式为

$$Y_{(A<B)} = \overline{A_3}B_3 + \overline{(A_3 \oplus B_3)}A_2B_2 + \overline{(A_3 \oplus B_3)(A_2 \oplus B_2)}A_1B_1$$
$$+ \overline{(A_3 \oplus B_3)(A_2 \oplus B_2)(A_1 \oplus B_1)}A_0B_0$$
$$Y_{(A=B)} = \overline{(A_3 \oplus B_3)(A_2 \oplus B_2)(A_1 \oplus B_1)(A_0 \oplus B_0)}$$
$$Y_{(A>B)} = \overline{Y_{(A<B)} + Y_{(A=B)}}$$

四位数值比较器 CC14585 就是利用上述原理设计的集成四位数值比较器。

16.3.6　加法器

加法器是实现两个二进制数的加法运算的电路，分为一位加法器和多位加法器。

1. 一位加法器

一位加法器是加法器基本单元，分为半加器和全加器。

(1) 半加器，只能进行本位加数、被加数的加法运算，而不考虑低位进位的加法运算电路。

设两个一位二进制数 A 和 B 相加，其加法结果用 S 表示，可能产生的进位信号用 CO(carry output)表示。由于这种加法器不考虑来自低位的进位信号，因此称为半加器，其真值如表 16-17 所示。

表 16-17　半加真值表

输入		输出	
A	B	S	CO
0	0	0	0
0	1	1	0
1	0	1	0
1	1	1	1

由真值表直接写出表达式：

$$S = A\bar{B} + \bar{A}B = A \oplus B$$
$$CO = AB$$

由此表达式画出的半加器逻辑电路如图 16-34 所示，逻辑符号如图 16-35 所示。

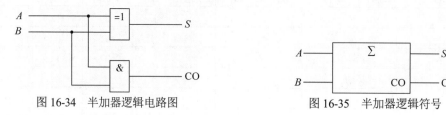

图 16-34　半加器逻辑电路图　　　　　　　　　图 16-35　半加器逻辑符号

也可以用与非门实现，逻辑式化简如下：

$$S = A\bar{B} + \bar{A}B = A\bar{B} + \bar{A}B + A\bar{A} + B\bar{B} = A(\bar{A} + \bar{B}) + B(\bar{A} + \bar{B})$$
$$= A\overline{AB} + B\overline{AB} = \overline{\overline{A\overline{AB}} \cdot \overline{B\overline{AB}}}$$
$$CO = AB = \overline{\overline{AB}}$$

由此表达式画出用与非门组成的半加器逻辑电路，如图 16-36 所示。

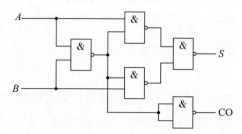

图 16-36　用与非门实现的半加器逻辑电路图

(2) 全加器，能同时进行本位数和相邻低位的进位信号的加法运算电路。

由于半加器没有考虑来自低位的进位信号，所以无法扩展为多位加法器。两个一位二进制数 A 和 B 相加时，如果同时考虑来自低位的进位信号 CI(carry input)，即实现 A、B 和 CI 三个一位数相加，这样的加法器称为全加器。

设 A_i 和 B_i 分别是被加数和加数，C_{i-1} 为相邻低位的进位，S_i 为本位的和，C_i 为本位的进位。根据二进制运算规则，可列出全加器的真值表，如表 16-18 所示。

表 16-18　全加真值表

输入			输出	
A_i	B_i	C_{i-1}	S_i	C_i
0	0	0	0	0
0	0	1	1	0
0	1	0	1	0
0	1	1	0	1
1	0	0	1	0
1	0	1	0	1
1	1	0	0	1
1	1	1	1	1

由真值表直接写出逻辑表达式，再经代数法化简和转换得：

$$S_i = \overline{A}_i \overline{B}_i C_{i-1} + \overline{A}_i B_i \overline{C}_{i-1} + A_i \overline{B}_i \overline{C}_{i-1} + A_i B_i C_{i-1} = A_i \oplus B_i \oplus C_{i-1}$$

$$C_i = \overline{A}_i B_i C_{i-1} + A_i \overline{B}_i C_{i-1} + A_i B_i \overline{C}_{i-1} + A_i B_i C_{i-1} = A_i B_i + (A_i \oplus B_i) C_{i-1}$$

根据逻辑表达式画出全加器的逻辑电路图，如图 16-37 所示，逻辑符号如图 16-38 所示。

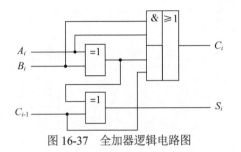

图 16-37　全加器逻辑电路图

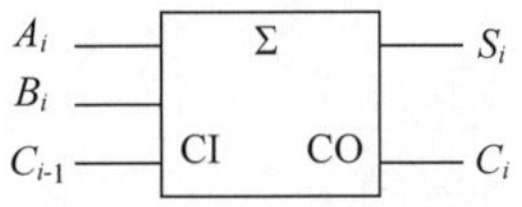

图 16-38　全加器逻辑符号

2. 多位数加法器

(1) 串行进位加法器。两个多位二进制数相加，必须利用全加器，1 位二进制数相加用 1 个全加器，n 位二进制数相加用 n 个全加器，只要将低位的进位输出接到高位的进位输入即可。图 16-39 所示为四位串行进位加法器。

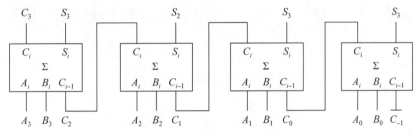

图 16-39　四位串行进位加法器

由图 16-39 可以看出，多位加法器是将低位全加器的进位输出 CO 接到高位的进位输入 CI，因此，任一位的加法运算必须在低一位的运算完成之后才能进行，这种方式称为串行进位。这种加法器的逻辑电路比较简单，但它的运算速度不高。为此，可采用超前进位的加法器，使每位的进位只由加数和被加数决定，而与低位的进位无关。

(2) 超前进位加法器。为了提高运算速度，就需要减小进位信号逐级传递所消耗的时间。如果能够预先将每级加法所需要的进位信号算出来，那么各位就可以同时相加，从而有效提高了运算速度。采用这种结构形式的加法器称为超前进位加法器。

由全加器真值表根据一位全加器的进位表达式，可推出超前进位加法器各级进位信号的计算公式：

$$C_1 = A_0 B_0 + (A_0 + B_0) C_0 = A_0 B_0$$

$$C_2 = A_1 B_1 + (A_1 + B_1) C_1 = A_1 B_1 + (A_1 + B_1) A_0 B_0$$

$$C_3 = A_2 B_2 + (A_2 + B_2) C_2$$

$$\quad = A_2 B_2 + (A_2 + B_2)[A_1 B_1 + (A_1 + B_1) A_0 B_0]$$

$$C_4 = A_3 B_3 + (A_3 + B_3) C_3$$

$$\quad = A_3 B_3 + (A_3 + B_3)\{A_2 B_2 + (A_2 + B_2)[(A_1 B_1 + (A_1 + B_1) A_0 B_0]\}$$

$$\vdots$$

以此类推，实现各级进位的计算逻辑式。故各位的进位信号都只与两个加数有关，并可并行产生。

74LS283就是采用这种超前进位的原理构成的四位超前进位加法器，其内部电路如图 16-40 所示，逻辑符号如图 16-41 所示。

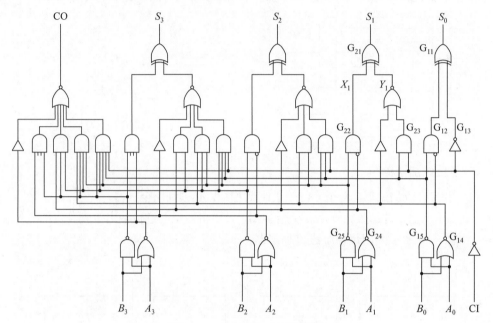

图 16-40　74LS238 内部电路图

图 16-41　74IS238 逻辑符号

3. 用加法器设计组合逻辑电路

如果能将要产生的逻辑函数化成输入变量与输入变量相加，或者输入变量与常量相加，则用加法器实现这种逻辑功能的电路比较简单。

【例 16-16】将 BCD 的 8421 码转换为余 3 码。

解：根据要求设计出真值表，如表 16-19 所示。

表 16-19　BCD 的 8421 码转换为余 3 码真值表

输入				输出			
D	C	B	A	Y_3	Y_2	Y_1	Y_0
0	0	0	0	0	0	1	1
0	0	0	1	0	1	0	0
0	0	1	0	0	1	0	1
0	0	1	1	0	1	1	0

续表

输入				输出			
D	C	B	A	Y_3	Y_2	Y_1	Y_0
0	1	0	0	0	1	1	1
0	1	0	1	1	0	0	0
0	1	1	0	1	0	0	1
0	1	1	1	1	0	1	0
1	0	0	0	1	0	1	1
1	0	0	1	1	1	0	0

可得逻辑式 $Y_3Y_2Y_1Y_0 = DCBA + 0011$，故实现的电路如图 16-42 所示。

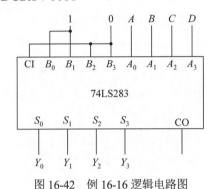

图 16-42　例 16-16 逻辑电路图

16.4　组合逻辑电路的竞争与冒险

在输入信号变化的瞬间，实际电路的性能与真值表反映的理想化特性是不是一样呢？例如，对于二输入与门，在输入 AB=01 和 10 时，其输出均为 0。但是，当 AB 从 01 跳变到 10 时，电路的输出是否保持低电平不变呢？

16.4.1　竞争与冒险

竞争是指在组合电路中，信号经由不同的途径达到某一会合点的时间有先有后，也就是门电路的两个输入信号同时向相反的逻辑电平跳变(一个从 1 变为 0，另一个从 0 变为 1)的现象。

当信号通过门电路时，将产生时间延迟。因此，同一个门的一组输入信号，由于它们在此前通过不同数目的门，到达门输入端的时间会有先有后，也就是竞争。

冒险是指由于竞争而引起电路输出发生瞬间错误现象，表现为输出端出现了原设计中没有的窄脉冲，常称其为毛刺。

16.4.2　竞争与冒险的判断

(1) 代数法。在输入变量每次只有一个改变状态的简单情况下，如果函数表达式中同时存在 A 和 $\overline{A}$，那么称 A 为具有竞争能力的变量。对于具有竞争能力的变量，若将其余变量任意取值，函数表达式能够转化成 $Y = A \cdot \overline{A}$ 或者 $Y = A + \overline{A}$ 形式之一的，会发生竞争与冒险。

图 16-43 所示的电路中，求出 $Y = AB + \overline{A}C$。当 $B = C = 1$ 时，存在竞争与冒险。

代数法虽然简单，但局限性较大，如果输入变量的数目增多，便较难从逻辑函数式上简单地找出所有产生竞争与冒险的情况了。

(2) 卡诺图法。如果函数卡诺图上为简化所做的圈相切，且相切处又无其他圈包含，则可能存在竞争与冒险。

例如图 16-44 所示的卡诺图两圈相切，故存在竞争与冒险。

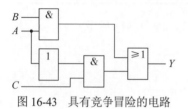

图 16-43　具有竞争冒险的电路

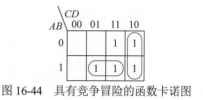

图 16-44　具有竞争冒险的函数卡诺图

16.4.3　冒险现象的消除

(1) 增加冗余项。图 16-45 所示的卡诺图中，只要在两圈相切处增加一个圈(冗余)，就能消除冒险。增加冗余项可以解决每次只有单个输入信号发生变化时电路的冒险问题，却不能解决多个输入信号同时发生变化时的冒险现象，适用范围有限。

图 16-45　消除竞争冒险的函数卡诺图

(2) 增加选通信号。在可能产生冒险的门电路的输入端增加一个选通脉冲，当输入信号变换完成，进入稳态后，才启动选通脉冲，将门打开。这样，输出就不会出现冒险脉冲。增加选通信号的方法比较简单，一般无须增加电路元件，但选通信号必须与输入信号维持严格的时间关系，因此选通信号的产生并不容易。

(3) 输出接滤波电容。由于竞争与冒险产生的干扰脉冲的宽度一般都很窄，在可能产生冒险的门电路输出端并接一个滤波电容(一般为 4～20pF)，使输出波形上升沿和下降沿都变得比较缓慢，从而起到消除冒险现象的作用。输出端接滤波电容方便易行，但会使输出电压波形变坏，仅适合对信号波形要求不高的场合。

习题 16

1. 具有基本逻辑关系的电路称为(　　)，其中最基本的有(　　)、(　　)和非门。

2. 具有"相异出1，相同出0"功能的逻辑门是(　　)门，它的反是(　　)门。

3. 功能为"有0出1，全1出0"的门电路是(　　)门；具有(　　)功能的门电路是或门；实际中集成的(　　)门应用的最为普遍。

4. 能将某种特定信息转换成机器识别的(　　)制数码的(　　)逻辑电路，称为(　　)器；能将机器识别的(　　)制数码转换成人们熟悉的(　　)制或某种特定信息的逻辑电路，称为(　　)器；74LS85是常用的(　　)逻辑电路(　　)器。

5. 在多路数据选送过程中，能够根据需要将其中任意一路挑选出来的电路，称为(　　)器，也叫作(　　)开关。

6. 具有"有 1 出 0，全 0 出 1"功能的逻辑门是(　　)。

7. 八输入端的编码器按二进制数编码时，输出端的位数是(　　)。

8. 四输入端的译码器，其输出端最多为(　　)。

9. 一个两输入端的门电路，当输入为 1 和 0 时，输出不是 1 的门是(　　)。

10. 二进制译码器的输出量是(　　)。

11. 写出图16-46所示逻辑电路的逻辑函数表达式。

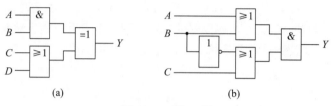

(a)　　　　　　　　　　　(b)

图 16-46　题 11 图

12. 画出实现逻辑函数 $F = AB + A\overline{B}C + \overline{A}C$ 的逻辑电路。

13. 设计一个三变量的判偶逻辑电路。

14. 设 $ABCD$ 是一个 8421BCD 码，试用最少与非门设计一个能判断该 8421BCD 码是否大于等于 5 的电路，该数大于等于 5，$F=1$；否则，为 0。

15. 试设计一个 2 位二进制数乘法器电路。

16. 试设计一个将 8421BCD 码转换成余 3 码的电路。

17. 电话室对 3 种电话编码控制，按紧急次序排列优先权为火警电话、急救电话、普通电话，分别编码为 11、10、01。试设计该编码电路。

18. 试用 74HC151 设计一个多输出组合网络，它的输入是 4 位二进制码 $ABCD$，输出如下：

F_1：$ABCD$ 是 4 的倍数。

F_2：$ABCD$ 比 2 大。

F_3：$ABCD$ 在 8~11 范围内。

F_4：$ABCD$ 不等于 0。

19. 用 3 线-8 线译码器 74LS138 和与非门实现如下多输出函数：

$$F_1 (A,\ B,\ C) = AB + BC + AC$$
$$F_2(A,\ B,\ C) = \sum m(2, 4, 5, 7)$$

20. 试用 3 线–8 线译码器 74LS138 和门电路实现一位二进制全减器(输入为被减数、减数与来自低位的借位；输出为差和向高位的借位)。要求用按键输入减数、被减数和进位，发光二极管显示减法结果。

21. 设 $A=A_3A_2A_1A_0$，$B=B_3B_2B_1B_0$ 均为 8421BCD 码。试用 74283 设计一个 A、B 的求和电路。

第17章 触发器

触发器是构成时序逻辑电路的最基本部件，本章介绍各种触发器的结构、工作原理、动作特点，以及触发器从功能上的分类及相互间的转换。首先从组成各类触发器的基本部分 RS 锁存器入手，介绍触发器的结构、逻辑功能、动作特点，并在此基础上介绍 JK 触发器、D 触发器、T 触发器等，给出触发器的描述方程。本章重点是各触发器的功能表、逻辑符号、触发电平、状态方程的描述等，这些都需要掌握与熟记。

17.1 RS 触发器

触发器和门电路是构成数字电路的基本单元。基本 RS 触发器(又叫 RS 锁存器)是各种触发器构成的基本部件，也是最简单的一种触发器。它的输入信号直接作用在触发器，无须触发信号。同步 RS 触发器是受一个同步信号控制的触发器。

17.1.1 触发器概述

触发器是能够存储 1 位二值信号的基本单元电路。触发器有记忆功能，由它构成的电路在某时刻的输出不仅取决于该时刻的输入，还与电路原来的状态有关。

1. 触发器的基本特性

(1) 触发器有两个稳定状态(简称稳态)，正好用来表示逻辑 0 和 1。0 和 1 可用来表示逻辑状态或二进制数的 0 和 1。

(2) 在输入信号作用下，触发器的两个稳定状态可相互转换(称为状态的翻转)。输入信号消失后，新状态可长期保持下来，因此具有记忆功能，可存储二进制信息。

2. 触发器的分类

(1) 按触发方式可分为电平触发器、脉冲触发器和边沿触发器。

(2) 按逻辑功能方式可分为 RS 触发器、JK 触发器、D 触发器、T 触发器。

(3) 按结构可分为基本 RS 触发器、同步 SR 触发器、主从触发器、维持阻塞触发器、边沿触发器等。

(4) 根据存储数据的原理可分为静态触发器和动态触发器，静态触发器是靠电路的自锁来存储数据的，动态触发器是靠电容存储电荷来存储数据的。

触发器可以通过特性表、特性方程、状态转换图和波形图(又称时序图)等方法来描述逻辑功能。

17.1.2　由与非门组成的基本 RS 触发器

1. 基本 RS 触发器的结构与工作原理

基本 RS 触发器电路如图 17-1 所示，逻辑符号如图 17-2 所示。基本 RS 触发器由两个与非门构成，低电平有效。

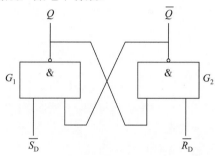

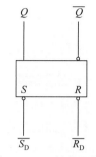

图 17-1　由与非门构成的 RS 触发器电路　　　　　图 17-2　RS 触发器符号

基本 RS 触发器的逻辑表达式为

$$Q^{n+1} = \overline{\overline{S}Q^n} \qquad \overline{Q^{n+1}} = \overline{\overline{R}Q^n}$$

下面对由与非门构成的 RS 触发器进行分析。将输入信号作用前触发器所处的状态定义为现态，用 Q^n 表示，将输入信号作用后触发器所处的状态定义为次态，用 Q^{n+1} 表示。

(1) 当 $\overline{S_D}=1$、$\overline{R_D}=1$ 时，触发器相当于双稳电路，由反馈回路维持原来的状态不变，$Q^{n+1}=Q^n$。

(2) 当 $\overline{S_D}=0$、$\overline{R_D}=1$ 时，$Q^{n+1}=1$，即在输入信号的作用下，触发器的次态为 1。

(3) 当 $\overline{S_D}=1$、$\overline{R_D}=0$ 时，$Q^{n+1}=0$，即在输入信号的作用下，触发器的次态为 0。将 $\overline{S_D}$ 称为置 1(set)输入端，$\overline{R_D}$ 称为置 0(reset)输入端，这种触发器又称为置 0 置 1 触发器或置位复位触发器。

(4) 当 $\overline{S_D}=0$、$\overline{R_D}=0$ 时，$Q^{n+1}=\overline{Q^{n+1}}=1$，是一种错误的状态。因此，对于由与非门构成的 RS 触发器，在正常应用的情况下，不允许 $\overline{S_D}$、$\overline{R_D}$ 输入同时有效。

2. 基本 RS 触发器的特性表描述

特性表是触发器次态与输入信号和电路原有状态之间关系的真值表。列触发器的特性表时，因为触发器新的状态 Q^{n+1} 不仅与输入状态有关，而且与触发器原来的状态 Q^n 有关，所以把 Q^n 也作为一个变量列入表中，称作状态变量。这种含有状态变量的真值表叫作触发器的特性表。基本 RS 触发器的特性如表 17-1 所示。基本 RS 触发器的简化特性如表 17-2 所示。

表 17-1　基本 RS 触发器的特性表

$\overline{S_D}$	$\overline{R_D}$	Q^n	Q^{n+1}	功能
0	0	0	×	不定
0	0	1	×	
0	1	0	1	置 1
0	1	1	1	
1	0	0	0	置 0
1	0	1	0	
1	1	0	0	保持
1	1	1	1	

表 17-2　基本 RS 触发器的简化特性表

$\overline{R_D}$	$\overline{S_D}$	Q^{n+1}	功能
0	0	×	不定
0	1	0	置 0
1	0	1	置 1
1	1	Q^n	保持

3. 基本 RS 触发器的特性方程描述

描述触发器逻辑功能的函数表达式称为特征方程，又称状态方程或次态方程。

由表 17-1 可得基本 RS 触发器次态 Q^{n+1} 的卡诺图，如图 17-3 所示，由卡诺图可得特性方程：

$$\begin{cases} Q^{n+1} = \overline{\overline{S_D}} + \overline{R}_D Q^n = S_D + \overline{R}_D Q^n \\ \overline{R}_D + \overline{S}_D = 1 \end{cases}$$

其中 $\overline{R}_D + \overline{S}_D = 1$ 为约束条件。

4. 基本 RS 触发器的状态转换图描述

描述触发器的状态转换关系及转换条件的图形称为状态转移图，简称状态图。用圆圈及其内的标注表示电路的所有稳态，用箭头表示状态转换的方向，箭头旁的标注表示状态转换的条件。画出基本 RS 触发器的状态转换图，如图 17-4 所示。

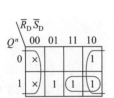

图 17-3　基本 RS 触发器次态卡诺图

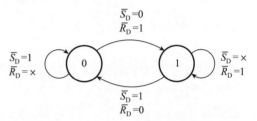

图 17-4　基本 RS 触发器的状态转换图

5. 基本 RS 触发器的状态波形图描述

基本 RS 触发器的输出端 Q^{n+1} 状态由输入信号来决定，当输入信号发生变化时，输出端 Q^{n+1} 的状态做相应的变化。基本 RS 触发器的波形如图 17-5 所示。

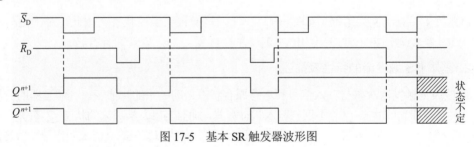

图 17-5　基本 SR 触发器波形图

6. 基本 RS 触发器的动作特点

在任何时刻，输入都能直接改变输出的状态。

7. 基本 RS 触发器的优点和缺点

基本 RS 触发器的优点是电路简单，是构成各种触发器的基础；缺点是输出受输入信号直接控制，不能定时控制，有约束条件。

17.1.3　电平触发的触发器的同步 RS 触发器

在数字系统中，常常要求某些触发器在同一时刻动作，这就要求有一个同步信号来控制，这个控制信号叫作时钟信号，简称时钟，用 CLK(clock) 表示。这种受时钟控制的触发器统称时钟触发器。同步触发器是其中最简单的一种，而基本 RS 触发器称异步触发器。基本 RS 触发器的翻转由外加的输入信号决定，当外加的输入信号改变，输出信号会跟着改变。

1. 同步 RS 触发器电路的结构与工作原理

同步 RS 触发器电路的结构如图 17-6 所示，逻辑符号如图 17-7 所示。

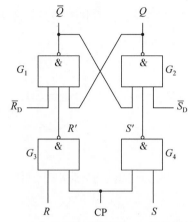
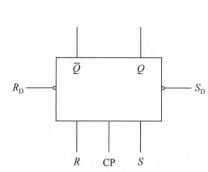

图 17-6　由与非门构成的同步 RS 触发器的电路　　　图 17-7　同步 RS 触发器符号

R_D、S_D 为直接置 0 端和直接置 1 端，低电平有效，用来设置触发器的初态。

工作原理：

(1) CP=0 时，CP = 0 时，G_3、G_4 被封锁。基本 RS 触发器的输入均为 1，触发器状态保持不变，即无时钟信号，输入不起作用，$S' = R' = 1$，Q 状态不变。

(2) CP=1 时，CP = 1 时，G_3、G_4 解除封锁，将输入信号 R 和 S 取非后送至基本 RS 触发器的输入端。有时钟脉冲，信号起作用，$S' = S$，$R' = \overline{R}$，Q 的状态由 R、S 的状态决定，高电平有效。具体分析可得逻辑功能：

- $S=0$、$R=1$，$Q^{n+1}=0$、$\overline{Q^{n+1}}=1$，置"0"功能；
- $S=1$、$R=0$，$Q^{n+1}=$、$\overline{Q^{n+1}}=0$，置"1"功能；
- $S=0$、$R=0$，$Q^{n+1}=Q^n$，保持功能；
- $S=1$、$R=1$，$Q^{n+1}=1$、$\overline{Q^{n+1}}=1$，不定状态。

2. 同步 RS 触发器的功能描述

同步 RS 触发器的功能如表 17-3 所示。

表 17-3　同步 RS 触发器的功能表

S	R	Q^n	Q^{n+1}	功　能
0	0	0	0	保持
0	0	1	1	
0	1	0	0	置 0
0	1	1	0	
1	0	0	1	置 1
1	0	1	1	
1	1	0	×	不定
1	1	1	×	

3. 同步 RS 触发器的特性方程描述

由表 17-3 画出卡诺图，如图 17-8 所示，可得特性方程 $Q^{n+1} = S + \bar{R}Q^n$，$SR = 0$。其中，$SR=0$ 为约束条件。

4. 同步 RS 触发器的状态转换图描述

状态转换图表示触发器从一个状态变换到另一个状态或保持原状不变时对输入信号的要求。同步 RS 触发器的状态转换如图 17-9 所示。

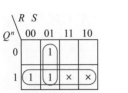

图 17-8　同步 RS 触发器次态卡诺图

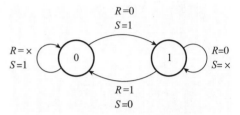

图 17-9　同步 RS 触发器状态转换图

5. 同步 RS 触发器的波形图描述

触发器的功能也可以用输入输出波形图直观地表示出来。同步 RS 触发器的波形如图 17-10 所示。

6. 同步 SR 触发器的动作特点

(1) 在 CLK=1 期间，S 和 R 的信号都能通过引导门 G_3 和 G_4，从而引起 RS 触发器的变化，从而使得触发器置成相应的状态；

(2) 在 CLK=1 的全部时间里，S 和 R 的变化都将引起触发器输出端状态的变化。这种在 CLK 由 0 到 1 整个正脉冲期间触发器动作的控制方式称为电平触发方式。

7. 同步 RS 触发器存在的问题

时钟脉冲不能过宽，否则会出现空翻现象，即在一个时钟脉冲期间触发器翻转一次以上。具体波形如图 17-11 所示。由此可以看出，这种同步 RS 触发器在 CLK=1 期间，输出状态随

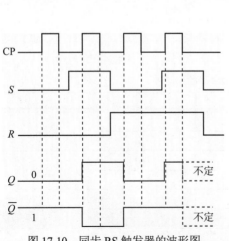

图 17-10　同步 RS 触发器的波形图

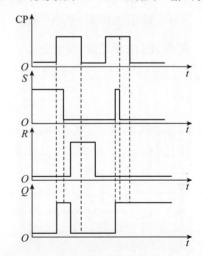

图 17-11　同步 RS 触发器的空翻现象

输入信号 S、R 的变化而多次翻转，即存在空翻现象，降低电路的抗干扰能力。而且实际应用中要求触发器在每个 CLK 信号作用期间，状态只能改变一次，另外 S 和 R 的取值受到约束，即不能同时为 1。

为了书写方便，以后我们把 Q^{n+1} 写成 Q，概念没有变，仍然表示触发器的次态。

17.2　脉冲触发的主从触发器

为了避免空翻现象，提高触发器工作的可靠性，希望在每个 CLK 期间输出端的状态只改变一次，则在电平触发的触发器的基础上设计出脉冲触发的触发器。

17.2.1　主从 RS 触发器

1. 主从 RS 触发器电路的结构与工作原理

主从 RS 触发器的电路结构如图 17-12 所示。主从 RS 触发器的逻辑符号如图 17-13 所示。

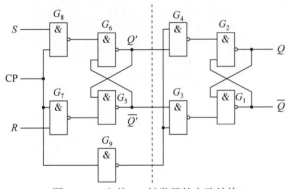
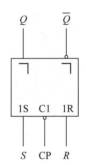

图 17-12　主从 RS 触发器的电路结构　　　　图 7-13　主从 RS 触发器的逻辑符号

结构特点：由两个同步 RS 触发器组成，分别为主触发器和从触发器；CP 通过反相器提供给主、从触发器互补的时钟信号，使它们工作在互补状态。

(1) CP=1 期间，主触发器接收输入信号，主触发器打开，从触发器被封锁，使主从 RS 触发器状态保持不变。

(2) CP 由 1 变 0 时，主触发器关闭，从触发器打开，Q、$\overline{Q}$ 的状态分别等于此时的 Q'、$\overline{Q'}$ 的状态。

(3) CP=0 时，主触发器关闭，Q'、$\overline{Q'}$ 的状态保持不变，Q、$\overline{Q}$ 的状态也不变。

主从 RS 触发器的特性如表 17-4 所示，和电平触发的 RS 触发器相同，只是 CLK 作用的时间不同。

表 17-4　主从 RS 触发器的特性表

输入				输出	功能
CLK	S	R	Q_n	Q	
×	×	×	×	Q_n	保持
⌐↓	0	0	0	0	保持(储存)
⌐↓	0	0	1	1	

输入				输出	功能
CLK	S	R	Q_n	Q	
⬓	0	1	0	0	复位(置0)
⬓	0	1	1	0	
⬓	1	0	0	1	置位(置1)
⬓	1	1	1	1	
⬓	1	1	0	不定	不定态
⬓	1	1	1	不定	

【**例 17-1**】图 17-14 所示为主从 RS 触发器输入信号波形,试画出输出端 Q 和 $\overline{Q}$ 的波形,设初态为 0。

解: 触发器的输出波形如图 17-15 所示。

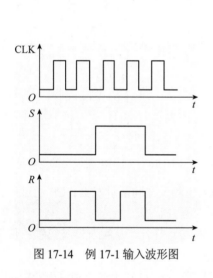

图 17-14　例 17-1 输入波形图

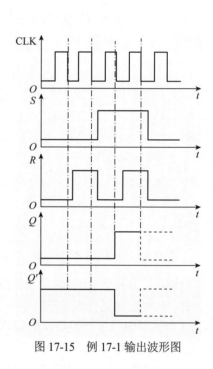

图 17-15　例 17-1 输出波形图

2. 注意问题

主从 RS 触发器克服了同步 RS 触发器在 CP=1 期间多次翻转的问题,但在 CLK=1 期间,主触发器的输出仍会随输入的变化而变化,且仍存在不定态,输入信号仍遵守 $RS=0$。

17.2.2　主从 JK 触发器

1. 主从 JK 触发器的电路结构和工作原理

为了使主从 RS 触发器在 $S=R=1$ 时也有确定的状态,则将输出端 Q 和 $\overline{Q}$ 反馈到输入端,这种触发器称为 JK 触发器,实际上这对反馈线通常在制造集成电路时内部已接好。主从 JK 触发器的电路结构如图 17-16 所示,其符号如图 17-17 所示。其工作原理与主从 RS 触发器的工作原理基本相同。

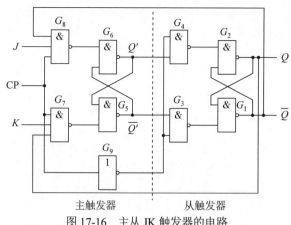

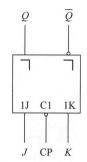

图 17-16　主从 JK 触发器的电路　　　　　　　　　图 17-17　主从 JK 触发器的符号

(1) $J=1$，$K=0$ 时，在 CP=1 期间，主触发器置 1，CP 下降沿到来后 $Q=1$；

(2) $J=0$，$K=1$ 时，在 CP=1 期间，主触发器置 0，CP 下降沿到来后 $Q=0$；

(3) $J=0$，$K=0$ 时，在 CP=1 期间，主触发器保持原态，则触发器(从触发器)也保持原态，即 CP 下降沿到来后 $Q=Q^n$；

(4) $J=1$，$K=1$ 时，在 CP=1 期间，$Q=\overline{Q^n}$，触发器翻转。

主从 JK 触发器的特性如表 17-5 所示。

表 17-5　主从 JK 触发器的特性表

输入				输出	功能
CLK	J	J	Q^n	Q	
×	×	×	×	Q^n	保持
⊓↴	0	0	0	0	保持(储存)
⊓↴	0	0	1	1	
⊓↴	0	1	0	0	复位(置 0)
⊓↴	0	1	1	0	
⊓↴	1	0	0	1	置位(置 1)
⊓↴	1	1	1	1	
⊓↴	1	1	0	1	求反
⊓↴	1	1	1	0	

由表 17-5 画出卡诺图，如图 17-18 所示，可以推得 JK 触发器的特性方程为 $Q=J\overline{Q^n}+\overline{K}Q^n$。

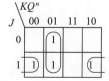

图 17-18　JK 触发器次态卡诺图

JK 触发器的状态转换如图 17-19 所示。根据原理画出其波形图，如图 17-20 所示。

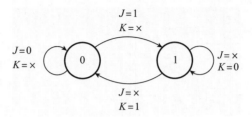

图 17-19　JK 触发器状态转换图

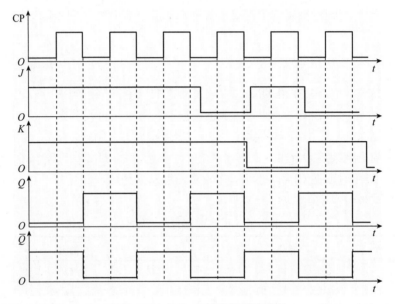

图 17-20　主从 JK 触发器的波形图

2. 主从 JK 触发器的动作特点

动作分两步：第一步，CP=1 期间，主触发器接受信息翻转；第二步，CP 下降沿，从触发器根据主触发器的状态翻转，且在 CP=0 期间保持。

17.2.3　脉冲触发方式的动作特点

(1) 分两步动作：第一步在 CLK=1 时，主触发器受输入信号控制，从触发器保持原态；第二步在 CLK 下降沿到达后，从触发器按主触发器状态翻转，故触发器输出状态只能改变一次。

(2) 主从 JK 触发器在 CLK=1 期间，主触发器只可能翻转一次，因为收到反馈回来的输出端的影响，故在 CLK=1 期间若输入发生变化时，要找出 CLK 下降沿来到前的 Q^n 状态，决定 Q。

【例 17-2】已知脉冲 JK 触发器的时钟脉冲 CLK、输入信号 JK 的波形如图 17-21 所示。分析触发器的工作过程，画出输出 Q 和 $\overline{Q}$ 的波形。假设触发器的初始状态为 0。

解： 根据 JK 触发器的工作原理画出输出波形，如图 17-22 所示。请读者自行分析其工作过程。

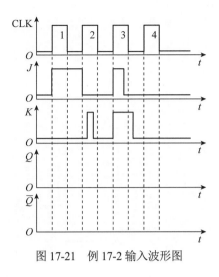

图 17-21　例 17-2 输入波形图

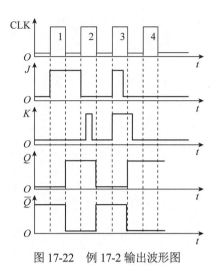

图 17-22　例 17-2 输出波形图

17.3　边沿触发器

脉冲触发器虽然在一个时钟周期内状态只更新一次，但由于主触发器在时钟信号为高电平期间始终处于工作状态，若输入信号在此期间受到干扰，可能会导致触发器误动作。为了进一步提高触发器的抗干扰能力，希望触发器的次态仅仅取决于时钟信号下降沿(或上升沿)到达时钟输入信号的状态，而在此之前和之后输入状态的变化对触发器的次态没有影响。具有这种动作特点的触发器称为边沿触发器。

目前，边沿触发器有利用 CMOS 传输门的边沿触发器、维持阻塞触发器、利用门电路传输延迟时间的边沿触发器，以及利用二极管进行电平配置的边沿触发器等几种。

17.3.1　维持阻塞边沿 D 触发器

1. 维持阻塞边沿 D 触发器的工作原理

维持阻塞边沿 D 触发器的电路结构如图 17-23 所示，逻辑符号如图 17-24 所示。可以看出，维持阻塞边沿 D 触发器是在同步 RS 触发器的输入端增加了两个引导门 G_5、G_6，并引入了多根反馈线。

(1) CP=0 时，与非门 3 和 4 的输出 $Q_3=Q_4=1$，Q 保持不变，触发器处于稳态，同时 $Q_6=\overline{D}$，$Q_5=D$，触发器接收输入信号 D；

(2) CP 由 0 变 1 时，触发器翻转，$Q_4=\overline{Q_6}=D$，$Q_3=\overline{Q_5}=\overline{D}$，使触发器输出 $Q=D$；

(3) CP=1 时，输入信号 D 被封锁。

若 $Q_4=0$，则经①线封锁 G_6；若 $Q_3=0$，则通过③线封锁 Q_4，通过②线封锁 G_5，此时 Q_3、Q_4、Q_5、Q_6 的状态与 D 无关。所以，把①线称为置 0 维持线，把②线称为置 1 维持线，把④线称为置 1 阻塞线；把③线称为置 0 阻塞线。

总之，该触发器在 CP 正跳沿前接收输入信号，正跳沿时翻转，正跳沿后输入被封锁。R、S 为直接置 0 端和直接置 1 端，低电平有效，正常工作时接高电平。

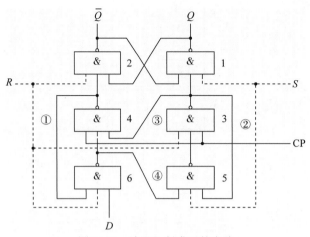

图 17-23 边沿 D 触发器的电路

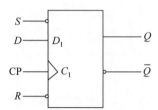

图 17-24 边沿 D 触发器的电路符号

2. 边沿 D 触发器的逻辑功能

D 触发器只有一个触发输入端 D，因此，逻辑关系简单。D 触发器的功能如表 17-6 所示。

表 17-6　D 触发器的功能表

D	Q	Q^{n+1}	功能
0	0	0	置0
0	1	0	
1	0	1	置1
1	1	1	

根据表 17-6 可以推出 D 触发器的特性方程 $Q^{n+1} = D$。

3. 边沿 D 触发器的动作特点

边沿 D 触发器的次态仅取决于 CP 信号的上升沿或下降沿到达时输入端的逻辑状态，而在这以前或以后，输入信号的变化对触发器的状态没有影响。这种特点有效地提高了触发器电路的抗干扰能力，因而也提高了电路的工作可靠性。图 17-25 所示的边沿 D 触发器的波形图中，在第 5 个脉冲上升沿后，S 端变化一次并没有导致输出误动作，这其实是所有边沿触发器的动作特点。

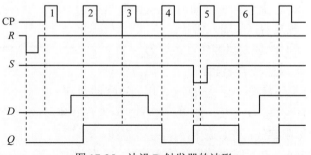

图 17-25 边沿 D 触发器的波形

边沿触发器也有 JK 触发器等，例如利用传输时间的边沿触发器就是边沿 JK 触发器，它可以在 CLK 的下降沿动作，也可以在上升沿动作。

17.3.2 CMOS 主从结构的边沿触发器

1. 电路结构

由 CMOS 逻辑门和 CMOS 传输门组成的主从 D 触发器的电路如图 17-26 所示。

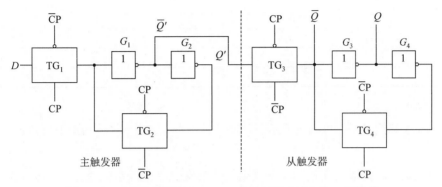

图 17-26　CMOS 逻辑门和 CMOS 传输门组成的主从 D 触发器

由于引入了传输门，该电路虽为主从结构，却没有一次变化问题，具有边沿触发器的特性。

2. 工作原理

触发器的触发翻转分为两步：

(1) 当 CP 变为 1 时，TG_1 开通，TG_2 关闭。主触发器接收 D 信号。同时，TG_3 关闭，TG_4 开通，从触发器保持原状态不变。

(2) 当 CP 由 1 变为 0 时，TG_1 关闭，TG_2 开通，主触发器自保持。同时，TG_3 开通，TG_4 关闭，从触发器接收主触发器的状态。

17.4　触发器的逻辑功能及其描述方法

由以上分析可知，不同的电路结构带来了不同的动作特点，同时同一种逻辑功能的触发器可以用不同的电路结构来实现，也可以用同一种电路结构形式做成不同逻辑功能的触发器。所以选用触发器时，不仅要了解逻辑功能，还要了解电路结构及其描述。

17.4.1 时钟触发器按逻辑功能的分类

触发器逻辑功能是指触发器的次态和现态及输入信号之间在稳态下的逻辑关系，这种逻辑关系可以用特性表、特性方程或状态转换图给出。按照逻辑功能的不同，触发器可分为 RS 触发器、JK 触发器、D 触发器、T 触发器和 T′触发器。

1. RS 触发器

凡在时钟信号作用下，具有表 17-7 所示功能的触发器称为 RS 触发器。

表 17-7　RS 触发器功能表

S	R	Q	Q^{n+1}
0	0	0	0
0	0	1	1
0	1	0	0
0	1	1	0
1	0	0	1
1	0	1	1
1	1	0	×
1	1	1	×

约束条件：$SR = 0$。

由特性表和约束条件可画出卡诺图，如图 17-8 所示，由卡诺图得出触发器输出端的方程为

$$\begin{cases} Q^{n+1} = S + \overline{R}Q \\ SR = 0 \end{cases}$$

RS 触发器的状态转换图如图 17-9 所示。

2. JK 触发器

凡在时钟信号作用下，具有表 17-8 所示功能的触发器称为 JK 触发器。

表 17-8　JK 触发器功能表

J	K	Q	Q^{n+1}
0	0	0	0
0	0	1	1
0	1	0	0
0	1	1	0
1	0	0	1
1	0	1	1
1	1	0	1
1	1	1	0

由特性表可画出卡诺图，如图 17-18 所示，由卡诺图得出触发器输出端的方程为 $Q^{n+1} = J\overline{Q} + \overline{K}Q$。

JK 触发器的状态转换图如图 17-19 所示。电路符号如图 17-27 所示。

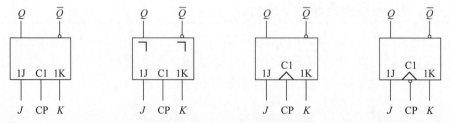

(a) 高平触发的触发器符号　(b) 脉冲触发的触发器符号　(c) 上升沿触发的触发器符号　(d) 下降沿触发的触发器符号

图 17-27　JK 触发器的电路符号

3. D 触发器

凡在时钟信号作用下，具有表 17-9 所示功能的触发器称为 D 触发器。

表 17-9　D 触发器功能表

D	Q	Q^{n+1}
0	0	0
0	1	0
1	0	1
1	1	1

由特性表可得出触发器输出端的方程为 $Q^{n+1} = D$。

D 触发器的状态转换图如图 17-28 所示。电路符号如图 17-29 所示，图中只画出下降沿触发的电路符号，其他触发形式可以参照 JK 触发器，这里就不重复了。

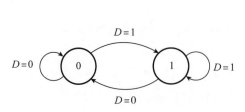 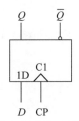

图 17-28　D 触发器状态转换图　　　　图 17-29　下降沿触发的 D 触发器电路符号

4. T 触发器

凡在时钟信号作用下，具有表 17-10 所示功能的触发器称为 T 触发器。

表 17-10　T 触发器功能表

T	Q	Q^{n+1}
0	0	0
0	1	1
1	0	1
1	1	0

由特性表可得出触发器输出端的方程为 $Q^{n+1} = T\overline{Q} + \overline{T}Q$。

T 触发器的状态转换图如图 17-30 所示。电路符号如图 17-31 所示，图中只画出下降沿触发的电路符号，其他触发形式可以参照 JK 触发器，这里就不重复了。

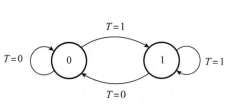 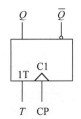

图 17-30　T 触发器状态转换图　　　　图 17-31　下降沿触发的 T 触发器电路符号

5. T′触发器

$T=1$ 时的 T 触发器称为 T′触发器，其特性方程为 $Q^{n+1} = \overline{Q}$。

17.4.2 触发器的电路结构和逻辑功能、触发方式的关系

触发器的电路结构和逻辑功能之间不存在固定的对应关系，例如 RS 触发器可以是电平触发的同步结构，也可以是脉冲触发的主从结构。同样，JK 触发器有主从结构和维持阻塞结构。

触发器的触发方式是由电路结构决定的，即电路结构与触发方式之间有固定的对应关系。例如，同步 RS 触发器属于电平触发，在 CLK=1 时触发器动作，采用主从结构的触发器属于脉冲触发方式，是在 CLK 的下降沿触发输入动作，如主从 SR 触发器和主从 JK 触发器。

17.4.3 触发器的逻辑功能转换

在实际中往往需要将某种功能的触发器转换为具有另一种功能的触发器。

1. 转换方法

(1) 写出待求触发器和给定触发器的特性方程；
(2) 比较上述特性方程，得出给定触发器中输入信号的接法；
(3) 画出用给定触发器实现待求触发器的电路。

2. 将 JK 触发器转换为 D 触发器

(1) 写出 JK 触发器和 D 触发器的特性方程。

$$\begin{cases} JK: Q^{n+1} = J\overline{Q} + \overline{K}Q \\ D: Q^{n+1} = D = D(\overline{Q}+Q) = D\overline{Q} + DQ \end{cases}$$

(2) 比较上述特性方程，得出给定触发器中输入信号的接法，可以得出 $J = \overline{K} = D$。
(3) 画出用 JK 触发器实现 D 触发器的电路，如图 17-32 所示。

3. 将 JK 触发器转换为 T 触发器

由 $\begin{cases} JK: Q^{n+1} = J\overline{Q} + \overline{K}Q \\ T: Q^{n+1} = T\overline{Q} + \overline{T}Q \end{cases}$ 可以得到 $J = K = T$，画出电路，如图 17-33 所示。

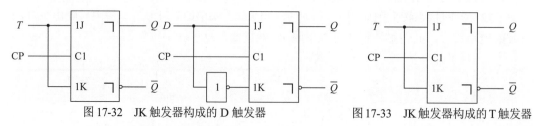

图 17-32 JK 触发器构成的 D 触发器　　　图 17-33 JK 触发器构成的 T 触发器

4. 将 D 触发器转换为 JK 触发器

由 $\begin{cases} D: Q^{n+1} = D \\ JK: Q^{n+1} = J\overline{Q} + \overline{K}Q \end{cases}$ 可得 $Q^{n+1} = D = J\overline{Q} + \overline{K}Q = \overline{\overline{J\overline{Q} + \overline{K}Q}} = \overline{\overline{J\overline{Q}} \cdot \overline{\overline{K}Q}}$。

画出电路，如图 17-34 所示。

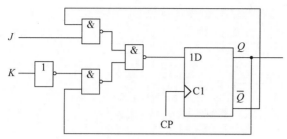

图 17-34 D 触发器构成的 JK 触发器

习题 17

1. 两个与非门构成的基本 RS 触发器的功能有(   )、(   )和(   )。电路中不允许两个输入端同时为(   )，否则将出现逻辑混乱。

2. 通常把一个 CP 脉冲引起触发器多次翻转的现象称为(   )，有这种现象的触发器是(   )触发器，此类触发器的工作属于(   )触发方式。

3. 为有效地抑制空翻，人们研制出了(   )触发方式的(   )触发器和(   )触发器。

4. JK 触发器具有(   )、(   )、(   )和(   )四种功能。欲使 JK 触发器实现 $Q^{n+1} = \overline{Q}^n$ 的功能，则输入端 J 应接(   )，K 应接(   )。

5. D 触发器的输入端子有(   )个，具有(   )和(   )的功能。

6. 触发器的逻辑功能通常可用(   )、(   )、(   )和(   )等多种方法进行描述。

7. 组合逻辑电路的基本单元是(   )，时序逻辑电路的基本单元是(   )。

8. JK 触发器的次态方程为(   )；D 触发器的次态方程为(   )。

9. 触发器有两个互非的输出端 Q 和 $\overline{Q}$，通常规定 $Q=1$、$\overline{Q}=0$ 时为触发器的(   )状态；$Q=0$、$\overline{Q}=1$ 时为触发器的(   )状态。

10. 两个与非门组成的基本 RS 触发器，在正常工作时，不允许 $\overline{R}=\overline{S}=$(   )，其特征方程为(   )，约束条件为(   )。

11. 钟控的 RS 触发器在正常工作时，不允许输入端 $R=S=$(   )，其特征方程为(   )约束条件为(   )。

12. 把 JK 触发器(   )就构成了 T 触发器，T 触发器具有的逻辑功能是(   )和(   )。

13. 时序逻辑电路的特点是：输出不仅取决于当时(   )的状态还与电路(   )的状态有关。

14. 欲使 JK 触发器实现 $Q^{n+1} = \overline{Q}^n$ 的功能，则输入端 J 应接(   )，K 应接(   )。

15. 仅具有置 0 和置 1 功能的触发器是(   )。

16. 由与非门组成的基本 RS 触发器不允许输入的变量组合 $\overline{S} \cdot \overline{R}$ 为(   )。

17. 钟控 RS 触发器的特征方程是(   )。

18. 仅具有保持和翻转功能的触发器是(   )。

19. 触发器由门电路构成，但它的功能与门电路的功能不同，主要特点是(   )。

20. 画出图 17-35 所示的电平触发 RS 触发器输出端 Q、$\overline{Q}$ 的波形,输入端 S、R 与 CLK 的波形如图 17-35 所示。(设 Q 初始状态为 0)

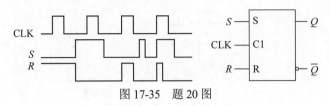

图 17-35　题 20 图

21. 画出图 17-36 所示的电平触发 D 触发器输出端 Q 的波形,输入端 D 与 CLK 的波形如图 17-36 所示。(设 Q 初始状态为 0)

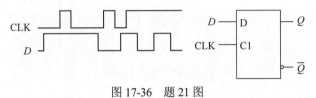

图 17-36　题 21 图

22. 画出图 17-37 所示的 JK 触发器输出端 Q 的波形,输入端 J、K 与 CLK 的波形如图 17-37 所示。(设 Q 初始状态为 0)

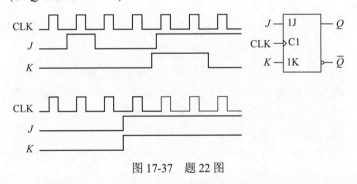

图 17-37　题 22 图

23. 画出图 17-38 所示的 JK 触发器输出端 Q 的波形,CLK 的波形如图 17-38 所示。(设 Q 初始状态为 0)

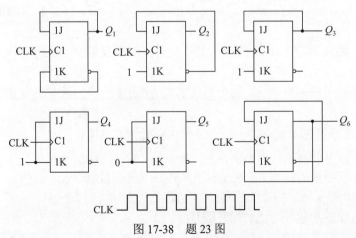

图 17-38　题 23 图

24. 画出图 17-39 所示的脉冲 JK 触发器输出端 Q 的波形，输入端 J、K 与 CLK 的波形如图 17-39 所示。(设 Q 初始状态为 0)

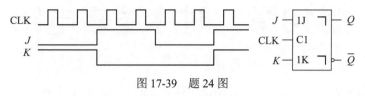

图 17-39　题 24 图

25. 试画出图 17-40 所示电路输出端 Q_1、Q_0 的波形，CLK 的波形如图 17-40 所示。(设 Q 初始状态为 0)

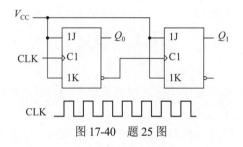

图 17-40　题 25 图

26. 试画出图 17-41 所示各触发器输出端 Q 的波形，CLK 的波形如图 17-41 所示。(设 Q 初始状态为 0)

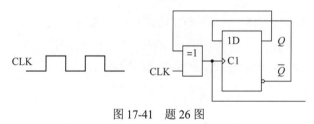

图 17-41　题 26 图

27. 试画出图 17-42 所示触发器输出端 Q 的波形，CLK 的波形如图 17-42 所示。(设 Q 初始状态为 0)

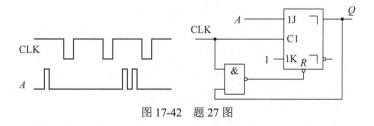

图 17-42　题 27 图

28. 将 D 触发器转换成 JK 触发器。

29. 将 JK 触发器转换成 D 触发器。

第18章 时序逻辑电路

电路的输出状态不仅取决于当时的输入信号，而且与电路原来的状态有关，当输入信号消失后，电路状态仍维持不变。这种具有存储记忆功能的电路称为时序逻辑电路。本章主要介绍时序逻辑电路的分析及设计方法。本章重点是计数器的分析和设计。

18.1 概述

组合逻辑电路的基本单元是门电路，没有记忆功能；时序逻辑电路的基本单元是触发器，有记忆功能。

在功能上，时序逻辑电路在任何时刻的输出不仅取决于该时刻的输入，而且还取决于电路的原来状态。

18.1.1 时序逻辑电路的构成及结构特点

时序逻辑电路的构成可用图 18-1 所示框图表示。其中，x_1，x_2，$\cdots$，x_i 表示时序电路的外部输入信号；y_1，y_2，$\cdots$，y_j 表示时序电路的外部输出信号；q_1，q_2，$\cdots$，q_1 表示存储电路的输出信号；z_1，z_2，$\cdots$，z_k 表示存储电路的输入信号。

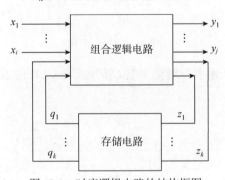

图 18-1 时序逻辑电路的结构框图

由图 18-1 所示电路结构可知时序电路具有以下特点：

(1) 包含组合电路和存储电路两部分，其中存储电路是必不可少的。

(2) 存储电路的输出必须反馈到组合电路的输入端，与组合电路的输入一起决定时序逻辑电路的输出。

(3) 门电路与触发器是组成时序逻辑电路的最小单元。

这几组信号之间的关系可用三组方程来描述。

第一，输出方程组：

$$\begin{cases} y_1 = f_1(x_1, x_2, \cdots x_i, q_1, q_2, \cdots q_l) \\ y_2 = f_2(x_1, x_2, \cdots x_i, q_1, q_2, \cdots q_l) \\ \qquad\qquad \vdots \\ y_j = f_j(x_1, x_2, \cdots x_i, q_1, q_2, \cdots q_l) \end{cases}$$

第二，驱动方程组：

$$\begin{cases} z_1 = g_1(x_1, x_2, \cdots x_i, q_1, q_2, \cdots q_l) \\ z_2 = g_2(x_1, x_2, \cdots x_i, q_1, q_2, \cdots q_l) \\ \qquad\qquad \vdots \\ z_k = g_k(x_1, x_2, \cdots x_i, q_1, q_2, \cdots q_l) \end{cases}$$

第三，状态方程组：

$$\begin{cases} q_1^{n+1} = h_1(z_1, z_2, \cdots z_k, q_1, q_2, \cdots q_l) \\ q_2^{n+1} = h_2(z_1, z_2, \cdots z_k, q_1, q_2, \cdots q_l) \\ \qquad\qquad \vdots \\ q_l^{n+1} = h_l(z_1, z_2, \cdots z_k, q_1, q_2, \cdots q_l) \end{cases}$$

18.1.2　时序电路的分类

(1) 按各触发器接收时钟信号的不同分类。根据触发器的动作特点，时序逻辑电路可分为同步时序逻辑电路和异步时序逻辑电路。在同步时序逻辑电路中，存储电路中所有触发器的时钟使用统一的 CLK，状态变化发生在同一时刻，即触发器在时钟脉冲的作用下同时翻转；而在异步时序逻辑电路中，触发器的翻转不是同时的，没有统一的 CLK，触发器状态的变化有先有后。

(2) 按输出信号的特点分类。根据输出信号的特点，时序逻辑电路可分为米利(Mealy)型和穆尔(Moore)型。在米利型时序逻辑电路中，输出信号不仅取决于存储电路的状态，还取决于输入变量。在穆尔型时序逻辑电路中，输出信号仅仅取决于存储电路的状态，所以穆尔型电路只是米利型电路的特例。

18.2　时序电路的功能描述

虽然输出方程组、驱动方程组和状态方程组能够系统地描述时序电路的功能，但并不直观，所以还需要借助一些直观、形象的图或表来描述时序电路的逻辑功能。常用的有状态转换表、状态转换图和时序图三种。

18.2.1　状态转换表

状态转换表简称状态表，是以表格的形式描述时序电路的次态 Q^{n+1}、外部输出信号 Y 与外部输入信号 X，以及现态 Q 之间的关系。

根据状态方程，将所有的输入变量和电路初态的取值代入电路的状态方程和输出方程，得到电路次态(新态)的输出值，列成表即为状态转换表。

【例 18-1】设某同步时序电路的状态方程为

$$\begin{cases} Q_1^{n+1} = \overline{Q_2 Q_3} \cdot \overline{Q_1} \\ Q_2^{n+1} = Q_1 \overline{Q_2} + \overline{Q_1} \overline{Q_3} Q_2 \\ Q_3^{n+1} = Q_1 Q_2 \overline{Q_3} + \overline{Q_2} Q_3 \end{cases}$$

输出方程为 $Y = Q_2 Q_3$，写出状态转换表。

解：按照转换方法，先设初态为 0，即 $Q_3 Q_2 Q_1 = 000$，将其代入状态方程和输出方程求出次态 $Q_3 Q_2 Q_1 = 001$，输出 $Y = 0$；再将 $Q_3 Q_2 Q_1 = 001$ 作为初态，代入状态方程和输出方程求出次态和输出，以此类推即可。状态转换表有两种常用的形式，如表 18-1 和表 18-2 所示。

表 18-1　例 18-1 状态转换表 1

CLK	Q_3	Q_2	Q_1	Q_3^{n+1}	Q_2^{n+1}	Q_1^{n+1}	Y
0	0	0	0	0	0	1	0
1	0	0	1	0	1	0	0
2	0	1	0	0	1	1	0
3	0	1	1	1	0	0	0
4	1	0	0	1	0	1	0
5	1	0	1	1	1	0	0
6	1	1	0	0	0	0	1
1	1	1	1	0	0	0	1

表 18-2　例 18-1 状态转换表 2

CLK	Q_3	Q_2	Q_1	Y
0	0	0	0	0
1	0	0	1	0
2	0	1	0	0
3	0	1	1	0
4	1	0	0	0
5	1	0	1	0
6	1	1	0	1
1	1	1	1	1

18.2.2　状态转换图

状态转换图简称状态图，是以图形的方式描述时序电路的逻辑功能。每个状态用一个圆圈表示，圈内的数字表示状态编码，圈外的箭头线表示状态的转换方向，并在线旁标明状态转换的输入条件和输出结果。通常将输入条件写在斜线的上方，将输出结果写在斜线的下方。例 18-1 的状态转换图如图 18-2 所示。

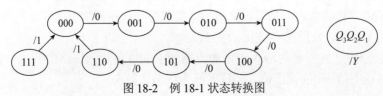

图 18-2　例 18-1 状态转换图

18.2.3 时序图

时序图又称波形图，是用随时间变化的波形来描述时钟脉冲、输入信号、输出信号及电路状态的对应关系。例 18-1 中，由状态转换表或状态转换图可得时序图，如图 18-3 所示。

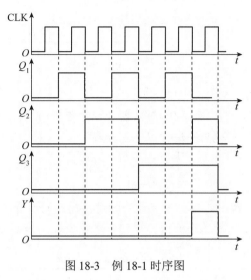

图 18-3 例 18-1 时序图

18.3 时序电路的分析

时序逻辑电路的分析就是根据给定时序电路，找出该电路的逻辑功能，即找出在输入和 CLK 作用下，电路的次态和输出。

18.3.1 同步时序逻辑电路的分析方法

由于同步时序逻辑电路是在同一时钟作用下，故分析比较简单，只要写出电路的驱动方程、输出方程和状态方程，根据状态方程得到电路的状态表或状态转换图，就可以得出电路的逻辑功能。

同步时序逻辑电路的分析步骤如下：

(1) 由给定的逻辑电路图写出每个触发器的驱动方程(也就是存储电路中每个触发器输入信号的逻辑函数式)。

(2) 把得到的驱动方程代入相应触发器的特性方程中，就可以得到每个触发器的状态方程，由这些状态方程得到整个时序逻辑电路的方程组。

(3) 根据逻辑图写出电路的输出方程。

(4) 写出整个电路的状态转换表、状态转换图和时序图。

(5) 由状态转换表或状态转换图得出电路的逻辑功能。

【例 18-2】分析图 18-4 所示时序电路的逻辑功能。

解：① 根据图 18-4 所示电路写出相关方程。

时钟方程：$CP_0 = CP_1 = CP \downarrow$

驱动方程：$J_0 = K_0 = 1$，$J_1 = K_1 = Q_0$

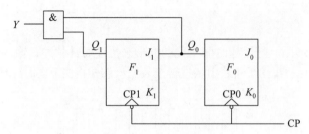

图 18-4　例 18-2 电路图

输出方程：$Y = Q_0 Q_1$

② 求各个触发器的状态方程。JK 触发器特性方程为 $Q^{n+1} = J\overline{Q} + \overline{K}Q$，将对应驱动方程分别代入特性方程，进行化简变换可得状态方程：

$$\begin{cases} Q_1^{n+1} = \overline{Q_0}Q_1 + Q_0\overline{Q_1} \\ Q_0^{n+1} = \overline{Q_0} \end{cases}$$

③ 求出对应状态。列出电路输入信号和触发器原态的所有取值组合，代入相应的状态方程，求得相应的触发器次态及输出，得到状态转换表，如表 18-3 所示。

表 18-3　例 18-2 状态转换表

CLK	Q_1	Q_0	Y
0	0	0	0
1	0	1	0
2	1	0	0
3	1	1	1

画状态转换图，如图 18-5 所示。画时序图，如图 18-6 所示。

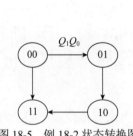

图 18-5　例 18-2 状态转换图

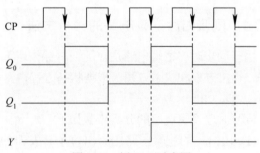

图 18-6　例 18-2 时序图

④ 归纳上述分析结果，确定该时序电路的逻辑功能。

综上所述，此电路的功能是带进位输出的同步四进制加法计数器。

【例 18-3】分析图 18-7 所示时序电路的逻辑功能。

解： ① 根据图 18-7 所示电路写出相关方程。

时钟方程：$CP_0 = CP_1 = CP_2 = CP_3 = CP\downarrow$

驱动方程：$\begin{cases} J_0 = K_0 = 1 \\ J_1 = K_1 = Q_0 \\ J_2 = K_2 = Q_0 Q_1 \\ J_3 = K_3 = Q_0 Q_1 Q_3 \end{cases}$

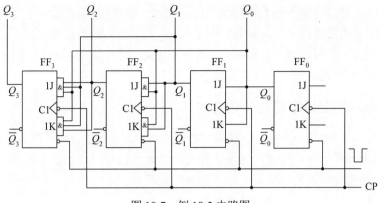

图 18-7　例 18-3 电路图

没有输出方程。

② 求各个触发器的状态方程。JK 触发器的特性方程为 $Q^{n+1} = J\overline{Q} + \overline{K}Q$，将对应驱动方程分别代入特性方程，进行化简变换可得状态方程：

$$\begin{cases} Q_0^{n+1} = \overline{Q_0} \\ Q_1^{n+1} = Q_0\overline{Q_1} + \overline{Q_0}Q_1 \\ Q_2^{n+1} = Q_0Q_1\overline{Q_2} + \overline{Q_0Q_1}Q_2 \\ Q_3^{n+1} = Q_0Q_1Q_2\overline{Q_3} + \overline{Q_0Q_1Q_2}Q_3 \end{cases}$$

③ 求出对应状态。列出电路输入信号和触发器原态的所有取值组合，代入相应的状态方程，求得相应的触发器次态及输出，得到状态转换表，如表 18-4 所示。

表 18-4　例 18-3 状态转换表

CLK	Q_3	Q_2	Q_1	Q_0
0	0	0	0	0
1	0	0	0	1
2	0	0	1	0
3	0	0	1	1
4	0	1	0	0
5	0	1	0	1
6	0	1	1	0
7	0	1	1	1
8	1	0	0	0
9	1	0	0	1
10	1	0	1	0
11	1	0	1	1
12	1	1	0	0
13	1	1	0	1
14	1	1	1	0
15	1	1	1	1
0	0	0	0	0

分析表 18-4 可以得出各触发器的状态转换规律: 最低位 Q_0 每过一个时钟翻转一次; 次低位 Q_1 在现态的最低位为 1 时翻转; 次高位 Q_2 在现态的低两位同时为 1 时翻转; 最高位 Q_3 在现态的低三位同时为 1 时翻转。可以得出这是一个十六进制的加法计数器。状态转换图和时序图, 有兴趣的读者可以自己画。

18.3.2　异步时序逻辑电路的分析方法

由于在异步时序逻辑电路中, 触发器的动作不是同时的, 故分析时除了写出驱动方程、状态方程和输出方程等外, 还要写出各个触发器的时钟信号, 因此异步时序逻辑电路的分析要比同步时序逻辑电路的分析复杂, 下面举例说明。

【例 18-4】 分析图 18-8 所示时序逻辑电路的功能。

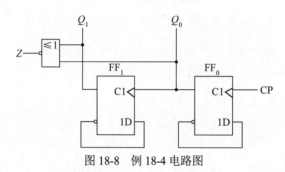

图 18-8　例 18-4 电路图

解: 该电路为异步时序逻辑电路, 具体分析如下。

① 写出各逻辑方程式。

时钟方程: $CP_0 = CP\uparrow$, 时钟脉冲源的上升沿触发。$CP_1 = Q_0\uparrow$, 当 FF_0 的 Q_0 由 $0\rightarrow1$ 时, Q_1 才可能改变状态。

输出方程: $Z = \overline{Q_0 + Q_1} = \overline{Q_0} \cdot \overline{Q_1}$。

各触发器的驱动方程: $D_0 = \overline{Q_0}$, $D_1 = \overline{Q_1}$。

② 将各驱动方程代入 D 触发器的特性方程 $Q^{n+1} = D$, 得各触发器的次态方程:

$Q_0^{n+1} = \overline{Q_0}$, CP 由 $0\rightarrow1$ 时此式有效。

$Q_1^{n+1} = \overline{Q_1}$, Q_0 由 $0\rightarrow1$ 时此式有效。

③ 列出状态转换表, 如表 18-5 所示。

表 18-5　例 18-4 状态转换表

CLK	Q_1	Q_0
0	0	0
1	1	1
2	1	0
3	0	1
0	0	0

④ 画出状态转换图, 如图 18-9 所示。

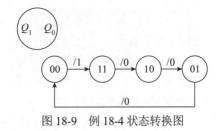

图 18-9 例 18-4 状态转换图

⑤ 画时序图,如图 18-10 所示。

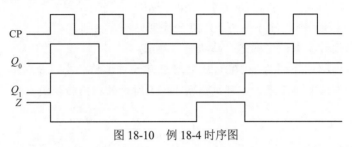

图 18-10 例 18-4 时序图

⑥ 逻辑功能分析。由状态图可知,该电路一共有 4 个状态 00、01、10、11,在时钟脉冲作用下,按照减 1 规律循环变化,所以是一个四进制减法计数器,Z 是借位信号。

18.4 同步时序逻辑电路的设计

时序电路设计就是对于给定的时序逻辑问题,设计出能够满足逻辑功能要求的时序电路。从时序电路的分析过程可以看出,只要得到驱动方程组和输出方程组,结合所选触发器的类型,就能画出时序电路图,所以时序电路设计的关键是求出驱动方程组和输出方程组。对于同步时序逻辑电路,由于内部触发器的时钟相同,而且时钟只起同步控制作用,所以设计过程相对简单一些,具体设计步骤如下。

(1) 根据设计要求,设定状态,画出状态转换图。

(2) 状态化简,合并等价状态。状态化简的基本方法是寻找等价状态。若两个状态在相同的输入条件下转换到相同的次态去,并且具有相同的输出,那么称这两个状态为等价状态。等价状态是重复的,可以合并为一个状态。

(3) 状态分配,列出状态转换编码表。为每个状态指定不同取值的过程称为状态编码,或称为状态分配。常用的编码方式有三种:顺序编码、循环编码和一位热码编码方式。顺序编码即按二进制或 BCD 码的顺序进行编码,优点是简单、容易记忆,缺点是不利于提高电路工作的可靠性。采用顺序编码时,所用触发器的个数 n 与化简后的状态数 M 之间应满足 $2^{n-1} < M \leqslant 2^n$。

(4) 选择触发器的类型,求出状态方程、驱动方程、输出方程。根据状态转换图或状态转换表,将每个存储单元的次态、外部输出信号与现态以及输入信号之间的关系用卡诺图表示,从中推出状态方程组和输出方程组,再结合所选触发器的特性方程,求出相应的驱动方程组。从理论上讲,电路设计所用的触发器类型可以任选。一般来说,选用功能强大的 JK 触发器,则设计过程复杂而电路简单;选用功能简单的 D 触发器,则设计过程简单而电路复杂。

(5) 根据驱动方程和输出方程画逻辑图。

(6) 检查电路有无自启动能力。由状态转换图来看，循环(也称有效循环)内的状态称为有效状态，其余状态为无效状态，若无效状态最终在时钟作用下都可以进入有效循环，具有这种特点的时序电路称为能够自启动的时序电路。

若状态编码时存在无效状态，就需要检查所设计的电路是否具有自启动功能。当电路不具有自启动功能时，可通过修改逻辑设计使无效状态能够回到有效循环中去，也可以在上电时利用触发器的复位与置位功能将电路的初始状态强制设置为某个有效状态。

【例 18-5】 设计一个脉冲序列为 10100 的序列脉冲发生器。

解: ① 根据设计要求设定状态，画状态转换图。

由于串行输出脉冲序列为 10100，故电路应有 5 种工作状态，分别用 S_0、S_1、S_2、S_3、S_4 表示；串行输出信号用 Y 表示，可画出图 18-11 所示的状态转换图。

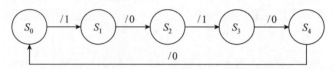

图 18-11　例 18-5 状态转换图

② 状态化简，合并等价状态。由于上述 5 个状态中无重复状态，因此不需要进行状态化简。

③ 状态分配，列出状态转换编码表。

由于电路有 5 个状态，可采用三位二进制代码。现采用自然二进制码进行编码: $S_0=000$，$S_1=001$，$S_1=010$，$S_1=011$，$S_4=100$，由此可列出电路状态转换表，如表 18-6 所示。

表 18-6　例 18-5 状态转换表

状态	Q_2	Q_1	Q_0	Y
S_0	0	0	0	1
S_1	0	0	1	0
S_2	0	1	0	1
S_3	0	1	1	0
S_4	1	0	0	0

④ 根据状态转换表或编码后的状态转换图求输出方程和状态方程。

$$\begin{cases} Q_2^{n+1} = Q_0 Q_1 \overline{Q_2} \\ Q_1^{n+1} = Q_0 \overline{Q_1} + \overline{Q_0} Q_1 \\ Q_0^{n+1} = \overline{Q_2} \cdot \overline{Q_0} \end{cases}$$

⑤ 选择触发器类型，并求驱动方程。选用 JK 触发器，其特性方程为 $Q^{n+1} = J\overline{Q} + \overline{K}Q$，将它与状态方程进行比较，可得驱动方程:

$$\begin{cases} J_0 = \overline{Q_2}, \ K_0 = 1 \\ J_1 = K_1 = Q_0 \\ J_2 = Q_0 Q_1, \ K_2 = 1 \end{cases}$$

⑥ 根据驱动方程和输出方程画逻辑图，如图 18-12 所示。

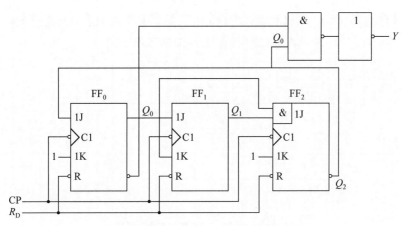

图 18-12　例 18-5 逻辑电路图

⑦ 检查电路有无自启动能力。

将 3 个无效状态 101、110、111 代入状态方程计算后，获得的次态 010、010、000 均为有效状态。因此，该电路能自启动。

18.5　异步时序逻辑电路的设计

异步时序逻辑电路的设计比同步时序逻辑电路的设计多一步，即求各触发器的时钟方程，其他过程都与同步时序逻辑电路的设计是一样的。

【例 18-6】设计一个异步七进制加法计数器。

解：①根据设计要求，设定 7 个状态 $S_0 \sim S_6$。进行状态编码后，列出状态转换表，如表 18-7 所示。

表 18-7　例 18-6 状态转换表

状态	Q_2	Q_1	Q_0	Y
S_0	0	0	0	0
S_1	0	0	1	0
S_2	0	1	0	0
S_3	0	1	1	0
S_4	1	0	0	0
S_5	1	0	1	0
S_6	1	1	0	1

② 选择触发器。选用下降沿触发的 JK 触发器。

③ 求各触发器的时钟方程，即为各触发器选择时钟信号。这里为触发器选择时钟信

号的原则是：第一，触发器状态需要翻转时，必须要在时钟信号的翻转沿送到；第二，触发器状态保持时，时钟信号保持不变。可以先画出时序图，再根据时序图确定触发器的时钟方程。

根据状态转换表画出七进制计数器的时序图，如图 18-13 所示，并根据上述原则，选 $CP_0 = CP$、$CP_1 = CP$、$CP_2 = Q_1$。

④ 求各触发器的驱动方程和进位输出方程。根据状态转换表画出电路的次态卡诺图，如图 18-14 所示。列出 JK 触发器的驱动表，如表 18-8 所示。

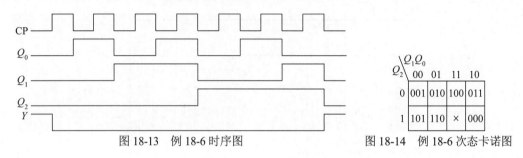

图 18-13　例 18-6 时序图

图 18-14　例 18-6 次态卡诺图

表 18-8　例 18-6 JK 触发器的驱动表

Q	Q^{n+1}	J	K
0	0	0	þ
0	1	1	þ
1	0	þ	1
1	1	þ	0

根据次态卡诺图和 JK 触发器的驱动表可得三个触发器各自的驱动卡诺图，如图 18-15 所示，输出状态卡诺图如图 18-16 所示。

(a) J_0 卡诺图　　(b) k_0 卡诺图　　(c) J_1 卡诺图

(d) k_1 卡诺图　　(e) J_2 卡诺图　　(f) k_2 卡诺图

图 18-15　例 18-6 各触发器驱动卡诺图

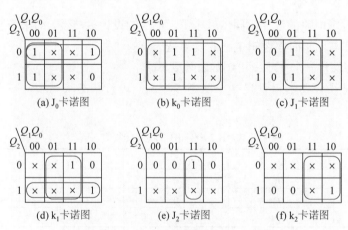

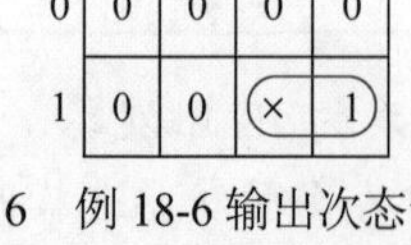

图 18-16　例 18-6 输出次态卡诺图

得到驱动及输出方程

$$\begin{cases} J_0 = \overline{Q_2} + \overline{Q_1}, \ K_0 = 1 \\ J_1 = Q_0, \ K_1 = Q_0 + Q_2 \\ J_2 = K_2 = 1 \\ Y = Q_2 Q_1 \end{cases}$$

⑤ 画逻辑图，如图 18-17 所示。

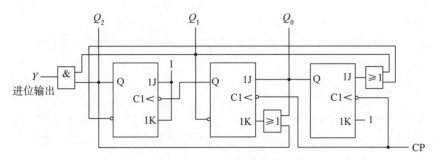

图 18-17　例 18-6 电路图

⑥ 检查能否自启动。用逻辑分析的方法画出电路完整的状态图，如图 18-18 所示。可见，如果电路进入无效状态 111 时，在 CP 脉冲作用下可进入有效状态 000。所以电路能够自启动。

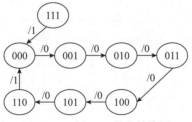

图 18-18　例 18-6 状态转换图

18.6　计数器

在计算机和数字逻辑系统中，计数器是最基本、最常用的部件之一。它不仅可以记录输入的脉冲个数，还可以实现分频、定时、产生节拍脉冲和脉冲序列等。

计数器是用于统计输入时钟脉冲的个数的单元电路，也是用于统计输入脉冲 CP 个数的电路。

计数器的分类如下。

(1) 按计数进制，可分为二进制计数器(按二进制数运算规律进行计数的电路)、十进制计数器(按十进制数运算规律进行计数的电路)和任意进制计数器(二进制和十进制以外的计数器)。

(2) 按数字的增减趋势，可分为加法计数器(对计数脉冲做递增计数的电路)、减法计数器(对计数脉冲做递减计数的电路)和可逆计数器(在加/减控制信号的作用下，可递增计数也可递减计数的电路)。

(3) 按计数器中触发器翻转是否与计数脉冲同步，分为同步计数器和异步计数器。

18.6.1 二进制计数器

根据二进制加法运算规则可知，在多位二进制数末位加 1，若第 i 位以下皆为 1 时，则第 i 位应翻转，否则本位就保持。

根据二进制减法运算规则可知，在多位二进制数末位减 1，若第 i 位以下皆为 0 时，则第 i 位应翻转，否则末位就保持。

二进制计数器可以用 JK 触发器，也可以用其他触发器。下面以四位二进制计数器为例说明二进制计数器的设计。

1. 二进制异步计数器

二进制异步计数器是将触发器接成计数器形式，时钟 CLK 加在最低位，高位脉冲接在低位的 Q 端或 $\overline{Q}$ 端。在末位+1 时，采用从低位到高位逐位进位的方式工作。

(1) 四位二进制异步加法计数器。根据二进制加法运算规则可知，每 1 位从"1"变"0"时，向高位发出进位，使高位翻转，可列出状态转换表，如表 18-9 所示。

表 18-9 四位二进制异步加法计数器转换表

CLK	Q_3	Q_2	Q_1	Q_0
0	0	0	0	0
1	0	0	0	1
2	0	0	1	0
3	0	0	1	1
4	0	1	0	0
5	0	1	0	1
6	0	1	1	0
7	0	1	1	1
8	1	0	0	0
9	1	0	0	1
10	1	0	1	0
11	1	0	1	1
12	1	1	0	0
13	1	1	0	1
14	1	1	1	0
15	1	1	1	1
0	0	0	0	0

用 4 个 JK 触发器来设计，4 个 JK 触发器都接成 T′ 触发器。

- 每来一个 CP 的下降沿时，FF_0 的状态翻转一次；
- 每当 Q_0 由 1 变 0，FF_1 的状态翻转一次；
- 每当 Q_1 由 1 变 0，FF_2 的状态翻转一次；
- 每当 Q_2 由 1 变 0，FF_3 的状态翻转一次。

根据以上分析，设计出图 18-19 所示的四位二进制异步加法计数器电路。

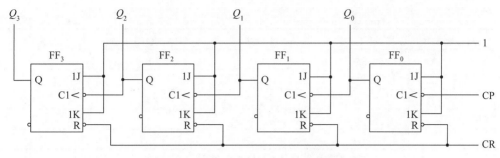

图 18-19　四位二进制异步加法计数器电路

四位二进制异步加法计数器的时序图如图 18-20 所示，状态转换图如图 18-21 所示。

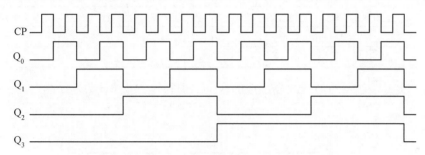

图 18-20　四位二进制异步加法计数器的时序图

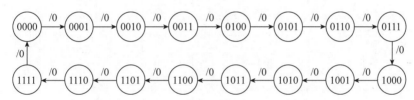

图 18-21　四位二进制异步加法计数器的状态转换图

由于每输入 16 个 CLK 脉冲触发器的状态为 1 个循环，故为十六进制计数器。若二进制数码的位数为 n，而计数器的循环周期为 2^n，这样计数器叫二进制计数器。将计数器中能计到的最大数称为计数器的容量，为 2^n-1。

计数器有分频功能，若 CLK 脉冲的频率为 f_0，则由十六进制计数器的时序图可知，输出端 Q_0、Q_1、Q_2、Q_3 的周期分别是计数脉冲(CP)周期的 2 倍、4 倍、8 倍、16 倍，因而计数器也可作为分频器。

(2) 四位二进制异步减法计数器。根据二进制减法运算规则可知，在多位二进制数末位减 1，若第 i 位以下皆为 0 时，则第 i 位应翻转。状态转换表如表 18-10 所示。

表 18-10　四位二进制异步减法计数器转换表

CLK	Q_3	Q_2	Q_1	Q_0
0	1	1	1	1
1	1	1	1	0
2	1	1	0	1
3	1	1	0	0
4	1	0	1	1
5	1	0	1	0

续表

CLK	Q_3	Q_2	Q_1	Q_0
6	1	0	0	1
7	1	0	0	0
8	0	1	1	1
9	0	1	1	0
10	0	1	0	1
11	0	1	0	0
12	0	0	1	1
13	0	0	1	0
14	0	0	0	1
15	0	0	0	0
0	1	1	1	1

用 4 个上升沿触发的 D 触发器组成的四位二进制异步减法计数器如图 18-22 所示。

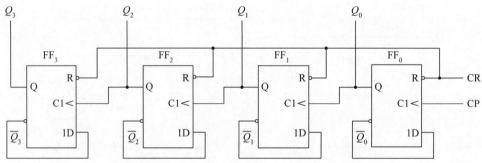

图 18-22　四位二进制异步减法计数器的电路图

由于是上升沿触发，则应将低位触发器的 Q 端与相邻高位触发器的时钟脉冲输入端相连，即从 Q 端取借位信号。四位二进制异步减法计数器同样具有分频作用。

四位二进制异步减法计数器的时序图如图 18-23 所示，状态转换图如图 18-24 所示。

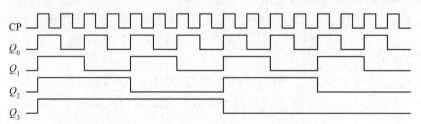

图 18-23　四位二进制异步减法计数器的时序图

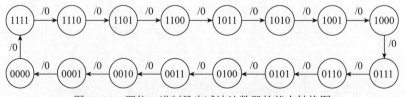

图 18-24　四位二进制异步减法计数器的状态转换图

在异步计数器中，高位触发器的状态翻转必须在相邻触发器产生进位信号(加计数)或借位信号(减计数)之后才能实现，所以工作速度较低。为了提高计数速度，可采用同步计数器。

2. 二进制同步计数器

(1) 四位二进制同步加法计数器。按照加法计数的概念，画出四位二进制加法计数器的状态转换表，如表 18-9 所示。由于该计数器翻转的规律性较强，且是同步计数器，所以将所有触发器的 CP 端连在一起，接计数脉冲。用 JK 触发器设计的四位二进制同步加法计数器如图 18-25 所示。

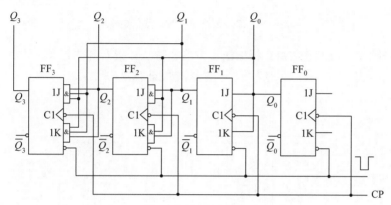

图 18-25　四位二进制同步加法计数器电路图

同步二进制计数器的逻辑电路中，每个触发器都连成 T 触发器。分析电路图可见。FF_0 每来一个 CP，向相反的状态翻转一次，所以选 $J_0=K_0=1$。

当 $Q_0=1$ 时，FF_1 来一个 CP，向相反的状态翻转一次，所以选 $J_1=K_1=Q_0$。

当 $Q_0Q_1=1$ 时，FF_2 来一个 CP，向相反的状态翻转一次，所以选 $J_2=K_2=Q_0Q_1$

当 $Q_0Q_1Q_2=1$ 时，FF_3 来一个 CP，向相反的状态翻转一次，所以选 $J_3=K_3=Q_0Q_1Q_2$。

(2) 二进制同步减法计数器。根据二进制减法运算规则可知：多位二进制数末位减 1，若第 i 位以下皆为 0 时，则第 i 位应翻转。由此得出规律，若用 T 触发器构成计数器，则第 i 位触发器输入端 T_i 的逻辑式应为 $T_0 \equiv 1$，$T_i = \overline{Q_{i-1}} \cdot \overline{Q_{i-2}} \cdots \cdot \overline{Q_0}$。由此得到四位二进制同步减法计数器的各触发器的驱动方程为

$$\begin{cases} J_0 = K_0 = 1 \\ J_1 = K_1 = \overline{Q_0} \\ J_2 = K_2 = \overline{Q_0} \cdot \overline{Q_1} \\ J_3 = K_3 = \overline{Q_0} \cdot \overline{Q_1} \cdot \overline{Q_2} \end{cases}$$

四位二进制同步减法计数器的电路如图 18-26 所示。

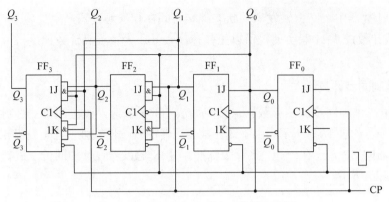

图 18-26　二进制同步减法计数器电路图

(3) 二进制同步可逆计数器。将加法计数器和减法计数器合并起来，并引入一个加/减控制信号 X 便构成四位二进制同步可逆计数器，如图 18-27 所示。

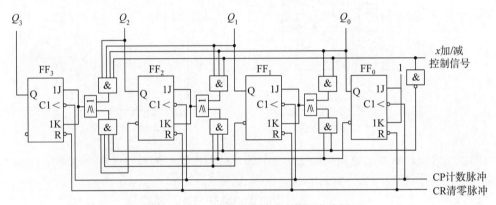

图 18-27　二进制同步可逆计数器电路图

各触发器的驱动方程为

$$\begin{cases} J_0 = K_0 = 1 \\ J_1 = K_1 = \overline{X} \cdot \overline{Q_0} + XQ_0 \\ J_2 = K_2 = \overline{X} \cdot \overline{Q_0} \cdot \overline{Q_1} + XQ_0Q_1 \\ J_3 = K_3 = \overline{X} \cdot \overline{Q_0} \cdot \overline{Q_1} \cdot \overline{Q_2} + XQ_0Q_1Q_2 \end{cases}$$

电路的具体分析与前面是相同的，这里省略。

3. 集成二进制计数器

(1) 中规模集成的四位同步二进制计数器 74161。74161 是集成四位同步二进制加法计数器，具有异步复位、同步置数、保持和计数功能，内部逻辑如图 18-28 所示，RCO 为进位输出端，其功能如表 18-11 所示。

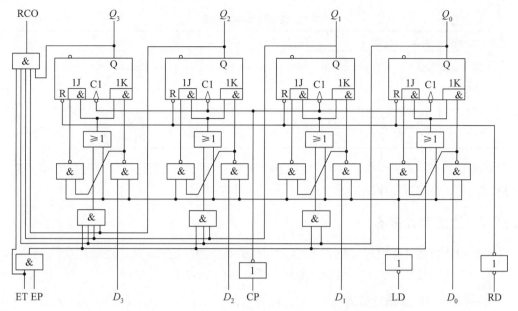

图 18-28 74161 集成四位同步二进制加法计数器电路图

表 18-11 74161 功能表

复位	预置	时钟	使能		预置数输入				输出				功能
$\overline{R_D}$	$\overline{L_D}$	CP	EP	ET	D_3	D_2	D_1	D_0	Q_3	Q_2	Q_1	Q_0	
0	×	×	×	×	×	×	×	×	0	0	0	0	清零
1	0	↑	×	×	d3	d2	d1	d0	d3	d2	d1	d0	置数
1	1	×	0	1	×	×	×	×	保持(含 RCO)				保持
1	1	×	×	0	×	×	×	×	保持(RCO=0)				保持
1	1	↑	1	1	×	×	×	×	计数				计数

74161 的引脚如图 18-29 所示。

(2) 四位二进制同步可逆计数器 74191。可逆计数器 74LS191 为单时钟方式,加/减脉冲用同一输入端,由加/减控制线的高低电平决定加/减计数。74LS191 就是单时钟方式的可逆计数器,其引脚如图 18-30 所示,功能表如表 18-12 所示。

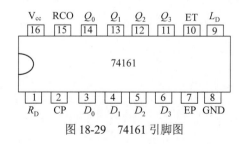

图 18-29 74161 引脚图

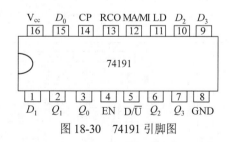

图 18-30 74191 引脚图

表 18-12　74191 功能表

加减	预置	时钟	使能	预置数输入				输出				功能
$D/\overline{U}$	$\overline{L_D}$	CP	$\overline{EN}$	D_3	D_2	D_1	D_0	Q_3	Q_2	Q_1	Q_0	
$\times$	0	$\times$	$\times$	d3	d2	d1	d0	d3	d2	d1	d0	置数
1	1	$\times$	$\times$	$\times$	$\times$	$\times$	$\times$	保持				保持
1	1	↑	0	$\times$	$\times$	$\times$	$\times$	加法计数				计数
0	1	↑	0	$\times$	$\times$	$\times$	$\times$	减法计数				计数

可逆计数器也有双时钟，比如 74LS193 为双时钟加/减计数器，一个时钟用作加法计数脉冲，另一个时钟用作减法计数脉冲。

18.6.2　十进制计数器

N 进制计数器又称模 N 计数器。当 $N=2^n$ 时，就是前面讨论的 n 位二进制计数器；当 $N\neq2^n$ 时，为非二进制计数器。非二进制计数器中最常用的是十进制计数器。

1. 同步十进制加法计数器

同步十进制加法计数器状态转换表如表 18-13 所示。

表 18-13　同步十进制加法计数器状态转换表

CLK	Q_3	Q_2	Q_1	Q_0
0	0	0	0	0
1	0	0	0	1
2	0	0	1	0
3	0	0	1	1
4	0	1	0	0
5	0	1	0	1
6	0	1	1	0
7	0	1	1	1
8	1	0	0	0
9	1	0	0	1
0	0	0	0	0

用 JK 触发器设计出的同步十进制加法计数器电路如图 18-31 所示。下面对此电路做分析。

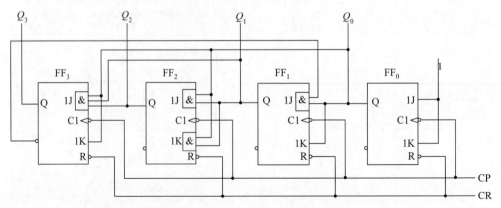

图 18-31　同步十进制加法计数器电路

(1) 写出驱动方程。

$$\begin{cases} J_0 = K_0 = 1 \\ J_1 = \overline{Q_3}Q_0, \quad K_1 = Q_0 \\ J_2 = K_2 = Q_0Q_1 \\ J_3 = Q_0Q_1Q_2, \quad K_3 = Q_0 \end{cases}$$

(2) 写出电路的状态方程。列出 JK 触发器的特性方程 $Q^{n+1} = J\overline{Q} + \overline{K}Q$，将各驱动方程代入 JK 触发器的特性方程，得各触发器的次态方程

$$\begin{cases} Q_3^{n+1} = Q_0Q_1Q_2\overline{Q_3} + \overline{Q_0}Q_3 \\ Q_2^{n+1} = Q_0Q_1\overline{Q_2} + \overline{Q_0Q_1}Q_2 \\ Q_1^{n+1} = \overline{Q_3} \cdot \overline{Q_1}Q_0 + \overline{Q_0}Q_1 \\ Q_0^{n+1} = \overline{Q_0} \end{cases}$$

(3) 设初态为 $Q_0Q_1Q_2Q_3 = 0000$，代入次态方程进行计算得状态转换表，如表 18-14 所示。

表 18-14   用 JK 触发器设计出的同步十进制加法计数器状态转换表

CLK	Q_3	Q_2	Q_1	Q_0
0	0	0	0	0
1	0	0	0	1
2	0	0	1	0
3	0	0	1	1
4	0	1	0	0
5	0	1	0	1
6	0	1	1	0
7	0	1	1	1
8	1	0	0	0
9	1	0	0	1
0	0	0	0	0
1	1	0	1	0
2	1	0	1	1
3	0	1	0	0
0	1	1	0	0
1	1	1	0	1
2	0	1	0	0
0	1	1	1	0
1	1	1	1	1
2	0	0	0	0

(4) 根据转换表做出状态转换图，如图 18-32 所示。

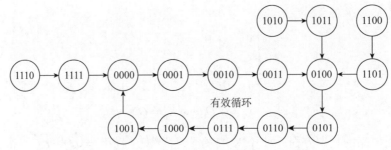

图 18-32 同步十进制加法计数器状态转换图

(5) 最终得出时序图，如图 18-33 所示。

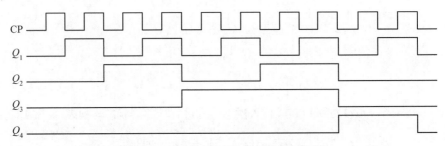

图 18-33 同步十进制加法计数器时序图

(6) 检查电路能否自启动。由于电路中有 4 个触发器，它们的状态组合共有 16 种，而计数器电路中只用了 10 种，称为有效状态，其余 6 种状态称为无效状态。当由于某种原因导致计数器进入无效状态时，如果能在时钟信号作用下最终进入有效状态，则该电路具有自启动能力。

2. 异步十进制加法计数器

图 18-34 所示电路是用 JK 触发器设计的异步十进制加法计数器，用前面介绍的异步时序逻辑电路分析方法对该电路进行分析。

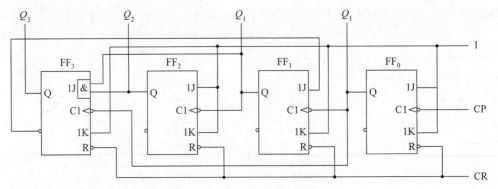

图 18-34 异步十进制加法计数器电路

(1) 写出各逻辑方程式。

时钟方程：$CP_0 = CP\downarrow$，时钟脉冲源的下降沿触发。

- $CP_1 = Q_0\downarrow$，当 FF_0 的 Q_0 由 1→0 时，Q_1 才可能改变状态。
- $CP_2 = Q_1\downarrow$，当 FF_1 的 Q_1 由 1→0 时，Q_2 才可能改变状态。

- $CP_3 = Q_0 \downarrow$，当 FF_0 的 Q_0 由 $1 \rightarrow 0$ 时，Q_3 才可能改变状态。

各触发器的驱动方程：

$$\begin{cases} J_0 = K_0 = 1 \\ J_1 = \overline{Q_3}, \ K_1 = 1 \\ J_2 = K_2 = 1 \\ J_3 = Q_1 Q_2, \ K_3 = 1 \end{cases}$$

(2) 将各驱动方程代入 JK 触发器的特性方程，得各触发器的次态方程：

$$\begin{cases} Q_3^{n+1} = Q_1 Q_2 \overline{Q_3} \\ Q_2^{n+1} = \overline{Q_2} \\ Q_1^{n+1} = \overline{Q_3} \cdot \overline{Q_1} \\ Q_0^{n+1} = \overline{Q_0} \end{cases}$$

(3) 设初态为 $Q_0 Q_1 Q_2 Q_3 = 0000$，代入次态方程进行计算，得状态转换表，如表 18-13 所示。

3. 集成十进制计数器

(1) 同步加法计数器 74160。根据同步十进制加法计数器原理做成集成同步十进制加法计数器 74160，其功能表如表 18-15 所示。图 18-35 所示是 74160 的逻辑符号，图 18-36 所示是 74160 的引脚图。

表 18-15　74160 功能表

复位	预置	时钟	使能		预置数输入				输出				功能
$\overline{R_D}$	$\overline{L_D}$	CP	EP	ET	D_3	D_2	D_1	D_0	Q_3	Q_2	Q_1	Q_0	
0	$\times$	$\times$	$\times$	$\times$	$\times$	$\times$	$\times$	$\times$	0	0	0	0	清零
1	0	$\uparrow$	$\times$	$\times$	d3	d2	d1	d0	d3	d2	d1	d0	置数
1	1	$\times$	0	1	$\times$	$\times$	$\times$	$\times$	保持(含 RCO)				保持
1	1	$\times$	$\times$	0	$\times$	$\times$	$\times$	$\times$	保持(RCO=0)				保持
1	1	$\uparrow$	1	1	$\times$	$\times$	$\times$	$\times$	计数				计数

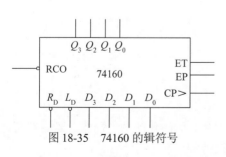

图 18-35　74160 的辑符号

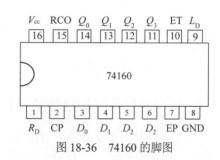

图 18-36　74160 的脚图

(2) 二-五-十进制异步加法计数器 74290，其电路图如图 18-37 所示。74290 包含一个独立的 1 位二进制计数器和一个独立的异步五进制计数器。74290 具有异步清零、异步置数(置 9)和计数功能。

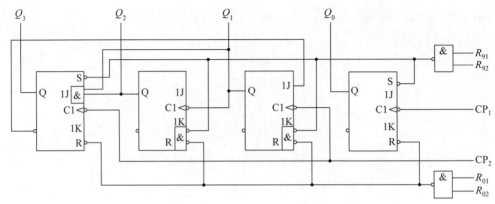

图 18-37　异步二–五–十进制计数器电路

二进制计数器的时钟输入端为 CP_1，输出端为 Q_0；

五进制计数器的时钟输入端为 CP_2，输出端为 Q_1、Q_2、Q_3。

如果将 Q_0 与 CP_2 相连，CP_1 作为时钟脉冲输入端，$Q_0 \sim Q_3$ 作为输出端，则为十进制计数器，对其电路的分析读者可自行完成。表 18-16 所示为 74290 的功能表。图 18-38 所示是 74290 的逻辑符号，图 18-39 所示是 74290 的引脚图。

表 18-16　714290 功能表

复位		置位		时钟	输出				功能
R_{01}	R_{02}	S_{91}	S_{92}	CP	Q_3	Q_2	Q_1	Q_0	
1	1	0	$\times$	$\times$	0	0	0	0	清零
1	1	$\times$	0	$\times$	0	0	0	0	清零
$\times$	$\times$	1	1	$\times$	1	0	0	1	置数
0	$\times$	0	$\times$	$\downarrow$	计数				计数
0	$\times$	$\times$	0	$\downarrow$	计数				计数
$\times$	0	0	$\times$	$\downarrow$	计数				计数
$\times$	0	$\times$	0	$\downarrow$	计数				计数

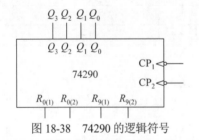

图 18-38　74290 的逻辑符号

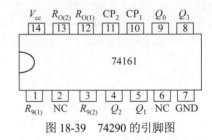

图 18-39　74290 的引脚图

18.6.3　用集成计数器构成任意计数器

二进制计数器和十进制计数器是常用的计数器，有商品化的器件出售。若需要其他进制计数器，一般需要用二进制或十进制计数器改接得到。

若已有 N 进制计数器(如 74LS161)，现在要实现 M 进制计数器，有以下三种可能：

(1) $M = N$，这种情况直接使用，不需要改接。

(2) $M < N$，这种情况直接使用，需要改接。

(3) $M > N$，这种情况直接使用，需要改接。

1. $M < N$ 的情况

在 N 进制计数器的顺序计数过程中，若设法使之跳过 $N-M$ 个状态，就可以得到 M 进制计数器了，其方法有置零法(复位法)和置数法(置位法)两种。图 18-40 所示为清零法的状态转换图，其思想是跳过 N 进制计数器状态中的后面的 $N-M$ 个状态，即构成 M 进制计数器。图 18-41 所示为置数法的状态转换图，其思想是跳过 N 进制计数器状态中的 $N-M$ 个状态，即构成 M 进制计数器，可以跳过任意连续的 $N-M$ 个状态。

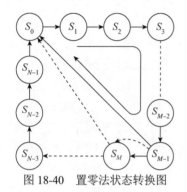

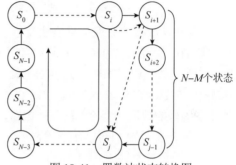

图 18-40 置零法状态转换图   图 18-41 置数法状态转换图

(1) 置零法。置零法适用于置零(异步或同步)输入端的计数器，如异步置零的有 74LS160、74LS161、74LS191、74LS190、74LS290，同步置零的有 74LS163、74LS162，其工作原理如图 18-40 所示。

若原来的计数器为 N 进制，初态从 S_0 开始，则到 S_{M-1} 为 M 个循环状态。若清零为异步清零，故提供清零信号的状态为暂态，它不能计一个脉冲，所以为了实现 M 进制计数器，提供清零信号的状态为 S_M。若清零为同步清零，提供清零信号的状态为 S_{M-1}。

【例 18-7】用集成计数器 74160 和与非门组成六进制计数器。

解: 74160 为异步清零，有效循环为 0000～1001，由于初态为 0000，故六进制为 6 个状态循环，即 0000～0101，74160 是异步清零，所以回零信号取自 0110。状态转换图如图 18-42 所示。电路如图 18-43 所示。

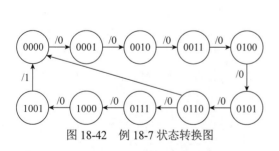

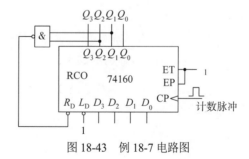

图 18-42 例 18-7 状态转换图   图 18-43 例 18-7 电路图

由于清零信号随着计数器被清零而立即消失，其持续的时间很短，有时触发器可能来不及动作(复位)，清零信号已经过时，导致电路误动作，故置零法的电路工作可靠性低。为了改善电路的性能，在清零信号产生端和清零信号输入端之间接一个基本 RS 触发器，如例 18-7 中的电路改接成图 18-44 所示电路。

(2) 置数法。置数法是利用计数器的置数功能，当计数达到某个状态时强制置为另一个状态以跳过多余的状态，有置0、置最小值和置最大值三种方法。

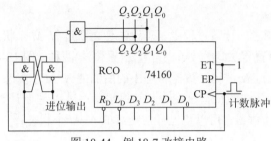

图 18-44 例 18-7 改接电路

① 置0法改接的原理与复位法类似。计数器从全0状态 S_0 开始计数，对于具有异步置数功能的计数器(如 74HC190 或 74HC191)，在状态到达 S_M 时使置数功能有效，将预先设置好的数据"全0"立即置入计数器，使状态返回 S_0；对于具有同步置数功能的计数器(如 74HC160～74HC163)，在状态到达 S_{M-1} 时使置数功能有效，当下次时钟脉冲有效沿到来时将预先设置好的数据"全0"置入计数器，使状态返回 S_0。通过置数法进行改接时，也可以从任一状态 S_i 开始，计满 M 个状态后触发置数功能有效使状态返回 S_i，然后循环上述过程。

② 置最小值法是选取 M 个有效状态为 S_{N-M}～S_{N-1}，当计数器达到最后一个状态 S_{N-1} 时触发同步置数功能有效，在下次时钟脉冲到来时将状态置为 S_{N-M}。

③ 置最大值法是选取 M 个循环状态为 S_0～S_{M-2} 和 S_{N-1}，当计数器状态达到 S_{M-2} 时触发同步置数功能有效，在下次时钟脉冲到来时将状态置为 S_{N-1}。

【例 18-8】用集成计数器 74160 和与非门利用置数法组成六进制计数器。

解：①置0法。选择从状态 0101 译码转入 0000 状态。这种方法和复位法相似，其状态转换图如图 18-45 所示，实现电路如图 18-46 所示。

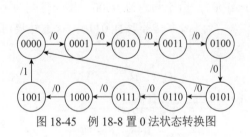

图 18-45 例 18-8 置0法状态转换图

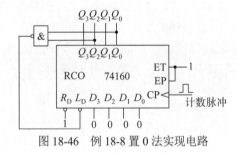

图 18-46 例 18-8 置0法实现电路

② 置最小值法。选择从状态 1001 译码转入 0100 状态，其状态转换图如图 18-47 所示，实现电路如图 18-48 所示。

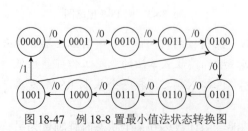

图 18-47 例 18-8 置最小值法状态转换图

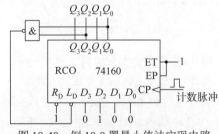

图 18-48 例 18-8 置最小值法实现电路

③ 置最大值法.选择从状态 0100 译码转入 1001 状态,其状态转换图如图 18-49 所示,
实现电路如图 18-50 所示。

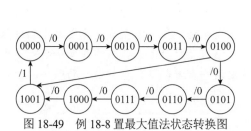

图 18-49　例 18-8 置最大值法状态转换图

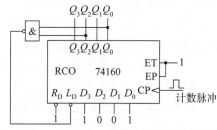

图 18-50　例 18-8 置最大值法实现电路

2. M>N 的情况

这种情况下,必须用多片 N 进制计数器组合起来,才能构成 M 进制计数器。连接方
式有串行进位方式、并行进位方式、整体置零方式和整体置数方式。

(1) 若要实现的 M 进制可分解成两个小于 N 的因数相乘,即 $M=N_1 \times N_2$,则先将 N
进制计数器接成 N_1 进制计数器和 N_2 进制计数器,再采用串行进位或并行进位方式将两个
计数器连接起来,构成 M 进制计数器。

【例 18-9】用集成计数器 74160 和必要门电路组成二十五进制计数器。

解: 25=5×5 且 5 小于 10。可以用一片 74160 改接成五进制,第二片 74160 改接成五
进制,再采用串行进位或并行进位方式将两个计数器连接起来,构成二十五进制计数器。

① 串行进位方式。以低位片的进位信号作为高位片的时钟输入信号,这种级联方式
称为串行进位,电路如图 18-51 所示。

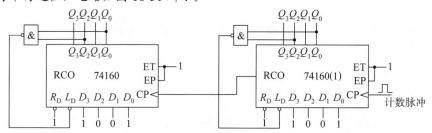

图 18-51　例 18-9 串行进位方式组成的二十五进制计数器

② 并行进位方式。以低位片的进位输出信号作为高位片的工作状态控制信号,两片的计
数脉冲接在同一计数输入脉冲信号上,这种级联方式称为串行进位,电路如图 18-52 所示。

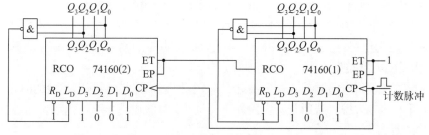

图 18-52　例 18-9 并行进位方式组成的二十五进制计数器

(2) 若要实现的 M 进制为不能分解的素数,可用两片 74160 级联组成 $10^2=100$ 进制计

数器且$100>M$(若$100<M$，可用三片甚至四片级联直至大于M)，再采用整体置零方式或整体置数方式构成M进制计数器。

【例18-10】 用集成计数器74160和必要门电路组成三十七进制计数器。

解： 37不能分解。可以使用两片74160采用串行进位方式或并行进位方式级联成一百进制计数器，再把一百进制计数器利用整体置零方式或整体置数方式构成三十七进制计数器。图18-53所示为用整体复位的方式组成的三十七进制计数器。其中两片74160先采用并行进位的方式级联成一百进制计数器，然后再把该一百进制计数器利用前面所讲的复位法(这里叫整体复位)改接成三十七进制计数器。

也可以使用整体置数法，这种方法这里就不赘述了，读者可自行完成。

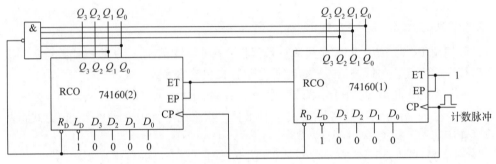

图18-53　例18-10用整体复位的方式组成的三十七进制计数器

习题18

1. 时序逻辑电路按各位触发器接受(　　)信号的不同，可分为(　　)步时序逻辑电路和(　　)步时序逻辑电路两大类。在(　　)步时序逻辑电路中，各位触发器无统一的(　　)信号，输出状态的变化通常不是(　　)发生的。

2. 根据已知的(　　)，找出电路的(　　)和其现态及(　　)之间的关系，最后总结出电路逻辑(　　)的一系列步骤，称为时序逻辑电路的(　　)。

3. 时序逻辑电路的触发器位数为n，电路状态按(　　)数的自然态序循环，经历的独立状态为2^n个，则称此类电路为(　　)计数器。(　　)计数器除了按(　　)、(　　)分类外，按计数的(　　)规律还可分为(　　)计数器、(　　)计数器和(　　)计数器。

4. 在(　　)计数器中，要表示一位十进制数时，至少要用(　　)位触发器才能实现。十进制计数电路中最常采用的是(　　)BCD代码来表示一位十进制数。

5. 时序逻辑电路中仅有存储记忆电路而没有逻辑门电路时，构成的电路类型通常称为(　　)型时序逻辑电路；如果电路中除了有存储记忆电路的输入端子，还有逻辑门电路的输入时，构成的电路类型称为(　　)型时序逻辑电路。

6. 分析时序逻辑电路时，首先要根据已知逻辑的电路图分别写出相应的(　　)方程、(　　)方程和(　　)方程，若所分析电路属于(　　)步时序逻辑电路，则还要写出各位触发器的(　　)方程。

7. 时序逻辑电路中某计数器中的(　　)码，若在开机时出现，不需要人工或其他设备的干预，计数器能够很快自行进入(　　)，使(　　)码不再出现的能力称为(　　)能力。

8. 在(　　)、(　　)、(　　)等电路中，计数器应用得非常广泛。构成一个六进制计数器最少要采用(　　)位触发器，这时构成的电路有(　　)个有效状态，(　　)个无效状态。

9. 说明同步时序逻辑电路和异步时序逻辑电路有何不同？

10. 钟控的 RS 触发器能用作移位寄存器吗？为什么？

11. 何谓计数器的自启动能力？

12. 施密特触发器具有什么显著特征？主要应用有哪些？

13. 试写出图 18-54 所示电路的驱动方程、状态方程、输出方程与状态图，并按照所给波形画出输出端 Y 的波形。

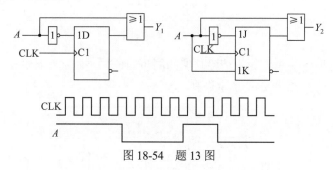

图 18-54　题 13 图

14. 分析图 18-55 所示的电路，写出驱动方程、状态方程、输出方程，画出状态表和状态图。

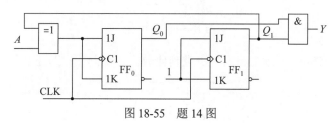

图 18-55　题 14 图

15. 分析图 18-56 所示的电路，写出驱动方程、状态方程、输出方程，画出状态表和状态图。

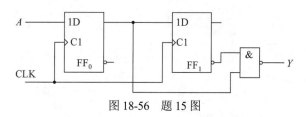

图 18-56　题 15 图

16. 分析图 18-57 所示的电路，写出驱动方程、状态方程、输出方程，画出状态表和状态图。

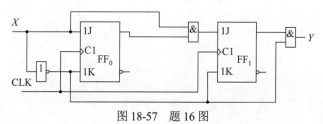

图 18-57　题 16 图

17. 试用上升沿 JK 触发器构成异步三位二进制加法计数器，要求画出逻辑电路图，以及计数器输入时钟 CLK 与 JK 触发器输出端 $Q_2 \sim Q_0$ 的波形图。

18. 图 18-58 所示为异步四位二进制加法计数器 74LS293 组成的计数器电路，试说明该计数电路是多少进制计数器，并说明复位信号 RESET 的有效电平，

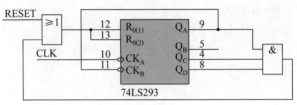

图 18-58   题 18 图

19. 图 18-59 所示为具有异步清除功能的同步四位二进制加法计数器 74LS161 组成的计数电路，试说明该计数电路是多少进制。

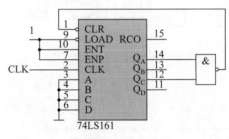

图 18-59   题 19 图

20. 试判断图 18-60 所示电路为多少进制计数器，是同步电路还是异步电路。

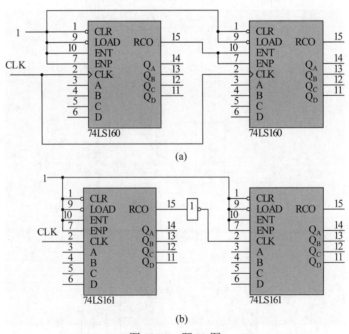

图 18-60   题 20 图

21. 用 74LS161 采用置数法组成十一进制计数器。

22. 用 74LS160 采用清零法组成七进制计数器。

23. 用 2 片 74LS161 采用整体清零法组成一百二十八进制计数器。

24. 用 2 片 74LS161 采用整体置数法组成一百二十八进制计数器。

25. 用 2 片 74LS160 组成六十进制计数器。

第19章　脉冲电路

本章主要介绍脉冲的产生和整形电路，以最常用的 555 定时器为基础介绍了它所构成的施密特触发器、单稳态触发器及多谐振荡器的电路与工作原理。

19.1　描述脉冲的主要参数

脉冲信号是指短时间内突变，且在很短的时间内复原的信号。凡是不具有连续正弦波形的信号，都可以称为脉冲信号。在数字电路中，最常使用的脉冲信号是矩形脉冲，也称为矩形波。时序逻辑电路中的时钟信号即矩形脉冲。实际的矩形脉冲如图 19-1 所示。

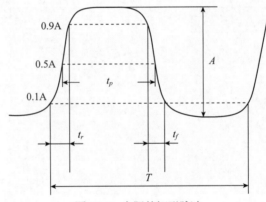

图 19-1　实际的矩形脉冲

脉冲主要有以下几个参数。

(1) 脉冲幅度 A。脉冲幅度是指脉冲变化的最大值，如图 19-1 的 A 所示。

(2) 脉冲上升沿 t_r。脉冲上升沿是指脉冲从幅度的 10%上升至幅度的 90%所需要的时间，如图 19-1 的 t_r 所示。

(3) 脉冲下降沿 t_f。脉冲下降沿是指脉冲从幅度的 90%下降至幅度的 10%所需要的时间，如图 19-1 的 t_f 所示。

(4) 脉冲宽度 t_p。脉冲宽度是指脉冲从上升沿幅度的 50%到下降沿幅度的 50%所需要的时间，如图 19-1 的 t_p 所示。

(5) 周期 T。周期是指脉冲从上升沿幅度的 10%到临近一个脉冲上升沿幅度的 10%所需要的时间，如图 19-1 的 T 所示。

(6) 占空比 q。占空比是指脉冲宽度与脉冲周期的比值。

脉冲信号有正和负之分，正脉冲是指脉冲跃变后的值比初始值高；负脉冲是指脉冲跃变后的值比初始值低。

19.2　555 定时器

555 定时器是一种将模拟电路和数字电路集成于一体的电子器件，它可以构成单稳态触发器、多谐振荡器和施密特触发器等多种电路。555 定时器在工业控制、定时、检测、报警等方面有广泛应用。

555 定时器为双极型产品，7555 为 CMOS 型产品，为了满足实际需求，又出现了双极型 556 和 CMOS 型 7556 产品。尽管厂家不同，但各种类型的 555 定时器的功能及外部引脚排列都是相同的。

19.2.1　555 定时器的电路结构

图 19-2 为国产双极型定时器 CB555 的内部电路图。它由以下几部分组成：电压比较器(C_1、C_2)触发器、输出缓冲器(G_3、G_4)OC、输出的三极管(T)。图形符号如图 19-3 所示。

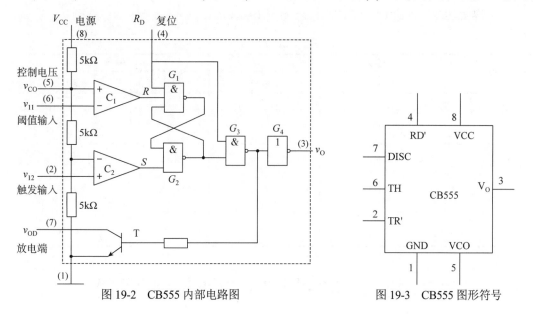

图 19-2　CB555 内部电路图　　　　　　　图 19-3　CB555 图形符号

19.2.2　555 定时器各引脚的名称和功能

图 19-2 中：

(1) 为接地端。

(2) 为低电平触发端。

(3) 为输出端，输出电流可达 200mA，直接驱动继电器、发光二极管、扬声器、指示灯等，输出电压低于电源电压 1～3V。

(4) 为复位端，若此端输入一个负脉冲，而使触发器直接复位，不用时加以高电平。

(5) 为电压控制端，此端可外加一个电压以改变比较器的参考电压，不用时可悬空或通过 $0.01\mu F$ 的电容接地。

(6) 为高电平触发端。

(7) 为放电端，当触发器的 $Q = 0$ 时，T 导通，外接电容 C 通过此管放电。

(8) 为电源端，可在 5~18V 范围内使用。

19.2.3 555 定时器的工作原理

(1) 4 脚为复位输入端(R_D)，当 R_D 为低电平时，不管其他输入端的状态如何，输出 vo 为低电平。正常工作时，应将其接高电平。

(2) 5 脚为电压控制端，当其悬空时，比较器 C_1 和 C_2 的比较电压分别为 $2/3V_{CC}$ 和 $1/3V_{CC}$。

(3) 2 脚为触发输入端，6 脚为阈值输入端，两端的电位高低控制比较器 C_1 和 C_2 的输出，从而控制 RS 触发器，决定输出状态。

(4) 输出 $V_O=0$ 时，G_3 输出为 1，因此 TD 导通；输出 $V_0=1$ 时，G_3 输出为 0，故 TD 截止。

(5) TH 电平高低是与 $2/3V_{CC}$ 相比较，TR 电平高低是与 $1/3V_{CC}$ 相比较。若控制输入端 u_{CO} 加输入电压 u_{CO}，则 $U_{R1} = u_{CO}$，$U_{R2} = u_{CO}/2$，故 TH 和 TR 电平高低的比较值将变成 u_{CO} 和 $u_{CO}/2$。通常不用 u_{CO} 端，为了提高电路工作稳定性，将其通过 $0.01\mu F$ 电容接地。

总结以上功能，列出 CB555 的功能表如表 19-1 所示。

表 19-1 CB555 功能表

输入			输出	
$\overline{R_D}$	u_{I1}	u_{I2}	u_o	T
0	×	×	低	导通
1	$>\dfrac{2}{3}V_{CC}$	$>\dfrac{1}{3}V_{CC}$	低	导通
1	$<\dfrac{2}{3}V_{CC}$	$>\dfrac{1}{3}V_{CC}$	不变	不变
1	$<\dfrac{2}{3}V_{CC}$	$<\dfrac{1}{3}V_{CC}$	高	截止
1	$>\dfrac{2}{3}V_{CC}$	$<\dfrac{1}{3}V_{CC}$	高	截止

19.3 用 555 定时器接成的施密特触发器

施密特触发器可以把非脉冲信号或非标准幅值的脉冲信号转换为标准幅值的脉冲信号，也就是输入可以是模拟信号，也可以是幅值不规则的脉冲信号，输出是数字电路标准的高、低电平。施密特触发器也是一种双稳态触发器，与滞回比较器相类似，具有下面两个性能特点。

(1) 输入信号从低电平上升的过程中，电路状态转换时对应的输入电平，与输入信号从高电平下降过程中对应的输入转换电平不同。

(2) 在电路状态转换时，通过电路内部的正反馈过程使输出电压波形的边沿变得很陡。

利用这两个特点不仅能将边沿变化缓慢的信号波形整形为边沿陡峭的矩形波，而且可以将叠加在矩形波脉冲高、低电平上的噪声有效地清除。

19.3.1 施密特触发器电路的组成

由 CB555 构成的施密特触发器电路如图 19-4 所示，它是将 2 和 6 两个输入端合并起来作为输入。

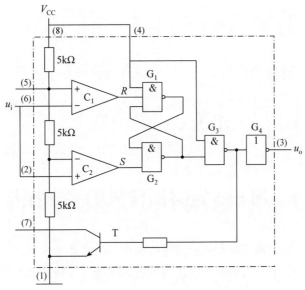

图 19-4 CB555 构成的施密特触发器电路

19.3.2 施密特触发器的工作原理

由图 19-4 可知：

(1) 当 u_i 处于 $0 < u_i < \frac{1}{3}V_{CC}$ 且为上升区间时，$u_o = 1$。

(2) 当 u_i 处于 $\frac{1}{3}V_{CC} < u_i < \frac{2}{3}V_{CC}$ 且为上升区间时，$u_o = 1$ 保持不变。

(3) 当 u_i 处于 $u_i \geqslant \frac{2}{3}V_{CC}$ 且为上升区间时，输出从 $u_o = 1$ 翻转为 $u_o = 0$。此刻对应的 u_i 值称为复位电平或上限阈值电压。

(4) 当 u_i 处于 $\frac{1}{3}V_{CC} < u_i < \frac{2}{3}V_{CC}$ 下降区间时，输出 $u_o = 0$ 保持不变。

(5) 当 u_i 处于 $u_i \leqslant \frac{1}{3}V_{CC} \leqslant u_i$ 区间时，输出从 $u_o = 0$ 翻转为 $u_o = 1$。此刻对应的 u_i 值称为置位电平或下限阈值电压。

根据以上分析可画出电压传输特性，如图 19-5 所示。

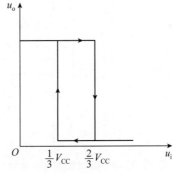

图 19-5 施密特触发器的电压传输特性

19.3.3 施密特触发器的主要参数

(1) 上限阈值电压 V_{T+}，是指输入 u_i 上升过程中，输出电压 u_o 由高电平 V_{OH} 跳变到低电

平 V_{OL} 时，所对应的输入电压值 $V_{T+} = \dfrac{2}{3}V_{CC}$。

(2) 下限阈值电压 V_{T-}，是指输入 u_i 下降过程中，输出电压 u_o 由高电平 V_{OL} 跳变到低电平 V_{OH} 时，所对应的输入电压值 $V_{T-} = \dfrac{1}{3}V_{CC}$。

(3) 回差电压 ΔV_T，$\Delta V_T = V_{T+} - V_{T-} = \dfrac{1}{3}V_{CC}$。

19.3.4 施密特触发器的应用

(1) 用作接口电路。将缓慢变化的输入信号转换成符合 TTL 系统要求的脉冲波形。

(2) 用作整形电路。把不规则的输入信号整形成为矩形脉冲。

(3) 用于脉冲鉴幅。从一系列幅度不同的脉冲信号中，选出那些幅度大于 V_{T+} 的输入脉冲。

19.4 用 555 定时器接成的多谐振荡器

多谐振荡器是一种无稳态触发器，接通电源后，不须外加触发信号就能产生矩形波输出。由于矩形波中含有丰富的谐波，故称为多谐振荡器。多谐振荡器没有稳态，只有两个暂稳态。当电路处于一个暂稳态时，经过一段时间会自行翻转到另一个暂稳态。两个暂稳态交替转换输出矩形波，所以多谐振荡器为脉冲产生电路。

19.4.1 多谐振荡器电路的组成及工作原理

由 CB555 构成的多谐振荡器电路如图 19-6 所示。

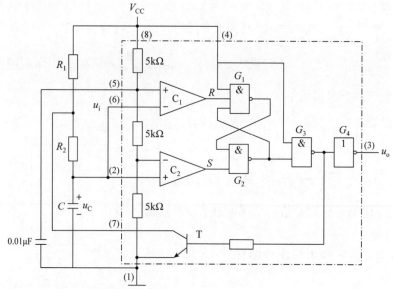

图 19-6 CB555 构成的多谐振荡器

假定零时刻电容初始电压为 0，零时刻接通电源后，因电容两端电压不能突变，则有

$u_C = 0 < \dfrac{1}{2}V_{CC}$，输出 $u_o = 1$，放电管截止，直流电源通过电阻 R_1、R_2 向电容 C 充电，电容

电压 u_C 开始上升，充电时间常数 $\tau = (R_1 + R_2)C$；当电容两端电压 $u_C \geq \dfrac{2}{3}V_{CC}$ 时，(2)和(6)

端的输入 $\geq \dfrac{2}{3}V_{CC}$，那么输出就由一种暂稳状态自动返回另一种暂稳状态，由于充电电流从

放电端 D 入地，电容不再充电，反而通过电阻 R_2 和放电端(1)向地放电，电容电压 u_C 开始

下降，放电时间常数 $\tau = R_2C$；当电容两端电压 $u_C \leq \dfrac{1}{3}V_{CC}$ 时，(2)和(6)端的输入 $\leq \dfrac{1}{3}V_{CC}$，

那么输出就由 $u_o = 0$ 变为 $u_o = 1$，同时放电管由导通变为截止；电源通过 R_1、R_2 重新向 C

充电，重复上述过程。其输出电压和电容器电压的波形如图 19-7 所示。

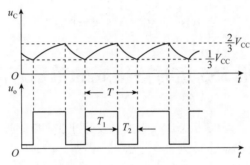

图 19-7　多谐振荡器的波形

19.4.2　多谐振荡器振荡频率的估算

(1) 电容充电时间 T_1。用三要素法计算：

$$T_1 = \tau_1 \ln \frac{u_C(\infty) - u_C(0^+)}{u_C(\infty) - u_C(T_1)} = \tau_1 \ln \frac{V_{CC} - \dfrac{1}{3}V_{CC}}{V_{CC} - \dfrac{2}{3}V_{CC}} = 0.7(R_1 + R_2)C$$

(2) 电容放电时间 $T_2 = 0.7R_2C$。

(3) 电路振荡周期 $T = T_1 + T_2 = 0.7(R_1 + 2R_2)C$。

(4) 电路振荡频率 $f = \dfrac{1}{T} \approx \dfrac{1.43}{(R_1 + 2R_2)C}$。

(5) 输出波形占空比 $q = \dfrac{T_1}{T} = \dfrac{R_1 + R_2}{R_1 + 2R_2}$。

19.4.3　占空比可调的多谐振荡器

占空比可调的多谐振荡器如图 19-8 所示，可计算得：

$$T_1 = 0.7R_1C$$
$$T_2 = 0.7R_2C$$

占空比为

$$q = \frac{T_1}{T} = \frac{T_1}{T_1 + T_2} = \frac{0.7R_1C}{0.7R_1C + 0.7R_2C} = \frac{R_1}{R_1 + R_2}$$

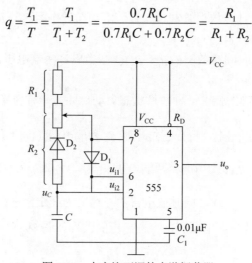

图 19-8　占空比可调的多谐振荡器

19.5　用 555 定时器接成的单稳态触发器

　　单稳态触发器只有一个稳定状态。在未加触发脉冲前，电路处于稳定状态；在触发脉冲的作用下，电路由稳定状态翻转为暂稳定状态，停留一段时间后，电路又自动返回稳定状态。暂稳定状态的长短取决于电路的参数，与触发脉冲无关。

19.5.1　单稳态触发器的工作原理

　　CB555 构成的单稳态触发器电路如图 19-9 所示。

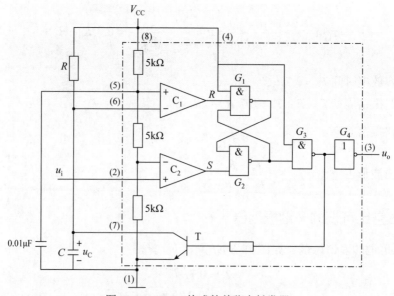

图 19-9　CB555 构成的单稳态触发器

　　(1) 无触发信号输入时，电路工作在稳定状态。

当 $u_i = 1$ 时，电路工作在稳定状态，即 $u_o = 0$，$u_C = 0$。

(2) $u_i \downarrow$ 下降沿触发。

当 u_i 下降沿到达时，u_o 由 0 跳变为 1，电路由稳态转入暂稳态。

(3) 暂稳态的维持时间。

在暂稳态期间，三极管 T 截止，V_{CC} 经 R 向 C 充电。时间常数 $\tau_1 = RC$，u_C 由 0 开始增大，在 u_C 上升到 $\dfrac{2}{3}V_{CC}$ 之前，电路保持暂稳态不变。

(4) 自动返回(暂稳态结束)时间。

当 u_C 上升到 $\dfrac{2}{3}V_{CC}$ 时，u_o 由 1 跳变 0，三极管 T 由截止转为饱和导通，电容 C 经 T 迅速放电，电压 u_C 迅速降至 0，电路由暂稳态重新转入稳态。

(5) 恢复过程。

当暂稳态结束后，电容 C 通过饱和导通的放电三极管 T 放电，时间常数 $\tau_1 = R_{CES}C$，经过 $(3\sim5)\tau_2$ 后，电容 C 放电完毕，恢复过程结束。

根据以上分析，得出单稳态电路的波形如图 19-10 所示。

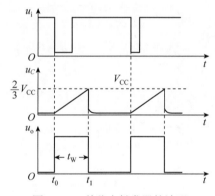

图 19-10　单稳态触发器的波形

19.5.2　单稳态触发器主要参数估算

(1) 输出脉冲宽度 t_W。用三要素法计算：

$$t_W = \tau_1 \ln\frac{u_C(\infty) - u_C(0^+)}{u_C(\infty) - u_C(t_W)} = \tau_1 \ln\frac{V_{CC} - 0}{V_{CC} - \dfrac{2}{3}V_{CC}} = 1.1RC$$

上式说明，单稳态触发器输出脉冲宽度 t_W 仅决定于定时元件 R、C 的取值，与输入触发信号和电源电压无关，调节 R、C 的取值，即可方便地调节 t_W。

(2) 恢复时间 $t_{re} = (3\sim5)\tau_2$。

(3) 最高工作频率 f_{max}。

u_i 周期的最小值为 $T_{min} = t_W + t_{re}$，因此，单稳态触发器的最高工作频率应为

$$f_{max} = \frac{1}{T_{min}} = \frac{1}{t_W + t_{re}}$$

习题 19

1. 用定时器 555 组成单稳态电路，要求按钮按下后，定时器 555 暂稳态时间为 1s。试选择电阻与电容并画出电路图。

2. 用定时器 555 组成多谐振荡器，要求输出电压 u_o 的方波周期为 1ms，试选择电阻与电容并画出电路图。

3. 用定时器 555 和 JK 触发器 74LS76 组成 4000Hz 与 2000Hz 的时钟电路。

参 考 文 献

[1] 邱关源，罗先觉. 电路[M]. 5 版. 北京：高等教育出版社，2006.

[2] 李翰逊. 电路分析基础[M]. 3 版. 北京：高等教育出版社，1993.

[3] 秦曾煌. 电工学[M]. 7 版. 北京：高等教育出版社，2006.

[4] 周守昌. 电路原理[M]. 5 版. 北京：高等教育出版社，2004.

[5] 燕庆明. 电路分析教程[M]. 北京：高等教育出版社，2003.

[6] 吴大正. 电路基础[M]. 2 版. 西安：西安电子科技大学出版社，2000.

[7] 于歆杰，朱桂萍，陆文娟. 电路原理[M]. 北京：清华大学出版社，2007.

[8] 张永瑞，王松林. 电路基础教程[M]. 北京：科学出版社，2005.

[9] 范承志，孙盾，童梅. 电路原理[M]. 北京：机械工业出版社，2004.

[10] 孙玉琴，王安娜. 电路理论[M]. 北京：冶金工业出版社，2003.

[11] 陈绍林，吴建华. 电工理论基础[M]. 沈阳：东北大学出版社，2000.

[12] 查丽斌. 电路与模拟电子技术基础[M]. 3 版. 北京：电子工业出版社，2015.

[13] 华成英. 模拟电子技术基础[M]. 5 版. 北京：高等教育出版社，2015.

[14] 孙肖子. 模拟电子电路及技术基础[M]. 2 版. 西安：西安电子科技大学出版社，2008.

[15] 陈梓城. 模拟电子技术基础[M]. 北京：高等教育出版社，2013.

[16] 康华光. 电子技术基础(模拟部分)[M]. 北京：高等教育出版社，2006.

[17] 傅丰林. 模拟电子线路基础[M]. 北京：高等教育出版社，2015.

[18] 余红娟. 模拟电子技术[M]. 北京：高等教育出版社，2012.

[19] 侯勇严，李天利. 模拟电子技术基础[M]. 北京：电子工业出版社，2017.

[20] 刘文豪. 电路与电子技术[M]. 北京：科学出版社，2006.

[21] 韩桂英. 数字电路与逻辑设计使用教程[M]. 北京：国防工业出版社，2005.

[22] 闫石. 数字电子技术基础[M]. 4 版. 北京：高等教育出版社，1997.

[23] 焦素敏. 数字电子技术基础[M]. 北京：人民邮电出版社，2005.